„Niemand unter den wissenden ernsthaften Natürschützern, zu deren Bettelorden ich mich rechne, will wieder die Öllampen anzünden und die Postkutschen aus den Museen holen. Wir wissen, daß wir eine der größten Industrienationen der Welt auf relativ kleinem Raum sind. Was wir nicht vertragen, ist die Arroganz der Mächtigen mit unserer Minderheit."

HORST STERN

LÜNEBURGER HEIDE
Naturschutzgebiet

Naturschutz zwischen Anspruch und Wirklichkeit. In der Lüneburger Heide warnen Schilder vor Armeepanzern. Die Ketten der Kampffahrzeuge haben die Landschaft verwüstet

Auch die Landschaft der Altmühl wurde durch menschliche Eingriffe verändert, ohne daß sie dadurch ihren Reiz eingebüßt hätte. Aber die Idylle ist bedroht

So wie hier am Elbe-Seiten-Kanal wird es auch bald im Altmühltal aussehen, denn dort wird der Rhein-Main-Donau-Kanal verlaufen, die Milliarden teure Direktverbindung zwischen der Bundesrepublik und dem Schwarzen Meer

Im Amüsierbetrieb der Jahrmärkte kreisen die Satelliten, Symbole des bedingungslosen Glaubens an den Fortschritt, der uns die Raumfahrt bescherte und die dicke Luft über der Ruhr

Im Wattenmeer ist Deutschland noch Natur. Die Seezeichen der Fischer, welche bei Flut das tiefe Fahrwasser markieren, sind der einzige sichtbare menschliche Eingriff in dieses Fisch- und Vogelparadies

Auch das ist deutsche Landschaft – die Berge der Überflußgesellschaft wachsen. In ihnen sind Schätze verborgen, unersetzliche Rohstoffe, die der Nachwelt nicht erhalten bleiben

Ausflug ans Ufer der Unterweser, ein typischer, mit Salzen und Schwermetallen befrachteter deutscher Strom. Das Elend der Flüsse ist das Elend der Menschen, die ihre Lebensgrundlagen gedankenlos vernichten

Emanuel Eckard

KE
SCHÖ
LA

ebastian Knauer

IN
NER
ND...

Herausgeber: Henri Nannen
Redaktion: Nicolaus Neumann
Gestaltung: Max Lengwenus, Dietmar Schulze
Produktion: Druckzentrale G+J
Druck: Brillant-Offset, Hamburg

1. Auflage 1979
ISBN 3-570-00740-5

Umweltpolitik

BILANZ EINER BEWEGUNG

Das Land, von dem in diesem Buch die Rede sein wird, ist ein blühendes Land, eines der reichsten der Erde. Seine Bürger leben, verglichen mit den Menschen anderer Länder, in gediegenem Wohlstand, ja nicht selten schon im Überfluß materieller Güter. Sie leben im Frieden mit ihren Nachbarn, sie werden um die Stabilität ihrer Währung, die Kraft ihrer Wirtschaft, ihren Erfindungsreichtum, den Stand ihrer technologischen Entwicklung in aller Welt beneidet. Das soziale System in diesem Land gilt als vorbildlich; niemand, der krank ist oder alt, braucht zu verhungern. Und obwohl die sechzig Millionen Menschen hier auf verhältnismäßig engem Raum zusammen leben und dieses Land in den Kreis der sogenannten Industrienationen gehört, sein äußeres Erscheinungsbild also von Schornsteinen und Kühltürmen, Raffinerien und Fabriken bestimmt, die Luft von Qualm und Ruß erfüllt sein müßte, hat es auch in seiner landschaftlichen Gestalt in vieler Hinsicht seine Schönheit bewahrt, ein Land, in das sich zu reisen lohnt, dessen Natur trotz mannigfaltiger Eingriffe eine Sehenswürdigkeit geblieben ist. Das gilt – sieht man von einigen unrühmlichen Ausnahmen ab – gleichermaßen für seine Meeresstrände wie für seine Wälder, für seine Hochgebirgsregion ebenso wie für die Landschaften des Mittelgebirges oder die Ebenen im Norden.

An der Schwelle zu den achtziger Jahren jedoch haben die Bürger dieses Landes kaum eine größere Sorge, als daß die Blüte der Bundesrepublik Deutschland vergänglich sein könnte. Die Erkenntnis, daß wir für unseren relativen Wohlstand und die Freiheit, ihn zu mehren, seine Überschüsse auszukosten, mehr und auf eine andere Weise zu zahlen haben, als vorherzusehen war, läßt sich nicht länger verdrängen. Das Schutzbedürfnis wächst, ja vermutlich gibt es in kaum einer Frage eine so große Übereinstimmung unter den gesellschaftlichen Gruppen und ihrer Repräsentanten in den Parteien und Parlamenten, in Verbänden und Bürgerinitiativen, in den Kirchen, Gewerkschaften und Universitäten wie beim Stichwort „Umweltschutz". Alle sind dafür. Noch nie saßen so viele in einem Boot. Doch was für ein Boot sollte das sein? Eine Arche Noah, auf der wir – rette sich wer kann – dem selbstverschuldeten Weltuntergang entrinnen? Eine Galeere, in der die Unternehmer die Ruderbank drücken, um – gefesselt ans Verursacherprinzip – die Sünden der Vergangenheit zu büßen? Eine Luxusjacht, die wir uns leisten können, solange wir den frischen Wind der Konjunktur im Rücken haben? Es kennzeichnet diesen taufrischen Begriff Umweltschutz, der über Nacht in unserem Sprachgebrauch heimisch wurde, daß Uneinigkeit über des Wortes tiefere Bedeutung besteht.

Sicher ist eben nur, daß wir ihn brauchen, daß alle bereit sind, für ihn Opfer zu bringen, wenn es denn sein muß, auch persönliche Opfer. 73 Prozent aller Deutschen haben sich – in einer Allensbach-Umfrage des Jahres 1977 dazu bekannt; 45 Prozent hätten sogar die Gefahr in Kauf genommen, arbeitslos zu werden, wenn das der Preis für den Umweltschutz sein sollte. Drei Jahre zuvor, als unser Land gerade den Schatten der Ölkrise überwunden hatte und das Ende der Vollbeschäftigung schon vorherzusehen war, waren es dennoch 56 Prozent, die auch auf die Gefahr, ihren Arbeitsplatz zu verlieren, „trotzdem für Umweltschutzmaßnahmen" eintraten. Dies ist um so erstaunlicher, als vier Jahre zuvor, im Frühjahr 1970, niemand gewußt hätte, wovon überhaupt die Rede war. Da hatten nämlich neun von zehn Deutschen das Wort „Umweltschutz" noch nie gehört.

Damals waren die Gefahren, vor denen wir uns zu schützen haben, kaum jemandem bewußt. Heute besteht die Gefahr, daß wir uns daran gewöhnt haben, an die Routinemeldungen der Nachrichten-Agenturen, die von Verkehrstoten und steigenden Krebsraten, von Rückständen in Lebensmitteln, Störfällen in Kernkraftwerken und Giftmüllskandalen berichten. Die Gefahr ist, daß wir teilnahmslos werden, daß Namen wie Seveso und Harrisburg zu historischen Daten verblassen, daß wir als Außenstehende betrachten, was in unserer Umwelt geschieht. Die Gefahr ist, daß wir meinen, die Verantwortung für den sorgsamen Umgang mit der Welt, in der wir leben wollen, allein anderen übertragen zu können, den Umgang mit den verbliebenen natürlichen Ressourcen, mit der Biosphäre dieses Planeten.

Die Gefahr ist, daß sich unser in vielen Fällen enttäuschtes Vertrauen in die Kompetenz und Aufrichtigkeit der Verantwortlichen nun in Gleichgültigkeit verwandelt, in Resignation, ins Spätzeit-Syndrom der Lust am Untergang, daß wir auf die notwendige öffentliche Auseinandersetzung verzichten und vor ihr davonlaufen in die grüne Idylle, daß wir uns davonstehlen in die Ruhezonen einer Gesellschaft, die solidarisches Handeln durch den Ego-Trip, durch die Selbstverwirklichung auf Kosten anderer ersetzt, in der es Mode ist, single zu sein.

Die Gefahr ist, daß wir in einer Zeit narzißtischer Selbstbespiegelung die Krise in der Lebensmitte wichtiger nehmen als die Krise der Lebensmittel, als die drohende Vergiftung des Menschen, die sich, meßbar in Pestizid-Rückständen in der Muttermilch, offenbar nicht allein mit Höchstmengenverordnungen in Schach halten läßt. Die Gefahr ist aber auch, daß wir im Kampf um unsere Dorflinde den Raubbau an den tropischen Regenwäldern übersehen, daß uns Naturschutzgebiete näher sind als die wachsenden Zonen der Hungersnot in der Welt.

Wir haben unsere Unschuld verloren; niemand wird sagen können, er habe nichts gewußt. Die Risiken der Kernenergie, die Gefahren der Gewässerverschmutzung, das Dilemma der Luftverunreinigung sind von den Medien immer wieder beschworen worden. Die Alarmsignale waren nicht zu überhören: Gift im Haar Hamburger Kinder, geschwollende Lymphknoten im Ruhrgebiet, Anbauverbote auf cadmiumverseuchten Feldern, HCH in der Trinkmilch, Asbest in der Atemluft, Quecksilber im Boden. Niemand wird sich herausreden können, er habe den Preis des Wohlstands nicht gekannt. Wir sind aufgeklärt.

Wir wissen Bescheid. Wir haben erkannt, daß unser Verständnis von Umwelt ein Mißverständnis war, angeleitet von jahrhundertealten abendländischen Bildungsinhalten, getragen vom Geist christlich-jüdischer Tradition sind wir dem Wort des Herrn gefolgt. „Macht Euch die Erde untertan!" Also geschah es. Und es geschah, ohne daß wir – wie der Nobelpreisträger und Verhaltensforscher Konrad Lorenz beklagt – den Auftrag der Genesis verstanden hätten, denn „Gott der Herr setzte den Menschen in den Garten Eden, daß er ihn bauete und bewahrete".

Ach Gott bewahre, wir hatten größere Dinge mit ihr vor, mit der Natur, zu der wir alle zurückwollten, als sich im Zeit der Aufklärung unser Gottvertrauen in Selbstvertrauen verwandelte und wir den Glauben an die menschliche Vernunft riskierten.

Wir haben die Natur als Wissensgebiet und nicht als unsere eigene Lebensgrundlage angesehen, und das ist bis heute so geblieben. Wir haben gelernt, wie die Biene an den Stempel der Tulpe kommt. Aber was mit den Bienen geschieht, wenn Obstbauern ihre Plantagen mit Insektiziden einnebeln, damit wir makellose Äpfel bekommen, hat uns niemand beigebracht. Die Schulweisheit ließ uns träumen. Die Liebe des Deutschen zur Natur ist die Liebe zum Guten und Schönen. Wir fragen uns: Wer hat dich, du schöner Wald, aufgestellt da droben? Joseph von Eichendorff war's, Johann Wolfgang von Goethe, E.T.A.

Hoffmann, Ludwig Tieck, Wilhelm Hauff und viele andere. Was sie dort aufgestellt haben, ein Schaubild romantischer Verklärung, Quelle mannigfaltiger Inspiration des abendländischen Geistes, hat uns als Liederhalle und Museum gedient. Die Ausstellungsstücke, die wir möglicherweise an ihrer Blattform zu unterscheiden gelernt hatten, erschienen uns erhaltenswert wie Ritterburgen, Kirchenfenster oder Biedermeiersofas, notwendig erschienen sie uns jedoch nicht.

Natur war nicht Umwelt, sondern Scheinwelt. ,,Für die überwiegende Mehrzahl unserer Mitbürger'', notiert der Verhaltensforscher Paul Leyhausen, ,,ist es völlig unfaßbar, daß unsere gesamte menschliche Existenz wesentlich und zuallererst von Bedingungen abhängen soll, die dieses Bildungssystem als nebensächlich behandelt oder sogar völlig mißachtet.''

Was dieses Bildungssystem uns vorenthielt, haben wir zu unserer Sache gemacht. Und zwar nicht vor zehn, sondern schon vor annähernd hundert Jahren, und es lohnt sich, die Vorgänge jener Zeit ins Gedächtnis zu rufen, denn ganz so frisch ist der Fluchtgedanke nicht, der heute in der Szene der Aussteiger und Jugendsekten keimt.

Wir erinnern uns an einen Staat, der die freiheitlichen Regungen seiner Bürger blutig niedergeschlagen hatte, der mit Polizeigewalt und Spitzeln jeden Geist, der kein Untertanengeist war, unterdrückte, ein Staat, der die Liberalen verbitterte, der Sozialisten und radikale Demokraten ins Ausland trieb, ein Staat, der nicht verhinderte, daß Arbeitslosigkeit und Wohnungsnot in den Städten die Lebensverhältnisse für die große Mehrheit seiner Untertanen unerträglich machten.

Die Städte waren durch die zunehmende Industrialisierung schnell gewachsen, viel zu schnell. Zur Zeit der Reichsgründung, 1871, lebte von 20 Deutschen einer in der Großstadt. Um die Jahrhundertwende war jeder fünfte Deutsche ein Stadtbewohner! Er lebte in düsteren Mietskasernen unter unbeschreiblichen hygienischen Verhältnissen. Unwirtlich waren sie, diese Städte, in denen die Arbeiterbewegung zornig heranwuchs, immer wieder terrorisiert von den Einsatzkommandos der Staatsmacht, die ihre verbotenen Versammlungen störte und alle emanzipatorischen Regungen der Untertanen niederknüppelte. Jedoch die braven Bürger blieben verschont, denn sie dachten nicht im Traum daran, ihrem Staat den Gehorsam zu verweigern. Sie lebten einen Traum, sie suchten das alternative Leben, das Heil in der Flucht aus grauer Städte Mauern, in denen sie die Wurzeln allen Übels sahen. Die Städte waren an allem schuld.

Ein ganzer Reigen von Reformbewegungen kam da ans Licht, und diese Lebensreformer wollten nicht das System verändern, sondern zu allererst sich selbst, ihr zutiefst vom ,,Pesthauch der Stadt'' angekränkeltes Privatleben, sie wollten die Frauenkleidung vom Korsett befreien und die Herrengarderobe vom Stehkragen. Gewiß, sie war von Herzen antikapitalistisch, diese sanfte Volkserhebung, denn der Kapitalismus kam aus England, dem seinerzeit am weitesten vorangeschrittenen Industrieland und war – davon waren die Grünen der Gründerjahre felsenfest überzeugt – vom gottlosen Weltjudentum erfunden worden, um die deutsche Seele zu verführen. Die liebe Seele war aber auch dem Kommunismus nicht grün, der den Aufstand der Massen höher bewertete als die Selbstverwirklichung, die ,,Aufartung'' des einzelnen. Die erste deutsche Umweltbewegung, die Bünde der Lebensform wiesen den dritten Weg, der ein goldener Mittelweg sein sollte. Er sollte die Menschen zum natürlichen Leben führen und hat sicher mehr bewirkt, als die Haltungsschäden unserer Vorväter zu lindern. Die Schulreform entwickelte erste antiautoritäre Ansätze, Alternativen zum Kadavergehorsam, den das kaiserliche Schulsystem mit Stockschlägen den Kindern einzubleuen gewohnt war. Die Naturheilkunde brachte das Hygienebewußtsein in den deutschen Alltag, die Ernährungsreformer und Vegetarier gingen mit Vollkornbrot der Verstopfung und mit Natursäften dem Alkoholismus der Stadtbewohner zu Leibe. Die Freikörperkultur, welche eigentlich die überkommene bürgerliche Moral aus dem Gehrock bürsten wollte, bekam freilich nur zu bald Angst vor der eigenen Courage und verfiel in eine lustfeindliche, prüde Lichthemd-Spießigkeit. Die Siedlungsbewegung schließlich, welche den bleichen Städtern den Spaten in die Hand drückte, wollte zugleich der Überfremdung deutscher Ostgebiete durch polnische Landarbeiter begegnen.

So unterschiedlich, wie alle diese Bewegungen waren, so verschiedenartig in ihren Programmen und Glaubenslehren – dem Reformeifer der Bünde war eines gemeinsam. Alle diese Bewegungen zog es in die Natur. Und durch sie sollte der Mensch sich seiner eigenen Natur bewußt werden, sollte er lernen, der Stimme seines Blutes zu folgen, seiner Herkunft, der Herkunft seines Volkes, seiner Rasse. Diese weltfremde, nostalgisch gefärbte ,,Biologisierung'' der Geschichte, die Rückbesinnung auf die gute alte germanische Art, stand am Anfang des Völkischen Rassenwahns, der sich später so unheilvoll entwickeln sollte.

Rückwärts gewandt eilten die Reformer der Jahrhundertwende der Zukunft entgegen. Die Wandervögel flohen an den Busen der Natur, wie sechzig Jahre später die Hippies und Blumenkinder, die sich vom Plastik-Supermarkt der amerikanischen Konsumgesellschaft abnabelten. Andere, idealistische Vorboten der Jungsozialisten offenbar, kämpften für die Bodenreform, die Übereignung des gesamten Bodens in Gemeineigentum, damit endlich die Spekulation mit diesem nicht vermehrbaren Gut ein für allemal ein Ende haben sollte.

Was dabei herauskam, mag nicht dem entsprochen haben, was die Jusos der sechziger Jahre unter Sozialisierung von Grund und Boden verstanden. Immerhin war es ein sichtbarer Erfolg: In vielen deutschen Städten entstanden Schrebergartenkolonien, ein Meer von Gartenlauben als Beitrag zur Humanisierung der Wohnumwelt, der zugleich den Arbeitern eine naturnahe, gesündere Lebensweise bescheren sollte. Der Trimm-Dich-Pfad der frühen Gründerjahre ging quer durchs Mistbeet.

Gutartig waren sie, die Sozialreformer, die nicht die Emanzipation der Schwachen und Unterprivilegierten zum Ziele hatten, sondern deren Elend mit Hilfe der natürlichen Kräfte zu lindern hofften. Sie waren nicht staatsverdrossen, sondern zivilisationsmüde, die Ahnväter der weltweiten Umweltbewegung, denen man dennoch kein größeres Unrecht zufügen kann, als ihnen das spöttisch diffamierende Etikett der ,,Sozialromantiker'' an die Brust zu heften. Ohne diese Träumer und Weltverbesserer gäbe es heute keinen Breitensport und keine Freibäder, keine Gymnastik und keine Jugendherbergen, keinen biologischen Landbau und keine Kunsterziehung, vom bundesweiten Kurbetrieb ganz abgesehen, der ausnahmslos auf den Erkenntnissen der Naturheilkunde jener Zeit basiert.

Und sie waren medienbewußt, sie wußten, wie man sich Gehör verschafft. Sie verfaßten – mal poetisch, mal pathetisch – wortgewandt und in jugendstilvoller Aufmachung so viele Flugblätter, daß die zahlenmäßig viel bedeutendere, aber aus Sicherheitsgründen nur weitgehend im Untergrund geheimer Versammlungen tagende Arbeiterbewegung im Schatten der Lichtbünde verblieb und eher unauffällig zwischen den Zeilen der bürgerlichen Geschichtsschrei-

bung dahindämmerte. Einer der wortgewaltigsten Umweltschützer jener Zeit war der Schriftsteller Hermann Löns, der 1911 weitsichtig niederschrieb, was als ein tragischer Beweis für die Unsterblichkeit seiner Dichtung gelten mag: „Pritzelkram ist der Naturschutz, so wie wir ihn haben. Der Naturverhunzung dagegen kann man eine geniale Großzügigkeit nicht absprechen. Sie fährt Auto im Hundertachtzigkilometertempo; der Naturschutz kraucht knickebeinig hinterdrein. Die Naturverhunzung arbeitet ‚en gros', der Naturschutz ‚en detail'."
Doch bei dieser Feststellung läßt es der heute als „Heidedichter" verkannte Poet nicht bewenden. Die Folgerungen, die er daraus zieht, weisen den damals 45jährigen als kämpferischen Vorfahren der Bürgerinitiativ-Bewegung aus: „Unsere Arbeit kann nicht mit Glacé-Handschuhen geleistet werden. Wir brauchen die blanke Faust, wir haben das unverhohlene Wort nötig und die unverhohlene Tat, wollen wir etwas erreichen. Jedes strafgesetzlich erlaubte Mittel muß recht sein, um unsere Natur und damit uns selber vor dem Verderb zu bewahren. Und wenn hier eine Behörde Krämpfe kriegt, wenn wir ihr ihre Sünden vorhalten, und da eine Industrie Zuckungen bekommt, stellen wir ihr Vorgehen als Vaterlandsmord hin, das läßt uns kalt, das tut uns nicht weh, denn unser Ziel ist nicht die Einzelheit; unser Bestreben ist, der schrecklichen Verwüstung der heimischen Natur und der deutschen Landschaft nachdrücklich vorzubeugen."
Die mehr als vier Jahre andauernde Verwüstung der Landschaft an der Somme und bei Verdun hat er nicht überlebt. Er fiel 1914 in Frankreich. Im Ersten Weltkrieg war der Naturschutz verständlicherweise kein Thema, das die Gemüter bewegte. Was in den Jahren darauf folgte, war eine Phase der Institutionalisierung der Reformen. Wir notieren: Das „preußische Gesetz zur Erhaltung des Baumbestandes und Erhaltung und Freigabe von Uferwegen im Interesse der Volksgesundheit" aus dem Jahre 1922. Der Beginn einer „gestaltenden Landschaftspflege", welche ab 1925 den bisher ausschließlich „Naturschönheiten" konservierenden Naturschutz ergänzt. Als 1933 von den Faschisten die Jagd auf Menschen, auf Juden, Kommunisten, Sozialdemokraten und anders Denkende freigegeben wurde, setzte Hermann Göring, Hitlers oberster Jagdaufseher, neue Schonzeiten für Rehe und Rotwild in Kraft, die heute noch weitgehend gültig sind. Wir erinnern: Die Naturverbundenheit der Nazi-Ideologie, ihre Blut- und Bodenphantasien, ihre Verehrung des Bauerntums, ihre Appelle, Gebrauchsgüter zu schonen, keine Lebensmittel schlecht werden zu lassen. Der Menschenfeind war ein Naturfreund.
Der Zusammenbruch. Die Alliierten. Die Demontage der Fabriken. Die Demontage der Wälder, Kahlschlag, soweit die Säge reicht, Nachforderungen der Sieger an die Besiegten. Ihn zu verhindern, sammelt sich die erste „Bürgerinitiative" nach dem Krieg, die „Schutzgemeinschaft deutscher Wald", im Jahre 1947. In den Aufbaujahren der Nachkriegszeit galt es, die Wirtschaft wieder in Schwung zu bringen. Im Vertrauen auf die Regenerationskräfte der Natur haben wir die bei der chemischen Produktion anfallenden Gifte in Fässer gefüllt und irgendwo vergraben. Im Vertrauen auf die Selbstreinigungskraft der Flüsse haben wir den Dreck der Fabriken und Kommunen ungeklärt abgelassen. Ja, wir fanden es schade, daß wir in den Flüssen nicht mehr baden konnten, aber wer hätte geahnt, daß Vater Rhein einmal unter der Schmutzfracht, die wir ihm zugemutet haben, zusammenbrechen könnte? Wir haben gelernt: Wo gehobelt wird, fallen Späne. Welch ein Kanzlerkandidat, der da 1961 den blauen Himmel über der Ruhr fordert! Willy Brandt wird

wegen dieser Wahlkampfparole verlacht.
Der Umweltschutz, den wir als deutsche Erfindung reklamieren, ist hierzulande vorerst kein Thema, kein Gedanke. Wir importieren ihn schließlich, übernehmen ihn wie John Wayne, Ketchup und Coca Cola aus den Vereinigten Staaten. Und dort wurde er ausgelöst von einer Frau, der Biologin Rachel Carson, die ihr Buch ,,Der stumme Frühling'' mit den Worten ,,Es war einmal'' einleitete, um dann ihren betroffenen Lesern die Geschichte einer amerikanischen Provinzstadt zu erzählen, in der alles Leben durch rätselhafte, bisher kaum bekannte Krankheiten zerstört worden ist. ,,Die einst so anziehenden Landstraßen waren nun von braun und welk gewordenen Pflanzen eingesäumt, als wäre ein Feuer über sie hinweggegangen. Hier war alles totenstill, von Lebewesen verlassen. Selbst in den Flüssen regte sich kein Lebewesen mehr, keine Angler suchten sie auf, denn alle Fische waren zugrunde gegangen. Kein böser Zauber, kein feindlicher Überfall hatte in dieser verwüsteten Welt die Wiedergeburt neuen Lebens im Keim erstickt. Das hatten die Menschen selbst getan.'' Das Buch war kein Märchenbuch, denn Rachel Carson hatte nichts anderes getan, als die Meldungen von Vergiftungen, Umweltverseuchungen, Bienensterben und Pflanzenvernichtung zusammenzutragen und wissenschaftlich auf ihre Ursachen zu untersuchen. Die Forschungsergebnisse anderer Wissenschaftler wertete sie aus, und das Ganze wurde ein Buch, das die Gefahren der Umweltchemikalien in so eindringlicher Weise beschwor, daß es zum Bestseller wurde. Der damalige US-Präsident John F. Kennedy ließ von einem eigens einberufenen Untersuchungsausschuß die Vorwürfe des Buches prüfen. Sie trafen allesamt zu.
Aber nicht die Gunst des Weißen Hauses, nicht der wütende Protest der chemischen Industrie, nicht der akademische Streit um den ,,stummen Frühling'' können allein erklären, warum dieses Buch wie eine Lunte wirkte, die das Umweltbewußtsein der Bürger gleichsam explodieren ließ, warum die Druckwelle dieser Detonation die ganze westliche Welt erschütterte. Der Sprengstoff war schon vorher da. Er steckte in uns selbst, im wachsenden Unbehagen der Überflußgesellschaft, der Menschen, die ihr ganzes Leben darauf konzentrieren, ihre ,,Haben-Bedürfnisse'' zu befriedigen, die, angeleitet, immer neuen Besitztümern nachzujagen, sich dabei in Tätigkeiten aufreiben, deren Sinn ihnen letztlich fremd ist. Die zunehmende Isolation, das Ausgeliefertsein an den Mechanismus eines immer weniger durchschaubaren Apparats, der irgendwie alles für uns regelt, hat uns der sozialen und der natürlichen Umwelt in vieler Hinsicht entfremdet. Das anfangs nur unbestimmte Gefühl, daß immer mehr mit uns geschieht, ohne daß wir darauf Einfluß nehmen können, verdichtet sich zum Verdacht, einer bedrohlichen Entwicklung ausgeliefert zu sein. Wir spüren die ,,Enteignung unserer Kompetenz'', welche die Bochumer Friedensforscherin Dr. Marianne Gronemeyer als eine der Ursachen der Umwelt-Bürgerinitiativen erkannt hat. Die fängt ganz harmlos an, bei der Steuererklärung oder der Wasserrechnung, die wir nicht begreifen, bei kleingedruckten Kaufverträgen oder rätselhaft verschlüsselten Lohnabrechnungen, die wir hilflos entgegennehmen.
,,Wo können wir noch Tätigkeiten aus eigener Kompetenz ausführen, von der Planung bis zur Durchführung?'' fragt die Wissenschaftlerin. Und ihre Antwort ist die Einsicht, ,,daß wir in infantilster Hilflosigkeit an den Nahrungsschläuchen unserer Versorgungskultur hängen. Wir können unsere Nahrung nicht mehr selbst beschaffen, unsere Häuser nicht mehr bauen, un-

Wie geht es weiter? In Kalifornien hat ein Künstler die Vision einer von Menschen verlassenen Welt an eine Hauswand gemalt. Vorsichtig erobert die vertriebene Kreatur das geraubte Land zurück. Die Hinterlassenschaften des Menschen verrotten

Bay Bridge
Oakland
Seventh St
Downtown

sere Kinder nicht mehr erziehen." Wir verlieren die eigene Kompetenz im doppelten Sinn von Fähigkeit und Verfügungsgewalt und werden dafür „mit oft absolut nutzlosen Gütern, mit Dienstleistungen von nebenan und Entscheidungen von oben entschädigt".

Es waren diese Entscheidungen von oben, die in der Bundesrepublik die Protestwelle der Bürgerinitiativen ausgelöst haben, die fehlende „Partizipation", die verweigerte Teilhabe an den Entscheidungsprozessen und den Planungen, die über unseren Kopf hinweg jeden Einwand, jeden Änderungsvorschlag, jede Mahnung zur Mäßigung, jede Warnung vor eventuellen Folgen mit hoheitlicher Arroganz glattbügelte.

Aus diesem Grunde hat sich das Unbehagen der mündigen und nicht auf den Mund gefallenen Bürger seit Beginn der siebziger Jahre in einer bisher nie dagewesenen Flut von Protesten Luft gemacht. Das Phänomen dieser spontan aus dem Boden schießenden Basisbewegung ist häufig untersucht worden, ihre Bewertung durchaus umstritten. Aber ob hier, wie manche Gutachter meinen, die Emanzipation des Staatsbürgers als vielleicht sichtbarstes Resultat der Studentenunruhen den Aufruhr verursacht, oder, wie häufig zu hören ist, hier nur wildgewordene Wohlstandsbürger auf ihre Partikularinteressen pochen, getreu dem Prinzip des Heiligen Florian (Verschon mein Haus, zünd andre an!), ob enttäuschte Demokraten sich die politische Macht wieder aneignen, die sich ihnen, wie sie spüren, entfremdet hat – für die meisten ist das „Hauptmotiv der Schutz der natürlichen Lebensgrundlagen", stellt Kurt Oeser, Umweltbeauftragter der Evangelischen Kirche in Deutschland fest. Und etwas anderes ist ihnen gemein. „Die meisten," entdeckte das Bayerische Innenministerium, „sind gegen etwas."

Gegen Kernkraftwerke in Wyhl, Brokdorf, Kalkar und anderswo, gegen die Schwarzwaldautobahn, gegen die Zerstörung des Eltviller Rheinufers, gegen die Erweiterung des Rhein-Main-Flughafens. Bürgerinitiativen blockieren Industrieansiedlungen und den Bau von Plutoniumfabriken ebenso wie die Errichtung von Magnetschwebebahnen oder Hotelriesen, oft mit Erfolg. Zu keiner Zeit hat eine außerparlamentarische Opposition auf deutschem Boden so nachhaltig ins Räderwerk der Administration gegriffen. Ja, es trifft zu, daß dies in 60 Prozent aller Fälle auf regionaler Ebene geschah, aus einer persönlichen, unmittelbar spürbaren Betroffenheit heraus, und es ist wahr, daß manche Bürgerinitiativen durchaus egoistische Ziele vertraten, sei es im Kampf gegen einen zu lauten Kindergarten in der Nachbarschaft oder, wie es 1976 in Bergkamen geschah, um von dem Erbauer eines geplanten Kohlekraftwerks Schweigegelder zu erpressen. Der Frankfurter Soziologe Claus Offe hat sicher nicht ganz unrecht, wenn er vielen Bürgerinitiativen unterstellt, sie seien zugeschnitten auf „die spezifischen Komfortbedürfnisse einer gehobenen städtischen Mittelschicht", mithin nichts anders als „politisch belanglose Formen kollektiver Selbsthilfe".

Was jedoch die Mehrzahl der Bürgerinitiativen kennzeichnet, ist ein neues aktives Demokratieverständnis. Sie halten mit ihrer Meinung nicht länger hinter dem Berg, enttäuscht von den großen Parteien, die sich nur im Turnus der Wahlkämpfe dazu herabließen, die Zustimmung des Bürgers abzufragen, verärgert über die Volksvertreter, die viele Probleme nicht beseitigt, sondern erst geschaffen haben, mißtrauisch geworden durch die allerorten hinter den glatten Fassaden der Verwaltungen erkennbare Ämterpatronage und Filzokratie. So entstand das, was unter dem Begriff „Vorschußmißtrauen" bekannt wurde. Vater Staat, ein Schlitzohr, dem wir immer wieder auf die Schliche kommen. Aber wie konnten wir ihm auf die Finger klopfen? Wir erkannten, mit welchem Geschick der bürokratische Apparat sich der demokratischen Kontrolle entzog, daß Entscheidungen über Autobahntrassen und Streckenstillegungen der Bundesbahn, über Kanalbauten oder Kernkraftwerke nicht mit uns, sondern ohne uns und gegen uns getroffen wurden. Wir haben versucht, in den Parteien an diesen Entscheidungen mitzuwirken, aber die Praxis der innerparteilichen Demokratie gab zu keiner Hoffnung Anlaß. Abweichler in den Fraktionen wurden mundtot gemacht, Mandatsträger ließen sich nicht an die Beschlüsse der Basis binden, gleichwohl verlangten sie den Konsens als Pflichtübung.

Dieses Gefühl des Ausgeliefertseins hat das linke Spektrum der Jugend und ihre Sprecher gegen Ende der siebziger Jahre resignieren lassen. Sie verfielen in eine bleierne, tatenlose Hilflosigkeit angesichts der „Übermacht des Monopolkapitals", und der – wie sie überzeugt waren – mit ihm verbündeten Staatsmacht. Zersplittert im Dogmenstreit, eingeschüchtert auch durch die heftige Reaktion der „wehrhaften Demokratie" und ihrer Medien auf die Terroristen, jene mörderische Handvoll amoklaufender Bürgersöhne und -töchter, denen es gelang, ein ganzes Volk in Hysterie zu versetzen und die von der studentischen Linken in Gang gesetzte Demokratisierung der Gesellschaft in wenigen Wochen zu diskreditieren, zogen sie sich zurück. Die Linke in sich, die Mitte auf die Barrikaden, und sie tat dies mit solcher Heftigkeit, daß die Gewerkschaften sich erschrocken mit den Unternehmern zusammentaten, weil sie befürchteten, daß der draußen im Lande allenthalben geforderte Umweltschutz als Wachstumsbremse und Aufschwungkiller die Existenz der großen Unternehmen und damit auch der Arbeitsplätze bedroht. Nach einer Untersuchung der Bundesregierung waren 1976 durch den Einspruch der Bürgerinitiativen Investitionen von über 26 Milliarden Mark eingefroren. Allein Hans Baßfeld, Ingenieur aus Dinslaken, habe mit seinem jahrelangen Prozessieren gegen den Bau des Kohlekraftwerkes Voerde 40 000 Arbeitsplätze blockiert, stand in der „Welt" zu lesen. Beim Fernstraßenbau meldete das Bundesverkehrsministerium, gebe es einen fatalen Stau von Steuermitteln. Beim Umweltschutz, so meldeten die Demoskopen, könne gar nicht genug getan werden. 88 Prozent der Bürger waren der Meinung, daß der Staat hier nicht sparen dürfe.

Das Umweltbewußtsein des Bundesbürgers hat inzwischen auch Kreise erreicht, denen es bisher auf dem Verordnungswege aufgezwungen wurde. „Wir dürfen nicht den Ast absägen, auf dem wir sitzen," verlangte Peter von Siemens, Kraftwerksbauer und Deutschlands größter privater Arbeitgeber. Nachdenklich geworden auf seinen Spaziergängen an den stillen Isar-Auen richtet der Wirtschaftsführer eine strenge Mahnung an seine Kollegen Industriekapitäne. „Wir dürfen nicht unsere Umwelt belasten mit dem Argument, daß wir anders nicht mehr wettbewerbsfähig sind. Ich bin eindeutig der Auffassung, daß letzten Endes nur das ökonomisch durchgeführt werden kann, was ökologisch vertretbar ist." Auch die Bauern ermahnt der überzeugte Anthroposoph. „Wir dürfen unseren Boden nicht länger als Getreidefabrik ansehen. Wir dürfen keinen Mineraldünger verwenden, wenn die Möglichkeit besteht, Erträge aus biologisch-dynamischem Anbau zu erwirtschaften." Nur die Kraftwerksbauer ermahnt er nicht. „Wir sind eine saubere Industrie."

Die Industrie säubert den Rhein, indem sie biologische Kläranlagen baut und die Luft mit Hilfe von Filtern und Rauchgasentschweflern. Die Industrie hat von den 100 Milliarden Mark, die für den Umweltschutz aufgewendet wurden, mehr als die Hälfte aufgebracht. Die Industrie – namentlich die Firma Siemens – hat Techniken entwickelt, den Grad der Verschmutzung des Wassers und der Luft eindeutig festzustellen, ja manchmal gelingt es den Öffentlichkeitsarbeitern der Konzerne, den Eindruck zu erwecken, daß die Bundesrepublik ein armes dreckiges Deutschland wäre, wenn es die Industrie nicht gäbe, die alles sauber hält; die Public-Relations-Manager machen nur zu leicht vergessen, wer eigentlich soviel Schmutz fabriziert. Sie versäumen nie, die Erfüllung der gesetzlichen Minimalforderungen zur Beseitung umweltbelastenden Drecks als freiwilligen Beitrag zur Schaffung eines neuen sauberen Deutschlands hinzustellen. Umweltschutz, eingebunden in einen gleichsam harmonischen Kreislauf aus Werden und Vergehen, Krankheit und Therapie, auch wenn dieses Heilverfahren nur Verdrängung heißt.

Peter von Siemens versteht Umweltschutz „ganz im Sinne von Richard Wagners Parsifal: Die Wunde heilt der Speer nur, der sie schlug." Aber beim Wort genommen, wehren sich viele Unternehmen energisch gegen die strikte Anwendung des Verursacherprinzips, das hier in der Götterdämmerung schemenhaft sichtbar wird. Sie sind zwar zur Harmonie bereit – der musikalische Wirtschaftsführer Peter von Siemens glaubt an einen „Dreiklang der Maßnahmen von Staat, Wissenschaft und Wirtschaft in einem staatlichen Ordnungsrahmen". Es ist sicher kein Zufall, daß dieser Dreiklang auch im Umweltprogramm der CDU angestimmt wird, und wer in dieser Sinfonie den Ton angibt, ist klar: Die Marktwirtschaft. „Wirtschaftswachstum und Energieverbrauch müssen sich durch die Steuerung des Marktes vollziehen", fordert der CDU-Bundestagsabgeordnete Wolfgang von Geldern, Umweltexperte seiner Partei.

Das Vertrauen in die Selbststeuerungskräfte des marktwirtschaftlichen Systems ist bei Konservativen, liberalen und vielen sozialdemokratischen Politikern ungebrochen. Sie verweisen auf das schon 1964 verabschiedete Gesetz zur Reinhaltung der Luft, auf die seither in Kraft getretenen Gesetze und Verordnungen, auf die Leistungen des technischen Umweltschutzes, der viele Probleme in den Griff bekommen habe. Die Liberalen verweisen auf die Flut der Umweltgesetze und Verordnungen, mit der die Umweltminister Genscher, Maihofer und Baum die Bundesrepublik gesäubert haben, auf eine Umweltpolitik in Bund und Ländern, die sich sehen lassen kann im internationalen Vergleich. Die Konservativen verweisen darauf, daß noch mehr Umweltschutz noch mehr Staat bedeute, noch mehr Kontrolle, noch mehr Bürokratie.

Aber reicht denn die Kontrolle aus? Kann der Markt wirklich steuern, was er in die Wege leitet? Schützt er die Bürger vor Strahlen? Verhindert etwa der Markt den Raubbau an den natürlichen Ressourcen der Erde? Sichert das Prinzip von Angebot und Nachfrage unsere Lebensgrundlagen, oder garantiert es nicht vielmehr deren Ausverkauf? Wie kommt es, um einmal ein vergleichsweise bescheidenes Beispiel zu wählen, daß jedes Jahr die Rote Liste der vom Aussterben bedrohten Tier- und Pflanzenarten länger wird?

Wir ziehen Bilanz: Seit 1970, dem europäischen Naturschutzjahr, sind 100 000 Kilometer Straßen und Wirtschaftswege in die Natur geschlagen worden, wurde ein Drittel der landwirtschaftlichen Betriebe vernichtet, verschwanden 400 000 Hektar Naturgrund auf Nimmerwiedersehen unter Baulichkeiten aller Art. Seither nahm die Verschmutzung der Gewässer im gleichen Maße zu, wie der Lärmpegel stieg. 15 000 Lebensräume für Tiere und Pflanzen fielen der Flurbereinigung zum Opfer, wertvolle unersetzbare Feuchtgebiete, Moore, Wiesen und Teiche wurden trockenge-

legt und in Betriebsflächen für landwirtschaftliche Großmaschinen umgewandelt. Seit 1970 hat sich die Zahl der chemischen Präparate, die in der Bundesrepublik in Umlauf sind von 45 000 auf 60 000 erhöht, sind 35 Millionen Liter Altöl ebenso mysteriös verschwunden wie Medikamente im Wert von 18 Milliarden Mark, eine bedrückende Bilanz. Und die Bilanz der Umweltpolitik? Das Wort hat der Abgeordnete Dr. Frank Haenschke, SPD: „Ist diese umweltpolitische Bilanz wirklich herzeigenswert? Ein jämmerliches Abwasserabgabengesetz. Nicht ausgeschöpfte Möglichkeiten aus dem Lebensmittel- und Abfallbeseitungsgesetz. Naturschutz ohne Kläger und nach dem Willen der Agrarier. Ein Verkehrslärmgesetz, für das der Umweltminister die Verantwortung ablehnt und bei dem der Finanzminister die Grenzwerte bestimmen will. Ein Referentenentwurf, mit dem das Vorsorgeprinzip im Emissionsschutzgesetz abgetötet werden soll. Kaum ein müder Protest gegen eine Wirtschaftslobby, die mit gefälschten Zahlen über angebliche Investitionsbehinderungen zum Generalangriff gegen die Umweltgesetze bläst."
Der sozialdemokratische Umweltexperte verzichtete 1976 auf eine neue Kandidatur für den Bundestag. Er hatte zu jener Minderheit von Bonner Abgeordneten gehört, die in der Umweltpolitik nicht nur die Aufgabe sahen, alle aufgetretenen Schäden, so gut es irgend ging, zu beseitigen, sondern die Verpflichtung, sie gar nicht erst entstehen zu lassen. Der Schutz der natürlichen Lebensgrundlagen (nicht allein der Umweltschutz) ist für sie eine politische „Rahmenbedingung", die nicht den Launen der Konjunktur unterliegen dürfe. Die überwiegende Mehrheit der Bonner Abgeordneten hält dem entgegen: Umweltschutz kostet Geld. Und dieses Geld, so folgern sie, kann nur aufgebracht werden, wenn die Wirtschaft Gewinne macht, wenn sie Überschüsse erzielt, aus denen dann die Mittel für den Umweltschutz abgezweigt werden können. Sind keine Gewinne da, richtet der Umweltschutz die Wirtschaft zugrunde und vernichtet Arbeitsplätze. „Nach dieser Philosophie", zürnt der Abweichler Haenschke, „bleibt der Umweltschutz ein politischer Luxusartikel. Wir können ihn uns leisten, solange wir das Geld dafür übrig haben."
Auch der Rat der Sachverständigen für Umweltfragen, jene Wissenschaftler, die im Auftrag der Bundesregierung in regelmäßigen Gutachten eine Bestandsaufnahme der Umweltbedrohung abzuliefern haben, tun sich schwer in der Grundsatzfrage. 1974 hatten die Forscher noch empfohlen, den verfassungsmäßigen Anspruch auf eine menschenwürdige Umwelt im Grundgesetz zu verankern. 1978 weichen sie – in der Befürchtung, so ein Grundrecht könne eine Flut von Klagen auslösen und die politischen Entscheidung einmal mehr in die Gerichtssäle verlagern – von ihrer Position zurück. Das Parlament sollte statt dessen den Umweltschutz als „Staatsaufgabe" ins Grundgesetz schreiben. Doch wird diese Staatsaufgabe auch in den Amtsstuben der Landratsämter und all der unteren Behörden richtig verstanden, die so entscheidenden Einfluß auf die Gestaltung der Landschaft haben und letztlich über den Umgang mit ihr verfügen? Nicht im Bundestag wird die großspurige Kreisstraße, die Abholzung des Gemeindewäldchens, die Trockenlegung der Streuwiesen entschieden, sondern auf der untersten politischen Ebene. Hier hat der „Pritzelkram" des Hermann Löns die Zeiten überdauert, und wir müssen uns eingestehen, daß die „Verhunzung" nicht vor den grünen Dreieckschildern halt macht, welche die Aufschrift „Naturschutzgebiet" tragen. Hat der klassische, konservative Naturschutz versagt? Hatte diese gesellschaftsfähige, etablierte, wohl älteste Form des Umweltschutzes, hierzulande seit 150

So wie hier in der Schlacht um das geplante Atomkraftwerk in Brokdorf hat sich in den siebziger Jahren an vielen Orten der Zorn des Bürgers gegen Entscheidungen von oben geregt. Überall schlossen sich Bürgerinitiativen zusammen. Wie viele es waren, ist umstritten. Schätzungen schwanken zwischen 4000 und 20 000

gefördert: Wanderratte

gefördert: Lachmöwe

gefördert: Rotfeder

Diese Tiere machen Karriere. Entlang der neuen Straßen dringt die Wanderratte immer weiter vor. Die Lachmöve lebt von den Abfällen des Menschen, das Rotfeder entwickelt sich besonders gut in verschmutzten Gewässern

Jahren gehegt, denn keinen Erfolg? Hat der Naturschutz, institutionalisiert in Verbänden mit renommierten Namen wie der Deutschen Gartenbaugesellschaft, dem Rat für Landespflege, dem Bund Naturschutz in Bayern, all der Ornithologischen Gesellschaften und Vogelschutzbünde, der Alpen- und Wandervereine, der zahllosen Gemeinwohltäter, nicht unverdrossen versucht, in Deutschland Rettungsinseln der Natur inmitten der Kulturlandschaft zu bewahren, 1399 Areale nunmehr, in denen kein Kofferradio spielen darf und in denen das Entnehmen wild wachsender Pflanzen bei Strafe verboten ist? Dafür wühlen in deutschen Naturschutzgebieten Panzerketten den Boden auf, schießen Kanonen und Raketen, Ausnahmen, die für die Landesverteidigung als notwendig galten. Ausnahmen auch die Trimm-Dich-Pfade und Würstchenbuden, die Schneisen, die für neue Überlandleitungen geschlagen werden, die Deiche, die zu ziehen, die Kiesgruben, die auszuheben waren, Ausnahmen, die 15-Kilometer-Stromtrasse durch das Naturschutzgebiet Karwendel oder die Zerstörung des Sylter Rantumbeckens durch Abwässer. Ein Ausnahmefall, daß gerade unter dem Hohen Meißner, dem Geburtsort der deutschen Jugendbewegung, noch so viel Braunkohle liegt, daß dieses Naturdenkmal beiseite geräumt werden muß. Ausnahmen die alten Bäume, die im Nationalpark Bayerischer Wald gefällt werden und die Skilifte, die im Nationalpark Königssee geplant sind.

Es sind immer Ausnahmen, die unabweisbaren Sachzwänge einer Region, unlösbare Zielkonflikte, denen der Naturschutz zum Opfer fällt. Wer will bestreiten, daß die Bauern Schleswig-Holsteins ein Recht auf Küstenschutz haben? Doch brauchen sie deshalb einen neuen Deich, der weite Teile des Wattenmeers umschließt und in Neuland für die Produktion neuer landwirtschaftlicher Überschüsse verwandelt? Wer will bestreiten, daß unterirdisch verlegte Stromkabel 36mal teurer sind als die häßlichen Überlandleitungen. Doch gibt es wirlich keinen anderen Weg als die Schneise durchs Naturreservat? Und wir sollten weiter fragen: Ist es wirklich nur die Sache der elektrischen Versorgungsunternehmen, wenn immer neue Leitungen gezogen, immer größere Kapazitäten erforderlich werden? Ist die Verdrahtung der Landschaft denn etwas anderes als die technologische Antwort auf die Ansprüche einer Gesellschaft, deren Wohlbefinden vom Grad ihrer Elektrifizierung abhängt, von der Anschaffung immer neuer Konsumgüter, für deren Herstellung immer mehr Strom gebraucht wird von einer perfekten Verstromung unserer mit Maschinen möblierten Privathaushalte? Niemand wird sie stürmen, diese Haushaltsgeräte in ihrem unschuldigen Weiß. Doch wir wollten vermeiden, daß Kühltruhen zu Kultgegenständen werden, wir sollten lernen, daß wir für die Annehmlichkeit, eine Mastgans einzufrieren oder die Wäsche schranktrocken zu türmen, mehr zu zahlen haben, als auf der Stromrechnung ablesbar ist. Dazu gehört auch die lange Leitung durchs Naturschutzgebiet.

,,Wir haben ohnehin viel zu viele Naturschutzgebiete'', sagt Professor Wolfgang Erz, Leiter der Bundesforschungsanstalt für Naturschutz und Landschaftsökologie in Bad Godesberg. ,,Die Planungsbehörden sind doch vollkommen überfordert'', begründet der Professor seine überraschende These, ,,wenn sie den Wert eines kleinen Kiefernwäldchens, den irgendwann irgend jemand unter Naturschutz gestellt hat, mit einem vielleicht ökologisch besonders wertvollem Moor vergleichen sollen.'' Das Problem ist, daß es keine Meßlatte für ökologisch wertvolle Landesteile gibt, die für Planungsbehörden eine Hilfe wären. Der Brutplatz eines Auerhahns, der Wohnsitz eines Rotrückenwürgers, der Lebens-

bedroht: Fledermaus

bedroht: Weißstorch

bedroht: Kreuzotter

bedroht: Laubfrosch

bedroht: Hirschkäfer

bedroht: Eisvogel

Diese Tiere haben kaum noch eine Chance. Die Fledermaus findet keine ruhigen Gemäuer, der Weißstorch bricht sich in den Hochspannungsleitungen die Flügel, die Kreuzotter ist eines der letzten freilebenden Reptilien in der Bundesrepublik, der Laubfrosch verliert mit den Tümpeln seinen Lebensraum, der Hirschkäfer flieht aus den Monokulturen der Wälder, die Bruthöhlen des Eisvogels werden bei Uferbegradigungen vernichtet

raum eines Fischotters, was sind uns solche Rückzugsgebiete wert? Genügt uns nicht ein Wäldchen, ein paar Rehe, ein Seerosenteich? Die Naturschützer fordern statt vieler kleiner schmucker Landschafts-Schaustücke, möglichst große durchgehende ökologische Regenerationsräume für Pflanzen und Tiere, im Idealfall einen oder mehrere Nationalparke, großräumige Flüchtlingslager für die von der Zivilisation verfolgten Tiere und Pflanzen. Doch wie verträgt sich diese Forderung mit der fortschreitenden Modernisierung des menschlichen Lebens, mit dem unstillbaren Bedarf der Wohlstandsgesellschaft, den wachsenden Ansprüchen der Wirtschaft an die Vorratslager des Landes, mit dem Willen, den Fortschritt zu meistern?

Wir haben zu lange an diesen Fortschritt geglaubt, dem es gelang, die Natur zu besiegen. Dieses Siegesbewußtsein, den Stolz, der Wildnis Herr geworden zu sein, tragen wir immer noch mit uns herum, die Hypothek der Zivilisation, welche die Natur überwunden hat, mit ihr fertig geworden ist wie mit einem übermächtigen Gegner. Wir haben die Erde überwunden, indem wir sie begruben unter den vielfältigen Monumenten unserer selbstgemachten Steinzeit. Und dieser Fortschrittsglaube ist so unerschütterlich in unserem Selbstverständnis verwurzelt, daß wir ihn exportieren in jene Länder, die noch keine Umweltprobleme haben und statt dessen einen noch ungestillten Nachholbedarf nach Segnungen des Fortschritts, wie wir ihn verstehen. Die Nachfrage ist da, wir liefern aus. Kunstdünger und Kernkraftwerke, Rattengift und Raketenwerfer. Darf es noch etwas mehr sein? Wir entwickeln nicht Länder, sondern Märkte. Und die lieben Nachbarn tun es uns nach. Rudolf Bahro mußte ins Gefängnis, weil er dem Staatsrat der DDR Prognosen wie diese vorgehalten hat:

,,Wenn die Entwicklung der nächsten Jahrzehnte darauf hinausliefe, daß die 10 bis 15 Milliarden Individuen, auf die sich der Bestand der Menschheit einpendeln soll, den Verbrauchs- und Emittierungsmaxima der entwickelten Länder nachjagen, werden sich die kommenden Generationen damit befassen, Sauerstoff für die Atmosphäre, Wasser für die Flüsse, Kälte für die Pole herzustellen.'' Im Glauben, der Fortschritt von Wissenschaft und Technik werden auf seinen eingefahrenen Bahnen die Probleme der Menschheit lösen, liegt für den Wissenschaftler Bahro eine ,,der lebensfeindlichsten Illusionen der Gegenwart''. Und er fährt fort: ,,Die sogenannte wissenschaftlich-technische Revolution, die jetzt noch überwiegend in dieser gefährlichen Perspektive vorantreibt, muß von einer neuen gesellschaftlichen Umwälzung her umprogrammiert werden. Diese Idee des Fortschritts überhaupt muß radikal anders interpretiert werden, als wir es gewohnt sind.''

Auch wenn die DDR-Regierung ihn so behandelt, Rudolf Bahro ist kein Einzelgänger. Die Forderung nach einer Umorientierung der Lebensweise, nach einer neuen Umweltmoral wird allenthalben vernehmlich. Für Bertrand Russell war es die ,,vordringlichste Aufgabe unserer Zeit, eine Philosophie zu entwerfen, die dem von der Aussicht auf fast unbegrenzte Macht berauschten Menschen wie auch der Apathie der Machtlosen gewachsen ist.'' An Entwürfen mangelt es nicht. Und eine Grundströmung ist fast allen Katalogen für eine bessere, lebenswerte Zukunft auf diesem Planeten gemeinsam: die von dem Engländer Ernst Friedrich Schumacher formulierte These: ,,Small is beautiful.'' Klein ist schön. Es geht auch anders, lieber klein anfangen, als groß untergehen. Es geht auch ohne Kernkraftwerke und ohne Großflughäfen, ohne Mammutschulen und ohne Wohnsilos, ohne Autobahnen und ohne Großkaufhäuser, wenn man dieser al-

Diese Karte zeigt, wo in Deutschland Natur und Landschaft geschützt werden. In Landschaftsschutzgebieten sollen schädliche Einflüsse unterbunden, Naturschutzgebiete sollen in ihrem Zustand belassen werden. Naturparks sind großräumige, in sich geschlossene Landschaften. Nationalparks sind mindestens 10 000 Hektar groß und bezwecken keine „wirtschaftsbestimmte Nutzung"

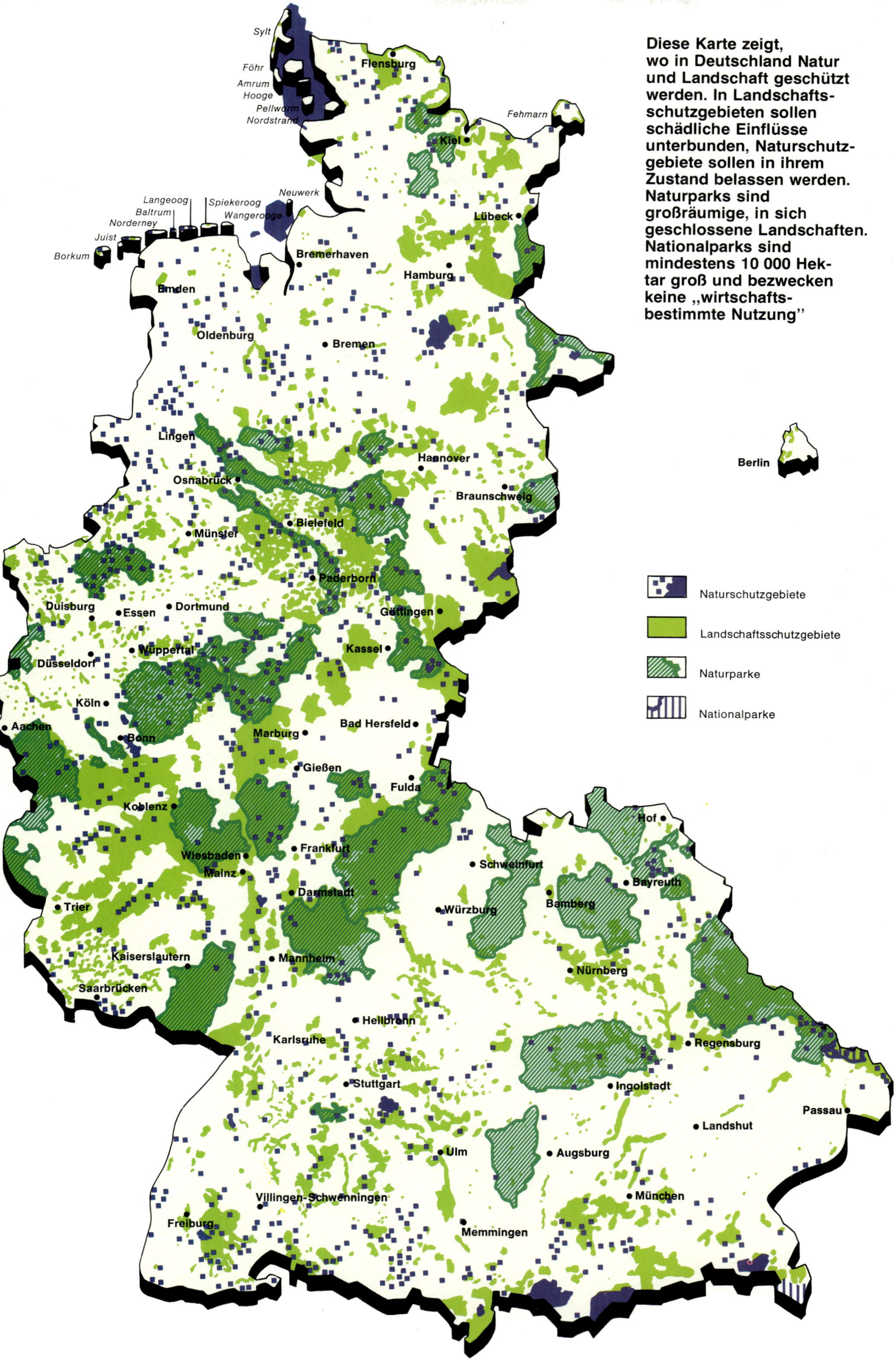

ternativen Leitlinie in ein beschaulicheres, menschlicheres Leben folgen will, die all den mannigfaltigen Auswüchsen krankhaften Wachstums mit vernünftiger Sanftmut begegnet und ihre Sorgen lieber der Sonne als unterirdischen Salzkavernen anvertraut. Lieber Radfahren als im klimatisierten Sechszylinder über die Autobahn jagen. Was ist das überhaupt für eine Art von Fortbewegung, die man nur angeschnallt überlebt?

Freilich gibt es in der weltweiten Ökologiebewegung auch eine Reihe von Meinungsverschiedenheiten über den richtigen Wanderweg in die Zukunft. In der Bundesrepublik lassen sich zwei große Strömungen ausmachen, die freilich viel mehr miteinander gemein haben, als sie zugeben wollen.

Da ist der Kreis der mehr oder weniger vom Mahlstrom des Fortschritts unmittelbar Betroffenen, die sich zu Bürgerinitiativen zusammengeschlossen haben, ,,Hunderte von Graswurzeln, welche die Bundesrepublik wie ein Rasenteppich bedekken'', bemerkt Dr. Wolfgang Sternstein, Sprecher des Bundesverbandes Bürgerinitiativen Umweltschutz, der diese Gruppe mit etwa 300 000 Einzelmitgliedern repräsentiert. Das sind Fischer, Winzer und Bauern, aber auch Akademiker, nicht selten Pastoren. Sie alle haben sich zumeist fachkundig gemacht, was ihr Problem angeht, argumentieren sachbezogen, den Gegener mit dem Grad ihrer fachlichen Kompetenz verwirrend. Seit Wyhl weiß man aber auch, daß diese guten Leute auch einen Bauplatz zu besetzen bereit sind, wenn es sein muß.

Diese redlichen, im besten Sinne konservativen Kräfte verdichten sich Ende der siebziger Jahre in mehreren Bundesländern zu grünen Parteien, sie können aber nicht verhindern, daß sich in ihrer Mitte auch Leute wie Daniel Cohn-Bendit, Volkstribun aus alten Apo-Tagen, wohlfühlen und ,,das parlamentarische Abenteuer'' suchen, ,,um die Institutionen zu chaotisieren''. Um gegen jede Anfechtung von Basisdemokratie gefeit zu sein, gründet der CDU-Bundestagsabgeordnete Herbert Gruhl am 13. Juli 1978 mit nur neun Getreuen die ,,Grüne Aktion Zukunft'' (GAZ). Die Laufbahn dieses von der CSU als ,,Märchenonkel'' verspotteten Umweltsachverständigen ist ein Symptom für den rauhbeinigen Umgang großer Parteien mit ihren ,,Dissidenten''. Als der niedersächsiche Hinterbänkler von der CDU den Auftrag bekam, die vom Club of Rome erkannten ,,Grenzen des Wachstums'' zu erforschen, arbeitete der Parlamentarier sich mit solchem Fleiß in die Materie ein, daß er aus dem Ergebnis seiner Untersuchungen einen Bestseller machte: ,,Ein Planet wird geplündert''. Doch der Bürger Gruhl hatte sich in seiner Partei zu weit vorgewagt, indem er den Sinn jeden Wachstums in Frage stellte, ja das hemmungslose Wirtschaftswachstum für die Krise dieses Planeten verantwortlich machte. Die CDU vergraulte Gruhl, er trat schließlich aus und kehrte der Realpolitik den Rükken. In seinem ,,Grünen Manifest'' forderte er: ,,Alles muß einfacher werden: Der Mensch, die Verwaltung, die Technik, der Verkehr.'' Doch so einfach war es nicht, erst einmal die Menschen für sich zu gewinnen. Die Bürgerinitiativbewegung erkannte in dem konservativen Aktionsgründer nicht ihren Propheten. Er hatte mit dem Verfahren seiner Parteigründung zu wenig Sinn für die Basis bewiesen. So kam es, daß in der politischen Landschaft die Grüntöne variierten. Ja, es soll nicht unterschlagen werden, daß im breiten Spektrum des Protests am Rande auch braune Schattierungen sichtbar wurden.

Die zweite große Gruppe der Grünen sind jene überwiegend in den Städten anzutreffenden Bürgerinitiativen und Basisgruppen, wie sie sich beispielsweise in Hamburg zur ,,Bunten Liste –

Wehrt Euch" zusammengetan haben, ein überwiegend jugendlicher Wahlverein – keine Partei, wie die Gründer betonen. Da sammelten sich um die breite Basis der Atomgegner Mieterinitiativen, Frauengruppen, Homosexuelle, Schüler- und Lehrlingsgruppen, Wehrdienstverweigerer, Sozialarbeiter, Filmemacher, Antifaschisten, Häftlingsgruppen und Kommunisten zum Zweckbündnis gegen die großen Parteien im Zeichen eines violetten Schmetterlings. Das heterogene Protestpotential, von der orthodoxen DKP als „neuer Karnevalsverein" bespöttelt, erreichte in der Bürgerschaftswahl im September 1978 immerhin 3,5 Prozent der Stimmen, die Grünen kamen in Hamburg auf 1,5 und in Niedersachsen auf 3,9 Prozent. In beiden Bundesländern flog die F.D.P. aus den Parlamenten, ein Alarmsignal für die großen Parteien, welches ihnen ihr grünes Bewußseinsdefizit deutlich machte. Kein Politiker wagte es fortan, eine Rede zu halten, in der nicht in irgendeiner Form zum Ausdruck kam, daß er ein engagierter Freund der Umwelt sei. Jedoch die politische Zukunft der Grünen wurde von den Politprofis nicht sehr rosig gesehen: „Als Partei sind sie leider kein ernstzunehmender Gesprächspartner, weil ihnen letztlich die Persönlichkeiten fehlen", bemerkt der Umweltexperte der SPD, Erhard Eppler. Aber er räumt ein: „Als geistige Strömung ist die ökologische Bewegung von großer Bedeutung. Für ihre Ziele ist vor allem die Jugend empfänglich. Ich glaube, daß sich mit diesem Themenkreis an die 30 Prozent der Jungwähler motivieren läßt", ergänzt der Stuttgarter Langzeitstratege.

Die Frage ist wohl, welcher Geist uns durchströmen wird, wenn in den achtziger Jahren die Verteilungskämpfe um die knapper werdenden Rohstoffe an Härte zunehmen. Wird dann jene „Respiritualisierung" der Begriffe von Fortschritt, Wohlstand und Wachstum eingetreten sein, die Konrad Lorenz von uns allen verlangt? „Die Wollust des Überflusses muß der Freude an der Knappheit und Seltenheit von Naturgütern weichen", wünscht der Nobelpreisträger. Kann die katholische Kirche dann noch „alle Menschen guten Willens aufrufen, die gemeinsamen Anstrengungen in der friedlichen Nutzung der Atomenergie zu vereinigen für eine bessere Welt", wie es Papst Paul VI. noch 1975 guten Glaubens tat?

Wir haben den guten Glauben an eine sorglose Zukunft verloren. Aber weil die Bedrohung unserer Zukunft nicht unbestimmt, sondern vorhersehbar ist, weil uns die Risiken des Weiterwurschtelns bekannt sind und wir wissen, was zu tun ist, dürfen wir nicht die Flucht ergreifen. In den vergangenen zehn Jahren seit Beginn der Umweltdiskussion hat sich vieles geändert, was Anlaß zur Hoffnung gibt, daß dieses Land seine Probleme zu meistern in der Lage ist. Der Staat hat sich den Instrumentenkasten verschafft, den er braucht. Es ist an der Zeit, daß er ihn öffnet.

Wir haben also keinen Grund zu resignieren. Wir haben dafür gesorgt, daß der Schutz der natürlichen Lebensgrundlagen ein Thema ist, über das nachgedacht wird. In den Parteien, in den Gewerkschaften und auf den Regierungsbänken.

Unser Mißtrauen ist wach. Es wird uns erkennen lassen, wo der Schutz der Umwelt nur kosmetische Attitüde bleibt. Wir haben mit den Schätzen dieser Erde geaast, wie es so schön heißt. Wir haben begriffen, daß diese Epoche zu Ende ist, daß der Schutz der natürlichen Ressourcen dieses Planeten Opfer von uns verlangt, die bis ins persönliche Leben hineingehen.

Für den Münchner Biologen Frederic Vester geht es schlicht um die Gefährdung eines „großen Unternehmens, das seit fast vier Milliarden Jahren nicht Pleite gemacht hat". Das Unternehmen ist die Natur.

Stadt und Land rücken sich näher, die Urbanisierung schreitet voran. Wer sich aus der rauhen, lauten Wirklichkeit der Städte in die grüne Idylle davonstiehlt, wird bald eingeholt. Zu viele haben den gleichen Gedanken

Was den Städtern bleibt, ist ein auf kleine Flecken begrenztes Naturerlebnis, für das sie oft noch Eintritt zahlen müssen. Wo die heimische Vogelwelt keinen Lebensraum mehr findet, vermittelt der exotische Importvogel die Illusion einer unzerstörten Welt, in der noch alles rosa ist

Nur in den Mooren ist die Bundesrepublik noch naturbelassen. Doch diese ökologisch bedeutenden Rückzugsgebiete für eine Vielzahl bedrohter Tier- und Pflanzenarten machen nur noch einen winzigen Bruchteil der Landesfläche aus, für dessen Erhaltung sich auch internationale Naturschutzorganisationen einsetzen

Der unerschütterliche Fortschrittsglaube der Industrienationen ist ein Exportschlager. Wo noch keine Umweltprobleme sind, sorgen die Industrienationen dafür, daß sie entstehen, denn sie entwickeln nicht Länder, sondern Märkte. Die Umweltmoral wird an der Landesgrenze abgegeben

Wasser

LEBEN VON DER SUBSTANZ

Frühmorgens um halb sechs am Ufer des Neckars, zwei Kilometer unterhalb der schwäbischen Kleinstadt Sulz. An diesem Frühlingstag ist Hermann Kuhring, 43, in seinen grünen Gummistiefeln schon unterwegs. Er sucht den bunt gefiederten Eisvogel, der hier jedes Jahr nistet und seine Jungen ausbrütet. Doch der Eisvogel kommt nicht mehr, seitdem im vergangenen Jahr das Ufer im Auftrag des Wasserwirtschaftsamtes Rottweil abgeholzt wurde. Sämtliche Bäume, Büsche und Sträucher fielen auf einer Strecke von zwölf Kilometern der Motorsäge zum Opfer. Begründung der Behörde: Bei Überflutung soll das Wasser auf den Uferwiesen besser ablaufen können.

Der Straßenbauarbeiter Kuhring, dessen elterlicher Hof seit zwei Generationen unmittelbar am Neckarufer steht, gründete eine Bürgerinitiative gegen die Totalabholzung. Mit Unterstützung des baden-württembergischen SPD-Landesvorsitzenden Erhard Eppler ("Das ist die erste Bürgerinitiative, die von einem Arbeiter geführt wird") mobilisierte er mit Erfolg gegen das Wasserwirtschaftsamt, die Arbeiten wurden eingestellt. Doch die Folgen des behördlichen Schwabenstreichs sind irreparabel. Der nun schneller fließende Neckar reißt das Erdreich der Uferböschung mit, die jetzt mit Steinpackungen wieder gesichert werden muß. Die ursprüngliche Flußlandschaft, Lebensgebiet seltener Wasservögel, ist zerstört. Aber das Verschwinden des Eisvogels ist ein Alarmsignal, das von Wasserbauämtern nicht registriert wird. Niemand registriert auch das heimliche Sterben auf den Sandbänken der Nordsee. Hier lagern die Schmutzfrachten des Rheins, die von den französischen und deutschen Industriebetrieben entlang dieser größten Kloake Europas eingeleitet werden. Sie treiben bis weit in das Wattenmeer hinaus. Hier geht die Zahl der Seehunde beständig zurück, denn die Jungtiere sind nicht mehr lebensfähig. In Leber und Gehirn finden sich hohe Mengen von Quecksilber, Endlagerung von Giftmüll mit Todesfolge.

Das Fortbleiben des Eisvogels und das Sterben der Seehunde sind unauffällige Symptome für den Raubbau an einer der wichtigsten Lebensgrundlagen des Menschen, dem Wasser. Diese Verbindung aus zwei Teilen Wasserstoff und einem Teil Sauerstoff (H_2O), wie der französische Chemiker Lavoisier 1783 entdeckte, ist eine einzigartige Flüssigkeit auf der Erde.

In immer wiederkehrenden Kreisläufen verdunstet Wasser auf den Weltmeeren, kondensiert zu Wolken und fällt als Niederschlag auf das Land. Wasser ist für Pflanzen, Tiere und Menschen lebensnotwendig. Es sieht so aus, als sei genug davon da, denn die Erde ist zu 71 Prozent mit Wasser bedeckt. Doch nur 2,8 Prozent davon sind als Süßwasser für den Menschen genießbar. Und mit diesem Rest geht er leichtfertig um. Daß es in den Ländern der Dritten Welt immer mehr an Wasser mangelt, daß heute ein Drittel der Menschheit nicht mehr über ausreichend sauberes Trinkwasser verfügen kann, ist Schuld des Menschen. Weil in Südamerika, Afrika und Asien riesige Wälder abgeholzt werden, wachsen die Wüsten. Seit 1970 sind weltweit 15 Prozent aller Urwälder verschwunden. Die Folge sind Bodenerosion und Versteppung. So wie in der Sahel-Zone in Afrika, bringt die Veränderung der klimatischen Bedingungen für Tausende den Tod durch Verhungern und Verdursten.

Die nördlichen Industrienationen wie die Bundesrepublik scheinen in Wasser zu schwimmen. Verregnete Sommer, reichlich Schmelzwasser, Überschwemmungen. Kein Scheich kann den Wasserhahn zudrehen. Es fließt uns zu, allzeit und überall verfügbar, eine klare Sache, preisgünstig zu gewinnen und nach Gebrauch einfach abzuleiten.

„Das Wasser" sagt Professor Carl Franz Seyfried von der Technischen Universität Hannover," wurde zum größten Wegwerfartikel der Menschheit".
Doch auch in der Bundesrepublik birgt das kühle Naß eine heiße Gefahr – vielleicht eine größere als die Folgen der Energieverknappung. Ohne Atomstrom, droht die Atomstromindustrie, gehen in den 80er Jahren die Lichter aus. Ohne Wasser jedoch verlischt alles Leben. Bereits 1980 werden in der Bundesrepublik jährlich 3 Milliarden Kubikmeter Trinkwasser verbraucht. Jedoch nur die Hälfte davon kann aus dem Boden gepumpt werden. Die Versorgungslücke muß mit Wasser aus den Flüssen und Seen gefüllt werden, das in Wasserwerken, die immer mehr chemischen Fabriken ähneln, aufbereitet wird. Doch die Flüsse, die Lebensadern der Natur, sind krank. Einige stehen vor dem Tod. Sie haben – durch menschliche Eingriffe – die Kraft verloren, sich selbst zu reinigen. Ablagerungen aus Industrieproduktionen haben das Bett der großen Flüsse mit einer asphaltartigen Schicht aus Mineralsalzen und Giften versiegelt. Krümmungen der Flußläufe, an denen sich das Wasser staute, oder sauerstoffbildende Strudel erzeugte, wurden begradigt. Die bewachsenen Ufer, die mit Gras und Wurzelwerk das Wasser gleichsam massierten, Lebensraum für Fischbrut und Wasservögel, wurden betoniert und eingedeicht, die Flüsse in synthetische Röhren gepreßt, durch die sie immer schneller fließen, in denen sie ihre Reinigungskraft verlieren. Die Flüsse graben sich tiefer in ihr Bett, die Stromsohle senkt sich. Die Folge davon ist ein Absinken des Grundwasserspiegels in den angrenzenden Uferlandschaften. Bestes Beispiel ist der Oberrhein, der zur Abwehr der ständigen Hochwasser und zur Schiffbarmachung schon im Jahre 1820 von dem badischen Baumeister Tulla begradigt wurde. Seine Urenkel sitzen heute auf dem Trockenen.
Im Kaiserstuhlgebiet bei Freiburg droht der Landschaft eine Versteppung. Wipfeldürre in den Spitzen der Laubbäume kündigt den Tod ganzer Wälder an. Seit dem Naturschutzjahr 1970 wurden 7.000 Kilometer Flüsse und Bäche begradigt.
Aber die vermutlich größeren Probleme liegen beim Grundwasser. Abwässer von Industrie- und Landwirtschaft sowie von privaten Haushalten, aber auch Besiedelung, Verkehr und Mülldeponien bedrohen diesen begrenzten nicht vermehrbaren Wasserschatz. In einer Studie für das Bundesinnenministerium sagen die Prognostiker des Frankfurter Battelle-Instituts voraus, daß bei steigendem Wasserverbrauch in knapp drei Jahrzehnten die Grundwasserreserven erschöpft sein werden.
Im Jahre 2000 werden die deutschen Privathaushalte 4,4 Milliarden Kubikmeter Wasser verbrauchen. Dreißig Prozent mehr, als im Jahr 1975. Bis dahin wird man den größten Teil des Trinkwassers aus Flüssen gewinnen müssen, die heute als biologisch tot (umgekippt) eingestuft werden, aus Landschaften, in denen der Grundwasserspiegel ständig sinkt. Diese trockene Zukunft hat schon begonnen.
Im hessischen Städtchen Nidda zeigen sich an Stuckdecke und Außenwand der alten Stadtkirche Risse. Das Gotteshaus wankt, seit die "Oberhessischen Versorgungsbetriebe" im nahen Vogelsberg-Gebiet aus drei Brunnen Tiefwasser für den Großraum Frankfurt schöpfen. Der SPD-Umweltexperte Frank Haenschke nennt diesen Raubbau der Ballungsgebiete an ihrem Umland eine "neue Dimension des Kolonialismus. Die großen Zentren und Industrien bedienen sich und die Bevölkerung auf dem Land muß dafür zahlen." Die Kosten sind meßbar. In Nidda ist der Grundwasserspiegel in den vergangenen Jahren um acht Meter gesunken.
Auch im "hessischen Ried" südlich von Frankfurt senkte sich der Grundwasserspiegel um

acht Meter. Das Vereinshaus des Sportclubs Heppenheim brach zusammen, nachdem die Fundamente absackten. Für die künstliche Berieselung dieses ehemaligen Feuchtgebietes muß ein 150 Millionen Mark teures Klär- und Pipeline-System gebaut werden, das Wasser aus dem Rhein zapft. Am Rande des Odenwalds werden die einstmals begradigten Zuflüsse nun künstlich gestaut, um die knappen Grundwasser-Reservate wieder aufzufüllen. Das Wasserwerk Allmendfeld mußte auf Weisung des Regierungspräsidiums seine Lieferung an Frankfurt und Wiesbaden um ein Drittel kürzen.
Auch die wasserreiche Hansestadt Hamburg, durchflossen von Elbe, Alster und Bille, mit einem Kanalnetz, das Venedig um Längen übertrifft, muß Wasser aus dem Umland abziehen. Die Aufarbeitung des verschmutzten Elbwassers, das die Bewohner der Hafenstadt mit Trinkwasser versorgt, wurde immer problematischer. Mit dem Landkreis Lüneburg wurde deshalb 1970 vereinbart, jährlich 25 Millionen Kubikmeter Grundwasser aus dem Heideboden zu pumpen. Die Wasserentnahme in einer Tiefe von 400 Metern sollte ohne nachteilige Auswirkungen für die Ökologie des Landschaftsschutzgebietes bleiben. Der Leiter des Wasserwirtschaftsamtes von Lüneburg: ,,Wir verbrauchen nur die Zinsen, ohne das Kapital anzurühren.''
Dieser Rechnung mißtraute ein Bürger aus dem Auetal. Aufgeschreckt über die Zerstörungen von Landschaft und Bauwerken durch Grundwasserabsenkungen bei Frankfurt, bot er an, auf eigene Kosten Probebohrungen auf seinem Grundstück zu machen. Mit der Bestimmung des Grundwasserstands wollte er die Beweislage sichern, um in späteren Prozessen mögliche Schäden an seinem Haus einklagen zu können. Das Wasserwerk in Hanstedt teilte dem besorgten Kunden jedoch lapidar mit, daß eine Absenkung des Grundwassers nicht zu erwarten sei. Wenig später kam ein Gutachten des niedersächsischen Instituts für Natur und Landschaftspflege jedoch zu einem anderen Urteil. Danach hätte die Wasserentnahme für die durstige Hansestadt verheerende Folgen für die Land- und Forstwirtschaft des Heidegebiets.
Und nicht nur durch Pumpleitungen wird dem Boden das Wasser geraubt. Es dringt einfach nicht mehr genug ins Erdreich ein. Kanalisierte Neubausiedlungen, Parkplätze, Fabriken und Straßenbauten – in der Bundesrepublik inzwischen schon 10 Prozent der Grundfläche – entziehen dem natürlichen Wasserkreislauf weiteren Zufluß. Die Landschaft wird versiegelt. Jedes Reihenhaus senkt den Grundwasserspiegel um einige Millimeter.
In Buxtehude, einer Stadt am Rande der wasserreichen Elbmarsch, können einige Millimeter das Schicksal von Wohnhäusern bedeuten. Der ständig fallende Grundwasserspiegel legt die Holzpfeiler frei, auf denen die Häuser aus dem 19. Jahrhundert stehen. Die Fundamente werden von Bakterien und Holzschwamm befallen und verrotten. Für einige Gebäude besteht Einsturzgefahr.
''Es ist fünf vor zwölf'', sagt Benno Weimann, Vorstand der Gelsenwasser-AG, dem größten von 15.000 Wasserversorgungsunternehmen in der Bundesrepublik. ''Wir handeln nach dem Motto: Die Konjunktur machen wir jetzt, den Umweltschutz später.'' Und der Geschäftsführer der Vereinigung Deutscher Gewässerschutz, Armin Schmülling, resigniert: ''Die Fische schwimmen nicht mehr im, sondern auf dem Wasser. Wir haben uns schon an die Leichen gewöhnt. Offenbar fehlt uns eine Katastrophe, damit wir endlich aufwachen.''
Das Hitzejahr 1976 lieferte einen Vorgeschmack auf wasserlose Zeiten. Damals kletterte im Juni das Thermometer auf über 35 Grad im Schatten, wochenlang blieb über Deutschland der Re-

gen aus. In Frankfurt wurden 44 Klinikbetten für Hitzeopfer freigemacht, in Nordrhein-Westfalen loderten 650 Waldbrände und im Kölner Zoo erlitten drei südamerikanische Lamas einen Hitzschlag. Der Rheinpegel fiel auf seinen tiefsten Stand seit 160 Jahren, über 3.000 Bewohner in Estenfeld bei Würzburg wurden aus dem Tankwagen mit Trinkwasser versorgt. Aus dem Wasserhahn tröpfelte nur eine dünnes Rinnsal. Selbst in den Höhenlagen von Eifel und Westerwald versiegten Brunnen. Die Münchner Stadtwerke, gespeist aus den wasserreichen Alpen, verteilten Flugblätter mit Spartips an ihre Kunden: "Während des Einseifens beim Duschen und Händewaschen bleibt der Wasserhahn verschlossen."
Aber trotz solcher Alarmsignale macht das bei den Bundesbürgern immer sensibler reagierende Umweltbewußtsein vor dem Wasser halt. Es übersteigt die Vorstellungskraft, daß dieser kräftige Strahl aus dem Hahn irgendwann einmal versiegt.
Täglich verbraucht der Bundesbürger 150 Liter Wasser. Für Waschmaschine, Badewanne oder Dusche jeweils rund 30 Liter. Für Körperpflege und Wohnungsreinigung 10 Liter. Das Pflegen des Autos ist dem Deutschen 7 Liter wert, immerhin doppelt so viel wie von dem Lebensmittel Wasser täglich zum Kochen und Trinken benötigt werden. 9 Liter allerfeinstes Trinkwasser opfert er für jede Toilettenspülung. Der Wasserverbrauch steigt mit dem Wohlstand. Für einfache Wohnungen liegt der Tagessatz bei 60 Liter, in Komfortwohnungen mit sanitärer Höchstausstattung bei 400 Liter. Nach der Battelle-Studie soll bis zum Jahre 2000 der Pro-Kopf-Bedarf an Trinkwasser auf 200 Liter steigen. Schon heute summiert sich der Tagesverbrauch auf 323 Liter, wenn man öffentliche Einrichtungen wie Schwimmbäder, Schulen, Krankenhäuser und nicht zuletzt die Feuerwehr dazuzählt. Nicht in dieser Rechnung enthalten sind tropfende Wasserhähne, durch die allein 1976 in Hamburg täglich 13,6 Millionen Liter für 16.000 Mark vergeudet wurden. Die Zeche zahlt das Wasserwerk, denn Tropfen werden von der häuslichen Wasseruhr nicht gezählt.
Jedoch im Vergleich zu den privaten Haushalten benötigt die Industrie sechsmal mehr Wasser als Rohstoff für vielfältige Produktionsprozesse. Zur Erzeugung von einer Tonne Stahl werden 25.000 Liter Wasser verbraucht, für ein Kilogrammm holzfreies Papier 480 Liter (Altpapier nur 1,8 Liter). Die Produktion eines einzigen Automobils verschlingt 380.000 Liter des kostbaren Naß. Allein die Kühlwassersysteme in der chemischen Industrie und bei Kraftwerken benötigen rund 80 Prozent des industriellen Wasserbedarfs. Immer noch vergeuden diese Großverbraucher wertvolles Trinkwasser und lassen es nach Gebrauch einfach ab, anstatt es in geschlossenen Kreisläufen wieder zu verwenden.
Industrie und Haushalte erzeugen Abwässer, die trotz Millioneninvestition in Kläranlagen Flüsse und Seen verschmutzen. Von den gefährlichen Schwermetallen Quecksilber und Cadmium transportiert der Rhein jährlich rund 70 Tonnen in Richtung Holland. Bei den Zellstoffwerken, Rohstofflieferanten für die Papierindustrie, fallen die schwer abbaubaren Sulfonsäuren an. In den Wasserwerken am Rhein, Trinkwasser-Spender für 20 Millionen Menschen, blockieren diese Säuren in hohen Konzentrationen die Aktivkohlefilter der Aufarbeitungsanlagen.
Der Rhein hat besonders viel zu verkraften und beschäftigt seit Jahren die Polizei, und die läßt sich einiges einfallen.
Ein sonniger Sommertag im Jahre 1973 auf dem Rheinabschnitt unterhalb von Duisburg. Der weiß-grüne Polizei-Hubschrauber "Hummel 9" ist mit zwei Mann Besatzung der Wasserschutzpolizei unterwegs. Diese fliegende Streife des Landes Nordrhein-Westfalen jagt

Die Gewässergütekarte der Bundesrepublik zeigt, wie stark die Flüsse und Bäche verschmutzt oder belastet sind. Die Werte ändern sich von Jahr zu Jahr, wobei eine lange Regenperiode oder ein schneereicher Winter mit viel Schmelzwasser vorübergehend einen gewissen Verdünnungseffekt erzielen. Eine Qualitätsverbesserung ist jedoch langfristig nur zu erreichen, wenn die Verschmutzung durch Industrie und städtische Abwässer unterbunden wird

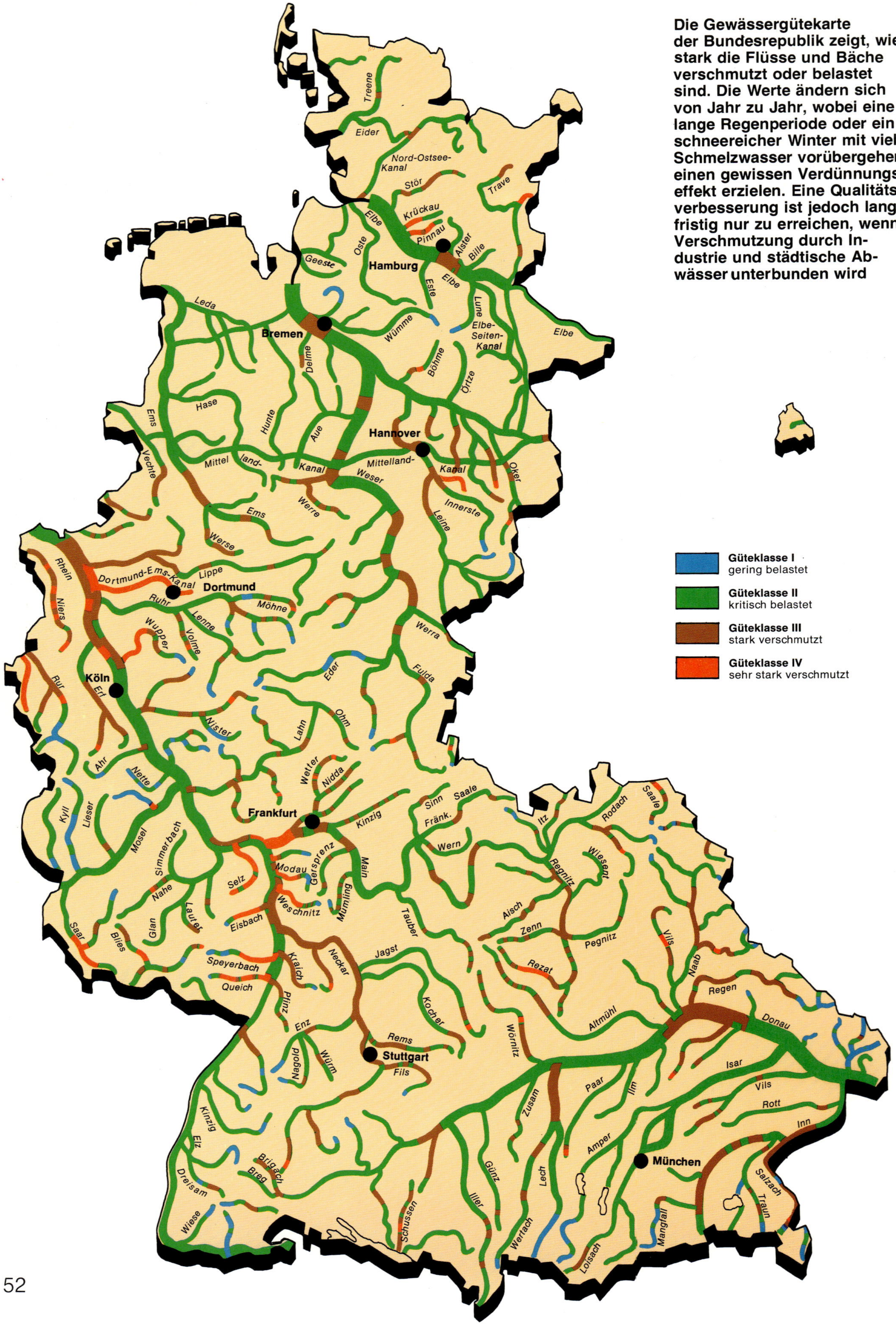

Umweltsünder, die illegal Öl in den Fluß ablassen. Über dem Hafen Godorf, einem Umschlagplatz für Öltanker, entdekken die Beamten eine zehn Meter lange Ölspur, die sich auf halber Strombreite dahinzieht. Der diensttuende Kommissar Rolf Becker greift eine Polaroid-Kamera und lichtet die Szene ab. Über Funk alarmiert er die Kollegen im Polizeischnellboot "WSP 9", das in der Nähe Patrouille fährt. In einer Plastikflasche verpackt wird das inzwischen entwickelte Polaroid-Foto abgeworfen und aufgefischt.
Wenige Minuten später geht das Polizeiboot längsseits des ertappten Umweltsünders, dem deutschen Tanker "Rhein 60". Der Kapitän will zuerst jede Schuld zurückweisen, verstummt jedoch, als der Polizist das Beweisfoto aus der Tasche zieht. Sünden dieser Art werden mit einem Bußgeld von ein paar tausend Mark geahndet. Ein billiges Vergnügen im Vergleich zu den ökologischen Schäden des bequemen Ölwechsels.
Aus den Motorräumen der Rheinschiffe werden jährlich Millionen Liter Bilgenöl, ein Gemisch aus Schmierstoffen und Reinigungsmitteln, in den Fluß abgelassen. Ein Liter Altöl macht die millionenfache Menge Wasser unbrauchbar.
Kaum etwas bedroht jedoch das biologische Gleichgewicht der Flüsse und Seen so sehr, wie der von der Waschmittel-Werbung mit Millioneninvestitionen gezüchtete Weißtick des Bundesbürgers. Zwar schäumen die Flüsse nicht mehr, seit bestimmte Detergentienzusätze verboten sind. Aber immer noch bringen Waschmittel 50 Prozent der Phosphate beispielsweise in den mit Erfolg gesäuberten Bodensee.
Diese Rückstände erweisen sich auch unter Wasser als nahrhafte Düngemittel für Algen und Seepflanzen. Das wuchernde Kraut entzieht dem Wasser Sauerstoff und führt zur Fäulnis gesunder Gewässer. So hatten auch die Erholungssuchenden an den Baggerseen im Gebiet von Altrip, südlich von Ludwigshafen, immer weniger Freude an den einstmals glasklaren Seen. Die blaßgrünen Algen wuchsen aus dem fünf Meter tiefen Grund bis an die Wasseroberfläche und behinderten hier Schwimmer, Schlauchboote und Schwäne. Die Besitzer der teuren Seegrundstücke in dem attraktiven Naherholungsgebiet starteten eine internationale Rettungsaktion. Mit einigen tausend Mark aus der Klubkasse des Anlieger Vereins "Interessengemeinschaft Blaue Adria" wurden 1977 chinesische Graskarpfen angekauft. Die Tiere aus dem fernen Osten sind als erfolgreiche Algenfresser bekannt.
Das Schicksal der chinesischen Fische in Rheinland-Pfalz bleibt eine Anekdote der noch ungelösten Probleme einer für die Zukunft gesicherten Trinkwasserversorgung.
Ungelöst, und in seinen Wirkungen vielfach noch nicht erforscht ist das Problem der Rückstände von chemischem Dünger und Pestiziden aus der Landwirtschaft, die im Boden versickern oder mit dem Regen in die Gewässer geschwemmt werden. Die darin enthaltenen Nitrate werden von den Uferbänken nicht absorbiert. Über diese sogenannten Uferfiltrate füllen die Wasserwerke an den großen Flußläufen jedoch ihre knappen Grundwasser-Reservate auf. Daß auf diese Weise Gifte in den Nahrungskreislauf gelangen, an den auch der Mensch angeschlossen ist, läßt sich nicht mehr verhindern. Immer stärker wird die Schmutzbrühe in den Flüssen für die Trinkwasserversorgung herhalten müssen. Dabei wird die Qualität dieser Reserven immer fragwürdiger. Ihre Unbedenklichkeit mag niemand mehr bescheinigen. Irgendwann ist dieser Hahn zu.
In der 568 000-Einwohner-Stadt Bremen an der Weser ist es schon soweit. Bisher konnte das städtische Trinkwasser mit 18 Prozent Weserwasser verschnitten werden. Doch der Salzgehalt des Flusses stieg 1978 durch die

Einleitungen aus überwiegend in der DDR liegenden Kaligruben auf 2000 Milligramm pro Liter, zehnmal mehr, als die Trinkwassernorm der Europäischen Gemeinschaft erlaubt. Der Bremer Umweltsenator Herbert Brückner ordnete an, die Wasserentnahme sofort auf drei Prozent zu drosseln. Der Bau von neuen Wasserwerken wurde in Auftrag gegeben. Bis 1981 will Bremen von seinem versalzenen Hausfluß unabhängig sein. In einer Umwelt-Fibel des Senators wird schon darauf hingewiesen, "daß hohe Wiederaufarbeitungskosten selbst Trinkwasser zum Luxusartikel werden lassen.".
Ein Luxusartikel besonderer Art. Von den rund 6000 Chemikalien in den deutschen Flüssen ist kaum erforscht, welche Langzeitwirkungen einzelne toxische Stoffe in der Nahrungsmittelkette haben. Geraten Gifte über Mülldeponien oder Industrieabwässer in die Grundwasserströme, sind die Auswirkungen heute noch nicht zu übersehen. Frank Haenschke: "Für die Energieprobleme unserer Industriekultur werden umfangreiche Zukunftsprogramme entworfen, das Trinkwasser wird aber vergessen."
29. Juli 1978. Bei Flußkilometer 555 im Schatten der vielbesungenen Loreley geht ein rotgepunkteter Lachs ins Netz. Am nächsten Tag fängt einer der fünf noch hauptberuflich tätigen Rheinfischer auf dem rheinland-pfälzischen Flußabschnitt ein Lachsweibchen. Die Sensation ist perfekt. Seit 30 Jahren war im Rhein kein Exemplar des delikaten Lachses (Salmo salar) mehr gefangen worden. Die Begradigung des Flusses im Zuge der Industrialisierung hatte die Kiesbänke vernichtet, die dem Lachs als Laichplatz dienten. Die Verschmutzung stoppte die jährliche Wanderung des bis zu 1,50 Meter langen Fisches bis hoch in die Seitenarme des Stromes. Noch im 18. Jahrhundert wimmelte es im Rhein von Lachsen. In den Gesindeverträgen baten sich damals die Dienstboten von der Herrschaft aus, nicht mehr als dreimal die Woche Rheinsalm vorgesetzt zu bekommen. Der unerwartete Fang aus den trüben Fluten wurde in den Ministerien und Gewässerschutzämtern mit Freude aufgenommen. In der Schlacht um den Rhein, der nach dem zweiten Weltkrieg zu einer chemischen Kloake aus Salzen, Säuren, Pestiziden und Phenolen verkommen war, schien ein Etappensieg erreicht. In den letzten Jahren waren über 700 Kläranlagen am Rhein und seinen Seitenflüssen in Betrieb genommen worden, darunter die größte Kläranlage der Welt, gemeinsam betrieben von dem Chemiekonzern BASF und der Stadt Ludwigshafen. Die Kosten

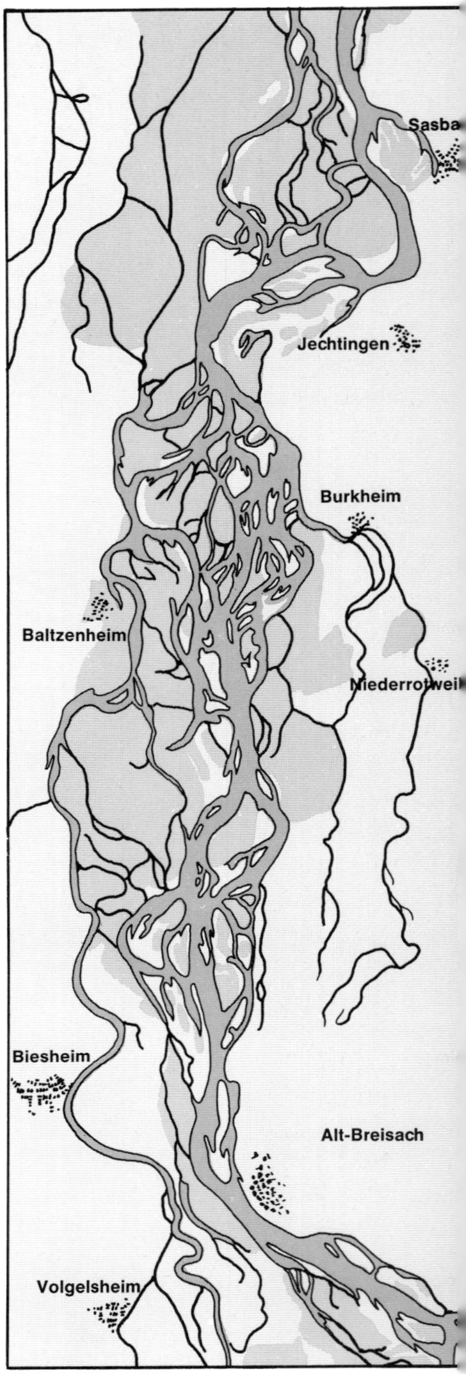

Der Oberrhein bei Breisach im Jahre 1828, ein breiter Fluß mit vielen Windungen und Nebenarmen. Die Ufer waren von üppig wachsenden Auwäldern bestanden und häufig überschwemmt. Um die Hochwasser zu bekämpfen und den Fluß schiffbar zu machen, begann der badische Baumeister Tulla, den Fluß zu begradigen

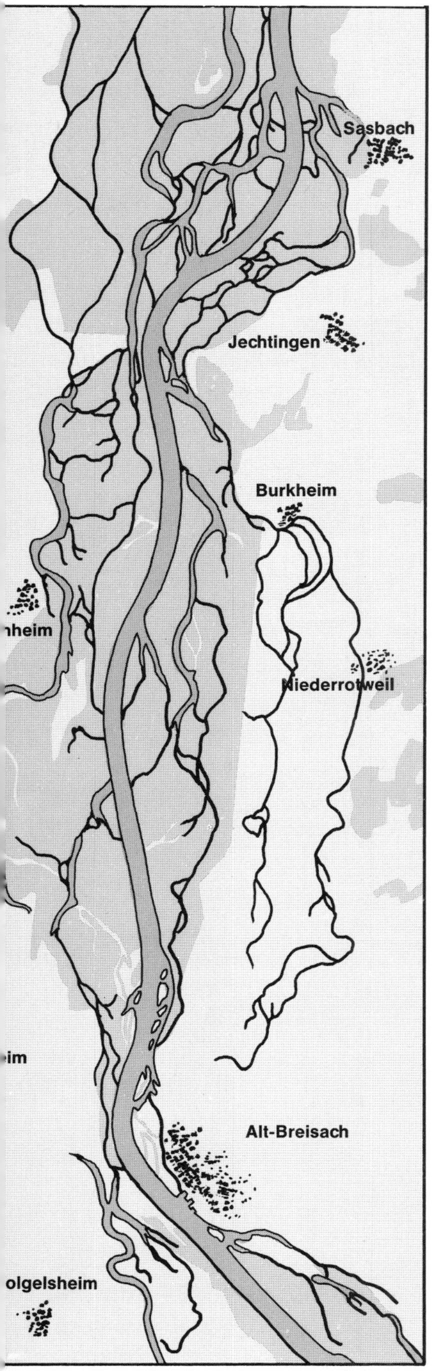

r Rhein 1872. Die
ume sind
rschwundenn,
utlich ist der
uptstrom inmitten
iner vielen
benarme zu
kennen. Sie führen
niger Wasser,
erschwemmungen
nd seltener geworden,
r Rhein fließt
hneller durch sein
tt

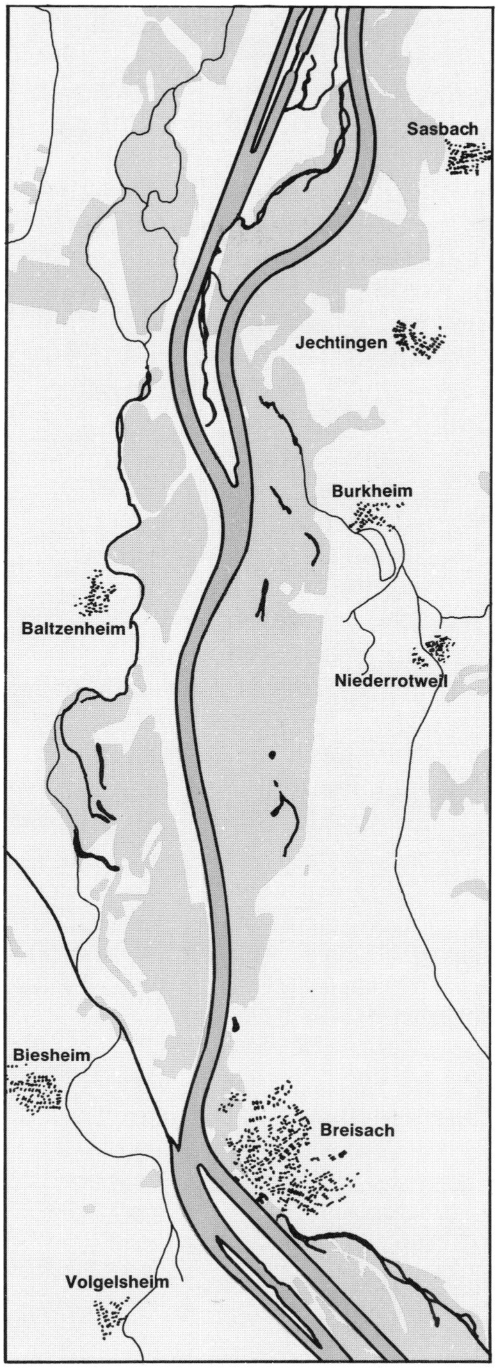

Der Rhein 1963, kanalisiert, die Altarme sind weitgehend verschwunden, die Ufer trockengelegt, bebaut, die Landschaft droht stellenweise zur Steppe zu werden. Der Strom, durch viele Einleitungen verdreckt, hat seine Selbstreinnigungskraft weitgehend verloren

für die 300-Millionen-Anlage und für Abwasserbeseitigung überstiegen – so ein Sprecher des Chemiewerks – bei der Aktiengesellschaft die Dividenden. Und 1978, in einer von den Naturschutzorganisationen als Skandal empfundenen Farbanzeige ließ das Bundespresseamt 14 Experten verkünden: "Man kann im Rhein wieder schwimmen." Als Sachverständige bemühten die Staatswerber vierzehn bunte Fische vom Gründling bis zum Lachs. Wenige Monate darauf bekam Bonn von 80 anderen Sachverständigen eines Rhein-Symposiums ein Gegengutachten. Die Wasserzustandsmeldung der Wissenschaftler aus Holland, Frankreich und der Bundesrepublik straften die Bonner Meinungsmacher Lügen. Der Rhein ist, trotz Milliardeninvestitionen, von Gift, Salz und Dreck gesättigt.
Das Salz aus den elsässischen Kaliminen wurde zum Prüfstein einer europäischen Umweltpolitik. Die Pariser Regierung unterzeichnete zwar 1976 ein sogenanntes Chloridabkommen mit der Schweiz, der Bundesrepublik und Holland, um die Versalzung des Stromes zu stoppen, doch im Gegensatz zu den Parlamenten der Partnerstaaten wurde der Salzpakt von der französischen Nationalversammlung Jahre lang nicht ratifiziert. Die elsässischen Abgeordneten

und Regionalpolitiker machten erfolgreich Front gegen die geplante Beseitigung der Kalihalden an Ort und Stelle. Dort sollte die salzige Lauge 1800 Meter unter die Erde gepumpt werden, ohne das Grundwasser zu gefährden. Die Bewohner der Gourmet-Provinz befürchteten trotzdem nachteilige Auswirkungen auf ihr Trinkwasser, dessen Salzgehalt in der gesamten Rheinebene bereits ständig angestiegen war. Die regionalen Umweltschützer hatten Erfolg. Die internationalen Umweltschützer hatten das Nachsehen. Aus diesem Grund kommen die holländischen Blumenzüchter weiterhin in den Genuß des französischen Salzes, das über die Berieselungsanlagen in die Unterglaszuchten gerät und am Unterrhein die Tulpen verwelken läßt. Für Salz gibt es keinen europäischen Freundschaftspakt. Holländische Parlamentarier befürchten zudem, daß der geplante weitere Ausbau von Kernkraftwerken entlang des Rheins zu einem Ansteigen der radioaktiven Substanzen im Fluß führt. Atomkraftwerke haben gegenüber herkömmlichen Kohlekraftwerken einen bis zum Zweifachen höheren Bedarf an Kühlwasser, das dem Fluß entnommen und erwärmt zurückgegeben wird.

Dadurch ist ein weiterer Konflikt für die Rheinsanierung programmiert. Die Nuklearmacht Frankreich, empfindlich gegenüber der Einschränkung nationaler Souveränitätsrechte, wird kaum auf den weiteren Ausbau ihrer Atomkapazität verzichten. Das erstmals 1979 direkt gewählte Europaparlament in Straßburg, mit den Kalihalden vor der Tür, könnte in der Frage der Wasserverschmutzung erstes Profil zeigen. Über zehn Jahre wurde auf europäischer Ebene über eine wirksame Abwasserabgabe beraten, die eine zweckgebundene Verwendung der Mittel für die Gewässersanierung vorsieht. Als erstes Ergebnis einigten sich die Parlamentarier auf die Verabschiedung einer "Europäischen Konvention für den Gewässerschutz". Auch ein bereits 1976 unterzeichnetes Chemieabkommen, das die Großverschmutzer des Rheins veranlassen soll, ihre Einleitungen zu verringern, bleibt ohne Bestimmung der gefährlichen Chemikalien unwirksam. Das neue Europa muß mit verdreckten Flüssen leben.

Daran wird sich auch nichts ändern, solange die Anrainerstaaten sich nicht über die "Schwarze Liste" der verbotenen Gifte einigen, solange weiter Blei, Quecksilber und Arsen in den größten europäischen Trinkwasserspender geleitet werden, solange deutsche Zellstoffabriken ihr Wasser ungeklärt ablassen und solange sich Frankreich weigert, das Abkommen über die Rhein-Reinhaltung zu unterzeichnen, das die staatlichen Kalibergwerke im Elsaß zwingen würde, das Salz aus der Suppe zu nehmen. Lediglich der Sauerstoffgehalt des Stroms hat sich, dank hoher Wasserstände, spürbar erholt.

Die Experten in der Landesanstalt für Fischerei von Nordrhein-Westfalen zweifeln denn auch daran, daß ein Lachs den Weg von der Mündung bis zur Loreley überlebt. Das gefangene Fischpärchen stamme wahrscheinlich aus einem Gewässer, in das Lachsbrut künstlich eingesetzt wurde, bei hohem Wasserstand konnte es bis in den Rhein entweichen.

Das Schicksal der Fische spiegelt die Zerstörung der deutschen Gewässer wider. In der Elbe werden von einst 20 Fischarten nur noch Aal, Stint und Edelbutt gesichtet, 28 Prozent der Jungaale sind dabei von Hauttumoren befallen. Nach einem Fischsterben an der Unterelbe bei Brokdorf im Mai 1978 machte der schleswig-holsteinische Landwirtschaftsminister Günter Flessner ungünstige klimatische Bedingungen und die DDR verantwortlich, die zuviel Dreck in die Oberelbe leitet. Eine Forschungsgruppe an der Universität Hamburg kam ein Jahr

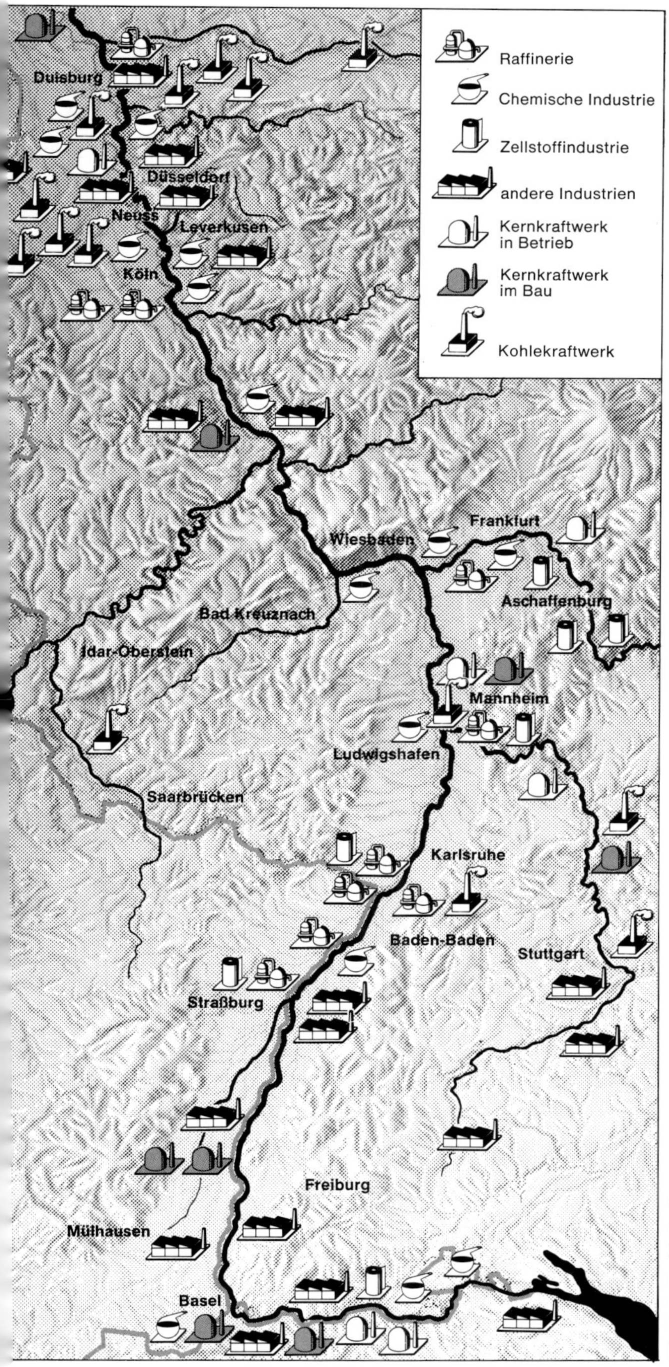

Der Rhein, dem Trinkwasser für 20 Millionen Menschen entnommen wird, ist zugleich Abwasserkanal einer nathlosen Reihe von Industrieanlagen und Kraftwerken. Auch die Kommunen trugen mit ihren ungeklärten Abwässern dazu bei, daß der größte Fluß Europas zur größten Kloake wurde. Erst Mitte der siebziger Jahre gingen die Belastungen zurück, nachdem die Industrie und die Städte Millionen in den Bau von Kläranlagen investiert hatten

später zu einem anderen Ergebnis: Ein um mehr als das Hundertfache erhöhter Eisengehalt im Wasser, Reste aus industrieller Produktion vermutlich westdeutscher Herkunft führte zum plötzlichen Sauerstoffmangel. Gleichwohl verzichteten Schleswig-Holsteins staatliche Saubermänner auf Nachforschungen. Die Quelle der tödlichen Fracht blieb unerkannt.

Der gefährdetste deutsche Fluß ist jedoch die Weser. Im Dürrejahr 1976 drohte Deutschlands fünftgrößter Fluß in eine faulige Kloake umzukippen. Aus den Kaligruben der Deutschen Demokratischen Republik spült die Werra salzige Abwässer in die Weser. Für Dreck ist der Eiserne Vorhang eine offene Grenze.

Um die Salzfracht von drüben auf der Schiene zu befördern, müßte alle 55 Minuten ein Güterzug mit 40 Wagen à 15 Tonnen zur Nordsee rollen. Im Fluß ist die hohe Salzkonzentration tödlich. Sie drückt den Sauerstoffgehalt unter das Minimum von zwei Milligramm pro Liter, das Fische zum Leben brauchen. Die Kleinlebewesen, die für eine natürliche Reinigung sorgen, sterben ab, das Wasser färbt sich tiefschwarz. Bei Niedrigwasser wurden vom Technischen Hilfswerk und von der Feuerwehr in der Nähe von Minden 500 Zentner Fischkadaver geborgen.

Neun Kraftwerke entlang der Weser sorgen mit der Entnahme von Kühlwasser für eine zusätzliche Aufwärmung des Flusses. Unterhalb des Kraftwerks „Robert Frank" wurden Temperaturen bis zu 29 Grad gemessen. Die Wärme verbraucht Sauerstoff und erhöht die Wirkungen der Gifte, das Wasser verdunstet schneller, der Wasserspiegel senkt sich, die Schmutz-, Gift- und Salzbrühe wird immer konzentrierter. Ein Teufelskreis.

Von den 64 Fischarten der Werra sind Anfang der siebziger Jahre noch ein Dutzend übriggeblieben. Ihr Organismus hat sich schon soweit an die Kaliabwässer gewöhnt, daß in weniger salzhaltigem Wasser ihre Zellen platzen. So wurde mitten im Winter an der Weser ein rätselhaftes Fischsterben beobachtet. Der Grund: In den Weihnachtsfeiertagen wurde in den DDR-Gruben die Kaliförderung gedrosselt. Die Fische starben an sauberem Wasser.

Im Main unterhalb von Frankfurt können keine Fische sterben – es gibt sie nicht mehr. In der Gewässergütekarte der Bundesrepublik erscheint dieser Flußabschnitt dunkelrot. Güteklasse vier: sehr stark verschmutzt. Die Erklärung für das Kartenkürzel liest sich wie das Szenario eines geplünderten Planeten: „... Besiedelung vorherrschend durch Bakterien, Geißeltierchen und freilebende Wimpertierchen; Fische fehlen; bei starker toxischer Belastung biologische Verödung." Am gleichen Flußabschnitt bei Frankfurt Hoechst, der Name sagt es schon, steht ein Chemiewerk. Mit dem Land Hessen hat die Hoechst-AG Mitte 1978 einen Vertrag geschlossen. Danach dürfen jeden Tag 864 Tonnen Chlorid – das entspricht dem Inhalt von 30 Güterwagen – in den schon toten Fluß eingeleitet werden. Mit diesen Chlorid-Abwässern von zehn Kilogramm in der Sekunde sollen die Grenzwerte im Rahmen des europäischen Wasserrechts nicht einmal überschritten werden. Für Dr. Karlheinz Trobisch, Leiter der Abteilung „Reinhaltung von Wasser und Luft" des Chemiekonzerns, dient der Vertrag „der Sicherung von Arbeitsplätzen". Das Chlorid-Abkommen läuft bis zum 31. Dezember 1999.

Ob es bis dahin endlich Gesetze gibt, die das Vernichten von Lebensgrundlagen wirksam verhindern, ist offen. Ein wichtiges Gesetz zur Reinhaltung von Gewässern haben die Abgeordneten in Bonn im Wahljahr 1976 zunächst einmal auf die lange Bank geschoben. Das Abwasserabgabengesetz (Gesetz über die Abgaben für das Einleiten von Abwässern in Gewässer") sah in seiner ursprünglichen Fassung für alle Verschmutzer an Flüssen und Seen hohe Gebühren vor. Je Schadeinheit, die dem jährlichen Schmutzwasser eines Bundesbürgers entspricht, sollten bereits im gleichen Jahr 25 Mark fällig werden, bis 1981 sollte der Gebührensatz auf 40 Mark ansteigen. Damit wollte man Industrie und Kommunen zwingen, in Kläranlagen zu investieren, da die Abgaben empfindliche Höhen erreichen können. Beispielsweise entsprechen die Abwässer des Zellstoffwerkes bei Mannheim dem Schmutz von drei Millionen Einwohnern.

Unter dem Druck der Industrie-Lobby von Papier, Metall, Chemie und den Großstädten an Isar, Rhein und Elbe wurde das Inkrafttreten des Gesetzeserkes um Jahre vertagt. Erst zu Beginn der achtziger Jahre sollen die Verursacher zahlen, allerdings einen um mehr als die Hälfte auf 12 Mark gesenkten Satz pro Schadeinheit. Die Strafgebühr für Umweltsünder soll erst 1986 auf die ursprünglich geplante Höhe von 40 Mark ansteigen. Für den damaligen CDU-Abgeordneten Herbert Gruhl, einer der Opponenten der Gesetzesverschiebung, war der Bonner Beschluß schlicht eine „Blamage". Umweltexperte Haenschke: „Mehr oder weniger wird da nur ein Ablaß bezahlt.

Doch damit nicht genug. Selbst das verbesserte Gesetzeswerk

wollten die unionsregierten Bundesländer Bayern und Baden-Württemberg zu Fall bringen. Denn nun sind die zu erwartenden Einnahmen soweit heruntergehandelt worden, daß sie in keinem Verhältnis mehr zu den Verwaltungskosten stehen, die nötig wären, um das Geld einzutreiben. Und wer will schon mehr Bürokratie? Gerade diese Länder waren es, die gegen zu hohe Gebührenabgaben gekämpft haben. Staatssekretär Günter Hartkopf aus dem Bundesinnenministerium: ,,Unter dem Deckmantel populärer Bürgerfreundlichkeit will man die Interessen derjenigen wahren, die weiterhin Gewässerverschmutzung zum Nulltarif betreiben wollen.''

Dazu gehören auch Stadtverwaltungen, die beim Bau der teuren Kläranlagen hinterherhinken. Fast zehn Prozent der kommunalen Abwässer werden Ende der siebziger Jahre direkt in Flüsse und Seen eingeleitet. In vielen Kommunen der Bundesrepublik gelten den Bürgermeistern Schwimmbäder und Fußgängerzonen als die attraktiveren Wahlgeschenke und nicht Kläranlagen. In Bonn wurde beim demonstativen Ausbau zur Bundeshauptstadt die Abwasserklärung vernachlässigt. Nur zwei der vier Kläranlagen arbeiten nach dem modernen Prinzip der vollbiologischen Reinigung. Zudem sind die Ministerien, in denen über Umweltschutz nachgedacht wird, von Gebühren für ihre Schmutzwässer befreit. Täglich werden zehn Lastwagen voll Schlamm aus den veralteten Anlagen 50 Kilometer weit in die Eifel gefahren. Um Schlamm geht es auch nördlich der Bundeshauptstadt. Im Kreis Kleve soll ein 339 Hektar großes Altrheingebiet von einer bis zu zehn Meter dicken Schlammschicht gesäubert werden. Der faulige Brei, der mit dem Flußhochwasser in die Altrheinarme geschwemmt wird, droht alles Leben zu ersticken. Bislang war das 1969 als Naturschutzgebiet ausgewiesene Areal ein in Europa einmaliges Feuchtgebiet. Mitten im Industrierevier gelegen nisteten dort seltene Vögel wie Rohrdommeln, Wiesenpieper, Trauerseeschwalben und Kampfläufer.

Zum Kampf um die ökologische Oase bekannte sich 1979 denn auch der nordrhein-westfälische Landwirtschaftsminister Hans Otto Bäumer: ,,Der Altrhein ist ein hochgradig schutzwürdiges ökologisches Areal – ich werde alles daran setzen, es vor dem Untergang zu bewahren.'' Für die Sanierung des in Europa einmaligen Feuchtgebietes will die Landesregierung eine halbe Million Mark bereitstellen.

Fest steht: auch mit viel Geld ist die ökologische Zerstörung des Wasserhaushalts nicht mehr zu reparieren. Staustufen und Sauerstoff-Gebläse, künstlich angelegte Fischlaichplätze und neue Klärwerke machen nicht heil, was kaputt ist. Sie können nicht darüber hinweg täuschen, daß diejenigen, in deren Verantwortung es liegt, die Zerstörung der Umwelt zu verhindern und Perspektiven für eine lebenswerte Zukunft zu entwickeln, schmählich versagt haben. Zum Glück gibt es in Deutschland Straßenbauarbeiter wie Hermann Kuhring und Bürgerinitiativen, denen ein Licht aufgeht, wenn der Eisvogel verschwindet.

Wildwasser im Schwarzwald. Was aus kristallklaren Quellen zu Tal sprudelt, unverzichtbares Lebens-Mittel des Menschen, scheint in nie versiegenden Vorräten verfügbar zu sein. Doch die wachsenden Ansprüche der Industriegesellschaft gefährden den Naturschatz

Auf dem Weg in die Nordsee ist die Weser so versalzen, daß die Rotaugen und andere Fische an Geschwüren erkranken. Rhein, Elbe, Weser und Main – die großen Ströme haben zu lange als Müllkippen zum Nulltarif herhalten müssen

Nicht nur die Industrie, auch Kommunen und Kraftwerke brauchen mehr Wasser. Die großen Städte pumpen Grundwasser aus dem Umland ab und bedienen sich hemmungslos aus den Vorräten. Wasser wird knapp, der Grundwasserspiegel sinkt

Boden

UNECHT GUT GEDEIHET NICHT

Das Gebiet der Bundesrepublik Deutschland umfaßt genau 248 625 Quadratkilometer Land, den Boden der freiheitlich demokratischen Grundordnung, die zugleich eine marktwirtschaftliche ist. Wo immer man die Vorteile der Marktwirtschaft suchen will – beim Grund und Boden hat sie versagt, denn sie hat Lebensraum in Ware verwandelt, die den Gesetzen von Angebot und Nachfrage unterliegt. Boden ist zum begehrtesten Konsumartikel der Nachkriegszeit geworden. Boden wird verkauft wie Sülze, Autos oder Büstenhalter, als könne er täglich neu produziert werden. Und da der verfügbare Boden immer weniger wird, das Interesse an ihm aber unvermindert anhält, ist Boden nun im Schlußverkauf zu haben. Nur mit dem Unterschied, daß die Restposten nicht auf dem Grabbeltisch der Billigangebote landen, sondern zu immer wahnwitzigeren Preisen in der Abteilung der Luxusgüter einen immer kleiner werdenden Kreis solventer Kunden zur Verfügung stehen. Boden ist in den Zentren der Städte so teuer geworden, daß er nicht mehr bewohnbar ist und auf dem Land übersteigt der Pachtzins heute schon vielfach den aus landwirtschaftlicher Tätigkeit zu erzielenden Ertrag.

Gleichwohl wird der Boden nicht wie eine Kostbarkeit behandelt. Der Umgang mit dieser Rarität steht in keinem Verhältnis zu ihrem marktwirtschaftlichen Wert. Boden wird verbraucht, verwüstet und vernichtet, als würde er nachwachsen. Boden wird planiert, betoniert und asphaltiert, er verschwindet hinter den Stacheldrahtzäunen neuer Industrieanlagen und unter den Dächern riesiger Verbrauchermärkte. Er fällt dem Bau neuer Verkehrswege und Parkplätze zum Opfer wie den steigenden Ansprüchen der Kiesgrubenunternehmer und Braunkohleschürfer, der Flughafenplaner und Hafenerweiterer, der Kanalbauer und Nato-Generale.

Der bayrische Bund Naturschutz errechnete, daß von 1970 bis 1978 mehr als 100 000 Kilometer Straßen und die Wirtschaftswege in die Natur geschlagen wurden und 350 000 Hektar Naturgrund auf Nimmerwiedersehen unter Baulichkeiten aller Art verschwanden. Jede Stunde verschlingt der immer noch ungebremste Flächenfraß deutscher Kommunen und Bauherren ein Flurstück in der Größe von 40 Fußballfeldern. Und während die Bodenspekulation und eine autogerechte Stadtplanung die Familien aus den Städten vertreibt und die unsoziale Marktwirtschaft die Konzentration von städtischem Grundbesitz in den Händen der Banken, Versicherungen und Kaufhauskonzerne fördert, verwandeln sich immer mehr Wohngebiete in Geschäftsviertel.

Der Boden muß immer mehr hergeben. Das ist in der Stadt nicht anders als auf dem Land. Wo die Ackerkrume jahrhundertelang den Menschen ernährte, muß sie heute Rendite bringen. Aus dem Landbau wurde die Agrarpolitik.

Ziel dieser Politik ist in erster Linie ,,die Verbesserung der Lebensverhältnisse im ländlichen Raum sowie gleichrangige Teilnahme der in der Landwirtschaft Tätigen an der allgemeinen Einkommens- und Wohlstandsentwicklung'' (Zielsetzungsstruktur des Bundesministeriums für Ernährung, Landwirtschaft und Forsten). Und weiter zielt die Politik auf die Versorgung der Bevölkerung mit qualitativ hochwertigen Produkten der Agrarwirtschaft zu angemessenen Preisen.''

Beide Zielvorgaben haben die Subventionsausschüttungen der Nachkriegszeit gesteuert und dazu geführt, daß seit 1955 fast 2,6 Millionen Menschen ihre Höfe verlassen haben und in der Industrie oder anderswo Arbeit suchten. Die Agrarpolitik hat den wirtschaftlichen Erfolg eines Hofes zum Gegenstand der Förderung gemacht, die Leistungsfähigkeit an der Menge des Ertrags bemessen und die Steigerung dieser Leistung mit Zuschüssen

ıonoriert, denn nur auf diese Weise ließ sich das Einkommensgefälle zwischen Stadt und Land ausgleichen.
Auf diese Weise wurden in den vergangenen 15 Jahren die Hälfte der bäuerlichen Betriebe sicher ausgebaut, vergrößert, mit Maschinenparks, Stallgebäuden, Wirtschaftswegen ausgestattet und die andere Hälfte ruiniert. Auf diese Weise gelang es den leistungsfähigen Bauern immer mehr Land dazu zu kaufen oder zu pachten und zugleich ihre Position in den Verbänden auszubauen und von da aus die Landwirtschaftsministerien zu unterwandern, während 1,3 Millionen Kleinbauern, die ihre Produkte früher zum heimischen Markt brachten, deren Leistung möglicherweise darin bestand, ihre Familie satt zu bekommen und zugleich einen schwer zu bearbeitenden Berghang, ein karges Stück Geest vor Erosion und Verwahrlosung zu schützen, von den Subventionsoasen ferngehalten wurden. In den fünfziger und sechziger Jahren fanden die Bauern ohne große Schwierigkeiten einen Arbeitsplatz in der Industrie. Heute hat sich dies geändert. Der Bauer gibt nicht mehr so leicht auf, es sei denn er kann nicht anders.
Um die Bevölkerung zu angemessenen Preisen zu versorgen, werden die Preise der Landwirtschaftsprodukte zentral gesteuert und ihre Abnahme garantiert. Das unternehmerische Risiko ist dem Bauern – sieht man vom Wetter ab – genommen. Er kann Überschüsse produzieren so viel er will. Er wird alles los. Aber um auf einen vernünftigen Ertrag zu kommen, muß er zusehen, wie er Land gewinnt und mit ständiger Modernisierung seines Hofes dafür sorgen, daß er nicht unter die Förderschwelle rutscht.
Vor zwanzig Jahren verlangte der Getreideanbau noch 100 Arbeitsstunden pro Hektar und Jahr. Heute erledigt ein Bauer die gleiche Arbeit in vier Stunden. Zuckerrüben, an denen ein Bauer vor 20 Jahren noch 620 Arbeitsstunden ackerte, lassen sich heute in zehn Stunden bewältigen. Der Rüben-Kopfroder schafft fünf Arbeitsgänge in einem: Blätter abschneiden, Blätter abfahren, Rüben roden, Rüben reinigen, Rüben verladen. Ob Kartoffelvollerntemaschinen, computergesteuerte Kraftfutteranlagen, Mähdrescher oder Heupressen, die Industrialisierung der Agrikultur läuft auf Hochtouren. Die Felder werden zu Rollbahnen von Großmaschinen und Traktoren. Etwa 2000 Arbeitsstunden macht – Urlaub und Feiertage abgezogen – das Arbeitsjahr eines Bauern in einem Ein-Mann-Betrieb aus. Vor zwanzig Jahren konnte er damit 31 Hektar Land bestellen. Heute schafft er in der gleichen Zeit 117 Hektar. Wenn er nicht soviel Land besitzt, sonder nur seine 31 Hektar, hat er entsprechend mehr Zeit, 1800 Stunden, die er braucht, um etwa zustätzlich 900 Schweine zu halten oder aber als „Mondscheinbauer" einen Beruf zu ergreifen.
Technisierung ist teuer. Von 1949 bis heute haben sich die Betriebsausgaben der Landwirte vervielfacht. Ein moderner Hof in Schleswig-Holstein erzielte im Wirtschaftsjahr 1977/78 einen durchschnittlichen Gewinn von 937 Mark pro Hektar. Der Unternehmensaufwand betrug 3997 Mark, die Verschuldung pro Hektar 3 207 Mark. Früher hieß die Bauernregel: Ein gesunder Hof hat eine Ernte auf dem Halm, eine in der Scheune und eine auf der Bank. Heute regelt die Bank den Bauern. Und wenn der Bauer klug ist, arbeitet er allein. Ein landwirtschaftlicher Arbeitsplatz kostet 157 000 Mark, deutlich mehr als in den meisten Industriezweigen.
Mit dem Trend zur industriellen Produktion hat die Landwirtschaft auch ihre traditionelle Anbauweise verlassen, die mit wenig Energie auskam und keinen Abfall erzeugte, der nicht über den Komposthaufen in den Produktionskreislauf hätte eingebracht werden können.
Von Natur aus sind Landwirte

Landschaftsgestalter, aktive Umweltschützer seit Erfindung des Pflugs. Sie haben Boden kultiviert und durch ihre Arbeit verhindert, daß er vom Regen davongespült und vom Winde verweht wurde; sie haben Deiche gezogen, um ihn vor den steigenden Fluten der Nordsee zu sichern und tausende Kilometer Wallhecken gepflanzt, um seine Erosion zu verhindern. Sie haben mit kunstvoll angelegten Terrassen gegen den Bergrutsch gekämpft und das Gebiet zwischen Berchtesgaden und Flensburger Förde in eine Kulturlandschaft verwandelt, deren Reiz Touristen aus aller Welt kennen und schätzen lernten. Dennoch ist die Landschaft der Bundesrepublik nicht zu 90 Prozent Natur, wie eine vom Bundespresseamt inszenierte Beschwichtigungskampagne 1978 den besorgten Bürgern weismachen wollte, sondern – sieht man vom Wattenmeer und den 1,2 Prozent verbliebenen Moorflächen ab – Kulturlandschaft, Menschenwerk, von Land- und Forstwirten, Winzern und Fischzüchtern gestalteter Lebensraum, der erst in den letzen zwanzig Jahren den Erfordernissen der industriellen Fertigung von Naturprodukten angepaßt, eingeebnet, umgeschichtet und planiert, entwässert und entbaumt wurde. Die deutsche Agrarlandschaft verkam vielfach zur ,,Manövrierfläche einer Produktionsschlacht'' wie Peter Brügge im ,,Spiegel'' schrieb:
Sichtbares Zeichen dieser tiefgreifenden Veränderung ist eine ordentliche, aufgeräumte Landschaft. Sie findet sich überall dort, wo die Flurbereinigung tobte, die in den vergangenen Jahren die Hälfte aller landwirtschaftlichen Flächen der Bundesrepublik durch den Wolf gedreht hatte.
Auch die Flurbereinigung hat einmal klein angefangen. Am 17. Juni 1718 unterzeichnete der für Hannover zuständige Landesherr, König Georg I. von England, eine Verordnung über die Zusammenlegung landwirtschaftlicher Grundstücke. Einziger Zweck war, die von den Vorvätern an die Väter und von diesen an die Söhne vererbten, mit den Generationen immer schmaler und kleiner werdenden Fluren zu größeren Feldern zusammenzulegen, weil von den handtuchschmalen Erbstücken so recht keiner mehr satt wurde. Den Namen ,,Flurbereinigung'' bekam diese Art von Raumpflege 1886 in Bayern, aber bundeseinheitlich wurde das Verfahren erst seit 1953 betrieben. Da aber die betroffene Bevölkerung solche Namen häufig durch eigene ersetzt, sind zahlreiche Begriffe zur Beschreibung dieser bundesweiten Aktion laut geworden; bezeichnenderweise fiel das Wort ,,Orgie'' am häufigsten.
Die Flurbereinigung wird zwar erst auf Antrag der Gemeinden in Gang gesetzt, an ihrer Planung sind alle Betroffenen in irgendeiner Weise beteiligt, jede Gemeinde, jeder Bauer, die Forstämter, die Straßenbauer, die Wasserbauämter und die Forellenzüchter bringen ihre Vorstellungen ebenso ein wie Industrie und Gewerbetriebe. Am Ende kommt der Bagger. Da werden Wiesen trockengelegt und Tümpel in Rübenäcker verwandelt, da werden Bäche begradigt und die Ufervegetation abgeräumt, Waldzipfel, die störend in die Produktionsflächen hineinragen, verschwinden ebenso wie die kleinen Feldgehölze, wie Unebenheiten im Gelände oder unrentable, aber ökologisch wertvolle Streuwiesen. Neue Wege werden mit dem Lineal gezogen, damit die gewaltigen Erntemaschinen nicht in den Kurven ins Schlingern kommen. Ihretwegen erhält jeder Hof eine breite asphaltierte Zufahrt. Im verräterischen Sprachgebrauch der Landbauingenieure wird der Boden zum ,,Standort,'' da verwandeln sich Bäche in ,,Vorfluter'', Bäume in ,,Landschaftsbesatz'' und Dörfer zu ,,Ortslagen''. Da kommt im spröden Technokratendeutsch das widernatürliche Ordnungsprinzip zum Vorschein, das Unterord-

nung meint und den rechten Winkel zum Dogma einer bereinigten Landschaft erhebt, in der sogar die Bäume strammstehen. Vor allem in der ersten Phase der bundesweiten Ausräumarbeiten sind wertvolle Landschaftsteile und intaktes gegliedertes Bauernland in unverantwortlicher Weise „bereinigt" worden. Bis weit in die sechziger Jahre war das einzige Motiv dieser Landschaftsveränderung die Steigerung der landwirtschaftlichen Produktion.

Mit dem Beitritt zum Gemeinsamen Markt kam hinzu, daß den Bauern durch rentables Arbeiten Kosten erspart werden sollten. Man wollte verhindern, daß sie ihre Höfe aufgeben. Und rentabel arbeitet es sich nur mit Maschinen. Sie sind heute unentbehrliche Hilfsmittel der bäuerlichen Existenz. Doch sie sind häufig so teuer, daß ein Bauer sich vernünftigerweise spezialisiert und die Vielfalt seiner Tiere und Anbausorten durch die Einfalt einer mit möglichst geringem Aufwand zu bewältigenden Monokultur ersetzt. Die Flurbereinigung soll ihm dabei helfen.

Was dabei herauskommt, nennt der Münchner Biologe Frederic Vester „Strukturvernichtung, die aufwendige brutale Zerstörung einer optimalen, stabilen Produktionssituation und deren Ersatz durch eine großmaschinengerechte Einheitslandschaft."

Erst in neuerer Zeit wird die Flurbereinigung mit etwas mehr Augenmaß betrieben, mühen sich die Raumordner mit Landschaftsplänen neben der Marktordnung auch der Grünordnung gerecht zu werden, wobei es schon mal vorkommt, daß ein Naturschützer gehört und ein „Bestand geschont" wird. „Das klingt nach einem generösen Schenkungsakt", beklagt die Schriftstellerin Vilma Sturm in einem Beitrag der „Frankfurter Allgemeinen Zeitung" das fehlende Naturverständnis der Planer, „in Wahrheit ist es ihre verdammte Pflicht und Schuldigkeit, Bestand zu schonen."

Dieses Pflichtbewußtsein wächst freilich in sehr unterschiedlichem Tempo. Von den im Zeitraum zwischen 1964 und 1978 inszenierten 501 Planungen enthielten 154 einen sogenannten „landschaftsplanerischen Beitrag", wobei Hessen sich mit einem Landschaftsplansoll von 19 094 Quadratkilometer besonders hervortat, während Schleswig-Holstein nur 106 Quadratkilometer, 0,7 Prozent seiner Wirtschaftsfläche, auf diese Weise ordnete.

Bundesweit geht die landwirtschaftlich genutzte Fläche trotz oder auch durch Flurbereinigung zurück. Von 1971 bis 1976 um 1,7 Prozent. Im gleichen Zeitraum wurden 7,4 Prozent der Moore vernichtet. Dafür vergrößerte sich der Anteil der Park- und Grünanlagen, Ziergärten, Friedhöfe, Sport- Flug- und Militärübungsplätze, die kurioserweise beim Statistischen Bundesamt alle im gleichen Topf landen, um insgesamt 29,1 Prozent. Das Öd- und Unland, zu dem das brachliegende Land gehört, das von Bauern aufgegeben wurde, wuchs um 3,2 Prozent auf 661 900 Hektar. In einigen Bundesländern, allen voran das Saarland mit einem Brachflächenanteil von 5,5 Prozent der gesamten Landesfläche werden die unansehnlichen Ruinen der Agrarpolititk zum Problem. Allerdings gewinnt die „Sozialbrache" zunehmend Bedeutung als ökologische Nische für verfolgte Tier- und Pflanzenarten. Verlassene Äcker schießen ins Kraut, Stauden und Bäume siedeln sich an, auf Grünland wachsen Büsche. Die Bodenerosion geht zurück. Brachen sind zwar wegen ihrer ständigen Produktion von Unkrautsamen bei den Bauern, die angrenzende Felder haben, nicht gerade beliebt und auch die Fremdenverkehrsverbände finden an Öd- und Unland kein Gefallen. Brachland ist nun mal – im herkömmlichen Sinn der Naturbetrachtung – nicht gerade schön, aber das sind Rübenäkker oder sauber in Reihe gepflanzte Fichtenwälder in den Monokulturen auch nicht.

Der schwere Schlepper pflügt das Feld, Möwen folgen seiner Spur auf der Suche nach Regenwürmern. Noch bedeckt Bauernland die Hälfte der Bundesrepublik. Aber jede Stunde fällt Agrarland dem ungebremsten Flächenfraß der Kommunen und Industrien, Hafenerweiterer, Flughafenbauer, Straßenplaner und Bausparer zum Opfer

Verpflanzt und entwurzelt werden im Zuge der Flurbereinigung nicht nur Bäume und Stauden, sondern auch ganze Bauernhöfe. Weil es notwendig ist bei günstigem Wetter „schlagkräftig" zu sein und sofort mit den langsam dahinschunkelnden Mähdreschern auf die Felder zu kommen, werden mit hohen staatlichen Zuschüssen die Bauern aus den Dörfern ausgesiedelt und in die Mitte ihrer bereinigten Wirtschaftsfläche gepflanzt. Zwar werden auf diese Weise viele Dorfgemeinschaften zerstört und die abgewanderten Agrarfabrikanten leben wie Robinson auf ihren subventionierten, eternitverschalten Inseln im Rübenmeer, einsam und schlagkräftig. Aber ihre spröden Zweckbauten standen ohnehin den Renovierungsarbeiten am „schönen Dorf" nicht gut zu Gesicht. Blumenrabatten und Krüppelkiefern im Eternitbottich sind ansprechender als Gülletanks oder Beton-Silagen. Mit der Aussiedlung wird auch der landwirtschaftliche Verkehr von den großen Straßen ferngehalten, auf denen Trecker und Mähdrescher den Ausflugsdrang der Menschen hemmen könnte, die das Landleben erfahren wollen. Dazu gehört auch, daß der bisweilen unerträgliche Gestank der modernen Massenviehhaltung – auch im Interesse der immer mehr in die Dörfer drängenden Stadtbewohner mit ihren feineren Nasen, der Feriengäste und Ausflügler – weiter draußen erzeugt wird. Flüssigmist und frische Landluft sind zweierlei.

Von 1956 bis 1974 wurden in der Bundesrepublik insgesamt 23 732 Höfe ausgesiedelt. Für die Evakuierung aus dem Dorfleben wurden 833 Millionen Mark an Beihilfe gezahlt. Hinzu kamen Darlehen und Zinsverbilligungen. Insgesamt legte der Steuerzahler für dieses Programm drei Milliarden Mark an.

Gemessen an ihren eigenen Zielvorgaben hat die deutsche Landwirtschaftspolitik erreicht, was sie wollte. An der Leistungsfähigkeit der deutschen Bauern zweifelt niemand. Im Gegenteil, sie ist vielen ein Dorn im Auge. Denn dank ihres perfekten Maschinenparks holen die bundesdeutschen Landwirte auf 14,3 Prozent der europäischen Felder und Weiden annähernd ein Viertel der gesamten Erträge heraus. Die Musterbauern haben die meisten und die stärksten Schlepper, in der Zahl der Mähdrescher (32 pro 1000 Hektar) werden sie nur von Luxemburg überrundet (45 auf 1000 Hektar), in der Zahl der Melkmaschinen liegen sie mit Abstand (88 auf 1000 Kühe) vorn. Obwohl die deutschen Betriebe im Durchschnitt nur 13,5 Hektar groß sind, holen sie mehr aus dem Boden als die Engländer aus ihren 64,4 Hektar großen Gütern. Seit Kriegsende hat sich die Produktivität der Landwirtschaft vervielfacht.

Diese Entwicklung hätte es ohne den massiven Einsatz von Handelsdünger und ohne das Ausbringen von Tausenden Tonnen chemischer Unkrautvernichter und Insektenkiller, Wachstumshemmer und Pilztöter nicht gegeben. Zwar hat der Auswurf an chemischen Substanzen durch die Landwirtschaft zu keiner Zeit die Dimension jener Schadstoff-Emissionen erreicht, mit welcher die Industrie die Umwelt belastet. Gleichwohl beunruhigt die permanente mehrfache von Jahr zu Jahr gesteigerte Behandlung einer Fläche die rund 30 Prozent der Bundesrepublik ausmacht und überwiegend der Produktion von Nahrungsmitteln dient, Wissenschaftler und Verbraucherverbände, Politiker, Bürgerinitiativen und vor allem die Bauern selbst. Denn ihnen war nicht nur durch die Marktordnung das unternehmerische Risiko genommen. Sie gerieten zugleich in zunehmende Abhängigkeit von den Segnungen und Preisen der chemischen Industrie. Neben dem Maschineneinsatz gewann die chemische Hacke in der auf Rationalisierung bedachten Landwirtschaft der Nachkriegszeit immer mehr Bedeutung. Der Einsatz dieser Mittel mußte ständig gesteigert, ihre chemische Zusammensetzung laufend geändert werden, weil Unkraut und Pilze, Läuse, Käfer und Milben sich mit den Giften arrangierten. In den letzten acht Jahren hat weltweit die Zahl der gegen Pestizide resistenten Schädlinge um 60 Prozent auf nunmehr 364 Arten zugenommen. Weil die Bauern mehr und mehr auf den Rhythmus der Fruchtfolge verzichteten, der die meisten Schädlinge einfach durch Auswechseln der Getreidesorte mit Feldfrüchten beispielsweise aushungerte, wurde die Ackerfurche zum Schützengraben, in dem sich Unkraut und Schadinsekten für einen jahrelangen Stellungskrieg einrichteten. Der Bauer brauchte immer schwereres Geschütz, denn was er bekämpfte, wurde von Jahr zu Jahr resistenter. Die Entwicklung eines neuen Pestizids verschlingt 20 bis 25 Millionen Mark, Kosten die natürlich irgendwo wieder heingeholt werden mußten. Der Bauer zahlte und der Steuerzahler zahlte drauf. Ein nicht unerheblicher Teil der Agrarsubventionen fließt in die Kassen der chemischen Industrie. Im Jahre 1978 waren bei der Biologischen Bundesanstalt nicht weniger als 1595 Mittel registriert, die auf die widerspenstige Natur losgelassen werden sollten, darunter 43 Präparate gegen Wildverbiß an Bäumen, 390 Insektenschutzmittel und 604 Pflanzenvernichter, mehr als 25 Millionen Tonnen chemischer Wirkstoff regnete da herab oder gelangte auf andere Weise in den Boden, darunter hochgiftiges Quecksilber und Vernichtungsmittel wie „2.4.5.T", das im Vietnamkrieg die Mangrovenwälder entlaubte und der Zivilbevölkerung von Nordvietnam eine große Zahl an Mißgeburten bescherte.

Aber auch das durch Seveso zu trauriger Berühmtheit gelangte Dioxin sickert – in schwacher Konzentration – in deutschen Boden.

Besonders stürmisch verlief der Boom der Spritzmittel zwischen 1972 und 1974. Der Verkauf von Herbiziden stieg um 33 Prozent. Das berüchtigte Pflanzenschutzmittel Lindan erreichte in der Zeit von 1972 bis 1976 eine Absatzsteigerung von 60 Prozent, nachdem das als hochgradig gefährlich erkannte DDT nicht mehr ausgebracht werden durfte.

Das Gespenst der Selbstmordgesellschaft taucht in den Sprühnebeln auf. Die düstere Zukunft des Menschen, „eines winzigen Insekts auf der Erdoberfläche" wie Nietzsche sagt, der sich in einer unbegreiflichen Zwangshandlung mit Insektenschutzmitteln zugrunde richtet? Die Wirkung vieler dieser Substanzen ist nicht genügend erforscht. Sie kann es nicht sein, weil die Präparate teilweise so neu sind, daß sich eine krebsfördernde Wirkung oft erst nach Jahrzehnten einstellt. „Kein Stoff", erinnern die Umwelt-Sachverständigen, „ist vollkommen ungiftig, das gilt selbst für Kochsalz." Aber so wenig wie der Mensch auf's Salz verzichten kann, kommt der Boden ohne künstliche Nährstoffe aus, wenn er jedes Jahr bearbeitet wird und Nährstoffe produzieren soll. Wer in den Haushalt der Natur eingreift, muß dafür zahlen. Solange die Menschen von der Jagd lebten und allenfalls ein paar halbwilde Rinder oder Schweine im Wald weiden ließen, ernährte ein Gebiet von 1000 Hektar einen Menschen für ein Jahr. Mit dem Ackerbau verringerte sich diese Fläche auf 40 Hektar und als man im Mittelalter begann, die Felder zu bewässern, ernährten 20 Hektar einen Menschen.

In der traditionellen Dreifelder-Wirtschaft der Vorväter regenerierte sich der Boden von selbst. Der Bauer bepflanzte ein Feld mit Wintergetreide, eins mit Sommergetreide, das dritte ließ er ruhen und neue Nährstoffe sammeln, indem er Klee darauf pflanzte. Um 1830 dann begann man mit Salpeter, der aus Chile herbeigeschifft wurde, die Felder zu düngen. Der Münchner Chemiker Justus von Liebig verbannte den Stallmist und begründete die Wissenschaft der Düngung mit Mineralsalzen. Seine Erfindung verringerte die Landfläche, die notwendig war, um einen Menschen ein Jahr zu ernähren, auf nur noch elf Hektar. Trotzdem fand der Forscher am Ende seines Lebens, daß er Mist gebaut habe: „Ich habe mich an Gott versündigt."

An den Menschen sicher nicht. Angesichts der schnell wachsenden Bevölkerung und der weit verbreiteten Armut zeigte sich, daß sich mit Hilfe des Kunstdüngers dem Boden mehr Nährstoffe abgewinnen ließen. Ohne Kunstdünger wäre die Zahl der Menschen in der Welt, die an Unterernährung zugrunde gehen, um ein vielfaches höher. Aber den Menschen in der frisch gebackenen Bundesrepublik ging es bald nicht mehr um Nährstoffe. Die steigenden Ansprüche der Konsumenten an ihre Ernährung verleiteten die Landwirtschaft zu immer größeren Anstrengungen. Kartoffeln und Steckrüben waren nicht mehr gefragt. Die Landwirtschaft wäre nicht, was sie ist, wenn es in Deutschland keine Freßwelle gegeben hätte. Mit dem beginnenden Wirtschaftswunder wuchs der Bedarf an aufwendig zu produzierenden Getreidearten, an mehr Abwechslung im Speiseplan. Die Bürger der Bundesrepublik Deutschland essen immer noch jeden Tag 30 Prozent mehr Eiweiß als sie eigentlich brauchten. Und was sie verzehren, wird immer feiner, das Fleisch muß saftig sein, zart und vor allem mager. Um Rinder mit saftigem, zarten und vor allem mageren Fleisch zu züchten, um Kühe zur Jahresproduktion von 5000 Liter Milch und mehr anzuregen, um aus Schweinen und Hühnern in Massentierzuchtbetrieben noch mehr Gewinne zu holen, ist hochwertiges Futtergetreide notwendig, vor allem eiweißreiche Kost. Von dem Korn, das verfüttert wird, um ein 200 Gramm schweres Filetsteak auf den Tisch zu bekommen, könnten 18 Menschen in der dritten Welt ein Jahr lang leben, ohne Hunger zu leiden

Mit dem Einsatz des Wirtschaftswunders wurden die Arbeitskräfte immer teurer, vor allem in der Landwirtschaft, wo die Einkommen der Bauern nicht so schnell wuchsen wie in der gewerblichen Wirtschaft.

Die billigste Arbeitskraft hieß Herbizid. Der chemische Unkrautvernichter, einmal übers Feld gesprüht, ersetzte die Plackerei mit der Hacke und wirkte Wunder. Der Bauer kam aus dem Wundern gar nicht mehr heraus. Durch den massiven Eingriff in den Naturhaushalt lebten einzelne Schädlinge erst richtig auf. Wie munter es da zugeht, mag die Chronik eines deutschen Weizenfeldes belegen, die der Sachverständigenrat für Umweltfragen in seinem 1978 veröffentlichten Gutachten anhand von Daten aus Statistischen Jahrbüchern zusammenstellte. Es handelt sich dabei also um kein ungewöhnliches Weizenfeld, sondern um den – statistisch gesicherten – Normalfall. Im Jahre des Herrn 1950 wurde auf diesem Weizenfeld das Saatgut, damit es nicht verschimmelt, gebeizt, und der Boden mit Stickstoffdünger, 25 Kilo pro Hektar, behandelt.

Drei Jahre gingen ins Land. Auf dem Boden zeigten sich ein paar Insekten. Der Bauer verdünnte ein bißchen DDT und brachte es ins Feld hinein. Nun konnte eigentlich nichts mehr passieren. Aber es passierte doch. Wir schreiben das Jahr 1956. Der Bauer rüstet wohl oder übel zu einem richtigen Feldzug. Zunächst mußten Herbizide zur Unkrautbekämpfung her. Ein paar lästige „Ungräser", die sich dadurch nicht beeindrucken ließen, wurden mit einem Spezialherbizid vernichtet. Weil der Bauer nun aber soviel Stickstoffdünger, 40 Kilo schon, aufs Land geworfen hatte, wuchs das Korn so schnell, daß durch Wachstumshemmer die Halme kurz gehalten werden mußten. Davon wurden die Spelzen, die das Korn umschließen, braun. Ein Pilzvernichtungsmittel (Fungizid) wurde ausgebracht. In den folgenden Jahren düngte der Bauer nach Kräften. Dadurch nahm auch das Unkraut wieder zu. Es wurde mit Herbiziden bekämpft, aber an den Halmen hatten sich Fußkrankheiten gezeigt. Fungizide mußten her. Plötzlich breitete sich der Mehltau aus, neue Fungizide funktionierten, die Ernte war reicher als je zuvor. Und sie wird, das muß man dem Bauern lassen, immer besser.

Nach 25 Jahren bringt das Feld fast den doppelten Ertrag von 1950, es braucht aber auch fast viermal so viel Dünger und nunmehr in einem einzigen Jahr einen Aufwand an chemischen Kampfstoffen gegen die widerborstigen Partisanen der Natur, der alle bisherige Mühewaltung in den Schatten stellt: Vor der Aussaat wird auf dem Boden alles Pflanzenleben mit einem Herbizid abgetötet, das Saatgut mit Fungiziden, Insektiziden und Vogelabwehrstoffen gebeizt. Nach der Aussaat folgt eine zweite Spritztour mit Herbizid. Fungizid gegen Ährenmehltau und Spelzenbräune. Es folgt die dritte Spitztour gegen alles, was noch keimt. Danach gibt ein Insektizid Blattläusen und Gallmücken den Rest. Es folgt nun eine Tour mit dem Wachstumsregler und die Blattdüngung. Eine Zwischenrunde mit einem Fungizid verhindert, daß Pilzkulturen zum Halmbruch führen. Eine Spätdüngung gibt dem Boden letzte Kraft und eine weitere Tour mit dem Wachstumsregler verhindert, daß die Halme zu sehr in den Wind schießen. Noch einmal Fungizide gegen Blattmehltau und Rost. Fertig ist der Lack. Es kann geerntet werden. Danach noch eine letzte Runde mit Unkrautvernichter, damit gar keine Mißverständnisse aufkommen. Es ist vollbracht. Das völlige normal behandelte Weizenfeld hat seinen Ertrag geliefert, der Aufwand, der getrieben wurde, um eine einzige Nahrungskalorie zu erzeugen, hat zehn Kalorien Fremdenergie erfordert.

Die Gifte im Boden werden wir nicht los. Anders als Luft und Wasser kann der Boden nicht einfach gereinigt werden. Rückstände in der Erde bleiben liegen, wachsen mit den Pflanzen nach oben oder werden ausgespült und gelangen so über das Wasser wieder in den Nahrungskreislauf. Trotzdem ist die Sorge akuter Vergiftungen unbegründet, nach menschlichem Ermessen. Das heißt, es liegt im Ermessen der Bauern, ob wir uns Sorgen machen müssen. Die Bundesrepublik Deutschland hat wohl die schärfsten Lebensmittelgesetze der Welt, die Höchstmengenverordnung über Rückstände in Lebensmitteln hat Grenzwerte festgelegt, die nicht überschritten werden dürfen. Aber letztlich ist es dem Bauern überlassen, wann und wie oft er seine empfindlichen Spritzgeräte überprüfen läßt. Eine turnusmäßige Vorführung beim TÜV gibt es nicht. Dem Bauern ist es auch überlassen, wann und wie oft er seine Brühe anrührt und in welcher Konzentration. Ein Heer von Verkaufsförderern zieht übers Land, um den Landwirten, im Dienste der Industrie, das Spritzen, Sprühen und Stäuben zu weisen. Eine sehr viel kleinere Truppe beamteter Berater zieht hinterher, um zu verhindern, daß die Bauern des Guten zu viel tun. Die Industrie verteilt Prospekte, Spritzpläne und Broschüren, sie gibt die Fortbildungsliteratur heraus und drillt die Bauern in Kursen für den Bodenkampf. Aber was die dann mit ihrem Boden machen, bleibt ihre Sache. Die Basis der Gesetzgebung ist Vertrauen und nicht Kontrolle.

Wenn es zu Pannen kommt, wenn in Bayern plötzlich Reste des hochgiftigen Kombi-Beizmittels HCB in der Trinkmilch auftauchen, ist die Ursache „fast immer Unkenntnis des Erzeugers" wie Prof. Rolf Diercks von der Bayrischen Landesanstalt für Bodenkunde untersuchte, menschliches Versagen also. Ein Landhändler hatte das Mittel, das eigentlich nicht mehr zugelassen war, weiter verkauft, ein Bauer hatte sein Getreide damit

Unbefestigte Feldwege, von schattenspendenden Bäumen gesäumt, ein seltener werdendes Bild.
Die Wege schaden den empfindlichen tonnenschweren Mähdreschern, die Bäume sind manchem Bauern als Operationsbasis von Schädlingen ein Dorn im Auge

Das Bauernland wird intensiv genutzt. Kleine Flurstücke, die meist noch verschiedenen Besitzern gehören, werden in Flurbereinigungsverfahren zusammengelegt, damit sie besser und intensiver bearbeitet werden können

Befestigte Wirtschaftswege mit Asphaltbelag und eine rechtwinklig geordnete Landschaft. Sie hat sich dem Einsatz der Großmaschinen unterzuordnen. Für die Flurbereinigung ist der Nutzwert der Produktionsfläche wichtiger als deren Schönheit

gebeizt, und einen Rest davon an Milchkühe verfüttert.
Wenn Spuren des gefährlichen Insektizids DDT, dessen Herstellung und Anwendung seit 1972 verboten sind, immer noch „in erheblichen Konzentrationen" im menschlichen Fett und in der Muttermilch vorgefunden werden, wie eine Untersuchung des Chemischen Untersuchungsamtes Hagen belegt, dann liegt das an der Lebensdauer dieses Insektenvernichters, der zehn bis zwölf Jahre im Boden verbleibt und deshalb immer wieder in den Nahrungskreislauf gelangt.
„Wenn bei uns die Ärzte feststellen, daß die Muttermilch schon derart mit Rückständen verseucht ist, daß sie den Kindern nicht mehr zugemutet werden kann, dann sind wir an einem Punkt angelangt, der nicht mehr geheuer ist," stellt Erhard Eppler fest. Die ernsthaft von Wissenschaftlern diskutierte These, daß Säuglinge in jedem Fall die Brust bekommen sollen, weil die Gifte in der Milch dem Kind helfen, immun zu werden, zeigt wie schnell der Mensch bereit ist, sich mit seiner eigenen Zerstörung zu arrangieren. Die Muttermilch ist kein Lebensmittel im Sinne der Höchstmengenverordnung. Sie kann nicht nach der Kontrolle und dem Einspruch der Lebensmittelaufsicht aus dem Verkehr gezogen werden.
In der Frauenklinik des St. Johannes-Hospitals in Hagen haben der Chemiker Bernd Müller und der Frauenarzt Hartwig Schröder 64 Muttermilchproben untersucht. Nur drei genügten den gesetzlichen Anforderungen, die an Lebensmittel gestellt werden. 60 Proben wiesen teilweise stark überhöhte Gehalte an Pestiziden auf: 20 mal soviel DDT wie zulässig, in Einzelfällen lag die Restmenge des Insektenschutzmittels sogar 100fach über der Grenze des Erlaubten. Der Pilzvernichter Hexachlorbenzol (HCB) war ebenso vorhanden wie das nur noch in der Forstwirtschaft zulässige Insektenmittel Lindan, das Hexachlorhexan (HCH) enthält. Neben diesen Pestiziden fanden sich auch Rückstände von polychlorierten Biphenylen (den sogenannten PCBs), die freilich mit der Landwirtschaft, Ernährung und Forsten nicht das geringste zu tun haben. PCBs sind Weichmacher, die in Harzen und Kunststoffen sowie als Schmiermittel, Wärmeübertragungsmittel und Hydrauliköl genutzt werden. Wie diese hochgradig gefährliche Substanz in die Muttermilch gelangt, ist ein Rätsel. Man findet sie auch in Seetieren, Muscheln und Möweneiern. Man weiß, daß PCBs sich im Verlauf der Nahrungskette anreichern, so daß am Ende die Konzentration am stärksten ist und genau da trifft sie den menschlichen Säugling. Es hat immer wieder spektakuläre PCB-Katastrophen gegeben, so in Japan, wo 1968 aus der durchgerosteten Kühlanlage einer Lebensmittelfabrik flüssiges PCB in einem Putztank geflossen war und tausend Menschen Chlorakne bekamen. Die Haut verfärbte sich dunkel. Später erkrankten Leber und Milz; die Menschen bekamen Krebs. Die Kinder, die geboren wurden, waren schwarz und hatten entstellende Hautschäden. Aber trotz der deutlichen Spuren dieses Giftes in deutscher Muttermilch raten die Milchforscher aus Hagen nicht davon ab, den Kindern die Brust zu geben.
Im Gegenteil: „Keine Säuglingsnahrung auf Kuhmilchbasis erreicht die ernährungsphysiologische Qualität von Muttermilch", betonen die Wissenschaftler. Muttermilch enthält Wirkstoffe, Enzyme, Abwehrstoffe, Minerale, Vitamine, Spurenelemente und ein Spektrum von Fettsäure und Eiweiß, das auch mit Hilfe von Kuhmilch auf technischem Wege wohl niemals herzustellen ist.
Daß der Gehalt an Pestiziden in der Humanmilch die staatlich zugelassenen Höchstmengen so weit überschreitet, liegt auch daran, daß diese Grenzwerte sehr streng gefaßt sind. Jedes Pflanzenschutzmittel wird heute

einer sorgfältigen Prüfung unterzogen, bevor es auf die Umwelt losgelassen wird. Seine Wirkung muß an mindestens zwei Tierarten erprobt werden, meist an Ratten, weil hiervon eine genügend große Zahl von Versuchstieren zur Verfügung steht und an Hunden, weil die ähnlich wie Menschen auf Gifte reagieren. Die Tiere werden über einen längeren Zeitraum mit kleinen Dosen der Testsubstanzen gefüttert, wobei man feststellt, welche Dosis ohne Wirkung ist. Dieser ,,non effect level'' wird in Milligramm pro Kilo Körpergewicht gemessen, das ist das Verhältnis 1 zu einer Million. Dieser Wert wird durch einen Sicherheitsfaktor 100 geteilt. Man nimmt dabei an, daß ein normaler Mensch zehnmal empfindlicher reagiert als ein Versuchstier und daß besonders empfindliche Menschen zehnmal empfindlicher reagieren als normal. Dieser Wert ist die höchste duldbare Tagesdosis, genannt ADI (acceptable daily in take), bemessen in Milligramm pro Kilogramm Körpergewicht. Dieser ADI-Wert ist im Lebensmittel- und Pflanzenschutzgesetz teilweise noch verschärft worden, so daß die Schwellenwerte weniger eine gesundheitlich vertretbare, sondern vor allem eine juristische Grenze sind. Die Grenze des Erlaubten.

Daß der Pflanzenschutz zum beliebtesten Prügelknaben des Umweltschutzes gemacht wurde'', bemerkt Professor Rolf Diercks, ,,hat er seinem eigenen Verantwortungsbewußtsein zu verdanken.'' Die Untersuchungsmethoden auf diesem Sektor sind inzwischen so verfeinert, daß sich auch Stoffmengen nachweisen lassen, die in Spuren von einem Milliardstel Gramm vorhanden sind. ,,Das führt zu einer wachsenden Beunruhigung des Verbauchers, weil er annimmt, daß immer neue Stoffe gefunden wurden, während sich in Wirklichkeit nur die Nachweisungsgrenzen verschieben'', notiert der Münchner Pflanzenschutzprofessor.

Die Statistik der akuten Vergiftungsfälle zeigt ohnehin, daß die größeren Gefahren von Chemikalien ausgehen, die im Haushalt verwendet werden. Die Bonner Universitätsklinik zählte bei 241 Vergiftungsfällen 131 durch Haushaltschemikalien, 67 durch Medikamente, 17 durch Pilze, 15 durch Alkohol und Nikotin und nur 11 durch Pflanzenschutzmittel. In den USA ist der Anteil der Pflanzenschutzmitteln an den Vergiftungen genau so hoch wie an den Kosmetikartikeln (4,9 Prozent), Pharmazeutika dagegen schlagen mit 57,9 Prozent zu Buch. Selbst die unnachgiebigsten Kritiker der Umweltvergiftung durch Chemikalien mögen den Pflanzenschutz der Agrarindustrie nicht in Frage stellen. Das Umweltbundesamt in Berlin läßt keinen Zweifel daran, daß ,,Pestizide ein wesentliches und unentbehrliches Mittel in der Landwirtschaft'' sind. Bedenklich ist die Anreicherung des Bodens mit Schädlingsbekämpfungsmitteln auch weniger dort wo sie verspritzt wird, sondern da wo sie herkommt: im Umland der Hersteller. So fanden sich in der Nähe der Frankfurter Hoechst AG fünfzigmal so viel Harnstoff-Herbizide wie in der Nähe landwirtschaftlich genutzter Gebiete.

Trotzdem will der Sachverständigenrat für Umweltfragen, der sich nicht gerade durch unausgewogene oder überzogene Forderungen einen Namen gemacht hat, eine Rezeptpflicht für Pestizide einführen, die selbstverständlich auch den explodierenden Giftmarkt der Haus- und Kleingärten einschließt. Die vielfach unzureichende Beratung der Gärtner und Bauern sei durch völlig neue Ausbildungsgänge an den Hochschulen abzubauen. Bisher haben amtliche Pflanzenschützer im Studium nur eine Semesterwochenstunde fachspezifische Ausbildung erfahren oder gar keine. Die Umweltweisen fordern analog zum Tierarzt den Pflanzenarzt, den Dr. med. phyt (Phytomediziner), der die Krankheiten der Kulturen diagnostiziert und die Therapie entscheidet. Nur so ein ,,Landarzt'' kann letztlich die komplizierter werdende Materie Ackerbau auf Dauer noch durchdringen.

Doch es gibt auch andere Alternativen. Der kleine Kreis der Bauern, die sich für den sogenannten biologisch-dynamischen oder biologisch-organischen Landbau interessieren, wird größer. Vor allem in Süddeutschland, wo die Landwirtschaft auf kleineren Höfen betrieben wird. Einer der Väter dieser naturnahen Anbauweise ist der 1969 verstorbene Alwin Seifert, der unter Hitler Reichslandschaftsanwalt gewesen ist und der nach 1945 ein Landschaftsanwalt ohne Reich geblieben ist. In seinem Garten am Ammersee häufelte er die Philosophie vom ,,Gärtnern ohne Gift'' zu einem Buch, das zur Bibel der alternativen Bewegung geworden ist.

Zuallererst vertilgt Seifert das Unkraut als Begriff: ,,Man darf das Unkraut nicht in alter Denkweise als ein Geschöpf des Teufels ansehen, dazu bestimmt, dem Bauern und Gärtner das Leben sauer zu machen. Massenauftreten bestimmter Unkräuter ist immer ein Zeichen dafür, daß der Boden nicht in Ordnung, daß er einseitig beansprucht oder überhaupt krank ist. ,,Unkraut, schreibt der Landschaftsanwalt, ,,ist das Hilfsmittel, mit dem die Natur ein gestörtes Gleichgewicht wieder herzustellen sucht.''

Kalk laugt den Boden aus, macht reiche Väter und arme Söhne. Stickstoff wirkt wie ein Gift, weil es die Pflanze anfällig macht. Stallmist wird spätestens nach drei Jahren ausgewaschen. Was wirklich hilft ist der Regenwurm, das Erdenwesen, das dank Seifert zum Wappentier der Alternativen geworden ist. Die Natur hat – sagt Seifert – ihr letztes Geheimnis offenbart. ,,Leben kommt nur vom Lebendigen,'' von Blättern, Zweigholz, vom Komposthaufen, von bester Wurmerde. Sie enthält siebenmal so viel Kalk, sechsmal soviel Magnesia wie allerbeste Gartenerde, und das alles ist dem Wurm zu danken, dem Lumbricus rubellus, der die welken Blätter frißt und die Erde und sie anreichert mit Drüsensäften, Bakterien und allerfeinstem Kalk, so fein und so vollkommen gemischt, daß sie zu einem so wunderbaren neuen Pflanzennährboden geworden sind, wie man ihn künstlich gar nicht herstellen kann.

Der Wunderwurm, von dem Charles Darwin schon wußte, daß unter fruchtbarem Wiesenland das Gewicht der Regenwürmer dem Gewicht der Kühe entspricht, die auf derselben Fläche grasen; der im Laufe eines Jahres auf einem Hektar Land dreißig Tonnen Erde nach oben wurmt und so den Boden Jahr für Jahr um zwei Millimeter hebt, dieser Wunderwurm ist himmlisch inspiriert. ,,Der liebe Gott weiß, wie man fruchtbare Erde macht. Und er hat dieses Geheimnis den Regenwürmern anvertraut'', glaubt Seifert.

Etwa 0,1 Prozent der landwirtschaftlich genutzten Flächen der Bundesrepublik wird Ende der siebziger Jahre nach alternativen Methoden bebaut, wobei verschiedene Anwendungsmethoden praktiziert werden.

Der biologisch-dynamische Anbau, von dem Antroposophen Rudolf Steiner 1924 ins Leben gerufen, sorgt sich vor allem um die Erhaltung der Bodenfruchtbarkeit. Steiner dachte schon in Kategorien des Ökosystems, als dieses Wort noch gar nicht erfunden wurde. Die biologisch-dynamischen Bauern bemühen sich das Ökosystem, also die aus Pflanzen, Tieren und Kleinlebewesen bestehende Lebensgemeinschaft so zu stabilisieren, daß eine Schädlingsbekämpfung auf lange Sicht überflüssig wird. Sie verwenden nur in Ausnahmen Herbizide, bekämpfen Insekten nur mit pflanzlichen Stoffen, die laut Höchstmengenverordnung keine Gifte sind und Pilzparasiten nur mit Netzschwefel und Wasserglas. Sie sind der Überzeugung, daß kosmische Kräfte, Mondphasen und rhythmische Prozesse das

Bodenleben beeinflussen. „Unter den zahlreichen Alternativen, die sich da anbieten, ist das, was die Anthroposophen machen, absolut ernstzunehmen", urteilt Frank Haenschke, Umweltexperte der SPD.
Die antroposophischen Biodynamiker sind die größte Gruppe unter den Alternativen.
Die Arbeitsgemeinschaft für naturgemäßen Qualitätsanbau von Obst und Gemüse (ANOG) setzt auf die „innere Qualität" der Früchte im Gegensatz zum trügerischen äußeren Schein sonst üblicher Handelsklassen. Diese Bauern pflegen vor allem den Humus, düngen organisch und verzichten auf den Anbau an stark befahrenen Straßen.
Dieser Organisch-biologische Landbau setzt vor allem auf den Mist, dem Urgesteinsmehl beigemengt wird. Im regelmäßigen „Biotest" wird der Boden untersucht, Bakterien-Kulturen werden angelegt, die dann im Boden in Marsch gesetzt werden.
Der übergreifende „Arbeitskreis Naturgemäßer Landbau", dem 1977 schon 23 Vereinigungen angehörten, soll die Bewegung der Biobauern in Gang bringen, was nicht einfach ist, denn die Erträge dieser Bauern liegen niedriger als bei der mit Kunstdünger und Pestiziden ackernden Konkurrenz. Die Arbeit auf dem Feld ist ungleich schwerer als ein Spritzgang mit dem Schlepper, und bei vielen Jungbauern, die den natürlichen Weg gewählt haben, hat sich die Erkenntnis durchgesetzt, daß Idealismus eine schweißtreibende Sache ist. Mehraufwand und Mindererertrag müssen die Alternativ-Bauern über höhere Preise hereinholen, die teilweise doppelt so hoch sind, wie bei den normalen Landwirtschaftsprodukten. Diese Außenseiter, die in den Zeitschriften der Bauernverbände als „Mondsüchtige" und „Kompostmystiker" verspottet werden, bekommen vom Sachverständigenrat für Umweltfragen jedoch bescheinigt, daß ihrem „Bestreben Modellcharakter zukommt." Aber die Bauernverbände haben mit den naturnahen Außenseitern nichts im Sinn. Deshalb hat bisher auch kein Landwirtschaftsminister diese Modelle zur Kenntnis genommen und beispielsweise durch einen Forschungsauftrag auf ihren Nutzen für Land und Leute abgeklopft.
Nur in Bayern, wo die Industrialisierung der Landwirtschaft längst nicht so verwegene Blüten treibt wie in Norddeutschland hat das Landwirtschaftsministerium gemeinsam mit dem Bauernverband und dem „Bund Naturschutz" einen „Arbeitskreis für Biologischen Landbau" eingerichtet.
Der Erfolg der Alternativen hängt vom Verbraucher ab, von der Frage inwieweit die Gesellschaft bereit ist, ihre Konsumgewohnheiten zu ändern. Erst wenn wir lernen sollten, verkrumpelte und mit Schorf befallene aber aromatische und kerngesunde Äpfel den gespritzten Prachtstücken aus Australien und anderswo vorzuziehen, und mit einer bescheideneren Auswahl zu höheren Preisen zufrieden zu sein, hätte die Regenwurm-Fraktion unter den Bauern eine Chance, sich bundesweit durchzusetzen.
Eine weitere Hemmschwelle ist das „Arbeitsethos" der fleißigen Biodynamiker, das sich natürlich so leicht kein Bauer ohne Not zu eigen macht. Bei aller Liebe zur Natur: Warum soll er durch mehr Arbeit weniger ernten und dann noch ein niedrigeres Einkommen in Kauf nehmen?
Mehrarbeit erfordert auch der „integrierte Pflanzenschutz", eine Anbaumethode, die der Obstbauer Adolf Martin Steiner betreibt und dem von den meisten Fachleuten langfristig gute Erfolgschancen eingeräumt werden. Danach werden die Felder und Baumreihen nicht einfach vorbeugend nach starren Spritzplänen mit Pestizid-Teppichen belegt, sondern man läßt die Schädlinge sogar gewähren, solange sie nicht die Ernte bedrohen. Das gesamte Ökosystem der bebauten Fläche muß ständig beobachtet und analysiert werden. Unkraut wird abge-

Für den Verbraucher ist die Schönheit des Obsts wichtiger als dessen innere Qualität. Er hat gelernt, Äpfel nach Handelsklassen zu unterscheiden. Doch die bemessen nur Größe und makelloses Erscheinungsbild

flammt, Schnecken und Raupen handverlesen. Herbizide, Fungizide, Insektizide werden umsichtig, mehr als lenkende Maßnahme eingesetzt, wobei sich langfristig ihr Gebrauch um 30 bis 50 Prozent reduzieren ließe. Der integrierte Pflanzenschutz stellt an den Bauern Anforderungen, denen er nur mit Hochschulstudium gerecht weden kann. Ein neuer Typ Bauer ist gefragt, der des Agrarökosystem-Managers, der mit dem Computer die vielfältigen Wechselwirkungen des Lebens auf seinem Acker analysiert und die Minimaldosis der chemischen Bekämpfung errechnet, eine Unternehmerpersönlichkeit, so scheint es, die sich nicht gerade auf Deutschlands 13 Hektar Durchschnittshof vorstellen läßt. Demgegenüber sind die Forderungen der Naturbauern bescheidener. Sie wollen auf die anspruchsvollen Super- und Wundersorten verzichten, auf überschaubaren regionalen Märkten mit kurzen Transportwegen ihre Waren anbieten. Sie wollen Vielfalt statt Einfalt, Betriebe also, die sich nicht spezialisieren, sondern in einer gegliederten Landschaft Hackfrucht und Getreide, Gemüse und Vieh auf einem Hof unterbringen. Den Anbau von Spezialkulturen wie Wein und Obst oder Hopfen überlassen sie lieber anderen.

Die Alternative setzt aber auch voraus, daß kleine ,,unwirtschaftliche'' Betriebe gefördert werden, und wie der Nürnberger Diplom-Forstwirt Hubert Weiger,

Aus deutschen Landen frisch auf den Gabelstapler. Der Butterberg in der Europäischen Gemeinschaft wächst, je mehr die Bauern produzieren. Die Lagerhaltung in den Kühlhäusern ist inzwischen genauso teuer wie die Butter selbst

zugleich agrarpolitischer Sprecher des bayrischen Bund Naturschutz fordert, daß der Anteil des Einkommens, das für Nahrungsmittel ausgegeben wird, nicht weiter sinkt. Der Umweltbund will die bisher durch Subventionen niedrig gehaltenen Preise landwirtschaftlicher Erzeugnisse ruhig steigen lassen, damit der Verbraucher endlich merkt, was die Nahrungsmittel wirklich wert sind. Aber das würde vor allem den sozial Schwachen bewußt. Es gibt kein Industrieland, das seinen Bauern nicht mit Subventionen helfen muß. Aber das Ergebnis dieser Stützaktion kann nicht befriedigen.

Die Frage, wie lange die Bauern für den höheren Ertrag auch den Aufwand ertragen, der ihn ermöglicht, die Frage, ob eine permanente Steigerung der chemischen Hilfsmittel nicht zu einem Punkt kommt, an dem die finanziellen Kräfte nicht mehr ausreichen, um die Natur im Keim zu ersticken, hat die Welt-Ernährungs-Organisation (FAO) schon 1970 gestellt. Und die Antwort, damals noch ohne den Schatten der Ölkrise, heißt: Global gesehen wird die Steigerungsrate aller Aufwendungen bis zum Jahre 1985 beim Handelsdünger mit 11,6 und bei den Pflanzenschutzmitteln mit 11,2 anzusetzen sein. Dem gegenüber sind auf der Seite der Erträge höchstens Steigerungen ums 3,5 fache zu erwarten.

Schon heute ist in vielen Ländern der Dritten Welt diese Frage nach dem Aufwand bei der Nahrungsmittelproduktion eine Frage des Überlebens geworden. Sie alle schöpften Hoffnung, als ihnen der Norweger Norman Borlang die ,,Grüne Revolution'' bescherte und sich die landwirtschaftlichen Erträge durch den Einsatz von Kunstdüngern und neue Getreidekreuzungen vervielfachten. Der Hunger schien stillbar; Israel steigerte seine Ernten in 12 Jahren ums Fünffache, Kenia wurde sogar – bei sechsfacher Steigerung der Erträge – zum Getreide-Exportland. Borlang erhielt 1970 für den Umsturz des Akkerbaus den Nobelpreis, aber die Revolution verließ ihre Kinder. Mit den steigenden Ölpreisen wurde Kunstdünger unerschwinglich, die intensivere Bewirtschaftung beanspruchte die Böden so stark und verlangte soviel Einsatz von Wasser, daß viele Länder heute die grüne Revolution verfluchen. Sie hat den Hunger nur verschlimmert.

Während die Dritte Welt hungert, ragen in den Lagern der gutgenährten Europäischen Gemeinschaft Butterberge und Milchpulverhalden immer höher. Aus unerfindlichen Gründen gibt es in den hochindustrialisierten Ländern mit all ihren technischen Möglichkeiten offenbar kein Rezept, wie man beispielsweise einen Teil der überschüssigen Millionen Tonnen Magermilchpulver, das im Gegensatz zu anderer Eiweißnahrung auch Kindern bekommt, die schon völlig vom Hunger geschwächt sind, in die Hungergebiete dieser Welt schaffen könnte. Diese Magermilchhalden haben fast zwei Drittel aller Mittel der Europäischen Gemeinschaft verschlungen. Der Berg läßt sich nicht abtragen, weil Magermilch, die früher gern von den Bauern als Schweinefutter von den Molkereien abgenommen wurde, zu teuer geworden ist. Und zu teuer geworden ist sie, weil man sie, des bequemeren Transports wegen, unter hohem Energieaufwand in Pulver verwandelt hat. Wie absurd unsere Agrarbürokratie arbeitet, ist vielleicht am Beispiel der Butter am deutlichsten sichtbar: Die Lagerhaltung in den Kühlhäusern ist nämlich genau so teuer, wie die Butter selbst. Das heißt: billiger wäre es, die Butter auf den Müll zu kippen, als sie zu verkaufen.

Obwohl diese ostfriesische Bäuerin nur acht Kühe zu melken hat, nimmt sie die Maschine zur Hilfe. Der Fortschritt macht auch vor kleinen Höfen nicht halt

Makelloses Obst wächst im Sprühnebel der Pestizide und Fungizide heran. Zwanzig Spritzgänge und mehr in einem Jahr sind keine Seltenheit

Was Schadinsekten vernichten soll, gibt auch Bienen den Rest. Aber weil die für Obstkulturen unentbehrlich sind, hat die chemische Industrie Insektizide entwickelt, die „bienenverträglich" sind

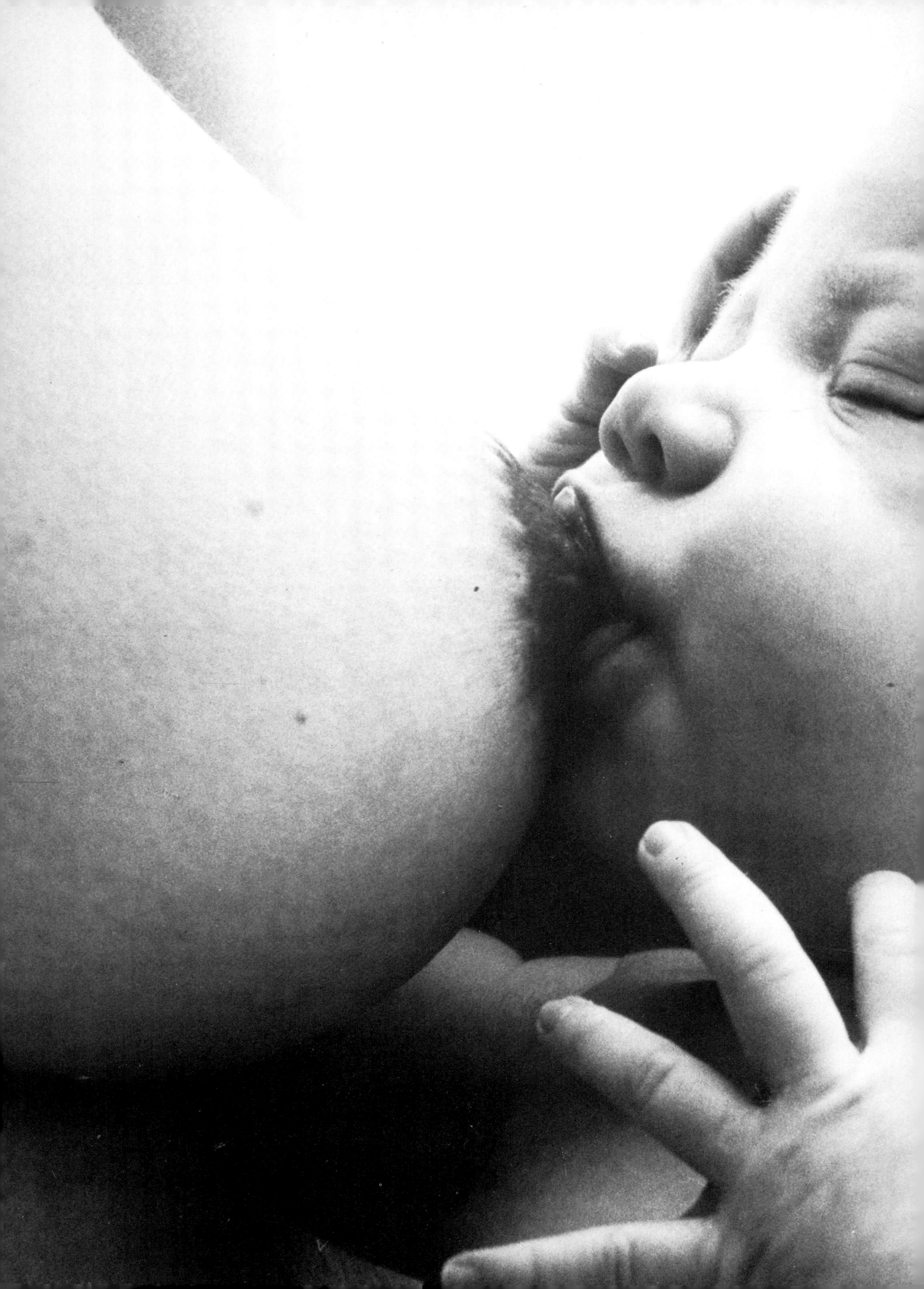

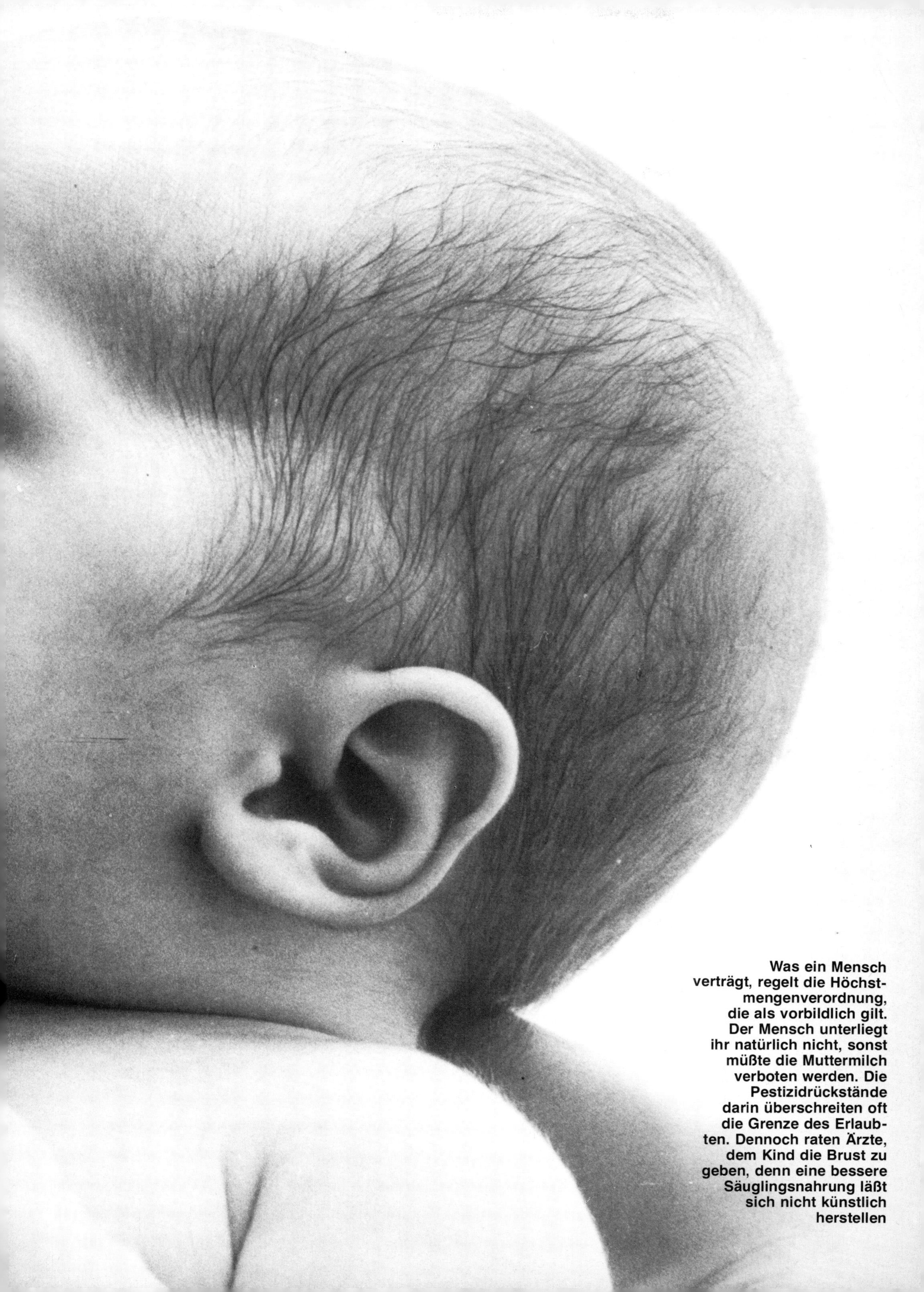

Was ein Mensch verträgt, regelt die Höchstmengenverordnung, die als vorbildlich gilt. Der Mensch unterliegt ihr natürlich nicht, sonst müßte die Muttermilch verboten werden. Die Pestizidrückstände darin überschreiten oft die Grenze des Erlaubten. Dennoch raten Ärzte, dem Kind die Brust zu geben, denn eine bessere Säuglingsnahrung läßt sich nicht künstlich herstellen

Luft

DIE UNSICHTBARE GEFAHR

Gibt es einen schöneren Traum, als dem Lärm der Maschinenhallen und Werkbänke zu entkommen, dem Mief der Bürohäuser, der Hitze und dem Staub der Fabriken, Walzwerke und Kohlegruben, als an frischer Luft, unter freiem Himmel zu arbeiten? Ist eine reizvollere Alternative denkbar zur Acht-Stunden-Fron in klimatisierten Glaspalästen, zu stickigen Lagerhallen, Supermärkten oder Kaufhäusern, als ein Job im Grünen, der tägliche Umgang mit Pflanzen und Erde, einfach nicht mehr und nicht weniger zu sein als ein Gärtner?

Dieser Traum endet in Düsseldorf mit einem bösen Erwachen. Ausgerechnet Gärtner, ermittelte eine Studiengruppe der Ruhr-Universität in Bochum, sind am meisten vom Lungenkrebs bedroht; ihr Risiko, daran zu sterben, ist sechsmal so hoch wie bei einem Durchschnittsbürger mit normalem Zigarettenkonsum: Folge von zu langem Aufenthalt in jenem mit Schadstoffen, Fasern und schwermetallhaltigen Stäuben angereicherten Gasgemisch, das landläufig immer noch frische Luft genannt wird, das indessen längst durch menschliches Zutun, vor allem durch eine Vielzahl von Verbrennungsvorgängen und nicht zuletzt durch den Betrieb von Millionen Kraftfahrzeugen zum Krebsrisiko geworden ist.

Möglicherweise gibt es kein besseres Beispiel für die Zerstörung unserer natürlichen Lebensgrundlagen als den bedrohlichen Zustand der Luft in unseren Ballungsräumen, von der wir, ob wir wollen oder nicht, jeden Tag 10.000 Liter zu uns nehmen, einatmen müssen. Möglicherweise wird aber auch an diesem unsichtbaren Lebensmittel am ehesten erkennbar, ob es dem Menschen gelingt, mit den Folgen der Industrialisierung, des stürmischen Wirtschaftswachstums, der immer größeren Ansprüche an den Wohlstand fertig zu werden. Die Schornsteine müssen rauchen. Aber um welchen Preis?

Die kranken Lungen der Gärtner sind der Preis für die dicke Luft in den fünfziger Jahren. Denn 25 bis 30 Jahre braucht der Lungenkrebs, bis sein zerstörerisches Wachstum offenbar wird. Auch bei anderen Risikogruppen, die in den Städten an frischer Luft arbeiten müssen, also weitgehend in Autoabgasen, ist die Zahl der Lungenkrebsfälle überdurchschnittlich hoch. Das gilt für die Verkehrspolizisten ebenso wie für Berufskraftfahrer. Generell steigt die Zahl der Lungenkrebserkrankungen in der Bundesrepublik unvermindert an. Aber weil es bisher in der Bundesrepublik kein Krebskataster gibt, was sich nur einrichten ließe, wenn Krebs endlich zur meldepflichtigen Krankheit erklärt würde, lassen die Zahlen nur andeutungsweise Rückschlüsse auf die Risiken zu, mit denen die Menschen seit Beginn des Wirtschaftswunders zu leben hatten; Risiken, die möglicherweise heute zum Teil durch ernergische Maßnahmen der Luftreinhaltung herabgesetzt, zum Teil durch andere, neue Gefahren erhöht wurden.

Nirgendwo wurde mit dem Umweltschutz so früh begonnen wie am angestammten Sitz der großen Luftverschmutzer, dem Industrierevier in Nordrhein-Westfalen. In keinem anderen Bereich ist es bisher gelungen, die Reparatur der Umweltschäden so weit voranzutreiben, wie bei der Reinhaltung der Luft, was keineswegs heißt, daß wir aufatmen können. Seit den frühen sechziger Jahren wurden die Auflagen für die Genehmigung technischer Anlagen fortwährend verschärft, wurden die Schornsteine immer höher, mußten von Hütten und Fabriken kostspielige Filteranlagen eingebaut werden.

Durch die ,,Technische Anleitung zur Reinhaltung der Luft'' setzte die Bundesregierung schon 1964 Höchstwerte für den Staub fest, der aus deutschen Schornsteinen ins Land schweben durfte. Der Erfolg: Während in den frühen sechziger Jahren noch 1,3 Millionen Tonnen Staub den Himmel über der Ruhr verdunkelten und bundesweit 2,6 Millionen Tonnen Dreck herabregneten, rieselt heute weniger als die Hälfte dieser Mengen vom Himmel. Allerdings ist dieser Erfolg vor allem darauf zurückzuführen, daß heute weniger als früher mit Kohle geheizt wird.

Einen echten Erfolg dagegen landete die Bundesregierung mit dem Benzinbleigesetz, womit sie trotz heftiger Gegenwehr der 6-Zylinder-Lobby der Autoindustrie und des ADAC in internationale Standards setzte. Obwohl die Autoverbände den Untergang der Motorwelt beschworen, laufen die bedrohten hochwertigen Aggregate immer noch ohne Klingeln und Klopfen. Und die bedrohte Natur wird nur noch mit einem Bruchteil der Bleikonzentration belastet. So wurden 1976 in Frankfurt, der Stadt mit den meisten Autos pro Einwohner, Bleikonzentrationen gemessen, wie sonst nur an autofreien Sonntagen während der Ölkrise.

Zurückgegangen ist auch die Menge des in der Luft schwebenden Feinstaubs: Seit 1965 um mehr als die Hälfte. Auch hier ist der Erfolg zum Teil darauf zurückzuführen, daß viele Industriebetriebe von der Kohlefeuerung auf Gas umgestiegen sind. Der Feinstaub, dessen Partikel so leicht sind, daß sie in der Luft schweben, gilt als besonders gefährlich. Über 500 verschiedene Substanzen, deren Wirkung zum großen Teil noch nicht erforscht ist, sind in dieser mikroskopischen Schwebewelt und damit in der Atemluft enthalten: Schwermetalle wie Blei, Zink und Cadmium ebenso wie krebsfördernde Stoffe, Benzpyren etwa, der Stoff, der überall da zutage tritt, wo Verbrennung stattfindet. In Zigaretten ebenso wie beim Grillen, in Hochöfen ebenso wie in Ölheizungen, in Gelsenkirchen dreihundertmal so viel wie im Schwarzwald.

Die eklatanten Unterschiede zwischen den Großstädten, insbesondere den als Belastungsgebieten ausgewiesenen Zentren der Industrie und den abgelegenen von Schadstoffen noch relativ unversehrt gebliebenen Naturreservaten lassen die Frage nach den Grenzen des Zumutbaren zum politischen Konfliktstoff werden.

Denn obwohl die Bundesregierung 1974 neue, weit strengere Höchstgrenzen für die Luftverschmutzung festgesetzt hat, obwohl nicht nur Gewerbebetriebe, sondern nun auch öffentliche Unternehmen, Massenverkehrsmittel und Kraftwerke mit diesem Höchstwert-Maßstab gemessen werden, ist die Luft nicht wesentlich besser geworden. Sie ist nur nicht ganz so schlecht, wie sie sein könnte.

Das Bundesinnenministerium in Bonn fordert eine weitere, deutliche Herabsetzung der Schadstoffmengen, die durch die Schornsteine in die achtziger Jahre entweichen dürfen; eine Neufassung des Bundesimmissionsgesetzes soll sicherstellen, daß nirgendwo in Deutschland die Luft noch schlechter wird als sie schon ist. Ausnahmen – natürlich gibt es auch die – dürfen nur gemacht werden, wenn die jeweilige Landesregierung sich bereitfindet, ein ,,Belastungsgebiet'' auszuweisen, über die bereits bestehenden 24 Belastungsgebiete hinaus.

Dagegen opponieren die von der CDU/CSU regierten Länder und das von einer Koalition zwischen SPD und FDP getragene Nordrhein-Westfalen, mithin die Region, um deren Atemluft es letztlich geht. Wer die Höchstwerte so niedrig bemesse, mache Ausnahmen notwendig, vertiefe also den Unterschied zwischen Belasteten und Unbelasteten und verstoße gegen den von der Verfassung garantierten Gleichheitsgrundsatz, argumentieren die Gegner der neuen Meßwerte. Nur wenn das gesundheitlich gerade noch Erträgliche für alle Bundesbürger gleichermaßen gelte, sei der Auftrag des Grundgesetztes erfüllt. Doch gerade wenn Realpolitiker die Diskussion um physikalische Meßwerte mit großen Grund-

satzfragen einnebeln und das Grundgesetz, das man sonst nicht immer unter dem Arm tragen kann, als Argumentationshilfe heranziehen, bleibt ein schlechter Geruch über dem Manöver. Denn auch die Gegner der Ausnahmen wollten Ausnahmen zulassen, nur nicht die wahrscheinlich sehr unpopuläre Ausweisung von ,,Belastungsgebieten''. Sie haben sich für die bei den Wählern sehr viel angenehmer empfundenen Kennzeichnung von ,,Reinluftgebieten'' entschieden.
Hinter dem Possenspiel um den erfolgversprechendsten Ausnahmezustand verbergen sich handfeste Interessen. Ein streng gefaßtes Gesetz zur Luftreinhaltung würde zwar bestehende Anlagen nicht berühren. Aber die neuen Vorschriften würden die Industrieansiedlung blockieren, wenn nirgendwo in Deutschland die Luft auch nur ein Gramm dicker werden dürfte. Neue Kohlekraftwerke dürften beispielsweise nur in ohnehin belasteten Gebieten errichtet werden. Und auch dort nur in dem Maße, wie es gelingt, veraltete Kraftwerke stillzulegen.
,,Warum soll nicht mal ein neues Kohlekraftwerk in Mannheim gebaut werden'', fragt der sozialdemokratische Bundestagsabgeordnete Uwe Jens, der seinen Wahlkreis nicht in Mannheim, sondern in Voerde im

Das Leben an frischer Luft birgt unheimliche Risiken, wenn es sich dabei um Stadtluft handelt. Ausgerechnet Gärtner sollen nach einer Studie der Ruhr-Universität Bochum am meisten von allen Berufsgruppen von Lungenkrebs bedroht sein

Ruhrgebiet hat, wo das größte Kohlekraftwerk der Welt entstehen soll. „Es ist doch überhaupt nicht einzusehen, daß immer dieselben den Dreck aushalten müssen, während andere mit einem blauen Himmel davonkommen." Dabei ist die Industriestadt Mannheim nicht gerade ein Luftkurort. Aber hier wird der Strom gebraucht, dessen Herstellung die Menschen im Ruhrgebiet belastet.

Die Luftreinhaltung ist kein Problem, das in Nordrhein-Westfalen allein zu lösen ist. Und die bundesweite Lösung, die soviel Staub aufgewirbelt hat, bleibt viel zu lange in der Schwebe. Was eigentlich im Interesse der Gesundheit rasch entschieden werden müßte, wird hinausgeschoben; nach Millionen Investitionen zur Reinhaltung der Luft zieht Bundesinnenminister Gerhart Rudolf Baum im Herbst 1978 Bilanz: „Insgesamt ist kein dramatisches Ansteigen zu befürchten."

Das Drama liegt auch nicht im Anstieg, sondern im Detail. Neue, teilweise gefährlichere Substanzen haben den groben Staub ersetzt. Sie sind in keinem Gesetz zur Luftreinhaltung erwähnt. Dazu gehören nitrose Gase, Benzol und ausgerechnet der im Umweltschutz so bewährte Asbest. Dieser faserförmige Stoff, der vor allem in Dachfassaden, Platten, Rohrlei-

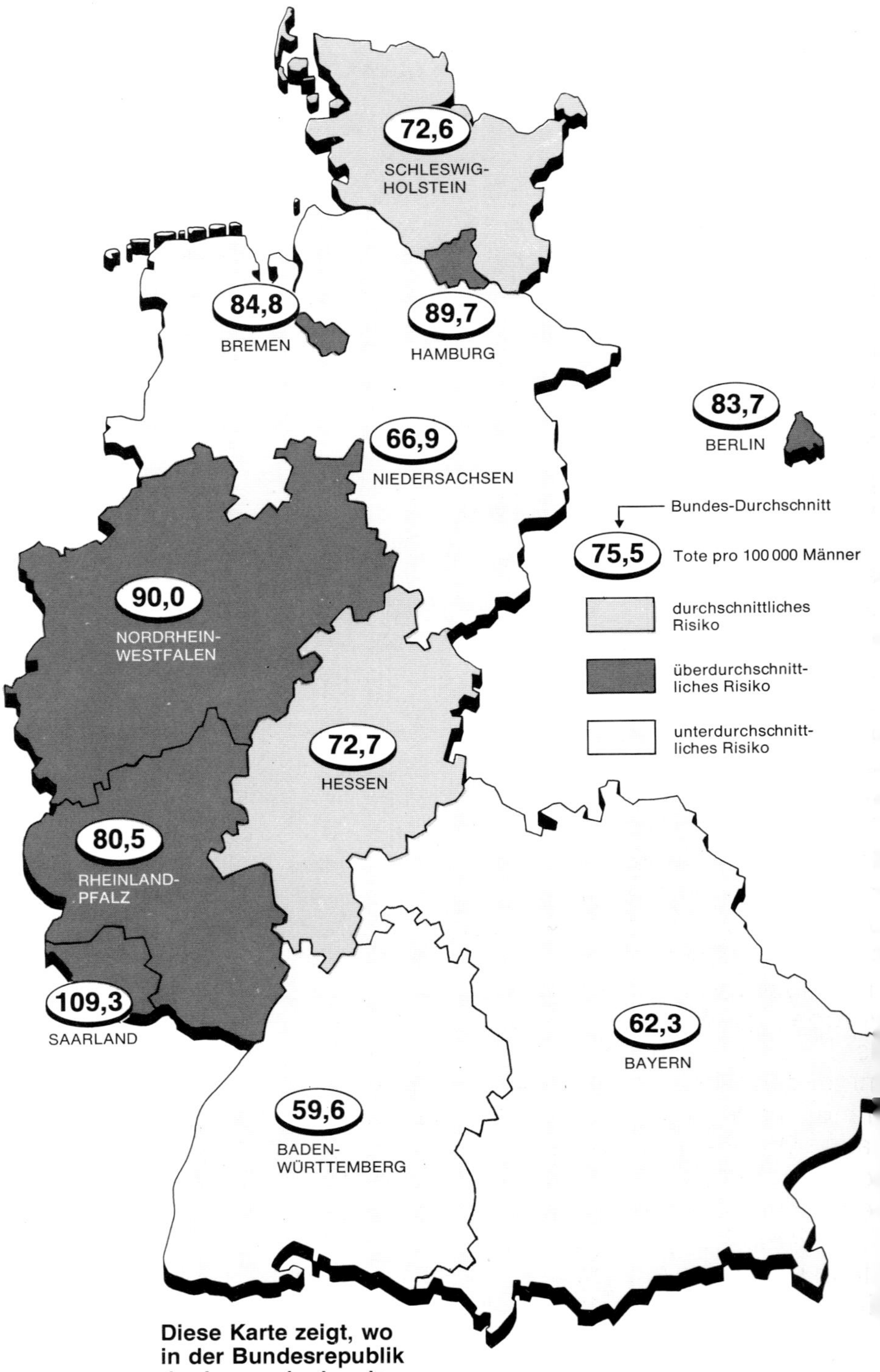

Diese Karte zeigt, wo in der Bundesrepublik der Lungenkrebs als Todesursache bei Männern überdurchschnittlich hoch ist. Danach liegen die Stadtstaaten Hamburg, Bremen und Berlin über dem Mittelwert, Nordrhein-Westfalen und das Saarland sogar mit deutlichem Abstand. Folge der dicken Luft? Erst eine Meldepflicht für Krebs könnte Rückschlüsse auf Umwelteinflüsse ermöglichen

ungen von Klimaanlagen, in Decken, Trennwänden und Fußbodenbelägen, aber auch in Bremsbelägen der Kraftfahrzeuge Verwendung findet, hat sich, obwohl seit erst etwa zehn Jahren im Gebrauch, zu einer der gefährlichsten Umweltbelastungen entwickelt. Asbest soll nach einer amerikanischen Untersuchung 15 Prozent aller Krebstode hervorrufen.

Nach einer Untersuchung des Düsseldorfer Instituts für Lufthygiene und Silikoseforschung enthält ein Kubikmeter Stadtluft 10 000 bis 100 000 Fasern. Professor Hans Werner Schlipköter, Leiter des Instituts: ,,Wir können heute am Erscheinungsbild des Lungenkrebses ziemlich genau feststellen, ob er durch Fasern oder etwa durch Rauchen entstanden ist.'' Die Faserfälle nehmen zu.

Wo die Luft sauberer wurde, ist das Vakuum durch den zunehmenden Kraftfahrzeugverkehr wieder verschwunden. Wo das Bundes-Immissionsschutzgesetz die Höchstwerte festschreibt, werden sie – wenn auch seltener als in den siebziger Jahren – immer noch überschritten.

Immer noch quellen allein im Raum Duisburg jeden Tag 700 Tonnen Schwefel-Dioxyd aus den Schornsteinen, verbinden sich mit fast der gleichen Menge Staub und legen sich schwer auf die Bronchien der Stadtbewohner. Die Schlote der Bundesrepublik blasen inzwischen mehr als vier Millionen Tonnen Schwefel-Dioxyd in die Luft, ein sattes Gemisch, das sich mit Blei verbindet oder in Schwefelsäure verwandelt und mit dem Regen im Boden versickert. Deutschland versauert.

Schwefel-Dioxyd entsteht vor allem da, wo fossile Brennstoffe, Kohle und Öl verheizt werden. Schwefel-Dioxyd entsteht vor allem in Kohlekraftwerken. Zwar hat man heute Verfahren entwikkelt, den Auswurf an Schwefel-Dioxyd um 85 bis 90 Prozent zu reduzieren. Die neuen Kohlekraftwerke, die in Voerde oder Scholven errichtet werden, sind – gemessen an ihren Vorgängern – geradzu ein Muster an Sauberkeit. Diese Vorgänger sind jedoch weiter in Betrieb: Hunderte von Kleinkraftwerken, die das Hundertfache an Umweltbelastung produzieren. Sie wurden in den Jahren 1950 bis 1955 errichtet, sind längst abgeschrieben und laufen aus diesem Grund überaus rentabel.

Die Unternehmen, die diese technisch veralteten Kohleöfen betreiben, sind gemeinwirtschaftliche Betriebe, wie etwa die Rheinisch-Westfälischen Elektrizitäts-Werke, der größte Stromversorger Europas. Aber die fühlen sich nicht dem Gemeinwohl verpflichtet. ,,Alles, was die tun'', zürnt der nordrhein-westfälische Minister für Arbeit, Gesundheit und Soziales, Friedhelm Farthmann, ,,ist, daß die den Leuten einreden, mehr Strom zu kaufen.''

Zwar gibt es rechtliche Handhaben, für technische Anlagen, die einmal in grauer Vorzeit genehmigt wurden, nachträglich Filter oder gar aufwendige Anlagen zur Rauchgasentschwefelung durchzusetzen, doch um nicht mit den Gewerkschaften in Konflikt zu geraten, muß der Staat den Versorgungsunternehmen mit marktwirtschaftlichen Lokkungen entgegenkommen. Professor Farthmann sagt es so: ,,Wir müssen den Herren Steuergelder in den Hintern blasen, damit sie sich endlich bequemen, die alten Mühlen aus dem Gelände zu nehmen.''

Doch diese Investition von Steuergeldern dient nicht nur der frommen Denkungsart des Umweltschutzes. Wenn alte Anlagen stillgelegt werden, ist – im Rahmen der von Bonn verfügten Höchstwerte – Platz für neue Luftverschmutzer geschaffen, das Luftloch wird gefüllt und die drohende Energielücke auch. Daß in den nächsten Jahren der bundesweite Auswurf an Schwefel-Dioxyd weiter ansteigt, ist wahrscheinlich.

Wie das Umweltbundesamt feststellte, haben Untersuchungen an Kindern gezeigt, daß bei einer erhöhten Konzentration von

Schwefel-Dioxyd in Verbindung mit Schwebstaub die Anfälligkeit für Infektionen zunimmt.
Doch Schwefel-Dioxyd schadet nicht nur den Menschen. Inzwischen hat die Forstwirtschaft Alarm geschlagen, weil die Nadelbäume verkümmern. In den Ballungsräumen sind die immergrünen Naturschönheiten nach 20 Jahren mickrigen Wachstums hiebreif. Wenn alle Bundesländer die vom Gesetz zur Reinhaltung der Luft vorgesehenen Höchstwerte erreichen würden, gäbe es in Deutschland wahrscheinlich keinen Nadelwald mehr. Anstelle des Weihnachtsbaumes könnten die Familien ihre Steckdosen mit Lametta schmücken, denn letztlich ist der hohe Stromverbrauch eine der Voraussetzungen für die Verschmutzung der Luft. ,,In Duisburg wächst keine Konifere mehr'', klagt Professor Farthmann. Aber dort leben über eine halbe Million Menschen. Der Mensch verträgt mehr als Nadelbäume.
Er ist wohl auch robuster als die Zeugnisse seiner Kunst. In zwanzig Jahren werden etwa 25 000 unersetzbare Glasgemälde und Kirchenfenster in der Bundesrepublik zerstört sein, wenn man sie nicht bis dahin in die Museen schafft. Bauwerke wie der Kölner Dom, die durch das saure Luftgemisch der Stadt unter der Hand der Denkmalspfleger verfallen, müßten luftdicht verpackt werden. Etwas ähnliches versuchen die Konservierer jetzt, indem sie das sakrale Bauwerk mit einer Art Schutzlack überziehen. ,,Ich verstehe nicht,'' wettert Professor Wolfgang Erz, Leiter der Bundesforschungsanstalt für Naturschutz, ,,warum man das Ding nicht einfach in ein Parkhochhaus verwandelt. Das wäre ehrlicher.'' Parkhochhäuser halten der Luftverschmutzung stand. Sie werden als Baudenkmäler der Epoche des Kraftfahrzeugs Jahrtausende überdauern, denn sie sind aus Beton.
Der atemberaubende Anstieg des Individualverkehrs fördert die rasante Karriere von schädlichen Gasen, die immer dort entstehen, wo etwas bei hoher Temperatur verbrannt wird: Die Stickoxyde. Ihr Anteil in der Luft wird immer größer. Als Folge davon mehren sich in den Städten Bronchitis und Mandelentzündungen. Drei Viertel aller Kinder in Dortmund haben nach einer Untersuchung des Gesundheitsministeriums als Folge der schlechten Luft geschwollene Lymphknoten. In der Autostadt Frankfurt ist der Jahresmittelwert der Stickstoff-Konzentration siebenmal so hoch wie 1962. Der schwarze Peter für diese Art von Luftverseuchung gebührt den Architekten und Stadtplanern, die durch enge Straßenschluchten und quer zur Windrichtung gestellte Hochhaus-Komplexe die Durchlüftung der Städte unterbunden haben. Ventilation tut not. Sie ist nach neuesten Erkenntnissen der Klimaforschung bei der Stadtplanung durch eine aufgelockert gemischte Bauweise zu erreichen. Das Landschaftsrelief, Rinnen und Täler sollten berücksichtigt werden, breite Straßen und Freiflächen sind ebenso notwendig wie ,,Ventilationsbahnen'', in denen die Bäume nicht zu hoch wachsen dürfen. ,,Ventilationsschwäche'', ist nach Ansicht des Aachener Landschaftsökologen Hubert Emonds'' das wohnklimatisch, lufthygienische Kernproblem unserer Städte.'' Die Stadt bremst den Freilandwind um 20 bis 30 Prozent ab. In 3,5 Meter Höhe sogar auf weniger als die Hälfte. Der Austausch von Stadtluft und Frischluft ist in Metropolen wie Düsseldorf oder Frankfurt total verbaut.
Die unglückselige Verbindung jener in Ballungsgebieten allgegenwärtigen Substanzen führte im Januar des Jahres 1979 bei schönstem Winterwetter zum Smog-Alarm im westlichen Ruhrgebiet. Ein Warmluftdecke auf dem Kohlenpott verhinderte, daß ein milder Wind die Schadstoffe wie sonst ins Umland verteilte. Schon einmal, 1962, hatte es im Ruhrgebiet eine Smog-Katastrophe gegeben, die Zahl de

Todesfälle stieg auf 150 über normal. Aber damals lagen die Meßwerte für das Schwefel-Dioxyd in der Luft viermal so hoch wie in diesem Jahr, ohne daß deswegen Alarm gegeben wurde. Diesmal wurden die Bürger von Duisburg und Bottrop, Krefeld und Essen per Rundfunk aufgefordert, Massenveranstaltungen fern zu bleiben und ihr Auto zu Hause zu lassen. Ohne Erfolg. ,,Die husten uns was,'' bemerkte ein Polizeibeamter in Duisburg. Der Verkehr stockte wie sonst auch. Die Stadtverwaltung in Oberhausen erfuhr den Bürgerprotest am Telefon: ,,Was soll der Quatsch. Hier stinkt's doch immer.'' Und Minister Friedhelm Farthmann, der den Luftalarm inszeniert hatte, bekam Zunder von seinen Genossen. Die Argumente der SPD-Basis: So ein Alarm ruiniert den Ruf des Ruhrgebiets. Außerdem hätten nicht die Kraftfahrer den Smog verursacht, sondern die Industrie.

Im Industrierevier an Rhein und Ruhr, einem 30 mal 30 Kilometer großen Gebiet, werden rund zwei Drittel der Schadstoffe emittiert, die in der Bundesrepublik die Atemluft belasten. Und auf's Firmenkonto der Stahlwerke und Hütten, Kokereien und Kraftwerke gehen im Raum Duisburg-Oberhausen immerhin fast 0 Prozent der Schadstoffemissionen, die den Smog verursachen. Selbst Kohlenmonoxyd, das normalerweise zu 80 Prozent aus dem Auspuff der Autos das Weite sucht, wird in dieser Grauzone der Bundesrepublik überwiegend aus Schloten gepustet. Allerdings in solcher Höhe, daß die Wissenschaft doch im Auto einen Verursacher der Katastrophenlage wittert, eben das unmittelbar über dem Boden in Höhe der Kinderwagen ausgestoßene Kohlenmonoxyd. Dieses Gas sammelt sich vor allem auf der Windseite der Straßenschluchten, wird vor allem von langsam fahrenden Autos im Stau erzeugt und ist in seiner Konzentration im Innern des Fahrzeugs doppelt so hoch wie im Freien, weil es durch den Kühlergrill vom vorauskriechenden Fahrzeug hineingeblasen wird. Dieses schwindelerregende geruchlose Gas, das über die Lungen ins Blut gelangt, kann Kopfschmerzen hervorrufen, in schwacher Konzentration belastet es den Kreislauf.

Dabei wäre es heute technisch kein Problem, den Anteil der Schadstoffe in den Auspuffgasen um 90 Prozent zu verringern. Nach einer Studie der Porsche AG im Auftrag des Umweltbundesamtes würde ein stark entgifteter Motor nur 250 bis 350 Mark teurer sein. Aber mit der Verbesserung der Aggregate ist frühestens 1982 zu rechnen. Bis dahin wollen sich die Mitgliedsländer der Europäischen Gemeinschaft auf eine gemeinsame Norm geeinigt haben. Und die richtet sich erfahrungsgemäß nach dem Langsamsten im Umweltschutz.

Bis dahin kennt der Mief keine Grenzen. Seit 1965 ist die Kohlenmonoxyd-Produktion im Verkehr von 4 Millionen Tonnen auf 6,4 Millionen angestiegen, während der Anteil der Industrie mit 3,3 Millionen Tonnen etwa gleich geblieben ist und die Haushalte heute statt 8,9 Millionen Tonnen nur noch 4 Millionen aus den Schornsteinen jagen.

Schornsteine gehören zu den auffallendsten Maßnahmen der Luftreinhaltung, wenn auch nicht zu den wirkungsvollsten. Schornsteine werden inzwischen so hoch gebaut, daß der Staub nur noch in seltenen Fällen in ihrer Umgebung herabsinkt, sondern sich gleichmäßig weiter im Land verteilt. Den hohen Schornsteinen ist es zu verdanken, wenn die Luft im Ruhrgebiet langsam besser und im Schwarzwald langsam schlechter wird.

Der Streit um den blauen Himmel wird längst nicht mehr zwischen den Kirchturmspitzen der Wahlkreise entschieden. In Schweden versauern die Böden, verkümmern Wälder und sterben Fische, weil dort das Schwefel-Dioxyd aus den englischen Schornsteinen herabregnet. Die

Kleinkinder haben am meisten unter Autoabgasen zu leiden. Und obwohl es längst technische Möglichkeiten gibt, den Anteil an Kohlenmonoxyd und den krebsfördernden Stickoxyden herabzusetzen, warten die Autohersteller, bis die Europäische Gemeinschaft neue Vorschriften erläßt

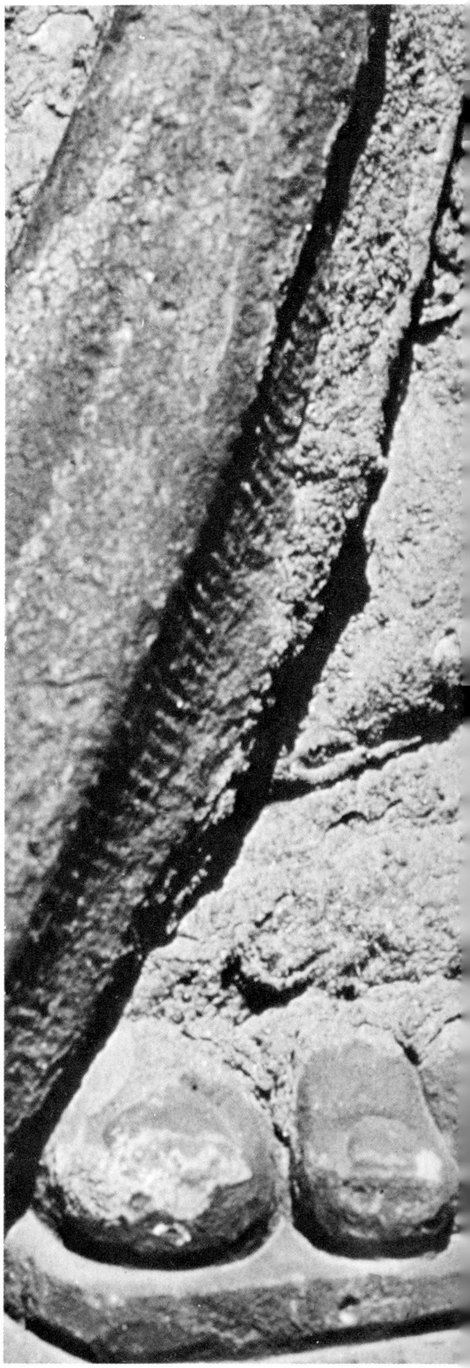

Der Mensch ist – so scheint es – widerstandsfähiger als die Zeugnisse seiner Kunst. Durch das fatale von Giftstoffen und Schwefel-Dioxyd angereicherte Luftgemisch in den Städten haben diese jahrhundertealten Steinfiguren am Kölner Dom und in Bremen (mittleres Bild) begonnen, sich buchstäblich in Luft aufzulösen

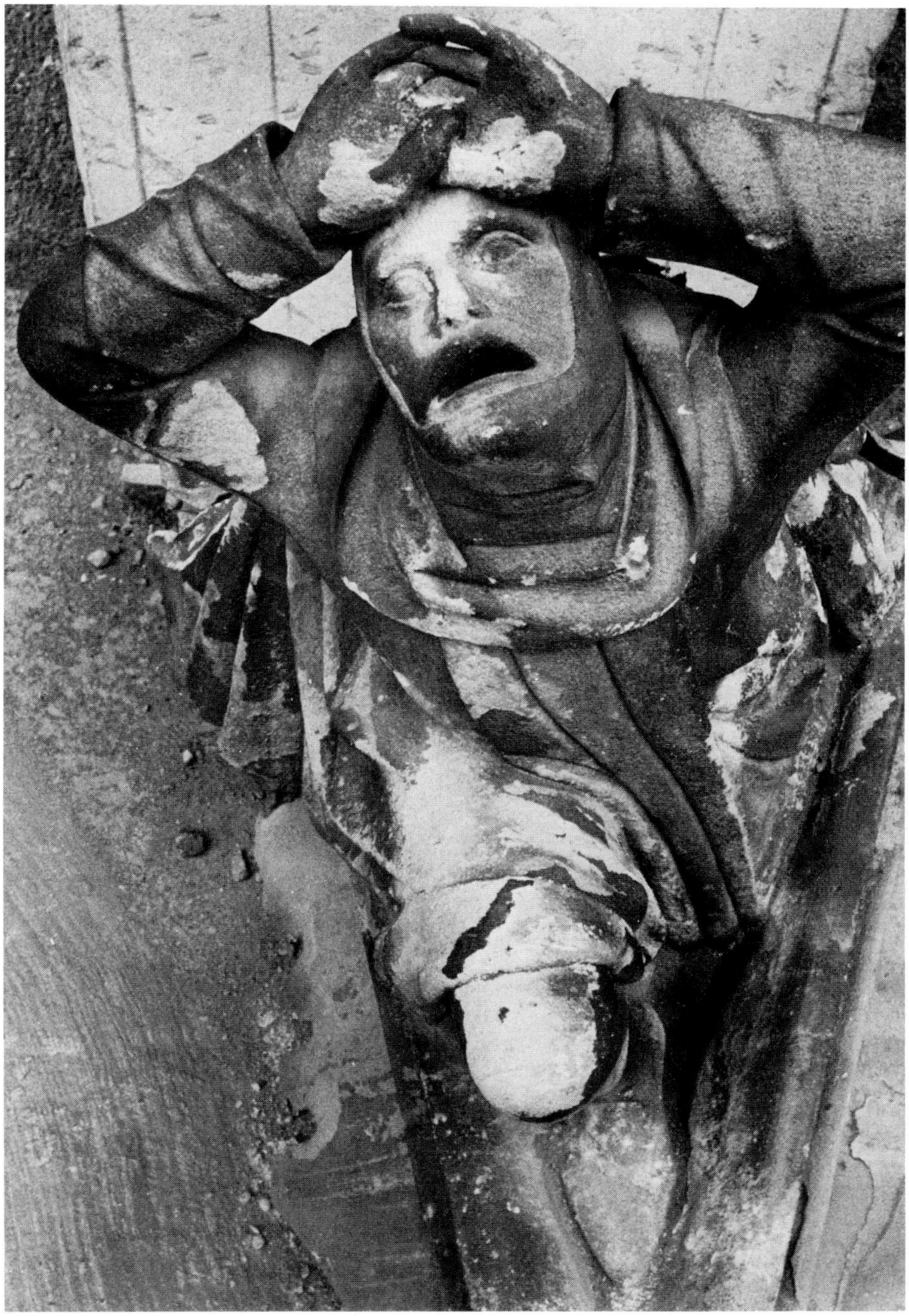

Wenn hoch im Norden Finnlands die Birken an Schadgasen krepieren, ist das die Folge industrieller Produktionstechniken. Dank der oft 200 Meter hohen Schornsteine im Ruhrgebiet trägt der Wind die Schadstoffe weit mit sich fort. Die Luft im Ruhrgebiet wird besser und im Schwarzwald erkranken die Nadelbäume

Niederlande leiden bei sommerlichem Wetter unter einer giftigen Ozon-Konzentration, als Folge der Industrieabgase aus dem Ruhrgebiet. Selbst das in der Atmosphäre in 700 Milliarden Tonnen vorhandene ungiftige Kohlen-Dioxyd könnte sich wegen seiner möglichen Auswirkungen auf das globale Klima zum weltweiten Problem entwikkeln, weil durch die zahllosen Verbrennungsprozesse der Industrieländer zuviel davon entsteht. Die Wälder, die es auf dem Wege der Fotosynthese abbauen und in Sauerstoff verwandeln, werden überall auf der Welt abgeholzt, und die Meere, deren Pflanzen das Gas gespeichert haben, werden zusehends schmutziger. Das Kohlen-Dioxyd verbleibt in der Atmosphäre und kann das Klima der nördlichen Erdhalbkugel verändern.

Aber auch der deutsche Kleinverbraucher leistet mit sprühendem Eifer seinen Beitrag zur Krise der Biosphäre. Mit dem ungehemmten Verbrauch von Fluorkohlenwasserstoffen in Spraydosen bekämpft er nicht nur Achselnässe, Blattläuse und Lackschäden, sondern auch die hauchdünne Ozonschicht, die den Erdball umschließt. Selbst wenn die Bundesregierung dem Beispiel der USA, Kanadas und Schwedens gefolgt wäre und die Herstellung der zerstörerischen Zerstäuber sofort eingeschränkt hätte – im US-Staat Oregon wird der Verkauf seit 1977 mit Gefängnis bis zu einem Jahr bestraft – selbst wenn in allen Ländern von einem Tag auf den anderen dieses Treibgas nicht mehr an die frische Luft gesetzt werden würde, verbleiben die bereits vorhandenen Fluorkohlenwasserstoffreste noch etwa zwanzig Jahre in der Ozonschicht 20 Kilometer über der Erde. Bei weiterer ungebremster Verwendung werden nach Berechnungen amerikanischer Meteorologen langfristig 15 Prozent der Ozonschicht, die uns vor der ultravioletten Einstrahlung der Sonne schützt, zerstört sein. Das entspricht einer Ortsveränderung um 2700 Kilometer nach Süden. Wissenschaftler der amerikanischen Umweltbehörde sagen als Folge davon eine Zunahme des Hautkrebses – heute bereits Berufskrankheit von Seeleuten und Landwirten – um weitere 60 Prozent voraus.

Doch in der Bundesrepublik ist der böse Geist aus der Dose weiter im Handel. Einer der größten Hersteller sind die Farbwerke Hoechst. Sie verkaufen das Treibgas weiter mit großem Erfolg. Eine Einstellung der Produktion würde – das haben die Chemiefabrikanten dem Innenminister in Bonn klargemacht – mindestens 1000 Arbeitsplätze kosten. Inzwischen wird in einigen Dosen Fluorkohlenwasserstoff bereits durch ein ungefährliches Butangemisch ersetzt. Zum „Tag der Umwelt", im Juli 1979, prämierte der Bundesinnenminister erstmals umweltfreundliche Spray-Dosen, die fortan das internationale Umweltschutzzeichen tragen dürfen. Jedoch werden in Deutschland weiter 70 000 Tonnen Fluorkohlenwasserstoff versprüht, allein 350 Millionen Dosen für Körperpflege und Haarfestiger verkauft, ohne daß den Frauen bewußt wird, daß sie für den richtigen Sitz ihrer Frisur den Hautkrebs ihrer Kinder in Kauf nehmen. Zu lange ist ihnen eingeredet worden, daß unser Leben verschönert, was sich mit Knopfdruck bedienen läßt.

Um so größer ist der Aufwand, den die Bundesländer treiben, um den Zustand der Luft zu analysieren und zu verbessern. In Hamburg werden die Haare von Kindern, in Nordrhein-Westfalen ihre Milchzähne nach Blei untersucht, die Fälle von Bronchialkrebs und Mandelentzündungen ausgezählt, und als vorbildlich geltende Luftreinhaltepläne erstellt, in denen für jeden Quadratkilometer die Schadstoffmenge festgestellt und danach Maßnahmen zur Luftreinhaltung eingeleitet werden. Und die Stadt Mannheim hat gar 85 Hausmeister und Hausfrauen zu städtischen Schnüfflern ausgebildet, die ihre Nase mehrmals täglich in den Wind halten und ein Duftnoten-Tagebuch führen. Insgesamt 300 Millionen Mark pustete der Staat 1978 in die Reinhaltung der Luft: Reparaturkosten des Wirtschaftswachstums, Vergnügungssteuer einer Wohlstandsgesellschaft, die gegen ihr eigenes Wohlbefinden arbeitet.

,,Was ist eigentlich der Mensch?'' fragte denn auch der internationale Kongress der französischen Gesellschaft für Strahlenschutz im Mai des Jahres 1978: Die Antwort auf diese alte Frage fiel allerdings recht lapidar aus. ,,Der Mensch ist kein Hähnchen, das man durch Erhitzen gar kocht.'' Und deshalb – so forderte die Versammlung renommierter Wissenschaftler, müßten Mikrowellenherde verboten werden. Die Abstrahlung der Mikrowellen, die ein Hähnchen minutenschnell garen, ist in Verdacht geraten, den Menschen zu gefährden, wie Strahlen überhaupt.

Dabei sind Strahlen in der Umwelt etwas ganz normales. Kosmische Strahlen dringen durch die Lufthülle der Erde, sie werden von Natursteinen ebenso abgegeben wie von radioaktiven Substanzen im menschlichen Körper. Überraschenderweise sind auch Menschen, die sich dauernd in Häusern aufhalten, einer Bestrahlung ausgesetzt, und zwar in saarländischen Wohnungen fast doppelt so stark wie in Bremen. Manche Fliesenbeläge enthalten relativ hohe Mengen Radionuklide der Uranfamilie, sie sind sozusagen strahlend sauber.

Die Beschaffenheit der Baustoffe ist auch die Ursache für die unterschiedliche Bestrahlung in den Bundesländern. Vor allem wenn Bimsstein oder vulkanische Schlackenreste zur Mischung des Baumaterials verwendet werden, ist die Strahlung relativ hoch. Auch Granit, chemisch hergestellter Gips oder als Baustoff verwendete Nebenprodukte aus der Phosphatverarbeitung erhöhen die Radioaktivität in den Häusern. Kalkstein und Marmor, Fertighäuser und Holzhäuser strahlen kaum. Fachwerkhäuser und Massivbauten, die Wohnsitze unserer Vorfahren, produzieren dagegen 50mal mehr Radioaktivität, als im Umfeld eines Kernkraftwerks frei wird. Strahlen mißt man in Millirem. Etwa 110 Millirem pro Jahr ist die normale natürliche Dosis, welcher die Menschen der Bundesrepublik ausgesetzt sind. Da sie sich im Durchschnitt zu 20 Prozent im Freien und zu 80 Prozent in Wohnungen aufhalten, wird die natürliche terrestrische, also von der festen Landoberfläche ausgehende Strahlung etwa 50 Millirem betragen, im Saarland und in Rheinland-Pfalz, den Ländern mit dem vulkanischen Gestein etwas mehr. Die kosmische Strahlung ist mit vielleicht 30 Millirem anzusetzen, ebenso viel wie die Abstrahlung radioaktiver Stoffe im Innern des menschlichen Körpers. Diese natürliche Strahlung übersteigt die Einflüsse der Mikrowellenherde auf die Umwelt um ein Vielfaches. Ein Bericht der Bundesregierung über die Strahlenbelastung des Menschen im Jahre 1978 beziffert die Dosis der durch Industrieerzeugnisse abgegebenen Strahlenbelastung auf weniger als 1 Millirem. Was also veranlaßt die in Frankreich versammelten Kapazitäten der Strahlenforschung zu so rigiden Verbotsanträgen?

Die Wissenschaftler haben hierfür gute Gründe. Denn Jahr für Jahr nimmt die meßbare Belastung des Menschen durch künstliche Strahlenquellen zu. Strahlen der Radarstationen, Fernsehsender und Telefon-Relaisstationen verdichten sich zu einer unsichtbaren Gefahr, die nach Ansicht des amerikanischen Journalisten und Umweltschützers Paul Brodeur Ursache verschiedenster Gesundheitsstörungen sind. In seinem Buch ,,Die Verstrahlung Amerikas'' attestiert er Benommenheit, Blindheit und Blutkrebs als direkte Folge permanenter Strahleneinwirkung. Die USA schwimmen in einem Wellenmeer, das von 10 000 Funk- und

Eine noch wenig erforschte Gefahr sind Strahlen und Wellen. Fest steht, daß immer mehr davon ausgesendet werden, sei es von Radaranlagen wie hier in Bayern, Röntgengeräten oder Kernkraftwerken

Fernsehstationen, 15 Millionen Citizen-Band-Radios, acht Millionen Mikrowellenherden, 250 000 Relaisanlagen der Telefongesellschaften gespeist wird. Hinzu kommt eine Vielzahl von automatischen Garagentoren, Videoterminals und militärischen und zivilen Radaranlagen.

Mikrowellen vermessen den Mars und die Monde des Jupiter. Als Energiespender sollen sie einmal von Sonnenkraftwerken, welche die Erde umkreisen, die Leistung von zehn Kernkraftwerken an irdische Empfangsantennen abgeben. Mikrowellen durchleuchten die Gepäckstücke der Flugpassagiere und – immer häufiger – den Menschen selbst. Der stürmische Anstieg der Röntgendiagnostik übersteigt die von allen anderen künstlichen Strahlen abgegebene Dosis um das Fünffache. Diese bequeme Methode, mit Lichtgeschwindigkeit Störfälle im menschlichen Organismus an den Tag zu bringen, ist inzwischen für viele Ärzte nicht nur eine therapeutische Notwendigkeit, sondern häufig eine schon routinemäßig betriebene Inspektion wie Ölwechsel beim Kfz-Handwerk. Tag für Tag registrieren die Ersatzkassen, daß der Strahlenquelle als Einkommensquelle steigende Bedeutung zukommt.

Im Jahr 1974 schätzten Fachleute, daß von 1000 Bundesbürgern jährlich etwa 600 Röntgenaufnahmen gemacht werden. Zwei Jahre später zählte der Bericht der Bundesregierung bereits 1700 Aufnahmen pro 1000 Einwohner! 1400 Untersuchungen aus Gründen medizinischer Indikation, 300 aus Gründen der Vorsorge.

Häufig werden die Geräte nicht von Röntgenärzten oder speziell ausgebildeten Fachkräften bedient. Häufig treten Störungen an den Geräten auf, die zur gefährlichen Streuung von Strahlung führen. Bei 75 Prozent aller Geräte gibt es Beanstandungen, wie die Technischen Überwachungsvereine nach gründlichen Untersuchungen in deutschen Krankenhäusern und Arztpraxen feststellten. Röntgengeräte werden nur geprüft, bevor sie in Betrieb genommen werden. Wiederholungsprüfungen durch den TÜV sind ebensowenig vorgesehen wie eine umfassende Ausbildung des Bedienungspersonals in Strahlenschutz. Kein Arzt stellt die Frage: „Wann wurden Sie das letzte Mal geröntgt?"

In den USA errechnete der renommierte Kernphysiker Ralph Lapp, daß bis zum Ende dieses Jahrhunderts 50 000 Amerikaner an Krebs sterben werden, „wenn die übertriebene Röntgendiagnostik nicht scharf eingeschränkt wird." Inwieweit Strahlenschäden Krebs hervorrufen können, hat die Internationale Kommission für Strahlenschutz (ICRP) errechnet. Danach bedeutet eine Dosis von 30 Millirem das Risiko von 3:1 000 000 nach der Bestrahlung an einer bösartigen Erkrankung zu sterben, hochgerechnet auf die Bevölkerung der Bundesrepublik wären das 180 Menschen.

Daß Röntgenstrahlen nicht nur zu Diagnosen, sondern auch zur Heilung von Krankheiten angewendet werden, ist einer der tragischsten und folgenschwersten Irrtümer der neueren Medizin. Bis in die 50er Jahre hinein war es üblich, Kindern und Jugendlichen, die unter Mandelentzündungen, Veränderungen der Lymphknoten oder Ausschlägen litten, mit Röntgenstrahlen zu behandeln. Heute treten als Folge dieser Therapie bei sieben Prozent der damaligen Patienten Schilddrüsenkrebse auf. Allein im Raum Chicago, wo etwa 71 000 Kinder behandelt wurden, rechnen amerikanische Wissenschaftler mit etwa 5000 Tumoren der Schilddrüse. Einzelne Kliniken im Ruhrgebiet sollen chronische Mandelentzündungen in großem Umfang auf die gleiche Weise behandelt haben.

Eine besonders hohe Strahlendosis erhalten Patienten, die an einer chronischen Erkrankung der Schilddrüse leiden und dajegen den sogenannten „Jod-Cocktail" verabreicht bekommen, dem stark radioaktives Jod 131 beigemischt ist. So lag der Meßwert der Radioaktivität in len Abwässern des Hamburger Jniversitätskrankenhauses zweiausendmal so hoch wie im Abaufkanal des Kernkraftwerks Grundremmingen. Wären diese Werte im Abwasser des Atomneilers gemessen worden, hätte lie Bevölkerung der umliegenlen Gebiete sorfort evakuiert verden müssen. Bei Krankenläusern hat niemand daran gelacht, daß diese Störfälle zum Normalfall werden können, der ıuf den traditionellen Wegen der Wasserspülung in die Kanalisaon eintritt und dort 80 Tage bis um völligen Abklingen der Ralioaktivität in Umlauf bleibt. Inwischen wird erforscht, ob es nöglich ist, das langlebige Jod 31 durch Jod 123 zu ersetzen, lessen Strahlung schon nach twa sechzig Stunden fast völlig bgebaut ist.

Gleichwohl wird sich immer wieler Jod 131 in der Umwelt finlen, solange auf der Welt mit Kernwaffen experimentiert wird. Als die Volksrepublik China 1976 wei Kernwaffenversuche in der ıtmosphäre durchführte, fanden ich noch sieben Wochen daach Spuren des radioaktiven od 131 in der Milch schleswigolsteinischer Kühe. Das Zeug var durch den Regen ins Gras gelangt. Kernwaffenexperimente schlagen mit weniger als 1 Millirem im Jahr zu Buch, etwa der gleiche Wert, der durch „Störstrahler" anfällt. Hinter diesem bösartigen Namen verbirgt sich das Zentralorgan bundesdeutscher Freizeitgestaltung: Der Fernsehempfänger, dessen Ausstrahlungen der Bundesbürger etwa 450 Stunden im Jahr ausgesetzt ist. Macht zusammen 0,7 Millirem.

Störstrahler unbekannter Herkunft führen jedoch auch immer häufiger zu Unfällen mit unmittelbarer Todesfolge. Der allgegenwärtige Wellensalat in den USA verursachte bereits mehrere Verkehrsunfälle, weil die computergesteuerten Bremsen der Lastwagen falsche Signale bekamen. Von irgendwoher und überall.

Die unsichtbaren Strahlen und die kranke Luft gehören zu den Umweltbelastungen, für die niemand einen Preis nennen kann. „Die Umwelt existierte bisher für die Ökonomen nicht: Sie war ein freies Gut, ohne Preis, nicht knapp und damit nicht Gegenstand des Wirtschaftens", sagt Horst Siebert, der als Professor für Volkswirtschaftslehre an der Universität Mannheim lehrt und in den Vereinigten Staaten die Umweltprobleme erforschte. In seinem Buch „Das produzierte Chaos" belegt der überzeugte Marktwirtschaftler, daß nur eine Änderung der Wirtschaftsweise zu einer Lösung des Umweltproblems führen kann. „Systemveränderer und Landschaftsfreunde, Wissenschaftler und Bürgerinitiativler, Politiker und Tierschützer, Journalisten und Marktwirtschaftler – alle sind sich einig: Es muß endlich etwas getan werden. Das Lamentieren um die Umweltmisere und die moralische Entrüstung über die Zerstörung der Lebensbedingungen des Menschen durch seine ökonomischen Aktivitäten macht jedoch unsere Atemluft um kein einziges Teilchen Kohlenmonoxyd oder Stickoxyd reiner." Für Siebert, der 1973 seine Thesen formulierte, kommt es darauf an, die Benutzung der Umwelt und auch der Luft kostenpflichtig zu machen: „Der Schwarze Peter liegt nun bei den Politikern." Und da liegt er heute noch.

Die Blütezeit der Glockenheide ist vorbei, denn die Moore, auf denen sie wächst, werden immer weniger. Die Liste der vom Aussterben bedrohten Tier- und Pflanzenarten verlängert sich jedes Jahr

Auf den Halligen der Nordseeküste ist die Natur noch zum Fürchten. Damit die Bauern den Kampf gegen die drohende Nordsee nicht aufgeben, werden sie aus dem Bergbauernprogramm der Bundesregierung subventioniert

Im Nationalpark Bayerischer Wald haben Förster ein winziges Stück Urwald sich selbst überlassen. Hier dürfen Bäume vermodern und eine Pflanzengesellschaft ihre vielfältige Pracht ohne menschliche Eingriffe entfalten

Kreislauf der Natur.
Auf einem vermoderten
Baumstumpf wächst
ein Vogelbeerbaum.
Der Same wurde von
einem Vogel dort
fallen gelassen

In Ostfriesland, einer Randzone des Wirtschaftswunders, scheint die Zeit still zu stehen. Die Windmühlen erinnern an eine Epoche, in der es keine Energiekrise gab

Die Sense in der Hand des Geestbauern erweckt den Anschein einer heilen, noch nicht von Großmaschinen und Giftnebeln zerstörten Welt. Aber diese Welt ist von gestern

Eine Bootsfahrt auf der Ruhr. Die Fluchtwege aus den unwirtlich gewordenen Städten ins Grüne, ans Wasser, dorthin, wo die Natur noch intakt erscheint, werden immer länger

Alle vier Sekunden macht es flutsch. Aus einer milchig weißen Folie, die über eine große Trommel in die Maschine läuft, werden zwei Dutzend Joghurtbecher auf einmal gestanzt. Ein Arbeiter in einem klinisch sauberen Arbeitsanzug und mit einem Käppi auf dem Kopf überwacht die mannshohe Fertigungsstraße mit den aluminiumverkleideten Aufbauten. Seine linke Hand liegt auf der Schalttafel mit den Kontrolllampen, während der Automat in regelmäßigem Takt konisch geformte Becher der Standardgröße ausspuckt. 360 Stück pro Minute.

Jeder Becher ist ein Wunderwerk für sich. 7,5 Gramm schwer, Wandstärke zwei Millimeter, das Material ist Polystyrol, ein Kunststoff, der aus Erdöl gewonnen wird. In der Werkshalle der Wiesbadener Firma ,,Bella Plast'', einem der größten Hersteller von Kunststoffverpakkungen in der Bundesrepublik, beginnt die Karriere eines Fließbandprodukts, das zu einem Symbol der Wegwerfgesellschaft geworden ist.

Sein Lebensweg ist kurz, sein Sterben dauert eine Ewigkeit. Versehen mit einem bunten Aufdruck der Molkerei-Industrie, von der Ananas bis zur Zitrone, wird der Becher mit 150 Gramm Joghurt mit oder ohne Frucht gefüllt. Die ,,besten Jahre'' des Karrierebechers dauern nur die wenigen Tage bis zum Ablauf des aufgestanzten Verfallsdatums. Dann ist seine Stunde gekommen.

In Sekunden produziert und in weniger als einer Minute am Frühstückstisch ausgelöffelt, wandert er auf den Müll. Dort gibt es kein Verfallsdatum, denn der Kunststoffbecher ist nahezu unzerstörbar. Er verrottet nicht, er verschimmelt nicht, Bakterien, die ihn zerfressen könnten, wurden von den Wissenschaftlern bislang vergebens gesucht. Erst nach 25 000 Jahren beginnt der achtlos weggeworfene Joghurtbecher sich aufzulösen. Die ältesten Amphoren, in denen die Römer ihren Wein abfüllten, sind gerade 2500 Jahre alt. Der in den fünfziger Jahren entwickelte Joghurtbecher wird seine antiken Vorbilder um Jahrtausende überleben.

Längst müßten wir unter den kleinen Bechern, von denen allein 1978 in der Bundesrepublik 4,3 Milliarden zum Stückpreis von vier Pfennig produziert wurden, begraben sein. Gäbe es nicht eine höchst unbeachtete Einrichtung, die Müllabfuhr, die uns wie selbstverständlich vom täglichen Schmutz befreit. Erst wenn die orangegekleideten Müllmänner, die wir aus der Türkei zum Leeren unserer Tonnen holen, einmal streiken, rückt der eigene Dreck ins Bewußtsein.

Jeder Bundesbürger verursacht Ende der siebziger Jahre jährlich rund sechs Zentner Abfall, fast ein Drittel mehr als noch ein Jahrzehnt zuvor. Diese 18 Millionen Tonnen Hausmüll mit einem Volumen von 80 Millionen Kubikmeter zusammengekehrt, ergäben einen Berg so hoch wie die Zugspitze auf der Grundfläche mehrerer Fußballfelder. Allein die Einwohner der Großstadt Köln könnten in ihrem jährlichen Müll den Dom verstecken.

Dieser Müllberg besteht zum großen Teil aus den kurzlebigen Produkten einer – so der amerikanische Buchautor Alwin Toffler – Wegwerfkultur. Jeder zweite Raucher zündet heute seine Zigarette mit einem Feuerzeug an, das nach Verbrauch der Butangas-Füllung weggeworfen wird. Alle zehn Tage verbraucht der Bundesbürger eine Einkaufstasche aus Plastik, 1978 insgesamt 2,3 Milliarden Beutel. Seit 1971 gibt es Taschenlampen, deren Batterie mit 40 Stunden Brenndauer nicht ausgewechselt werden können. ,,Die Lebensdauer war das Ideal der Vergangenheit'', sagt Toffler ,,ob nun der Mensch ein Paar Schuhe fertigte oder eine Kathedrale baute, in jedem Fall setzte er alle Kräfte und Fähigkeiten daran, seiner Schöpfung größtmögliche Lebensdauer zu verleihen.''

Im 20 Jahrhundert gilt das Ge-

Recycling

DIE ZUKUNFT AUF DER KIPPE

nenteil. Von den Verbraucherverbänden wird seit Jahren beklagt, daß in Konsumgüter wie Waschmaschinen, Glühlampen und Autos der Verschleiß schon eingebaut ist.

Ein Kühlschrank, der früher zwölf Jahre und länger funktioniert, gibt heute oft schon nach fünf Jahren den Geist auf. Aber selbst diese Zeit wollen viele Verbraucher nicht abwarten. „Wir erleben immer häufiger", bemerkt Peter von Siemens, Aufsichtsratsvorsitzender und Deutschlands größter privater Arbeitgeber, „daß die Leute ihren alten Kühlschrank – auch wenn er noch funktioniert – durch einen neuen ersetzen, weil der einfach besser und vielseitiger ist." Aus diesem Grunde wird auch der Sperrmüll immer mehr wert.

Mehr wert als der Inhalt ist bei vielen Produkten die Verpackung. Ein klassisches Beispiel: Der Salzstreuer aus Kunststoff. Wahre Verpackungsorgien werden mit Styroporblöcken, Plastikschalen und Kunststoff-Folien für den Verbraucher veranstaltet. Allein von der mit hohem Energieaufwand gefertigten Alufolie verschwinden in den Vereinigten Staaten jährlich knapp zwei Milliarden Quadratmeter auf dem Müll. Das ist fast die Fläche des Saarlands.

Die Wegwerfgesellschaft kommt uns teuer zu stehen. Nicht nur, daß wertvolle Rohstoffe und unwiederbringbare Naturressourcen wie Erdöl auf der Kippe landen und dadurch die Energieversorgung der Zukunft mit gefährdet ist. Auch die Beseitigung des Wohlstandsmülls verschlingt beträchtliche Steuergelder. In den USA, dem Musterland der Verschwendung, werden – so eine Studie des „World Watch Instituts" in Washington – für die öffentliche Müllbeseitigung fast genausoviel Mittel ausgegeben wie für das gesamte Erziehungswesen.

In der Bundesrepublik rollt, wenn auch gedämpft durch abnehmende Bevölkerungszahl und zeitweise gebremst durch einen flacheren Konjunkturverlauf, ebenfalls die Müllawine. Bis Mitte der siebziger Jahre türmte sich der häusliche Müllberg um jährlich acht Prozent, und bis 1985 soll er weiterhin schneller wachsen als die Wirtschaft. Dabei verursachen die privaten Haushalte insgesamt, wie das Umweltbundesamt erstmals 1977 ermittelte, weniger als ein Zehntel des gesamten Drecks. Autowracks, Altreifen, Bauschutt, aber auch Klärschlamm, Schlachthofabfälle und giftiger Sondermüll der Industrie summieren sich zu einem jährlichen Abfallaufkommen von über 220 Millionen Tonnen.

Und in diesem Müllpaket stekken die Rohstoffe der Zukunft. Jede Tonne Hausmüll enthält, wie in Heidelberg untersucht wurde, 14 Prozent Glas, 23 Prozent Papier und Pappe, 18 Prozent Kunststoffe, Leder, Holz und 5 Prozent Metalle. Darunter auch pures Gold. In den hauchdünnen Belägen des Edelmetalls auf Geschenkverpackungen der Konsumgüter liegt ein ungehobener Schatz. Großstädtischer Müll, so analysierten amerikanische Abfallforscher, enthält mehr Gold als die Erze, aus denen es gewonnen wird. Aber ebenso wie beim Silber, das in verbrauchten Fotomaterialen auf die Kippe wandert, erweist sich die Rückgewinnung bislang als noch zu teuer.

In jeder Tonne Hausmüll, auch ohne Gold und Silber, stecken wiederverwendbare Rohstoffe für 27 Mark, errechnete Professor Heinz Hoberg von der Technischen Hochschule Aachen. Nur zehn Prozent sind echter Abfall wie Bauschutt, keramische Bestandteile und Kunststoffe. Jährlich werden somit Materialien für rund 480 Millionen Mark weggeworfen. Zur Einsammlung und Lagerung des kostbaren Drecks werden weitere 2,5 Milliarden Mark aufgebracht. Der Müll kommt uns teuer zu stehen – für die Zukunft vielleicht zu teuer.

Denn die Grenzen des Wachstums und Wegwerfens sind nach einer Computer-Hochrechnung

des „Club of Rome" von 1973 bald erreicht. Die Rohstoffvorkommen der Erde werden bei der gegenwärtigen Verbrauchsrate in einigen Jahrzehnten erschöpft sein: Wolfram in 42 Jahren, Erdöl in 33 Jahren, Blei in 28 Jahren, Zinn in 19 Jahren. Spätestens dann wird im Abfall die letzte Möglichkeit liegen, die ausgebeuteten Weltvorräte zu strecken.
„Unsere Grundstoffindustrien werden in 20 bis 30 Jahren die Rohstoffe, die sie brauchen, aus dem Abfall wiedergewinnen", sagt Josef Vogel vom bayerischen Umweltministerium. Der schonende Umgang mit den natürlichen Ressourcen, der gleichzeitig weniger Raubbau an der Natur bedeutet, wird denn auch im Umweltprogramm der Bundesregierung propagiert: „Abfälle müssen mehr als bisher unter möglichst geringen Kosten wieder in den Rohstoffproduktions-Kreislauf eingegliedert werden."
Das modische Stichwort dazu kommt aus den Vereinigten Staaten, in denen auch die ökologische Bewegung Deutschlands ihren Ausgangspunkt hat: Recycling – die Brücke zwischen Müllhaufen und Materialbedarf. Die Wiedergewinnung und Wiederverwertung von Rohstoffen veranschaulicht die „Stuttgarter Zeitung" an der Begegnung auf einem Schweizer Alpenpass. „Auf dem Güterbahnhof von Chiasso stehen zwei lange Züge, beide voller Autos. Die einen nordwärts, funkelnd neu. Die anderen als Ruinen zu unkenntlichen Schrottklumpen gepreßt und für die oberitalienischen Schmelzöfen bestimmt. Rohstoff neuer Automobile."
In der Bundesrepublik werden 1980 mehr als eineinhalb Millionen Autowracks ausrangiert, hintereinandergestellt ein Stau von Frankfurt bis Hongkong. Die Schrotthändler verkraften mit Hilfe moderner Shredder-Anlagen, die in 30 Sekunden jedes Fahrzeug in faustgroße Stücke zerhämmern, die wachsende Blechlawine. Metallanteile werden mit Magneten aussortiert und als hochwertiger Schrott weiterverwendet. Jede zweite Tonne Stahl wird bereits aus Altmetall gewonnen.
Recycling ist zu einer Industrie mit guten Wachstumschancen geworden. Im Juli 1974, am „Tag der Umwelt", richtete der Deutsche Industrie- und Handelstag eine bundesweite Abfallbörse ein. Über Kleinanzeigen in Zeitschriften der örtlichen Industrie- und Handelskammern werden vor allem Kunststoffe, Chemieprodukte, Papier und Metall über hunderte von Kilometern gehandelt. Bereits ein Jahr später überstieg die Nachfrage das Angebot, steigende Preise für knapper werdende Rohstoffe führten zum Boom an dieser Wall-Street für Industriemüll. Der ehemalige Kruppchef Ernst Mommsen erkannte bereits damals das zukunftsträchtige Geschäft mit dem Recycling. „Wir werden in der Industrie die Grundregeln des Kreislaufs der Natur zu einer der Leitlinien unserer industriellen Philosophie machen."
In der Papierindustrie gab es schon Recycling, als dieses Wort noch gar nicht erfunden war. Bereits 1855 verwendeten die europäischen Papierfabriken Altpapier zur Wiedergewinnung des Rohstoffs Zellulose. Ebenso wie bei Lumpen, Textilien und Stroh können die darin enthaltenen Zellulosefasern in Wasser herausgelöst werden. Zur Herstellung von Papier muß der Altpapierbrei, die sogenannte Pulpe, zunächst entfärbt werden. Denn in Zeitungen steckt rußige Druckerschwärze, illustrierte Zeitschriften enthalten bis zu sieben Prozent Druckfarbe als wasserlösliche Pigmente, aber zumeist als synthetische Latexverbindungen. Immer mehr wurden deshalb in den letzten Jahren leicht lösliche Druckfarben für Bücher und Zeitschriften entwickelt. So wird schon bei der Produktion an das Recycling gedacht.
Die Wälder danken es. Jährlich bleiben insgesamt 15 Millionen Bäume ungefällt, da in der Bun-

desrepublik rund 45 Prozent des Altpapiers in den Papierfabriken vieder verwendet wird. Für jede Tonne neues Papier kommen 15 Bäume unter die Säge, so ge-echnet sind die 60 000 Tonnen Telefonbücher der Deutschen Bundespost, die jedes Jahr un-gültig werden, ein ganzes Nah-erholungsgebiet.

Das Holz wächst nicht so schnell nach, wie es verbraucht wird. Und bis 1990 wird sich nach ei-ner Berechnung der Vereinten Nationen der weltweite Holzbe-darf verdoppeln. Die deutsche Forstwirtschaft, die heute noch den Holzbedarf der Papier- und Zellstoffindustrie problemlos dek-ken kann, sieht bis zur Jahr-ausendwende einen jährlichen Fehlbedarf von 100 Millionen Festmetern Holz voraus.

Bei Papier und Pappe rangieren die recycling-bewußten Deut-schen an der Weltspitze. In kei-nem anderen westlichen Indu-strieland wird soviel altes Papier wieder verwendet, jede dritte Tonne wird bereits aus Altpapier gewonnen.

Auch beim Glas blickte die Indu-strie rechtzeitig durch. Mit einem Schreiben an die Bundesregie-rung vom 1. Juli 1971 („Betrifft: Umweltschutz") leitete der Bun-desverband der Glasindustrie einen Kurswechsel ein. Die Hersteller versicherten, auf die weitere Verwendung des Wer-beslogans ‚Ex und hopp' als Beitrag zur Lösung der aktuellen Umweltprobleme zu verzichten. Wenige Jahre zuvor war derselbe Slogan mit einer groß angelegten Kampagne von der Düsseldorfer Werbeagentur Troost zur Förderung des Absatzes von Einwegflaschen unters Volks gebracht worden. Mit Erfolg, denn innerhalb von zehn Jahren bis 1977 schnellte die Zahl der verkauften Einwegflaschen von 43 Millionen auf 980 Millionen nach oben. Damit schien der Marsch in die gläserne Wegwerfgesellschaft nicht mehr aufzuhalten. Die Beteuerung der Glasindustrie, das Altglas-Recycling zu fördern, erwies sich als durchsichtiges Manöver. Zuallererst ging es um Absatz. Deshalb sah sich der Gesetzgeber gezwungen, im Abfallbeseitigungsgesetz von 1975 eine drohende Klausel zu verankern. Nach Paragraph 14 ist seitdem die Möglichkeit gegeben, die Verwendung von Einwegflaschen entgegen allen marktwirtschaftlichen Grundsätzen in der Bundesrepublik zu verbieten.

Für Peter Menke-Glückert, den Leiter der Abteilung Umwelt im Bundesinnenministerium, ist die Verbotsklausel jedoch nur „ein Knüppel aus dem Sack", den er immer dann herausholen will, wenn die Hohlglasindustrie nachlassen sollte, sich „stärker um die Weiterverwendung und Wiederverwendung, also um Recycling, zu bemühen".

Die Mühe machen sich auch andere. Über 7000 Altgas-Container der verschiedensten Formen haben Gemeinden, Privatunternehmer und auch das Deutsche Rote Kreuz überall in der Bundesrepublik aufgestellt. 1978 wurden damit 370 000 Tonnen oder 13 Prozent der alten Gläser und Flaschen in die Schmelzöfen zurückgeholt. Und damit bei dem umweltbewußten Geklirre kein Mißklang aufkommt, tragen im Ruhrgebiet die rund 1,5 Kubikmeter großen Sammelcontainer, die wie futuristische Eskimoiglus aussehen, einen Aufdruck mit den Einwurfzeiten. Der Einwurf der leeren Flaschen ist auf die Zeit von 7 bis 20 Uhr beschränkt, damit niemand um seine Nachtruhe gebracht wird.

Wie groß das Recycling-Bewußtsein inzwischen ist, zeigt das Beispiel eines Berliners, der versehentlich eine braune Bierflasche in die für Weißglas vorgesehene Abteilung versenkt hatte. Reumütig befestigte er einen Zettel am Großcontainer: „Wird nicht wieder vorkommen." Eine Emnid-Umfrage untersuchte, inwieweit das Umweltbewußtsein der Bundesbürger schon in der täglichen Praxis seinen Niederschlag findet. Danach beteiligen sich 27 Prozent aller Bundesbürger schon einmal an einer Sammlung für Altglas, 58 Prozent stellen Altpapier und 67 Prozent Altkleider vor die Tür. Am umweltbewußtesten zeigte sich die Gruppe der 30- bis 40jährigen, die FDP-Wähler, die Einwohner von Gemeinden bis 20 000 Einwohner und die Beamten.

Bernd Bunk ist nichts von alledem. Aber der Kreislauf der Dinge ist für den Bildhauer auf der ostfriesischen Insel Juist eine Lebensaufgabe geworden. Vor seinem einstöckigen Haus in rotem Klinkerstein zeigt uns der Zweiundvierzigjährige mit den schütteren Haaren zwei seiner Kunstwerke: eine silbrig glänzende Stahlskulptur, in der sich die helle Nordseesonne widerspiegelt, und daneben das, was sein eigentliches Oeuvre ausmacht: eine Mülltonne mit einem rot-weißen Aufkleber ,,Achtung, nur Küchenabfälle''. Was nach einem Schaustück für die nächste Dokumenta aussieht, ist Bunks neuer Realismus, Grundlagenarbeit in Sachen Müll. Denn seit Jahren interessiert sich der Künstler weniger für Skulpturen, als für den Müll seiner Mitmenschen, für die Renaissance im Eimer.

Sein Umweltbewußtsein entwikkelte der graduierte Ingenieur für Meß- und Regeltechnik in den Tagen der Außerparlamentarischen Opposition. Damals in den späten sechziger Jahren demonstrierte er, ,,als Apo-Opa'', wie er sagt, auf den Straßen von Berlin gegen den Vietnam-Krieg der Amerikaner, gegen die Springer-Presse und gegen die Zerstörung der Städte durch Spekulanten. Von der ,,Stadt und dem System'' hatte Bunk bald genug und wollte ,,weit weg von Deutschland, aber nicht ins Ausland''.

So kam er auf die 17 Kilometer lange ostfriesische Insel Juist zwischen Borkum und Norderney, die immerhin 6 000 Meter vom übrigen Deutschland entfernt ist und die nur bei Flut mit der Fähre erreichbar ist. Auf Juist gibt es keine Häuser mit mehr als drei Stockwerken, keine Betonburgen und vor allem keinen Autoverkehr. Nur die drei Ärzte der Insel sind motorisiert. Handkarren, Fahrräder und Pferdefuhrwerke bewältigen den Verkehr auf dem 500 Meter breiten Eiland.

Bunk startete mit seiner Familie und mit dem schwarzen Mischlingshund Mao im Ortsteil Loog, der wie ein gallisches Runddorf im Süden der Insel liegt, das alternative Leben. Schon bald stieg der Aussteiger ins alternative Verlagswesen ein. Er gründete die Inselzeitschrift ,,Seehund'', und später ein ,,Otto-Leege-Institut'' für ökologische Fragen. Er ließ sich als Ratsherr für die SPD in den Gemeinderat wählen. Als Kommunalpolitiker setzte er an der Basis die Parolen aus den Berliner Jahren in die Praxis um, und die war für ihn die Praxis der Entsorgung.

Für die Abfälle der 2 800 Inselbewohner und 80 000 Touristen, die jedes Jahr auf die Ferieninsel kommen, entwarf Bunk ein dreistufiges Sortiersystem. In einer grünen Kiste werden Glas und Flaschen gesammelt, in einem Plastiksack kommen Konservendosen, Metalle, Kunststoffe und die herkömmliche graue Tonne faßt schließlich Küchenabfälle, Papier, verwelkte Blumen und Babywindeln. Auf diesen kompostierbaren Anteil des täglichen Mülls hat es der Bildhauer abgesehen. Denn aus den 900 Tonnen organischen Abfällen, die jährlich aus den Familienpensionen und Haushalten der Ferieninsel kommen, kann wertvoller Humusboden gemacht werden. Und das zu nur etwa einem Drittel der Kosten, so errechnete Bunk, im Vergleich zur öffentlichen Müllentsorgung, die den Dreck zur Verbrennung auf das Festland bringen muß und ohnehin bald nicht mehr weiter weiß. Denn spätestens Anfang der achtziger Jahre wird die einzige Mülldeponie direkt am Wattenmeer randvoll sein. In der Vergangenheit fegten die Herbst- und Winterstürme den Inselmüll von der Kippe über die Strände und die naturgeschützten Sandbänke der Seehunde

Das Modell wurde nur für vier Wochen Wirklichkeit. In einer Versuchsphase, die das Umweltbundesamt 1978 mit 70 000 Mark förderte, wurde das Juister Drei-Tonnen-System getestet. Bunk heuerte sechs arbeitslose Jugendliche an, die mit dem Pferdewagen frühmorgens den getrennten Abfall bei Geschäften und Privathaushalten einsammelten. In über 40 Pensionen sortierten die Wirtinnen bereitwillig den Müll. Im ,,Haus Angelika'' ersetzte die Inhaberin aufwendig verpackte Portionsmarmelade und Butterrationen, um den Verpackungsmüll zu reduzieren. Den Gästen wurde zum Frühstück Marmelade in der Schale und unverpackte Buttersternchen vorgesetzt, von denen sie, so die Wirtin, begeistert waren.

In einer Umfrage befürworteten 94 Prozent der Inselbewohner das Müllmodell des Bildhauers. Das Bundesministerium für Forschung und Technologie sagte für die Förderung eines zweijährigen Großversuchs weitere finanzielle Mittel zu. Für den Abteilungsleiter Abfallwirtschaft im Umweltbundesamt, Georg Goosmann, ist das ,,Juister Modell unter ökologischen Gesichtspunkten vorbildlich für die Bundesrepublik.''

Doch davon will der Landkreis Aurich, zuständig für die Müllentsorgung auf der Insel, nichts wissen. Ausgerechnet die Abteilung für Umweltschutz und Landwirtschaft teilte Bunk Ende 1978 unter dem Aktenzeichen IV/80-867 mit, daß ,,das Gelände der Mülldeponie Juist für den beabsichtigten Großversuch nicht mehr zur Verfügung gestellt werden kann.''

Noch ein Jahr zuvor hatte die gleiche Kreisverwaltung 5000 Mark Zuschuß bewilligt. Der Grund für den plötzlichen Sinneswandel ist weit hergeholt. Denn in Zukunft will der Landkreis den Inselmüll ins 110 Kilometer entfernte Müllverbrennungswerk nach Bremerhaven schaffen. Bunk: ,,Hier wird wieder einmal auf Großlösungen gesetzt, die der Umwelt mehr schaden als nützen.''

Die große Lösung setzt sich auch im Kleinen immer mehr durch. Das weitverbreitete Mißverständnis, die Leistungsfähigkeit der Entsorgungsunternehmen und Müllverbrennungsanlagen nach dem Gewicht zu bemessen, das sie ,,verarbeiten'' und dementsprechend die öffentlichen Gelder bereitzustellen, hat dazu geführt, daß die Kommunen und Landkreise mehr und mehr die gute alte Mülltonne durch Groß-Container ersetzen, die mehr als das dreifache an Abfall aufnehmen können. Die Folge ist, daß die Haushalte mehr Müll ,,produzieren'', daß Zeitungen und Weinflaschen ebenso in den Hausmüllcontainer geworfen werden, wie Pappkartons, die früher vielleicht aufbewahrt oder weiterverwendet wurden. Statt also den Abfall der Haushalte nach der Methode Bunk zu differenzieren, wird immer mehr in einen Topf geworfen und den Verbrennungsanlagen zugeführt.

Ein Fünftel des Hausmülls der Bundesrepublik wird in Verbrennungsanlagen in Asche und giftige Gase verwandelt, welche die Umwelt belasten. Zwar wird dabei aus dem häuslichen Müll Wärmeenergie für Fernheizungen gewonnen. Die eingeäscherten Rohstoffe sind jedoch endgültig verloren.

Das Ende bereiten dem rohstoffreichen Müll auch die Großdeponien, die bis Ende des Jahrhunderts den wachsenden Müllberg schlucken sollen. Zwei Drittel des Hausmülls werden dort eingelagert. Faulgase lassen wie in Wiesbaden alle Versuche der Rekultivierung scheitern, die Bäume sterben an der giftigen Dosis in den Wurzeln. Die eingepackten Altreifen auf den Deponien machen sie später zu einem unsicheren Baugrund, da der Boden, so ein Experte, ,,schwankt wie das Schiff im Wind''.

Von den über 4000 Deponien, die 1975 über die Bundesrepublik verteilt waren, sollten bis 1980 über die Hälfte geschlos-

Tonnenweise wächst der Überfluß. Die schnellebigen und aufwendig verpackten Produkte der Wegwerfgesellschaft sorgen dafür, daß jeder Bundesbürger inzwischen sechs Zentner Müll pro Jahr produziert. Hier kennt das Wachstum keine Grenzen

sen werden, da ihre Kapazität erschöpft ist. Die Suche nach neuen Lagerplätzen für den Abfall der Wohlstandsgesellschaft wird intensiv betrieben. Im Naturpark Bergisches Land, einem der letzten großen Erholungsgebiete für das Ruhrgebiet, soll ein 750 Meter langes Tal bei Remshagen in einen Stausee für Hausmüll verwandelt werden, mit einem Staudamm fast so hoch wie der Kölner Dom. Für diese möglicherweise größte Kippe der Republik, die einmal neun Millionen Kubikmeter Müll fassen soll, müssen 50 Hektar Wald fallen. Bis ins Jahr 2015 rollen dann pro Stunde 20 Mülltransporter in den Naturpark. Die Bürgerinitiative ,,Mülltalsperre'' hat in einem Gutachten feststellen lassen, daß Insekten, Vögel und Ratten im Umkreis von 5000 Metern Krankheitskeime von der Zentraldeponie verbreiten.
Als Alternative fordern die protestierenden Bürger dezentrale Verbrennungsanlagen und die Entwicklung von Recycling-Modellen, die den Müll umweltschonend wieder in Rohstoffe zurückverwandelt. Der Vorsitzende des ,,Bergischen Abfallverbandes'' Oberkreisdirektor Friedrich Wilhelm Goldenboden beharrte jedoch auf der geplanten Großdeponie im Naturpark. Als oberster Naturschützer im Lande gelobte der gleiche Oberkreisdirektor noch wenige Jahre

zuvor in einem Bildband über seine Heimat: ,,Hier regiert die Natur. Der Mensch hält sich raus. Solche Oasen werden immer seltener. Wir wollen sie bewahren.''
Eine Oase bewahren will auch eine Bürgerinitiative in Darmstadt. In der Stadtrandgemeinde Messel soll eine 70 Quadratmeter große Grube zugeschüttet werden, die in der Welt einmalig ist. Bis Anfang der siebziger Jahre wurde dort Ölschiefer abgebaut. In den Gesteinsschichten eingeschlossen fanden sich Urpferdchen, Fische, Vögel und vorzeitliche Arten von Krokodilen und Schildkröten. Die 60 Meter tiefe Messel-Grube wurde zum Wallfahrtsort für Wissenschaftler auf der Suche nach den Spuren der Vergangenheit. Was in 50 Millionen Jahren entstanden ist, soll jetzt mit einem Müllberg zugeschüttet werden.
Dabei geht es auch anders. Einer der ersten Ansätze Bonner Umweltpolitik kam Forschungsvorhaben zugute, die sich um die Weiterverarbeitung von Müll bemühten. So fördert die Bundesregierung groß angelegte Recycling-Systeme, wie beispielsweise eine Sortieranlage für Müll, die an der Technischen Hochschule in Aachen entwikkelt wurde. Dabei hätten Umweltschützer die Realisierung des umweltfreundlichen Projektes beinahe zum Scheitern gebracht. Jahrelang wehrten sich die Bürger gegen die vorgeschlagenen Standorte. Zornig resümiert der Sachverständigenrat für Umweltfragen den langen Marsch durch die Initiativen. Die regionalen Interessenvertreter wurden ,,zum Gegenteil dessen, was sie zu sein glauben: Vereinigungen für den Umweltschutz''.
Nun soll das verschmähte Bundesmodell im Landkreis Tübingen mit einem 50-Millionen-Zuschuß vom Land Baden-Württemberg und dem Bund bis Anfang der achtziger Jahre gebaut werden. Andere Sortieranlagen wurden sozusagen ausgelagert. Ein Recycling-Modell, das der Rüstungslieferant Krauss-Maffei entwickelte, fand ebenfalls keinen deutschen Kommunalpolitiker, der dafür einen Bauplatz bereitgestellt hätte. Die schwedische Stadt Landskrona orderte schließlich als erste die zukunftsträchtige Recycling-Anlage. Nach einer Schätzung des Umweltbundesamtes werden in der Bundesrepublik jedoch in den kommenden Jahrzehnten zwanzig bis vierzig leistungsfähige Müll-Recycler gebraucht, um den wachsenden Abfallberg unterzubringen.
Die müllverarbeitende Industrie braucht sich um ihre Zukunft nicht zu sorgen. Fast unbemerkt von der Öffentlichkeit wird seit Jahren im Labor des Instituts für anorganische und angewandte Chemie an der Universität Hamburg an einer Recycling-Anlage für Kunststoffe gearbeitet. Schon heute können in der Versuchsanlage die hartnäckigen Produkte des Plastikzeitalters wieder in ihre Bestandteile zerlegt werden. In einem glühendheißen Wirbelbett aus Sand werden im sogenannten Pyrolyseverfahren kostbare petrochemische Grundstoffe wie Toluol, Naphtalin und Benzol wieder zurückgewonnen. Das Pionierprojekt liegt bereits heute in der Gewinnzone. Nicht zuletzt weil der Preis chemischer Aromaten, zu denen das Toluol gehört, innerhalb weniger Jahre um das Dreifache stieg. Toluol ist eine Art Bleiersatz. Es macht Benzin klopffest.
,,Als wir mit dem Projekt starteten, wurde uns vorgeworfen, keine Wissenschaft, sondern Abfallbeseitigung zu machen'', erinnert sich 1979 Institutsleiter Professor Walter Kaminski, der zehn Jahre Forschung mit Erfolg in den Kunststoffmüll steckte. Im gleichen Jahr wird im Hamburger Hafen für 20 Millionen Mark mit dem Bau einer kommerziellen Anlage begonnen, die zunächst rund 6000 Tonnen Altreifen, die jährlich in der Hansestadt anfallen, in Rohstoffe umwandelt. Bisher verschwinden in der Bundesrepublik jährlich 35 Millionen Reifen auf Mülldepo-

nien oder in Vorgärten für Amateurkunstwerke. Im günstigsten Fall beschweren sie die Planen über den Viehfutter-Lagern der Landwirte.

Der Kunststoff-Fresser aus Hamburg, für den weltweit Patente angemeldet sind, wird keinen Nachschubmangel haben. Immer noch verdoppelt sich die Kunststoffproduktion in der Bundesrepublik alle vier bis fünf Jahre, im Hausmüll liegt der Plastikanteil bereits bei 15 Prozent des Volumens. Bis 1990 könnten die Automobile überwiegend aus Kunststoffen gebaut werden, bereits heute gibt es rund sieben Prozent Plastik in jedem Vehikel. Und auch für den Joghurtbecher bringt die Erfindung von Professor Kaminski und seinen Kollegen eine Alternative zur Ewigkeit des Plastikbechers. Er läßt sich, wie andere Plastikprodukte auch, im Sandwirbelbett wieder in seine chemischen Einzelteile zerlegen.

Dennoch wird der Verpakkungsmüll weiter wachsen, der kurzlebige Konsumgüter umhüllt. Äpfel in Kunststoffolien, Fischschnitten in der Aluminium-Box, Dickmilch im Plastikbecher, Kosmetika in doppelbödigen Mogelpackungen, Pralinen in aufwendig gefütterten Geschenkschachteln – die Hülle dient weniger dem Schutz als dem Schein, dem Kaufanreiz, der Verführung des Konsumenten. Die Fortschritte der Verpakkungsindustrie, einer der wachstumskräftigsten Branchen der siebziger Jahre, werden von den Verbrauchern still hingenommen. Folien und Einwegpackungen lassen sich aus den modernen Haushalten der Berufstätigen nicht mehr wegdenken.

Der Fortschritt hat seinen Preis. Für den Verpackungsterror zahlt der Verbraucher zweifach: an der Kasse des Supermarktes und bei der Beseitigung des voluminösen Mülls. Die Umweltschützer der „Aktion Saubere Landschaft" empfehlen dem Verbraucher, sich schon beim Einkauf gegen überflüssigen Abfall zu wehren: „Sie handeln umweltbewußt, wenn Sie auf jede zusätzliche Verpackung im Geschäft verzichten, grundsätzlich eine Einkaufstasche verwenden und überflüssige Verpackungen gleich im Geschäft lassen." Und die Bundesregierung hofft in einer Umweltfibel von 1978: „Wenn das Schule macht, wird der Handel schon dafür sorgen, daß die Warenproduzenten umweltbelastende Verpackungen einschränken".

So wird bereits im Internationalen Design Zentrum in Berlin über die umweltfreundliche Gestaltung von Konsumgütern nachgedacht. In Zusammenarbeit mit dem Umweltbundesamt werden Autos, Kühlschränke und Haushaltsgeräte entworfen, die nicht nur langlebiger, sondern auch recyclingfreudiger sind. So sollen bei Automobilen alle Kupferkabel der elektrischen Anlage in einem Strang geführt werden, um sie beim Verschrotten gebündelt zurückzugewinnen. Mit Hilfe von Einbauteilen und Modulen sollen sogenannte langlebige Konsumgüter leichter reparierbar werden. Die „Stiftung Warentest" führte die Kategorie Reparaturfreundlichkeit bereits in den Bewertungstabellen ihrer Produkttests ein.

Für Georg Goosmann vom Umweltbundesamt stehen wir in der Bundesrepublik „mit dem Recycling noch ganz am Anfang". Trotzdem hofft der Abfallexperte, der selbst in den Vereinigten Staaten die Materialvergeudung erforschte, daß wir in der Bundesrepublik nicht unbedingt die gleichen Fehler machen müssen: „Das Recyclingbewußtsein, das in den frühen siebziger Jahren Kalifornien erfaßte, kam rechtzeitig über den Atlantik."

Müllhalden oder Rohstofflager? Ausrangierte Autoreifen haben immer noch eine Zukunft. In den schwarzen Bergen ist wertvolle Heizenergie verborgen

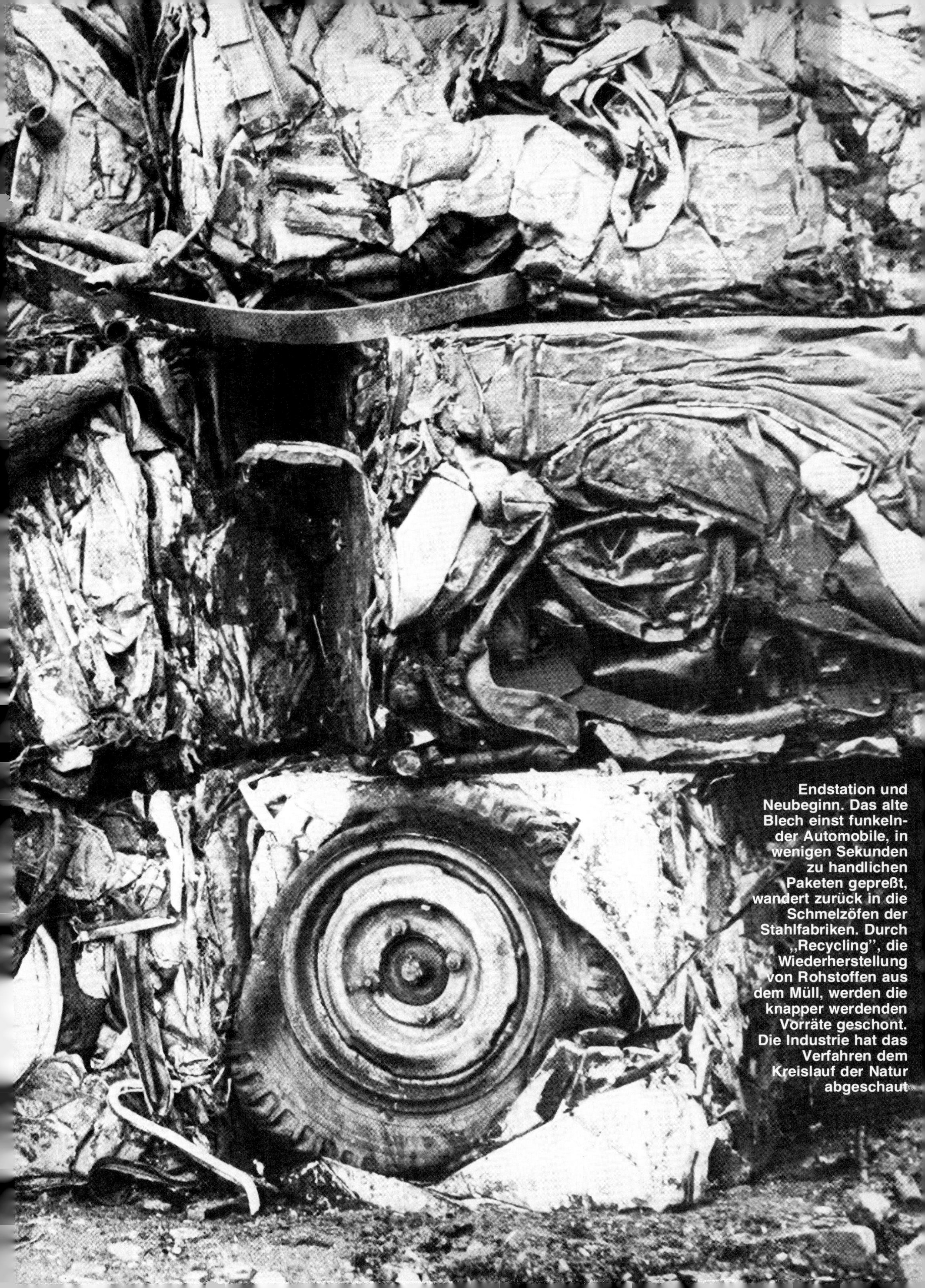

Endstation und Neubeginn. Das alte Blech einst funkelnder Automobile, in wenigen Sekunden zu handlichen Paketen gepreßt, wandert zurück in die Schmelzöfen der Stahlfabriken. Durch „Recycling", die Wiederherstellung von Rohstoffen aus dem Müll, werden die knapper werdenden Vorräte geschont. Die Industrie hat das Verfahren dem Kreislauf der Natur abgeschaut

Im Kreislauf der Natur machen industrielle Wegwerfprodukte keinen Sinn. Erst nach 25 000 Jahren beginnt der Polystyrolbecher sich aufzulösen. Die ältesten römischen Gefäße – hier ein Ölkrug aus dem Bregenzer Museum – sind zweieinhalbtausend Jahre alt. Die Erinnerung an die Plastikkultur des zwanzigsten Jahrhunderts wird der Nachwelt länger erhalten bleiben als alle anderen Zeugnisse abendländischer Kunst

Giftmüll

DIE SÜNDEN DER FRÜHEN JAHRE

Eine Szene wie in einem Science-fiction-Film. Drei Männer in dunkelgrünen Schutzanzügen ziehen die Kapuzen über den Kopf, prüfen den Sitz ihrer Gasmasken und schalten die Batterien der Metallsuchgeräte ein, die sie wie an einem Spazierstock vor sich herschieben. Im herbstlichen Morgendunst haben die Männer keinen Blick für die Auenlandschaft der Rheinebene. Über das aufgewühlte Erdreich des Areals ,,Hirschacker'' an der deutsch-schweizerischen Grenze bei Basel arbeiten sie sich Meter für Meter voran. Das Gelände ist für die Öffentlichkeit gesperrt, in der Nähe stehen Absauggeräte und Filteranlagen bereit. Die Männer sind unterwegs, um einen Katastrophenfall zu verhindern. Die befremdliche Situation, die wie ein Thriller des Jahres 2000 anmutet, dient der Vergangenheitsbewältigung, der Suche nach Giftfässern mit unbekanntem Inhalt.

An einem Oktobertag im Jahre 1978 um elf Uhr ist es soweit. Die mächtige Schaufel des gelben Raupenbaggers stößt auf Widerstand. Das erste Faß ist nach wochenlanger Suche in der aufgeschütteten ehemaligen Kiesgrube gefunden. Aus dem aufgeschlitzten Deckel und aus Rostlöchern quillt eine zähflüssige dunkelbraune Flüssigkeit. ,,Methylpalmitat'' lautet eine verwitterte Inschrift auf der Tonne mit dem handgeschriebenen Zusatz: ,,Vit. A, 1, 3 Rückstände''. Dieser Rohstoff für die kosmetische Industrie wird von dem Baseler Pharmakonzern Hoffmann-La Roche auf der anderen Seite der Grenze produziert. Laboruntersuchungen an Ort und Stelle bestätigen die Ungefährlichkeit dieser Chemikalie für das Grundwasser des Wassereinzugsgebietes. Noch einmal davongekommen. Doch in sieben bis acht Metern Tiefe und in einem Kilometer-Umkreis liegen weitere Fässer mit noch unbekanntem Inhalt.

Der Hirschacker von Grenzach-Whylen war Ende der fünfziger Jahre die bevorzugte Müllkippe der Schweizer Pharmakonzerne. Was dort noch schlummert, läßt sich nur ahnen. Laboruntersuchungen erbrachten einen Querschnitt durch die Giftliste erster Garnitur: Benzol, das Erbschäden und Leukämie hervorrufen kann, Spuren von Blausäuresalzen sowie Blut- und Nervengifte.

Die gefährliche Kippe im Dreiländereck wurde durch einen Zufall aufgedeckt. In der 13 000 Seelen-Gemeinde erzählte der Maschinenvertreter Alfred Wangler am Stammtisch von den täglichen Lastwagentransporten in die Kiesgruben vor zwanzig Jahren. Bei einem Viertel Kaiserstühler Weißwein erinnerte sich die alemannische Runde an eine Trinkwasser-Verseuchung, die bereits 1966 durch das Auslaufen von Fässern mit Phenolen ausgelöst wurde. Die Fässer blieben liegen. Seit dieser Zeit wußten die Behörden von dem kommunalen Giftschatz. Wangler gründete eine Bürgerinitiative, da er vermutete, daß weitere Stoffe im Boden liegen, die auch zu akuten Vergiftungen führen können.

Der ehemalige Kiesgrubenwärter Hermann Rusch kann die Vermutung bestätigen. Er war in den Jahren 1956 bis 1959 dabei, als bei einer der Gruben, die sich inzwischen wie Pocken über die Landschaft ausgebreitet haben, Fässer abgeladen wurden. Einige trugen ein Totenkopf-Abzeichen. Ein weißes Pulver, das in Säcken in die Grube gekippt wurde, fing an zu brennen und versickerte in der Erde. Rusch: ,,Da kamen die Ratten rausgelaufen, ohne Fell, das Wasser hat sich grün, rot, gelb und blau verfärbt.'' Der Grubenwart machte bei der Gemeinde Meldung: ,,Denn wenn die Tiere schon am Grundwasser verrecken, dann verrecken wir auch.''

Die Meldung an die Obrigkeit blieb ohne Konsequenzen. Versprochen wurde zwar eine Kommission, welche die stinkenden und brennenden Grubenablagerungen untersuchen sollte. ,,Doch bevor die Kom-

mission kam", so erinnert sich ein anderer Zeuge, der pensionierte Gärtner Max Örtlin, „kamen die Planierraupen und haben alles schön eingeebnet."
Zwanzig Jahre später, als der Giftskandal ruchbar wird, läßt die baden-württembergische Landesregierung die Grundwasserbrunnen der Gemeinde schließen. Ministerpräsident Lothar Späth informiert sich vor Ort und stellt fest: „Der Dreck muß weg – koste es, was es wolle." Allein die Grabungen nach den vergessenen Giftfässern verschlingen eine Million Mark. Ein Gutachten des Bundesgesundheitsministeriums vom Mai 1979 empfiehlt schließlich, die Sammlung von Gifttonnen liegenzulassen. Eine Bergung der brüchigen Giftfässer könnte noch größeren Schaden in dem Trinkwassereinzugsgebiet anrichten. Unbekannt bleibt damit auch die genaue Zusammensetzung der vor zwanzig Jahre vergrabenen Chemikalien. Von den eigentlichen Produzenten des Drecks ist wenig zu erfahren. Der Direktor des Pharmakonzerns Ciba-Geigy AG, Hans Bretscher, will zwar nicht ausschließen, daß Ende der fünfziger Jahre Produktionsabfälle des Weltkonzerns auf die Grenzach-Kippe wanderten: „Genau feststellen können wir es nicht mehr, weil die Dokumente, die wir nur zehn Jahre aufbewahren müssen, vernichtet wurden." Und weiter: „Aber es können Stoffe darunter sein, die sicher nicht in ein Trinkwasser gehören."
Der ehemalige Personalchef der Ciba-Geigy, Trudpert Meder, jahrelang CDU-Gemeinderat und heute Rechtsanwalt in Lörrach, erinnert sich genauer. Bis zu seiner Pensionierung 1963 hatte er an den Besprechungen der Werksleiter teilgenommen. „Die Firmen wußten genau, was vergraben wird, auch wenn man dem leidigen Thema Giftmüll möglichst aus dem Wege ging, schließlich sind das Chemiker. Wenn heute die Baseler Chemie erklärt, daß sie nicht ausschließen kann, daß wild abgelagert wurde, dann soll das wohl ein Witz sein."
In einem Brief an das Lörracher Landratsamt, das in der Chemie-Affäre ermittelt, hatten die Ciba-Geigy-Manager wenige Monate zuvor erklärt: „Wir waren es nicht, wir wissen nichts, es wurde nur Bauschutt abgeladen, wir haben uns an die Gesetze gehalten." Tatsächlich waren damals die privaten Fuhrunternehmer, deren Lastwagen täglich die gefährlichen Ladungen über die Grenze karrten, für eine ordnungsgemäße Beseitigung verantwortlich. Nach den Auflagen der Landratsämter, die das Ablagern der Giftfässer erlaubten, hatten sie vor allem für eine ordentliche Begrünung der vollgestopften Gruben zu sorgen. Über den Chemiemüll wurde gesunde Muttererde planiert.
Heute läßt sich nicht mehr feststellen, welche chemischen Abfälle tatsächlich das Werksgelände der Pharmaunternehmen verließen. Bretscher: „Über die Abfallbeseitigung wurde früher nicht so minutiös und genau Buch geführt."
So wie in Grenzach-Whylen schlummern überall in der Bundesrepublik die Hinterlassenschaften jahrzehntelanger chemischer Produktion. Denn in den fünfziger und sechziger Jahren lagerten Industrieunternehmen giftige Abfälle unkontrolliert in der freien Landschaft oder auf hauseigenen Deponien ab. Zu dieser Zeit, als Umweltschutz in der Bundesrepublik noch ein Fremdwort war, galt die freie Natur als eine natürliche Kippe. In die Flüsse wurden zehntausende Tonnen gefährlicher Produktionsrückstände eingeleitet im Vertrauen auf die Selbstreinigungskraft der großen Ströme. Die schmutzige Brühe und tote Fische signalisierten jedoch – gut sichtbar für alle, die es sehen wollten – das Ende der mißbrauchten Wasserläufe.
Die Erdbestattung des Unrats ließ sich unauffälliger erledigen. Überall, wo ein Loch im Boden war, von der Kiesgrube bis zur Waldmulde, versenkten die von der Industrie angeheuerten

Fuhrunternehmer gefährlichen Chemiemüll. Der Kies war ihnen sicher; über das, was sie da eigentlich vergruben, machten sie sich weiter keine Gedanken. Die Giftfässer verschwanden unter der Erde. Und wenn doch einer Überlegungen darüber anstellte, dann wohl in der Hoffnung, daß die Natur in ihren Millionen Jahre alten Kreislauf auch die Abfälle des chemischen Zeitalters einbeziehen würde. Eine falsche Hoffnung. Schon nach wenigen Jahren wurden die ersten örtlichen Vergiftungen von Boden, Pflanzen und Grundwasser gemeldet, doch als notwendiger Preis für den Fortschritt begriffen. Schließlich profitierten die Konsumenten der Wohlstandsgesellschaft von den Produkten der chemischen und pharmazeutischen Industrie, die immer neue bislang unbekannte Stoffe erfolgreich entwickelte. Der Abfall dagegen landete unbeachtet und in keinem Register erfaßt auf wilden Deponien. Für diese Hinterhöfe der Überflußgesellschaft galt die Devise: ,,Vergraben und vergessen.'' Erst durchrostende Tonnen und Giftmüllskandale, die seit Anfang der sechziger Jahre regelmäßig Schlagzeilen machen, erinnerten an das giftige Vermächtnis der frühen Wirtschaftswunderjahre.

Damals machten clevere Geschäftsleute aus dem Gift der Industrie noch schnelles Geld:

- Von 1965 bis 1968 ließ der Hamburger Reeder und Ex-Tanzweltmeister Jürgen Bernhold schätzungsweise 8650 Tonnen flüssige Abfallprodukte einer Caltex-Raffinerie von seinen Kapitänen in den Rhein kippen.
- Im Herbst 1970 versenkte Josef Maluga, Geschäftsführer der Bochumer Müllbeseitigungsfirma ORM-Fairtec 15 000 Fässer Härtesalzrückstände in einem nahegelegenen Weiher. Das darin enthaltene hochgiftige Natriumcyanid hätte bei geeigneter Verteilung ausgereicht, einer Viertelmillion Menschen den Tod zu bringen.
- Im Juli 1971 schütteten zwei private Fuhrunternehmer rund 4000 Tonnen arsenhaltigen Kalkschlamm auf offene Müllkippen in Niedersachsen und Nordrhein-Westfalen. Die giftigen Abfälle der Stolberger Zink AG sollten zur Endlagerung in ein stillgelegtes Salzbergwerk gebracht werden. Einer der Gift-

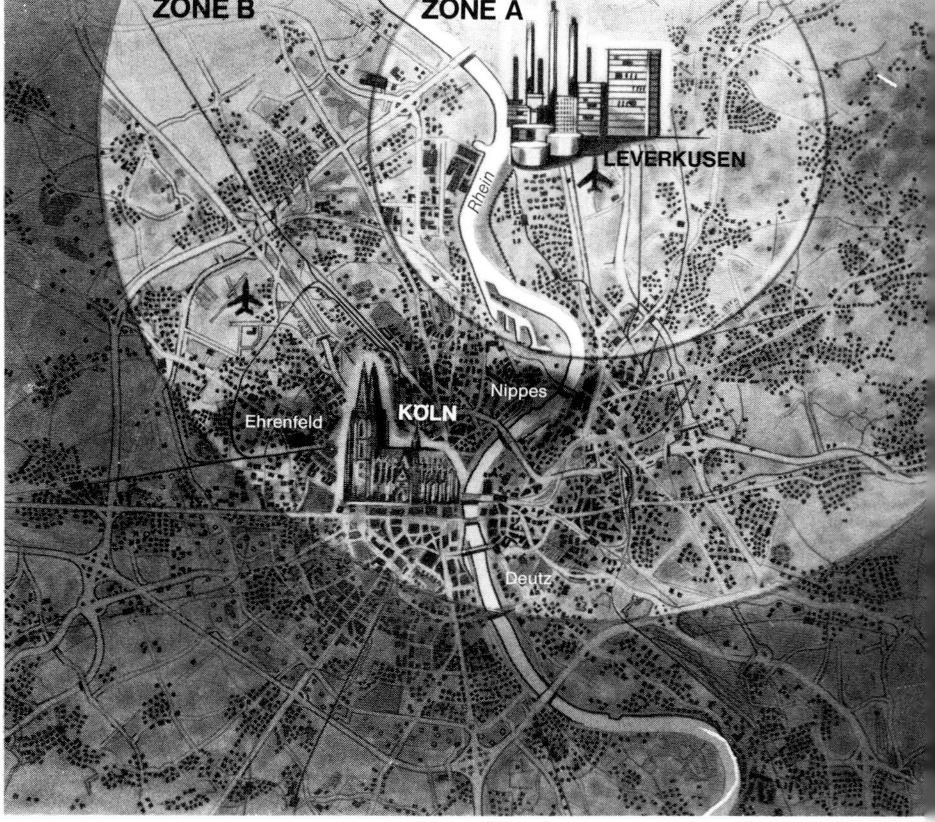

Das Risiko der Chemie ist über der Erde noch meßbar. Nach einem Unfall mit einem Phosgentank würde in Zone A jeder zweite sterben, in Zone B für die meisten Menschen Lungenschäden die Folge sein. Diese Berechnung des Technischen Überwachungsvereins hängt von der Windrichtung ab. Das Risiko des Chemiemülls unter der Erde hat noch niemand berechnet

wagenfahrer verkaufte eine Wagenladung Arsenschlamm niedersächsischen Bauern als Düngemittel.

- Im August 1971 verseuchen auf der rheinland-pfälzischen Deponie Gerolsheim giftige Abfälle aus der Lindan-Produktion die Umgebung.
- Vom Frühjahr 1971 bis März 1973 bediente der Hanauer Giftmüll-Spediteur Siegfried Plaumann die großen Chemieunternehmen des Rhein-Main-Gebietes, so auch Hoechst und Degussa. Bis zu 55 000 Kubikmeter Giftabfall wie Arsen, Zyanid, Säuren und chlorierte Kohlenwasserstoffe ließ er jährlich in stillgelegten Kiesgruben, Baggerseen, Bachläufen, Kanalgullis und auf Obstplantagen verschwinden. 1975 wurde der Unternehmer, dessen Firma auch als Kanalreinigungsunternehmen arbeitete, wegen Betrugs in 14 Fällen zu zweieinviertel Jahren Freiheitsstrafe verurteilt. Wegen Verstößen gegen das Wasserhaushaltsgesetz konnte er nicht belangt werden, denn nach Meinung des Gerichtes war eine Verunreinigung des Grundwassers nicht konkret nachzuweisen und niemand zu Schaden gekommen.

Im August 1974 wurde bekannt, daß die ,,Südhessische Verbrennungsgesellschaft mbH" in Biebesheim Giftmüll zur Beseitigung angenommen hatte. Tatsächlich lagerte sie die giftigen Industrieabfälle auf verschiedenen Deponien im Bundesgebiet. In Hessen soll ein Müllgrubenverwalter mit rund 250 000 Mark bestochen worden sein.

- Im März 1977 verurteilte das Landgericht Aurich den ehemaligen Geschäftsführer der Hamburger ,,Gesellschaft für Umweltschutz" zu mehreren Jahren Freiheitsentzug. Für die Beseitigung von Altölen hatte das Unternehmen eine Million Mark Subventionen kassiert. Tatsächlich wurde das Öl mit Preßluft in der Nacht durch eine Ölverbrennungsanlage gepustet, deren Inhaber ebenfalls hinter Gittern landete. 40 Kubikmeter Ölsand verbuddelten die Geschäftsleute im Emdener Hafen und gefährdeten das Grundwasser.

Als Endlagerstätte für hochgiftigen Industriemüll erwarb sich die Bundesrepublik einen internationalen Ruf. Unter den Fachwerkhäusern des hessischen Dorfs Herfa liegen in 700 Meter Tiefe über 160 000 Tonnen hochgiftige Abfälle aus ganz Europa. Die Stollen des stillgelegten Salzbergwerkes Herfa-Neurode gelten in der Welt als einmalig sichere Deponie für problematische Giftabfälle wie Arsen, Quecksilber, Farbstoffe und Rückstände aus der Produktion von Pharmazeutika und Pflanzenschutzmitteln.

Mit der amerikanischen Firma ,,Allied Chemical" aus New Jersey wurde Ende der siebziger Jahre ein Vertrag geschlossen, der die Ablagerung von 950 Fässern des inzwischen verbotenen, arsenhaltigen Pflanzenschutzmittels Kepone erlaubt. Die hessischen Behörden genehmigten schließlich die Einlagerung der bonbongrünen Paste in den schwarzlackierten Tonnen, nachdem die US-Manager drei Jahre lang vergebens nach speziellen Verbrennungsanlagen in Europa geforscht hatten. Daß ausgerechnet die dichtbesiedelte Bundesrepublik zur Endstation für US-Müll wird, bemängelte auch ein Sprecher des Bundesinnenministeriums: ,,Wir hätten mit den Amerikanern reden können, ob es nicht drüben Möglichkeiten gibt, das Gift sicher zu lagern." Das hatte ,,Allied Chemical" auch getan. Jedoch die in Umweltfragen inzwischen hochsensiblen Amerikaner rückten auch für harte Dollars keinen Quadratmeter Boden für die Endlagerung von Kepone heraus.

In der Bundesrepublik macht man es sich nicht so schwer. Bei der rheinland-pfälzischen Chemiefabrik Spiess & Sohn in Kleinkarlbach lagerten noch 1978 Kepone-Bestände auf dem Fabrikhof. Dort wurde es jahrelang zu dem Pflanzenschutzmittel ,,Despirol plus" verarbeitet.

Nachdem das im Handel frei verfügbare Mittel in den Verdacht geriet, krebsfördernd zu sein, wurde die Produktion eingestellt. Auf die Verarbeitung der restlichen Vorräte von 20 Tonnen des Keponeprodukts Kelevan wollte die Firmenleitung nicht verzichten. Firmenchef Wolfram Spiess: ,,Das reicht noch für ein ganzes Kartoffelkäferjahr.''

Noch viel länger reichen die versteckten Giftgasvorräte unter der Lüneburger Heide. Nach dem Versailler Friedensvertrag mußten in Deutschland produzierte chemische Waffen vernichtet werden. Am 24. Oktober 1919 wurde das Werk Breloh für Giftgas-Munition in der Lüneburger Heide gesprengt. Knapp drei Jahrzehnte später war wieder ein Krieg verloren, und auf dem Gasübungsplatz bei Munster mußten chemische Kampfmittel vernichtet werden. Die Unterlagen über geheime Probeabwürfe von Giftgasbomben mit einem Gewicht bis zu 500 Kilogramm wurden den Briten übergeben, seither sind sie unauffindbar.

Seitdem lagern im Heideboden mindestens 40 000 Giftgasgranaten, die in den Nachkriegsjahren von unerfahrenen Privatfirmen verscharrt wurden. Auf dem heutigen Truppenübungsplatz der Bundeswehr ist es den Soldaten an 30 bestimmten Stellen verboten, ein Biwak aufzuschlagen, da sie mit den lebensgefährlichen Kampfstoffen in Berührung kommen könnten.

Von den rund zwei Millionen Tonnen gefährlichen Industriemülls, die jedes Jahr in der Bundesrepublik anfallen, wurde in den vergangenen Jahrzehnten ein großer Teil auf wilde Deponien gekippt. Allein bei der Produktion von einer Tonne chemischen Erzeugnissen fallen 160 Kilogramm Abfall an. Der in der Vergangenheit abgelagerte hochgiftige Chemiemüll im Boden stellt, so Fritz Vahrenholt vom Umweltbundesamt, ,,eine Zeitbombe dar, von der niemand weiß, auf welchen Zeitpunkt der Zünder eingestellt ist''.

Im Januar 1979 zündete es in der hessischen Gemeinde Gernsheim bei Darmstadt. Die Kühe, die auf den Wiesen in der Nachbarschaft des Pharmaproduzenten E. Merck grasten, gaben giftige Milch. Von dem Abfallstoff Hexachlorcyclohexan (HCH), der bei der Produktion des Pflanzenschutzmittels Lindan anfällt, wurde bis zum 32fachen der zugelassenen Höchstmenge gemessen. Die Firmenleitung schloß aus, daß die giftige Substanz von den mit ,,behördlicher Genehmigung gelagerten Produktionsrückständen stamme''. Ende der sechziger Jahre hatte die Firma rund 100 000 Tonnen der HCH-Rückstände auch mit Genehmigung des Darmstädter Regierungspräsidenten auf dem Firmengelände vergraben. Darüber wurde ein Parkplatz angelegt und neue Fabrikgebäude errichtet. Bereits Ende 1976 stellte das Landwirtschaftliche Untersuchungsamt vor Ort hohe HCH-Werte in der Milch fest. Erst im April 1977 informierte die Behörde das zuständige Ministerium. Der brisante Befund verschwand jedoch in der Schublade des Sachbearbeiters im hessischen Landwirtschaftsministerium. Erst zwei Jahre später, im Januar 1979, erfuhren die Bauern von ihrer Molkerei, daß mit der Milch etwas nicht in Ordnung war. Nach dem öffentlichen Protest gegen die Umweltschlamperei versetzte der hessische Umweltmininster Willi Görlach, SPD, den zuständigen Referenten. Görlach: ,,Ein Minister, der zurücktritt, erschreckt keine Beamten. Das kann ein zorniger Minister viel besser.''

Im gleichen Jahr wurden in Hamburg die Bürger und Bauern zornig. In einem der größten Gemüseanbau-Gebiete von Deutschland, in den Vierlanden östlich von Hamburg, stellte die Umweltbehörde in Gemüse und Kuhmilch ebenfalls Lindan-Rückstände fest. Nach Berichten der Lokalpresse über den HCH-Skandal (,,Ein Kürzel geistert durch die Landschaft'') ging der Absatz des Gemüses aus dem Umland auf den Hamburger Wochenmärkten merklich zurück. Die Frühjahrsproduktion von 20 000 Kilo Porree wurde schließlich von dem Anrainer des landwirtschaftlichen Anbaugebietes, dem chemischen Werk C. H. Boehringer in Billbrock aufgekauft. Der Chemiefabrikant des Pflanzenschutzmittels Lindan hatte bis in die frühen siebziger Jahre HCH-Rückstände auf dem Werkgelände zwischengelagert. Boehringer-Werkchef Werner Krum: ,,Bevor sich das Umweltbewußtsein in der Öffentlichkeit entwikkelte, war das noch rechtens.''

Rechtens war auch damals, daß die Rückstände bei der Produktion von Pflanzenschutzmitteln lokalen Fuhrunternehmern zur Beseitigung anvertraut wurden. Im Juli 1979 wurden in Beobachtungsbrunnen der Firma Boehringer Spuren des hochgiftigen TCDD (Tetrachlordibenzdioxin) nachgewiesen. Auf einer Hausmüllkippe, drei Kilometer von dem Chemiewerk entfernt, werden größere Mengen des Seveso-Giftes vermutet, das mindestens tausendmal giftiger als Zyankali und 500mal giftiger als Strychnin ist. Wie groß die Gefahr ist, weiß niemand zu sagen, auch nicht die zwölf Behörden der Hansestadt, die erfolgreich aneinander vorbei ermitteln. Nur eines steht für einen Behördensprecher fest, ,,daß hier einst bei Nacht und Nebel von Fuhrunternehmern Giftmüll abgelagert worden ist.''

Was damals überall in Deutschland vergraben worden ist, weiß heute niemand mehr. Nicht einmal die Zahl der wilden Deponien, auf denen Giftmüll lagert, ist bekannt. Eine vorsichtige Schätzung von Abfallexperten vermutet 500 giftige Deponien, über die schon lange Gras gewachsen ist. Darunter liegen wahrscheinlich noch hochgiftige Substanzen, die, wenn sie ins Grundwasser gelangen, verheerende Auswirkungen zeigen können.

Der Wirrwarr in der bundesdeutschen Gift-Entsorgung änderte sich erst am 11. Juni 1972 mit dem Inkrafttreten eines Gesetzes zur Beseitigung von Abfällen. Für Giftmüll wurde darin eine Meldepflicht über Art, Menge und Beschaffenheit festgeschrieben, für die Transporteure eine Genehmigung zur Beförderung von Giftabfällen verbindlich gemacht. Kraft Gesetz sollten die zuständigen Behörden jede Beseitigung dieser sogenannten Sonderabfälle streng überwachen. Die Strafen bei Verstoß gegen das Gesetz wurden vergleichsweise drastisch angesetzt, um deutlich zu machen, daß Umweltsünden kein Kavaliersdelikt sind. Illegalen Giftmüllbeseitigern droht Freiheitsentzug bis zu fünf Jahren und eine Geldstrafe von 100 000 Mark.

Kernstück des Gesetzwerkes ist jedoch die Ausdehnung der Verantwortung auf die Produzenten des umweltfeindlichen Abfalls. Der Fuhrunternehmer tritt lediglich als Erfüllungsgehilfe für die Unternehmen auf, die zukünftig für Pannen bei der Beseitigung der Problemstoffe belangt werden können. Die Verantwortung für den eigenen Dreck endete somit nicht länger am Werkstor.

Als Ergebnis dieser fortschrittlichen Umweltgesetzgebung suchten die Industrieunternehmen nach hausgemachten Lösungen für den ungeliebten Giftmüll. So lagerte der Chemiekonzern BASF in Ludwigshafen problematische Produktionsrückstände auf der werkseigenen Kippe der Rheininsel Flotzgrün. Von den Industrieunternehmen wurden eigene Giftdeponien angelegt und Verbrennungsanlagen für Chemiemüll gebaut, denn eine Reihe von gefährlichen Stoffen zerfallen bei Temperaturen über 1000 Grad Celsius in weniger umweltbelastende Bestandteile. Seit den siebziger Jahren knüpften die Gewerbeaufsichtsämter die Genehmigungen für chemische Anlagen an den Bau werkseigener Verbrennungsanlagen. Das Verbrennen an Ort und Stelle mindert das Unfallrisiko beim Transport gefährlicher Frachten.

Trotz der neuen Gesetzgebung zeigte sich bald, wie der tatsächliche Umweltschutz hinter den perfekten Verordnungen zurückblieb. So stellten die Aufsichtsbehörden Jahre später im Chemiewerk Bayer bei einer routinemäßigen Untersuchung fest, daß eine vorgeschriebene Abgasreinigungsanlage fehlte. Trotzdem lief die Produktion für Herbizide, deren Schadstoffe über eine veraltete kleinere Abgasanlage aufgefangen wurden. Elmar Pielow, zuständig für Umweltschutz und Gewerbeaufsicht im nordrhein-westfälischen Sozialministerium, wollte nicht ausschließen, daß gefährliche Stoffe dabei in die Luft geblasen wurden. Die Firma Bayer dagegen verwies darauf, daß es immer noch strittige Fragen über die Standards von Verbrennungsanlagen gäbe, die seit Jahren mit den Aufsichtsbehörden ausgefochten würden und noch nicht zu aller Zufriedenheit geregelt seien.

Ein Teil ihrer Abfallsorgen wurde die Industrie bei privaten und öfentlichen Müllwerkern los. Bis Mitte 1975 wurden fünf Gesellschaften zur Beseitigung von Sondermüll in einzelnen Bundesländern gegründet, um eine zentrale Erfassung und Vernichtung von Industrierückständen zu gewährleisten. Doch viele Unternehmen ließen lieber kosten- als umweltbewußt auf den

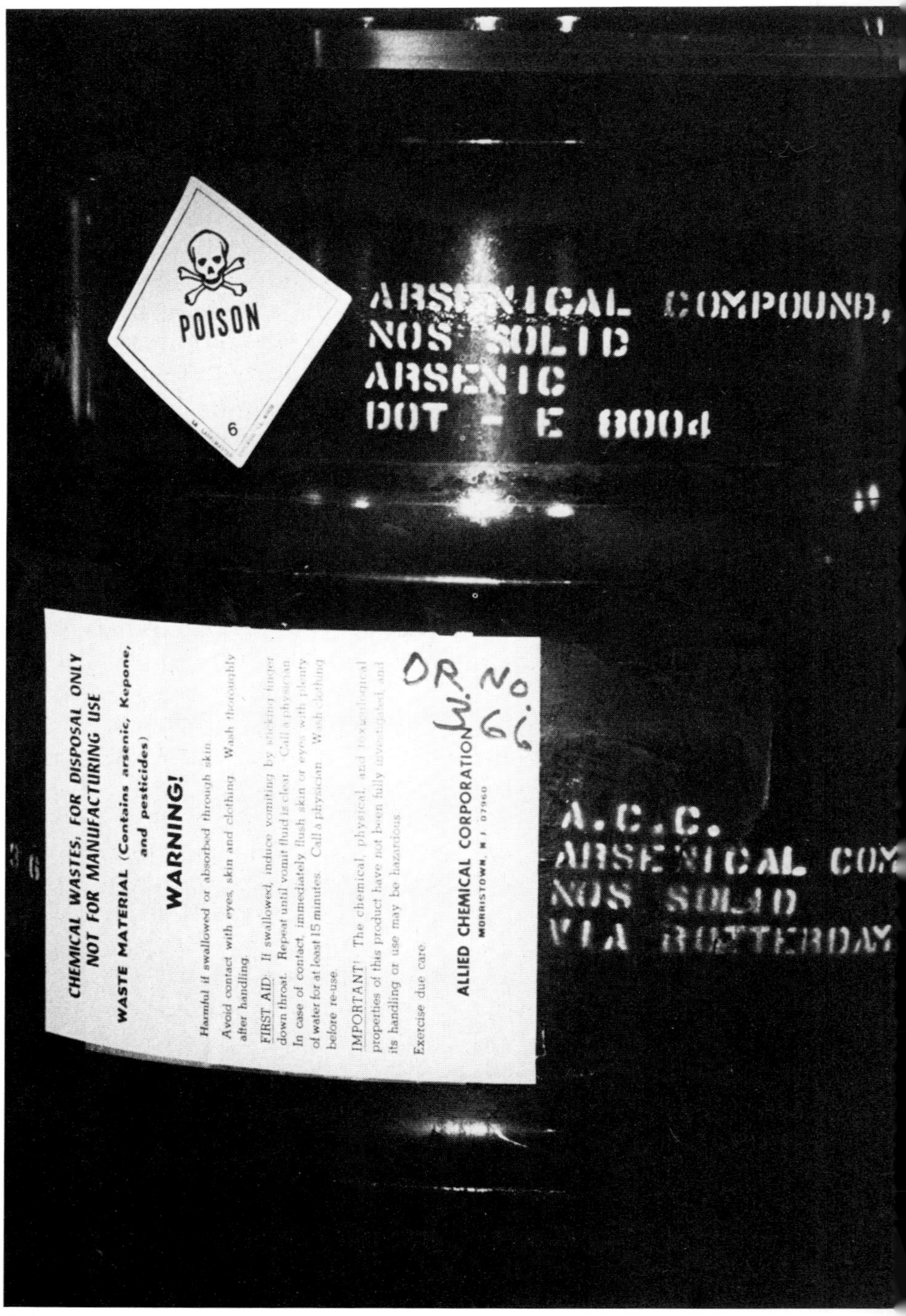

Zeitbomben unter der Erde. Überall in der Bundesrepublik wurden in den vergangenen Jahrzehnten die giftigen Rückstände der Industrie im Boden vergraben. Mit den Rostlöchern in den Tonnen wächst das Risiko für die Umwelt

alten Deponien ablagern, so daß die neugebauten Anlagen nicht ausgelastet waren. Zudem blieb es weiterhin Praxis, gefährliche Stoffe mit harmloseren Materialien zu vermengen, um sie preisgünstiger ablagern zu können. Der Sachverständigenrat für Umweltfragen kritisierte in seinem Gutachten von 1978 den ,,Sonderabfalltourismus'' zwischen den Bundesländern und stellte fest, ,,daß die Kapazitäten zur geordneten Beseitigung von Sonderabfällen in der Bundesrepublik insgesamt noch unzureichend sind''.

Deutscher Giftmüll eroberte auch die hohe See. 54 Grad 15 Minuten Nord, 3 Grad 50 Minuten Ost. Hier in der mittleren Nordsee, rund 100 Seemeilen vor der holländischen Küste dümpelt ein 4200 Tonnen Spezialschiff mit dem treffenden Namen ,,Vulcanus''. Aus zwei mächtigen Schornsteinen auf dem Achterdeck steigt feiner Rauch gradlinig in den blauen Nordseehimmel. Die rot-weiße Nationalflagge von Singapur hängt schlaff von der Fahnenstange an der Reling. Im Inneren dieses tätigen Vulkans, der zu einer Tochtergesellschaft der Hansa-Reederei in Bremen gehört, verbrennen bei vierzehnhundert Grad Hitze die gefährlichsten Stoffe aus deutschen Landen. Bis zu 20 Tonnen Giftmüll pro Stunde. Nach sieben Tagen haben sich 1400 Tonnen toxischer Stoffe in ,,Luft'' aufgelöst. Das Schiff kehrt aus der internationalen Vernichtungszone abseits der großen Schiffahrtswege nach Rotterdam zurück, um neue Giftladungen aufzunehmen. Seit Mitte der siebziger Jahre werden dort auch TCDD-Abfälle der Herbizid-Produktion der Firma Boehringer Ingelheim in Hamburg eingeschifft Das hochgiftige TCDD, das im italienischen Seveso zur bislang größten Umweltkatastrophe mit chemischen Giften geführt hatte, wird mit Tankwagen der Bundesbahn zu den Einschiffungshäfen gefahren.

Die Verbrennung auf offener See gilt als eine der fortschrittlichsten Methoden der Giftmüllbeseitigung. So wurden 1979 zwei weitere Schiffe, die ,,Mathias'' und die ,,Vesta'', für die Seebestattungen von Chemiemüll in Dienst gestellt. Zum erstenmal erteilte das Deutsche Hydrographische Institut in Hamburg die Genehmigung, auch deutsche Häfen für die Giftübernahme anzulaufen. Eine Forschergruppe des Instituts überprüfte die Emissionen der Verbrennungsschiffe und stellte keine Beeinträchtigungen der Umwelt über die erlaubten Höchstwerte fest. Institutsmitarbeiter Niels-Peter Rühl: ,,Wir haben auf hoher See direkt unter dem Heck gemessen.''

Daß trotz modernster Technologie auch von den Verbrennungsschiffen Schadstoffe an die Umwelt abgegeben werden, wird dagegen von Fritz Vahrenholdt vom Umweltbundesamt bemerkt: ,,Auch Seeverbrennungen sind für einige Stoffe nicht unproblematisch, denn der ökologische Kreislauf wird auf jeden Fall belastet.'' Inzwischen wächst in vielen Ländern der Widerstand, gegen jene Produzenten, die glauben im Meer die Endlösung der Giftfrage gefunden zu haben. Die Ablagerung von Industrieschlamm auf dem Meeresboden, wie Dünnsäuren aus der Titanproduktion, kann sich als chemischer Bumerang für das nächste Jahrtausend erweisen.

Schon heute zeigen die Miesmuscheln von Nordfriesland hochprozentige Ablagerungen von Schwermetallverbindungen, die aus den Abfallschlämmen der Hansestadt Hamburg stammen. Mit Schuten werden die fauligen Schlämme der kommunalen Kläranlagen in die Nordsee verfrachtet und zwischen Feuerschiff ,,Elbe I'' und Helgoland versenkt. Auf dem giftigen Meeresgrund, angereichert mit Pestiziden und Rückständen chemischer Düngemittel, finden Unterwasserparasiten wie die schwarz-weiß gemusterte Pfeffermuschel neuen Lebensraum. Neuer Lebensraum soll auch für

Die Kühe beißen als erste ins Gras. Der giftige Bleistaub eines Hüttenwerks in Nordenham gelangte auf die Weide und in die Blutbahn der Milchkühe. Für 130 Tiere kam jede Hilfe zu spät

die Bürger von München auf einer rekultivierten Müllkippe für kommunalen Klärschlamm entstehen. Ein zwei Hektar großes Gebiet im Ortsteil Freimann wurde von der Stadt als Erweiterung des Erholungsgebietes angeboten. Die Bürger protestierten, denn in den Ablagerungen aus den städtischen Kläranlagen fanden sich giftige Schwermetalle wie Cadmium.
Im März 1979 wurde bekannt, daß die Gutsflächen der weißblauen Hauptstadt seit Jahren mit giftigem Klärschlamm angereichert wurden. Allein 1978 wanderten 36 000 Tonnen des gesundheitsgefährdenden Cadmium-Schlamms über die Einleitungen von Gewerbebetrieben in das öffentliche Kanalnetz als Düngemittel auf die landwirtschaftlichen Flächen. Bodenuntersuchungen auf dem Gut Großlappen ergaben Überschreitungen der Höchstwerte für Cadmium bis um das Zehnfache. Gelangt das giftige Schwermetall in die Nahrungsmittel, sind schwere Schäden an Leber und Nieren sowie eine Störung des Knochenaufbaus die mögliche Folge. Der bayerische Umweltminister leitete nach Bekanntwerden des Schlamm-Skandals eine verstärkte Suche nach Gewerbebetrieben ein, die Kanalgullis als Mülltonnen benutzten. Die Suche nach den Umweltsündern

erbrachte drei Betriebe, blieb jedoch ohne Konsequenzen. So wie in der bayerischen Hauptstadt wurden bald darauf auch aus Stuttgart giftige Klärschlamm-Ablagerungen auf den Neckarwiesen bekannt.

Giftmüll hat viele Gesichter. In jedem alten Radio steckt eines der gefährlichsten Umweltgifte. Isolationsstoffe in den Klein-Kondensatoren enthalten die berüchtigten polychlorierten Biphenyle (PCBs), die zur Gruppe der chlorierten Kohlenwasserstoffe gehören. Ähnlich wie das seit Anfang der siebziger Jahre verbotene DDT reichern sich diese Substanzen im Organismus an und werden in der Umwelt nur langsam abgebaut. Schäden an Milz, Leber und Nieren können bei Aufnahme größerer PCB-Mengen im Organismus auftreten. Bereits heute wird in zunehmendem Maße in der Muttermilch das allgegenwärtige Umweltgift festgestellt, und bei menschlichen Embryos zirkuliert es bereits im Kreislauf. PCBs dienen als Weichmacher in der Kunststoffproduktion, als Imprägnierungsmittel für Holz und Papier, als Hydraulikflüssigkeit und Transformatorenöl. In der Bundesrepublik darf die gefährliche Verbindung nur noch in geschlossenen Systemen wie Kühlanlagen verwendet werden. Das System hat seine Hintertür. Denn wandert ein altes Radio auf den häuslichen Sperrmüll, werden die giftigen PCBs über die Schornsteine der Müllverbrennungsanlagen freigesetzt. Jedes Jahr fallen rund 18 Millionen Tonnen Hausmüll an. Bei ihrer Verbrennung – so wird in einer Untersuchung aus dem Jahre 1973 geschätzt – werden pro Kubikmeter Abgas rund 0,4 Milligramm PCBs emittiert. Damit werden die maximalen Werte für Schadstoffkonzentration am Arbeitsplatz bereits erreicht. In der Technischen Anleitung für die Reinhaltung der Luft wurde 1974 festgelegt, daß PCB-haltiger Müll bei mindestens 1200 Grad verbrannt werden muß. Bis 800 Grad ist die zähflüssige Verbindung, die gerade wegen des hohen Siedepunktes geschätzt wird, gegen Hitze resistent. Zehn Jahre alte Verbrennungsanlagen wie in Ludwigshafen am Rhein arbeiten jedoch bei Temperaturen zwischen 700 und 1000 Grad Celsius und schicken die PCB-Stoffe unverbrannt ins Umland – bis an den Nordpol, wo in den Eiskappen die allgegenwärtigen PCBs gefunden wurden. Von der Leitung der Müllverbrennungsanlage in Ludwigshafen wurde Anfang 1979 bekanntgegeben, daß eine Verbesserung der Anlage nicht zur Debatte steht: „Aufwendungen von 20 Millionen Mark sind bei der derzeit anfallenden Hausmüllmenge nicht rentabel."

Daß allein Gewinn und Kosten in die Bilanz der chemischen Umweltverschmutzung eingehen, kann sich als Verlustgeschäft für zukünftige Generationen erweisen. „Es zeigt sich, daß wir eine Reihe in der Chemieindustrie anfallende giftige Industrierückstände nicht wieder loswerden. Ob wir sie in die Flüsse oder in die Meere kippen, unter der Erde oder auf speziellen Müllkippen ‚verstecken', ob wir sie in der Gluthitze der Verbrennungsöfenanlagen zu zerstören versuchen – stets müssen wir uns darüber im klaren sein, daß auch kommende Generationen mit einigen dieser Giftstoffe leben müssen", schreiben der Wissenschaftspublizist Egmont R. Koch und Fritz Vahrenholt vom Umweltbundesamt in ihrem Buch „Seveso ist überall". Die fachkundige Kritik an der chemischen Industrie und ihren Gefahren avancierte nach einem Vorabdruck im STERN zu einem Bestseller und zu einem Nachschlagewerk der ökologischen Bewegung. Der Verband der chemischen Industrie ließ von den Sicherheitsexperten der großen Chemieunternehmen in drei Monaten Arbeit Material für eine 330 Seiten starke Gegendokumentation „Seveso ist nicht überall" zusammentragen. Den Autoren wurden 200 sachliche Fehler und die einseitige Auswahl von Quellen vorgeworfen

und eine „polemische, durch den wirklichen Sachverhalt nicht gedeckte Interpretation".
Gleichwohl erkannten die Chemie-Chefs, daß die Umweltschützer den 1978 viertgrößten Industriezweig mit 547 000 Beschäftigten und einem Jahresumsatz von 88,5 Milliarden Mark ins Visier genommen hatten. Nach der Debatte über die Atomkraft mit den Schlachten von Grohnde, Brokdorf und Gorleben wurden Ende der siebziger Jahre zum Marsch auf die Chemieunternehmen geblasen. In den Bürgerinitiativen wurde nicht länger über die Sicherheit von Kernkraftwerken diskutiert, sondern auch über die Gefahren der Chemie. Volkhard Möcker vom Fachbereich Öffentlichkeitsarbeit im Umweltbundesamt und Kenner der Protestgruppenszene registrierte in allen bundesweiten Umweltschutzorganisationen „einen Themenwechsel von der Kernenergie zur Chemie". Für Vahrenholt, einen der geistigen Väter der Bewegung und häufig zu Podiumsdiskussionen bei den Bürgerinitiativen geladen, kann die Kritik an der Chemie jedoch nicht bei den Industrieunternehmen stehen bleiben. „Auf diesen Trip gehe ich nicht", sagt der promovierte Chemiker, „wir können die Produkte des Industriezeitalters nicht verteufeln, ohne unsere eigenen Verbrauchsgewohnheiten zu überprüfen." Dazu müsse der Verbraucher aber auch über die Umweltschädlichkeit von Produkten aufgeklärt werden.
Der Chemie-Kritiker im Dienste des Umweltbundesamtes betont, daß Chemikalien notwendig sind: „Wir können nicht über alle 60 000 Chemikalien eine Alternativdiskussion anfangen. Aber wir müssen fragen, ob jedes Jahr tatsächlich dreihundert neue Chemikalien zusätzlich notwendig sind. Die Inovationskraft der chemischen Industrie sollte auf neue Produkte gelenkt werden, die alte umweltgefährliche Stoffe ersetzen."
Zu fragen sei, ob wir tatsächlich 130 verschiedene schwarze Farben brauchen, ob wir nicht wie in Schweden geplant auf cadmiumhaltige Gelbfarben verzichten können, die sich in jedem Kindermalkasten für Wasserfarben wiederfinden. Jedes Jahr werden in der Bundesrepublik Medikamente jeder Art für rund zwei Milliarden Mark auf den Müll geworfen. Dabei sind einzelne Apotheken zur Rücknahme von angebrochenen Pharma-Packungen verpflichtet. Jährlich verschwindet eine unbekannte Menge giftiges Quecksilber aus zerbrochenen Thermometern, niemand kontrolliert die Entlagerung dieses Umweltgifts. Den knapper werdenden Rohstoff, der auch in den Neonleuchten Verwendung findet, will die Firma Osram über gezielte Sammlung der alten Röhren wieder in den Produktionskreislauf zurückholen.
Auch der chemischen Industrie ging angesichts des wachsenden Umweltbewußtseins ein Licht auf. Für die achtziger Jahre rüsteten sich die Konzerne mit der Verabschiedung eines aufwendigen Werbeetats für die öffentliche Auseinandersetzung mit den Kritikern. In einer eigens gegründeten Aktionsgemeinschaft der chemischen Industrie „Initiative geschützter leben" zahlen sechzig Unternehmen und Verbände einen Teil ihres Jahresumsatzes für großangelegte Anzeigenkampagnen ein. Allein der Jahresbeitrag 1979 von Hoechst, BASF und Bayer für die Aufklärungsaktion beträgt 6,8 Millionen Mark. Der Werksleiter der Bayer AG, Professor Eberhard Weise, ökologisches Zugpferd der Branche, sieht den Auseinandersetzungen mit den Umweltschützern gelassen entgegen: „Wir müssen riskieren, dieses oder jenes nicht mehr zu produzieren, wenn sich die Umwelt dagegen wehrt." Und weiter: „Trotz des Bemühens von allen anerkannten Fachleuten und des guten Willens aller Beteiligten läßt sich ein Restrisiko sowohl bei den Produkten als auch bei den Herstellungsverfahren nicht ver-

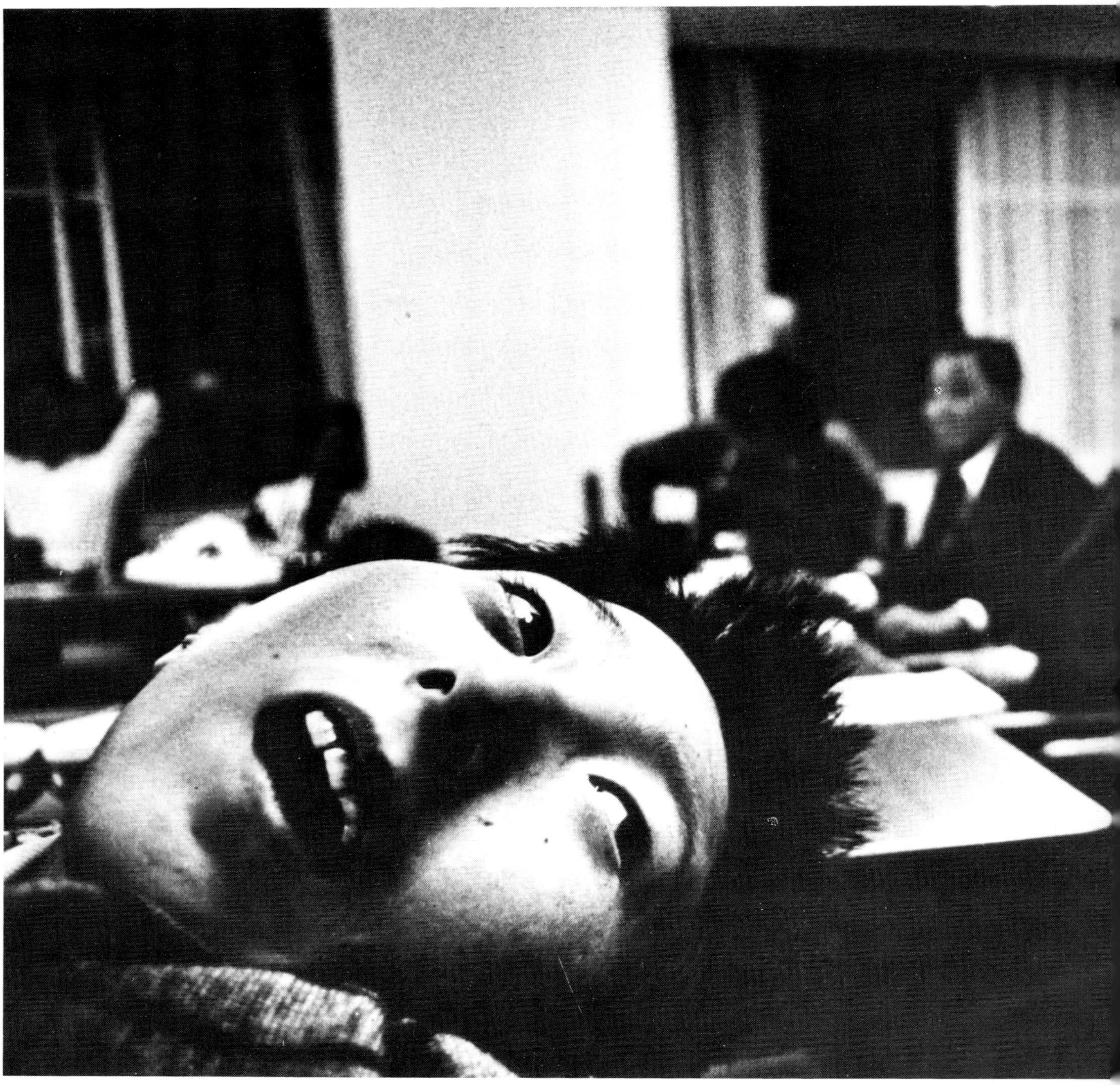

Verbrechen mit Schuldspruch. Die Opfer der Quecksilbervergiftungen im japanischen Fischerort Minimata prozessierten gegen das Industrieunternehmen, das mehr als zehn Millionen Mark Entschädigung zahlen soll. Aber auch mit viel Geld können die Krüppel des chemischen Zeitalters nicht entschädigt werden

meiden. Wichtig ist, daß unvertretbare Risiken ausgeschlossen werden."

Voraussicht zeigte auch die Hoechst AG im oberbayerischen Gendorf bei Altötting. Beim Umweltminister des Freistaats erstattete das Zweigwerk des Weltkonzerns Anzeige – gegen sich selbst. Auf dem Werksgelände, so verriet der Firmenleiter, lagerten 300 Tonnen giftige Produktionsrückstände des bekannten Pflanzenschutzmittels Lindan. Zwischen 1949 und 1954 waren die HCH-Tonnen zwei Meter unter der Erde verbuddelt worden. Das Betriebsgeheimnis lüfteten die Hoechster selbst, nachdem in Darmstadt und Hamburg vergiftete Kuhmilch die HCH-Skandale auslöste. Der bayerische Umweltminister Alfred Dick bat in einem Schreiben an 46 Betriebe denn auch um Gewissensforschung über die „Sünden der frühen Jahre". Bislang unbekannte Giftmüllablagerungen sollten den Behörden freiwillig gemeldet werden.

Darauf wollten die Umweltschützer nicht vertrauen. Der „Bundesverband Bürgerinitiativen Umweltschutz" (BBU) in Karlsruhe forderte Mitte 1979 seine Mitglieder auf, nach Chemiemüll selbst zu forschen. Die örtlichen Initiativen sollen ehemalige Fuhrunternehmer und pensionierte Grubenwächter befragen und so längst vergessene Deponiestandorte ausfindig machen. Die Schliemanns der grünen Bewegung wollen auch selbst zur Schaufel greifen, um mit ihren Ausgrabungen die Behörden zu zwingen, die giftigen Zeitbomben aus dem Boden zu holen. Es ist für jeden genug da.

Pro Bundesbürger lagern 17 Kilogramm alter Chemiemüll unter der Erde. Vielleicht 17 Kilogramm zuviel.

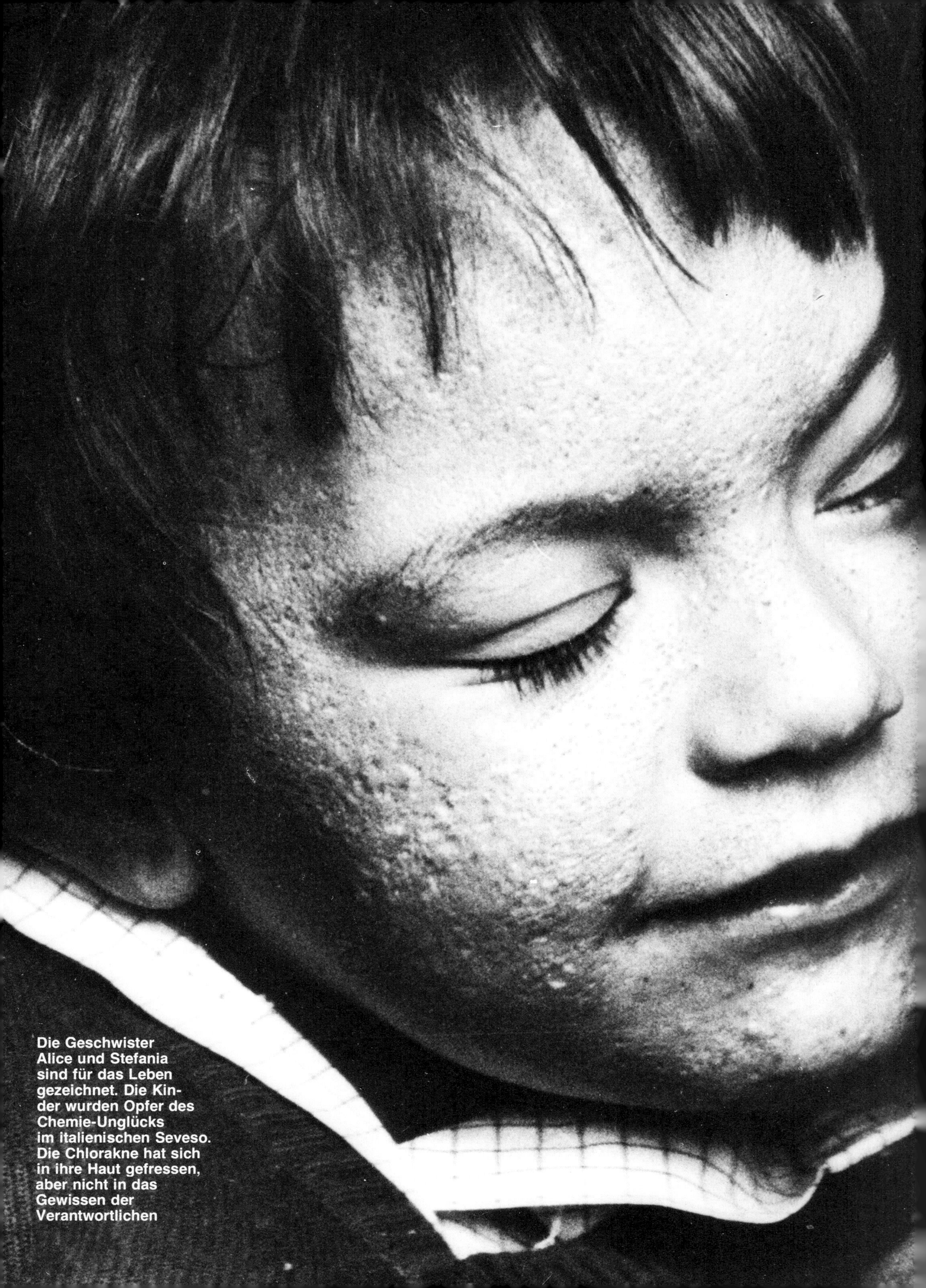

Die Geschwister Alice und Stefania sind für das Leben gezeichnet. Die Kinder wurden Opfer des Chemie-Unglücks im italienischen Seveso. Die Chlorakne hat sich in ihre Haut gefressen, aber nicht in das Gewissen der Verantwortlichen

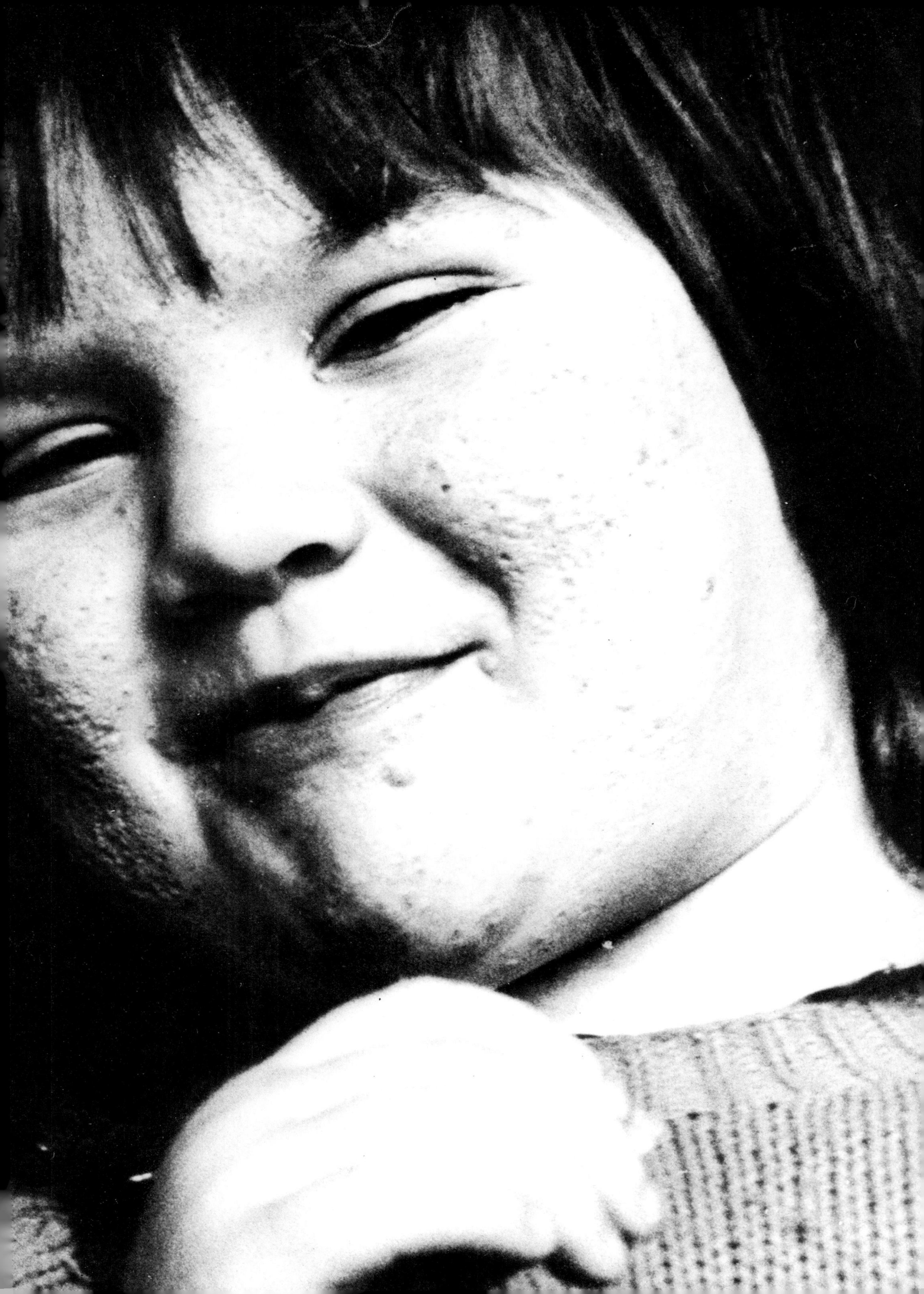

Verkehr

LAND UNTER BETON

Deutschlands Autobahnen sind die besten. Sie gehören zu den sichersten der Welt. Nirgendwo ist – rechnet man die Zahl der gefahrenen Kilometer – das Risiko, auf der Straße zu verbluten, so gering. 949 Menschen starben 1978 auf Autobahnen, 26 028 wurden verletzt, ein Blutzoll, den die Hochrechner des ADAC als niedrig bewerten. Auf 100 Millionen zurückgelegte Autobahn-Kilometer registriert die Unfallstatistik 1,43 Todesopfer. Auf anderen Überlandstraßen kamen 5,51, innerhalb von Ortschaften und Städten sogar 6,41 Menschen ums Leben.

Obwohl das Gasgeberland Bundesrepublik als einziger Staat in der europäischen Gemeinschaft keine Geschwindigkeitsbegrenzung diktiert, steht es im Vergleich der internationalen Unfallstatistiken nicht schlecht da. Zwar werden in keinem Land der Welt so viele Kinder totgefahren oder im Verkehr verletzt wie bei uns. Aber die Autobahnen sind über jeden Zweifel erhaben, ein international bekanntes Synonym für deutsche Tüchtigkeit wie ,,Kindergarten'' oder ,,Blitzkrieg'', ein Milliarden teures Meisterstück deutscher Ingenieurkunst, schnell, schön und gut. Des Guten zuviel?

Mit dem wachsenden Umweltbewußtsein der Bundesbürger ist Mitte der siebziger Jahre das perfekte System des Bundesfernstraßenbaus in Mißkredit geraten, sein weiterer Ausbau eine Streitfrage zwischen Verkehrsplanern und hunderten von Bürgerinitiativen geworden. Fast überall, wo noch neue Autobahntrassen die Republik zerschneiden sollen, haben sich die Anlieger zu Aktionsgruppen und Schutzgemeinschaften formiert, die den Baustopp oder eine Umleitung fordern. Ob in Schleswig-Holstein, wo die geplante deutsch-deutsche Autobahn von Hamburg nach Berlin den Sachsenwald zerteilt und den Naturpark Lauenburgische Seen bedroht, oder bei Frankfurt, wo ein neues Autobahnteilstück nicht weniger als elf bereits parallel verlaufende Straßen entlasten soll, überall regt sich Protest. Bürgerinitiativen sammeln Unterschriften im Emsland, im Schwarzwald und am Bodensee. Bei Kempten, wo die Queralpen-Autobahn das Allgäu halbiert, blockiert der Bayerische Bund Naturschutz mit einem Sperrgrundstück den Weg der allesfressenden Bagger. ,,Wir müssen dem Terrorismus wider die Natur entgegentreten'', sagt Hubert Weinzierl, Vorsitzender dieses strammsten aller Umweltbünde, der in Bayern mit dem Ankauf von über tausend Grundstücken die Betonierung der Landschaft verhindert.

Einer der Höhepunkte der bundesdeutschen Straßenschlacht der Rücktritt des nordrhein-westfälischen Umweltministers Diether Deneke im Mai 1979, der die Linienführung der geplanten A 4 durch das Rothaargebirge, einen der letzten von Straßen noch nicht zerschnittenen Naturparks der Bundesrepublik nicht verantworten wollte.

Überall im Bundesgebiet stoßen Politiker, die sich bisher am errechneten Verkehrsbedarf orientierten und mit dem Bau von Fernstraßen auf die Zustimmung breiter Wählerschichten hofften, auf den Widerspruch des kritisch gewordenen Autofahrers. Der Autobahnbau als Wahlkampfthema hat Zukunft. Anfang der achtziger Jahre bedroht der Bundesfernstraßenbau 59 Naturschutzgebiete, 21 Landschaftsschutzgebiete, 35 Wälder, neun Moore und neun Naturparks, droht Bauernhöfe und Dörfer zu zerstören. Zwar richtet sich der Zorn der Naturfreunde ausnahmslos gegen regionale Bauvorhaben, Autobahnteilstücke in der unmittelbaren Nachbarschaft. Der Protest ziehlt jedoch aufs Ganze: das ,,koordinierte Investitionsprogramm für die Bundesverkehrswege bis 1985'', dessen Bedarfsplan im Jahre 1971 von Georg Leber aufgestellt wurde und zum Ziel hat, daß kein Bürger von seinem Wohnort weiter als 25 Kilometer zur nächsten Autobahnauffahrt fahren muß.

Dieser Plan, der praktisch eine Verdoppelung des Autobahnnetzes von 4461 auf nahezu 10 000 Kilometer vorsieht, verschwand nicht vom Tisch des Verkehrsministeriums, als die Regierung Brandt zum Umdenken auf den öffentlichen Nahverkehr aufrief und die Formel wagte: ,,Der Mensch hat Vorfahrt.'' Der Plan verschwand auch nicht, als bald darauf der erste Ölschock und autofreie Sonntage die Highways für ein paar Wochenenden leerfegten und 1974 eine tiefe Depression der Konjunktur die Kauflust der Kraftfahrer lähmte. Der Plan überlebte Leber und zehn Jahre sozialliberale Verkehrspolitik unbeschadet, denn er ist fest in den Händen einer perfekt eingefahrenen Bürokratie, die schon Autobahnen baute, als die Räder noch rollen mußten für den Sieg.
So alt wie die Autobahn ist auch eines der landläufigsten Argumente zu ihrer Rechtfertigung: Autobahnen dienen der Schaffung von Arbeitsplätzen. 1936 schrieb Adolf Hitlers Generalinspekteur für das Straßenwesen Fritz Todt: ,,Die Reichsautobahnen zählen zu den wichtigsten Trägern der Arbeitsbeschaffung. 600 000 Volksgenossen kommen durch das Straßenbauprogramm der Reichsregierung zu Lohn und Brot.'' Befriedigt notierte er ,,Der Mehrverzehr dieser Arbeitermassen gegenüber dem früheren Arbeitslosenheer hat auch Landwirtschaft und Konsumgüterindustrie verschiedenster Art wieder befruchtet.''
Als besonders fruchtbar erwies sich die Zusammenarbeit des Hitler-Ministers mit einem eher knorrigen Partner, dem Reichslandschaftsanwalt Alwin Seifert, der – gegen heftigsten Widerstand der NS-Technokraten – den naturnahen Straßenbau forderte und durchsetzte. Seifert verstand die Linienführung seiner Autobahnen als Landschaftsgestaltung, die Rollbahn habe sich den landschaftlichen Gegebenheiten einzufügen. In sanften Kurven folgten die Betonpisten der Topographie. Einschnitte und Dämme wurden vermieden. Die Benutzer dieser Fernstraßen ins Tausendjährige Reich sollten nicht ermüden, sondern den Schwingungen und Neigungen der Hügelketten folgen. Sie folgten den Betonspuren ohne Hast, denn 1939 hatte die Reichsregierung drastische Geschwindigkeitsbegrenzungen eingeführt, um die Reifen zu schonen: 40 Stundenkilometer innerhalb geschlossener Ortschaften, 80 außerhalb von Ortschaften für Motorräder und Personenwagen. Das Autobahnnetz war schon über 3000 Kilometer angewachsen. Und obwohl Fritz Todt kategorisch erklärte: ,,Für eine Autobahn des Führers ist keine Landschaft zu schade'', waren die eleganten Straßenbauten, verglichen mit den Rennstrecken der Nachkriegszeit, Musterbeispiele gediegener Landschaftsarchitektur.
Nach dem Krieg ersetzte der Ausbauwille die erdverbundenen Grundsätze der Landschaftsarchitekten; die Autobahn wurde zur Schnellstraße ins Wirtschaftswunder. ,,Wohlstand kommt auf guten Straßen'' befand die Deutsche Straßenliga. Das Auto wurde wie kein anderes Konsumgut zum Symbol des deutschen Wirtschaftswunders, zum Motor der Wirtschaft. Es ist aus dem Alltag des Bundesbürgers nicht mehr wegzudenken. Jeder sechste Arbeitsplatz ist direkt oder indirekt davon abhängig, jeder dritte Westdeutsche fährt es. Das bedeutet aber auch: jeder zweite wird einmal in seinem Leben vom Auto verletzt, jeder zwanzigste wird durch das Auto zum Krüppel, jeder vierzigste kommt dadurch zu Tode. Damit müssen wir leben.
Bis 1985, errechnete die Deutsche Shell, wird sich die Zahl der Kraftfahrzeuge auf 26 Millionen erhöhen. Und das, obwohl die Bevölkerung bis dahin um 3,2 Prozent zurückgeht. Die Ursachen der weiter wachsenden Motorisierung: die Alten werden immer mobiler. Aber auch steigende Einkommen, der Trend zum Zweit- und Drittwagen spie-

len eine Rolle. Als sicher gilt unter den gegenwärtigen Voraussetzungen: Bis 1990 muß unser Straßennetz 6 Millionen Pkw zusätzlich verkraften. Die Vision der einst so mobilen Gesellschaft, die nun im Kriechgang dem Stillstand entgegenfährt, ruft den ADAC und die Autohersteller, Wirtschaftspolitiker und Gewerkschaftler auf den Plan. In den Bonner Wandelgängen kämpfen sie um das Glanzstück unserer Wirtschaftsordnung. Vor allem die Handelskammern des Deutschen Industrie- und Handelstages machen ihren Einfluß geltend. Ernst Haar, Staatssekretär in Bonn unter drei Verkehrsministern über die Industrievertreter: ,,Die träumen immer noch, daß ein neuer Autobahnanschluß die Wirtschaft ankurbelt. Dabei ist es ein Gerücht, daß durch neue Autobahnstrekken in den letzten Jahren wirklich neue Betriebe gegründet worden seien.''

Angeblich, um den Verkehr in den Ballungsräumen zu entkrampfen, um neue Wirtschaftsräume zu erschließen, um den Arbeitnehmern die wohlverdiente Fahrt ins Grüne zu erleichtern, um die umweltbelastenden Staus zu lockern, um erhöhten Benzinverbrauch als Folge langer Umwege zu verringern, brauchen wir – so fordert die einflußreichste Lobby in Bonn – neue Autobahnen, bessere Autobahnen, breitere Autobahnen. Durch Autobahnen – erklärt Regierungsdirektor Wolfgang Rabenau vom Fernstraßenneubauamt Ostholstein – wird ein Wald erst schön. ,,Durch das Anschneiden des Sachsenwaldes entstehen zwei neue Waldränder. Dadurch erhöht sich der Reiz des Waldes auf den Betrachter, denn ein Wald wirkt ja nicht als geschlossene Masse, sondern durch die Waldränder'', erklärt der Beamte.

Die grüne Front hat im Kampf gegen den ,,Ölgötzen des Wirtschaftswunders'', das Auto, längst zurückgesteckt. Sie will heute nur noch seine Anbetung auf ein vernünftiges Maß reduzieren. Die Forderung der Umweltschützer ist vor allem achtsamer Umgang mit den immer knapper werdenden, vom Verkehr noch unzerschnittenen Räumen und – aus ökologischen Gründen – eine Beschränkung der Höchstgeschwindigkeit auf den Autobahnen. Langestreckte Kurven, weiträumige Ein- und Ausfahrten, Beschleunigungs- und Kriechspuren sind notwendig, damit die immer schnelleren Fahrzeuge nicht ins Schleudern kommen. Eine einzige Kleeblattkreuzung verwandelt 18 Hektar Land, Lebensraum für 50 000 Bäume, in Verkehrsfläche.

Vor allem der Flächenfraß der deutschen Autobahnen läßt diese großspurige Verkehrslösung immer fragwürdiger erscheinen. Autobahnen sind fü hohe Geschwindigkeiten geplant; die ,,Entwurfsgeschwindigkeit'' beträgt bei modernen Autobahnen 120 Stundenkilometer, was nicht heißt, daß au diesen Pisten nicht auch seh viel schneller gefahren werder kann. Eine Herabsetzung de Entwurfsgeschwindigkeit um 3(Stundenkilometer würde wesentlich weniger Grundfläche verbrauchen, errechnete Heine Monheim, Regionalplaner in de Bonner Bundesforschungsanstalt für Landeskunde und Raumordnung. Die Autobahner könnten viel besser der Landschaft angepaßt werden, sie würden langsamer befahren, de bis zu 400 Meter breite Lärmteppich beiderseits der Trasse wär deutlich schmaler. Eine Untersuchung der Bundesforschungsanstalt für Naturschutz und Landschaftsökologie beleg die negativen Folgen der aufwendigen Fernstraßenarchitektur nicht nur für die Landschaft sondern auch für die Autofahrer Um das unterschiedliche Niveau im Hügelland auszugleichen wird die Schnellstrecke oft kilometerweit über Dämme ode Pfeiler geführt. Die Folge: Da Kleinklima verändert sich, übe der Piste bildet sich Kaltluft, Nebel und Glatteis fordern ihre Opfer. Nicht weniger problematisch sind die tiefen Einschnitte und

Kerben in der Landschaft des Mittelgebirges. Sie senken den Grundwasserspiegel.

In engen Flußtälern muß die Ufervegetation entfernt werden. Stützmauern oder Pflasterböschungen setzen die Selbstreinigungskraft der Flüsse herab. In angeschnittenen Wäldern sind die hohen, nun frei stehenden Stämme von Wind und Wetter bedroht, nicht selten gehen sie am Sonnenbrand zugrunde.

Weil in dicht besiedelten Gebieten immer häufiger Konflikte mit Anwohnern auftreten – die Zahl der Klagen gegen Planfeststellungsverfahren erhöhten sich von 27 (1968) auf 59 (1978) pro 100 Kilometer Autobahnstrecke – verlegen die Planer ihre Trassen in die Wälder. Aufwendige Enteignungsverfahren fallen fort. Nicht selten ist der Staat Eigentümer, mit Forstämtern wird man sich schon einig. Auerhuhn und Fischotter haben keine Lobby in Bonn.

Um zu verhindern, daß die letzten ökologischen Ausgleichsräume der Bundesrepublik verwüstet werden, schlägt die Bundesforschungsanstalt für Naturschutz und Landschaftsökologie vor, neue Trassen durch Steppenlandschaft zu legen. Davon gäbe es genug: die landschaftlich genutzte „Kultursteppe". Das sogenannte „Ödland" hingegen, die Moore, Sümpfe und Tümpel seien ebenso wie naturnahe Wälder, Streuwiesen und Heidelandschaften im „Interesse von Vielfalt, Eigenart und Schönheit von Natur und Landschaft" (Paragraph 1 des Bundesnaturschutzgesetzes) unentbehrlich.

Straßen gelten unter Ökologen als „linienhafte Steppenelemente". Ihr Vordringen hat die Tier- und Pflanzenwelt der Bundesrepublik nachhaltig verändert. Straßen haben Lebensräume zerschnitten und zerstört, und sie sind zu Lebensräumen geworden. Sie haben die Ausbreitung der Wanderratte gefördert, die bislang davor zurückscheute, geschlossene Wälder zu durchqueren. Entlang von Straßen dringen Waldkauz und Kohlmeise in geschlossene Waldgebiete ein und verdrängen die selteneren Arten wie Rauhfußkauz und Tannenmeise.

Straßen sind ein reich gedeckter Tisch für Raubvögel und Aasfresser. Mäusebussard, Turmfalke, Milan und vor allem Elstern bevorzugen Spezialitäten vom Kühlergrill. Die Opfer vorbeirasender Autos, breitgewalzte Igel, Kaninchen und zerschmetterte Singvögel ernähren ganze Vogelkolonien. Mäuse und Kleinvögel lesen Insekten auf. Salamander und Erdkröten nutzen die deckungsfreie Straße als Jagdrevier, und im Winter leckt das Wild Streusalz. Nach kalten Nächten sonnen sich Reptilien gern auf warmem Asphalt, in lauen Nächten tummeln sich Nachtfalter über der Piste. Insekten werden kilometerweit von den Scheinwerfern angelockt. In wald- oder flußnahen Straßen tötet ein mit Tempo 55 fahrender Volkswagen 3000 Insekten pro Kilometer.

Bei anderen Tierarten geht die Zahl der Straßenopfer rapide zurück. Beispielsweise gibt es kaum noch Verkehrstote unter den Erdkröten, denn sie sind vom Verkehr nahezu ausgerottet. Ebenso wie die Rauchschwalben haben diese Tiere Schwierigkeiten, sich der zunehmenden Versteppung der Bundesrepublik anzupassen. Dabei hat sich gezeigt, daß im Bereich einförmiger Ackerfluren sehr viel weniger Tiere umkommen, als wenn die Straßen durch reich gegliederte Areale wie Wälder oder Heckenlandschaften geschlagen worden sind.

Als Konsequenz daraus fordern die Wissenschaftler in Bad Godesberg häßliche Straßen und Autobahnen: abgebaute Kiesflächen sind offen zu lassen, Bäume und Büsche, die Beeren oder andere Früchte tragen, dürfen nicht an den Straßenrand gepflanzt werden. Statt „Grünkosmetik", Augenpulver für eine vom Rahmen der Windschutzscheibe begrenzte Landschaftsbetrachtung, würde die Aussaat salzfreundlicher kurzer Step-

Das Netz der deutschen Autobahnen wird dichter. Diese Karte zeigt, wo es schon Autobahnen gibt, wo nach dem Bedarfsplan des Bundesverkehrsministeriums weitere Autobahnen gebaut werden sollen, was die neuen Trassen zerstören und wo der Bürger dagegen protestiert

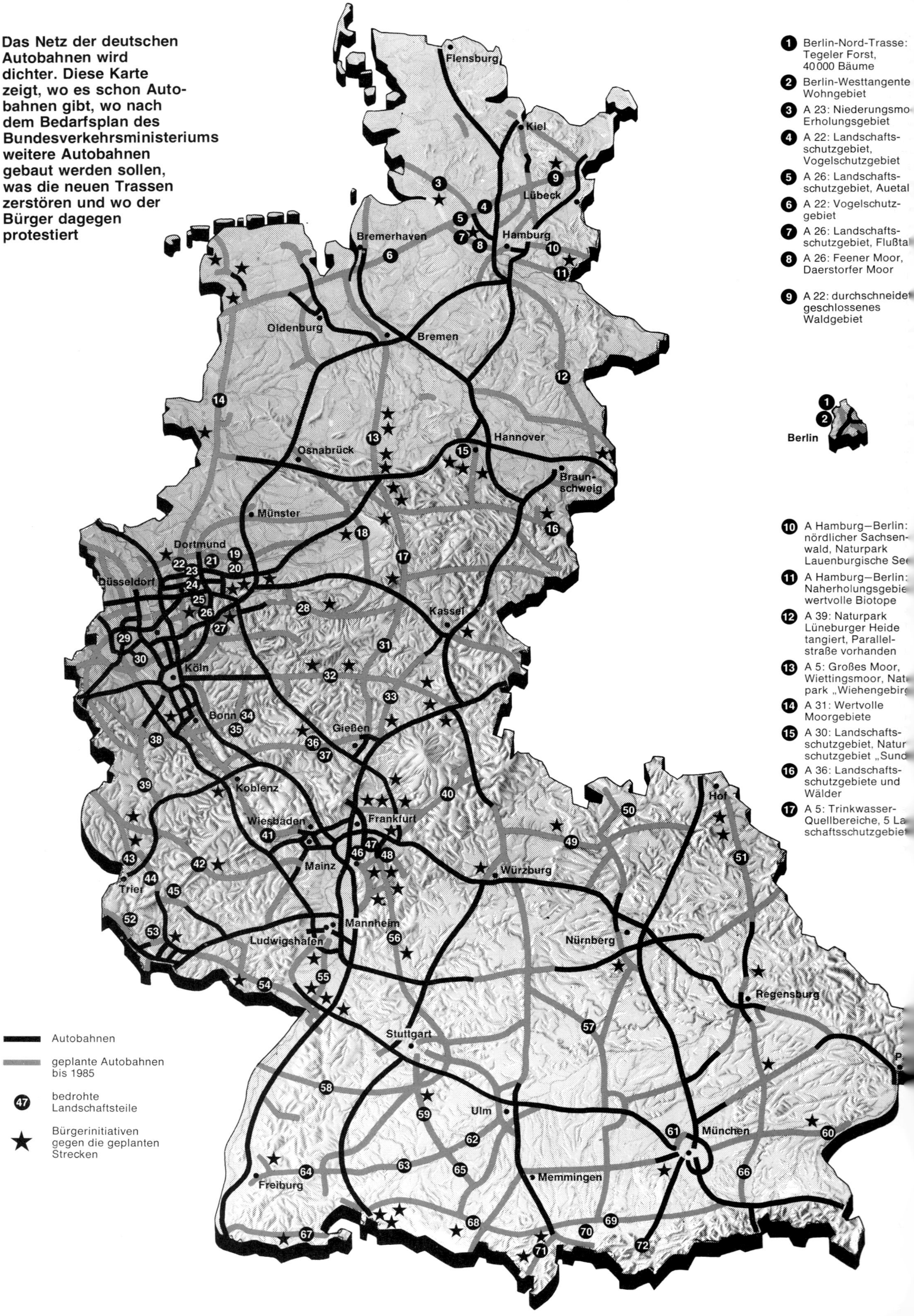

1. Berlin-Nord-Trasse: Tegeler Forst, 40 000 Bäume
2. Berlin-Westtangente: Wohngebiet
3. A 23: Niederungsmo Erholungsgebiet
4. A 22: Landschaftsschutzgebiet, Vogelschutzgebiet
5. A 26: Landschaftsschutzgebiet, Auetal
6. A 22: Vogelschutzgebiet
7. A 26: Landschaftsschutzgebiet, Flußta
8. A 26: Feener Moor, Daerstorfer Moor
9. A 22: durchschneide geschlossenes Waldgebiet
10. A Hamburg–Berlin: nördlicher Sachsenwald, Naturpark Lauenburgische Se
11. A Hamburg–Berlin: Naherholungsgebie wertvolle Biotope
12. A 39: Naturpark Lüneburger Heide tangiert, Parallelstraße vorhanden
13. A 5: Großes Moor, Wiettingsmoor, Nat park „Wiehengebir
14. A 31: Wertvolle Moorgebiete
15. A 30: Landschaftsschutzgebiet, Natur schutzgebiet „Sund
16. A 36: Landschaftsschutzgebiete und Wälder
17. A 5: Trinkwasser-Quellbereiche, 5 La schaftsschutzgebiet

\ 33: Naherholungs-
gebiet „Senne"
\ 40: Waldgebiet
\ 44: Eine der letzten
Grünzonen bei Bochum
\ 31: Waldstück, Trink-
vasserschutzgebiet
\ 31: 16 Hektar Wald
\ 31: Waldgürtel und
Grünflächen
\ 41: Naherholungs-
gebiet, Wald
\ 41: geschützter Park
\ 41: „Schulenberg-
wald"
\ 41: „Elfringhauser
Schweiz" und
Benrather Forst"
\ 46: Naturpark
Arnsberger Wald"
44: Waldparzellen,
Auenlandschaft
\ 46: Wasser- und
andschaftsschutzgeb.
\ 5: Naherholungs-
ebiet, Parallelstraßen
orhanden
\ 4: Rothaargebirge,
aturpark
\ 49: Erholungsgebiet
Oberes Lahntal,
nehrere Parallelstraßen
\ 56: Erholungsgebiet
Nutscheid"
\ 31: Wohngebiet
3 255 (A 5-Zubringer):
Nord-Westerwald,
artal
\ 48: Waldgebiete,
Parallel-Trassen
orhanden
56: Naturschutzgebiet
Kottenforst", Nah-
erholungsgebiete
1: Waldgebiete und
Wiesenflächen
66: „Enkheimer
Wald", 50 Hektar Au-
älder bereits zerstört
42 (A 5-Zubringer):
Europäisches Natur-
schutzgebiet der
Rheininseln
60: Südwesteifel und
Nordpfälzer Wald
48: Waldgebiet
1: Landschaftsschutz-
gebiet, Natur-
park „Saar-Hunsrück"
62: Hunsrück-Vorland,
großes Waldgebiet

46 A 661: Odenwald, seltener Mischwald
47 A 680: Darmstädter Stadtwald
48 B 26 (A 3-Zubringer): Waldgebiet
49 A 70: Naturparks „Steigerwald" und „Haßberge"
50 A 73: Obermaintal
51 A 93: Weihergebiet
52 A 8: Ackerflächen, Wald
53 B 406 (A 1-Verlängerung): landwirtschaftlich hochwertiges Gebiet
54 A 8: Landschaftsschutzgebiet, Naturpark „Pfälzer Wald"
55 A 69: Landschaftsschutzgebiet
56 A 45: Odenwald
57 A 91: Landschaftsschutzgebiete, Nörtlinger Ries
58 A 84: Schwarzwald
59 A 85: Schwäbische Alb
60 A 94: Inn-Auwälder
61 A 99: Aubinger Lohe, Kreuzlinger Forst, Forstenrieder Park
62 A 86: Donautal
63 A 86: Schwäbische Alb
64 A 86: Südschwarzwald
65 A 85: Donautal mit Naturschutzgebiet „Breitried"
66 A 93: Moore
67 A 98: Naturschutzgebiete
68 A 98: Landschaftsschutzgebiete
69 A 98: Naturschutzgebiete, Erholungslandschaften
70 A 91: Auwälder am Lech, Landschaftsschutzgebiet „Hopfensee"
71 A 985: Illertal, Landschaftsschutzgebiet
72 A 95: Loisachtal, Naturschutzgebiet

pengräser beiderseits der Autobahn vollkommen genügen und die Tierwelt von der Welt der Straße fernhalten. In Feuchtgebieten genügt ein Schilfstreifen, nur in Waldgebieten müssen die freistehenden Stämme durch die Anpflanzung neuer Bäume geschützt werden. Gleichwohl reichen die immer kleiner werdenden Teilstücke zwischen den Straßen für immer mehr Tiere als Lebensraum nicht mehr aus. Der Zwang, auf Nahrungs- und Partnersuche Straßen zu überqueren nimmt zu. Schätzungsweise starben 1978 etwa 70 000 Rehe, 1600 Hirsche, 1500 Wildschweine, 150 000 Hasen und 600 000 Igel im Straßenverkehr. Als Folge von Zusammenstößen mit Tieren oder Ausweichmanövern ließen nach einer Untersuchung des ADAC im Jahre 1969 39 Menschen ihr Leben.

Trotzdem treibt eine gedankenlose Verkehrspolitik immer tiefere Schneisen in die verbliebenen Naturreservate der Republik. Abgelegene Gebiete, die für den Tourismus erschlossen werden sollen, strukturschwache Zonen, die endlich an das Wirtschaftswunder angekoppelt werden sollen, Nord-Süd-Ost-West-Verbindungen im völkerverbindenden europäischen Geist. Die Argumente für die Asphaltierung der Landschaft entbehren nicht einer gewissen Komik, wenn etwa Heinrich Holkenbrink, Straßenminister von Rheinland-Pfalz das Bundesland durch zügigen Fernstraßenbau in die „Drehscheibe Europas" verwandeln will.

„Wir Naturschützer haben es immer schwer, unsere Einsprüche zu begründen", klagt Professor Wolfgang Erz, von der Bundesforschungsanstalt für Naturschutz, weil sich das, was wir schützen wollen, nicht in Mark und Pfennig ausrechnen läßt. Fest steht nur: was weg ist, ist weg. Und was wir zerstört haben, wird uns vielleicht erst in dreißig, vierzig Jahren bewußt werden.

Zu Beginn der siebziger Jahre, meinen heute viele Verkehrswissenschaftler, haben wir die Chance zur Umkehr verpaßt. „Das Unglück ist", faßt Regionalplaner Monheim zusammen, „daß 1972 die Diskussion um Tempo 100 nur unter Sicherheitsgesichtspunkten geführt wurde. Um die ökologischen Auswirkungen hat sich damals niemand gekümmert." Weil der Flächenfraß der Bundesfernstraßen nicht im öffentlichen Bewußtsein war, scheiterte der Versuch, ein Tempolimit einzuführen, im Sperrfeuer von ADAC und Automobilindustrie. „Der Ausbau der Autobahnen", registriert Monheim, „ist wohl einziger Sektor öffentlicher Ausgaben, wo die Gesellschaft einen Spitzenbedarf befriedigt, wo die Verwaltung so aufgebläht ist, daß sie auch dann noch Autobahnen plant, wo der Bedarf längst erfüllt ist.''

Ein eindrucksvolles Monument dieser Selbstbefriedigung einer mobilen Gesellschaft, deren Kulturleistungen sich immer mehr in Ingenieurbauwerken manifestiert, ist die ,,Sauerlandlinie'', eine wegen ihrer ,,Kühnheit'' gerühmte, zu einem Drittel sechsspurige 178 Kilometer lange Verbindung zwischen Dortmund und Gießen. Im Vorlauf der knapp zehnjährigen Bauzeit verunglückten 17 Arbeiter tödlich. Da in den besiedelten Tälern für das aufwendige Bauwerk nicht Raum genug war, verlegten die Planer diese Trasse als ,,Kammlinie'' über 59 Talbrücken auf ein technisch, geographisch und finanziell höheres Niveau. Um dennoch den Schwerlastverkehr zwischen Ruhr- und Rhein-Main-Gebiet nicht zu verzögern, wurden Steigungen über vier Prozent Neigung ebenfalls durch Brükkenbauwerke ausgeglichen. Für 23 Kilometer Brücken, deren Bauzeit zusammengerechnet 126 Jahre dauerte, legte der Steuerzahler 614 Millionen Mark an; insgesamt versickerten in der Sauerlandlinie 1500 Millionen Mark. Die Trasse zerschnitt 3268 Grundstücke, 149 Familien mit 464 Menschen waren ,,umzusetzen'', wie es in der Enteignungs-Terminologie der Straßenbauer heißt; eine der schönsten deutschen Landschaften ist durch eine der schönsten Autobahnen ersetzt worden. Da eine parallel verlaufende Autobahn bereits bestand, liegt der wesentliche Vorteil der Sauerlandlinie in der Abkürzung. Die Strecke Hagen-Frankfurt ist nun um 37 Kilometer kürzer geworden. Bei gutem Autobahntempo spart ein Pkw-Fahrer zwanzig Minuten Zeit. Pro Minute Zeitgewinn zahlt der Steuerzahler mithin 75 Millionen Mark.

Angesichts dieser offenkundigen Verschwendung von Steuergeldern wird der Ruf nach dem längst fälligen Wendemanöver in der Verkehrspolitik immer lauter. Statt mit neuen Autobahnen die Landschaft in immer kleinere Kammern zu zerteilen, sollen nach dem Vorschlag des von der Bundesregierung eingesetzten Sachverständigenrats für Umweltfragen bestehende Straßen ausgebaut und Fernstraßen um Ortschaften und Städte herumgeführt werden. Die Umwelt-Wissenschaftler forderten schon 1973, die durch das Auto entstehenden Kosten allein den Verursachern aufzubürden und nicht länger der Allgemeinheit. Denn es ist ein weit verbreitetes Vorurteil, daß die Autofahrer durch Kraftfahrzeugsteuer und Mineralölsteuer die Kosten decken, die sie verursachen. Im Vergleich mit denkbaren Alternativen schneidet der Individualverkehr schlecht ab.

Während endlose Kolonnen von Lastwagen die rechten Spuren von Autobahnen vereinnahmen, stehen jeden Tag 70 000 Güterwagen der Bundesbahn ungenutzt herum. Und dabei fährt das so oft gescholtene Staatsunternehmen immer noch 60 Prozent der Kosten ein, die es verursacht. Die Lkw's auf den Autobahnen belasten den Steuerzahler höher als die subventionierte Bahn.

Ex-Staatssekretär Ernst Haar der im Frühjahr 1979 Vorsitzender der Eisenbahnergewerkschaft geworden ist, plädiert für die längst fällige Umverteilung des Güterfernverkehrs. Er nennt den Autobahnbau mit seinen Stand- und Kriechspuren ,,Verkehrsluxus auf Kosten des Steuerzahlers'' und übt herbe Kritik an der Verkehrspolitik der Bundesregierung, Selbstkritik mithin. ,,Jahrzehnte hat die Bundesbahn nicht einen Pfennig für ihre Strecken bekommen. Heute stehen ihr zwar 18 Milliarden für Investitionsvorhaben zur Verfügung. Der Fernstraßenbau verschlingt dagegen immer noch 56 Milliarden''.

Dabei berechnet Haar nur die direkt von den Verkehrsministerien in Asphalt und Bitumen gegossenen Steuermittel. Sehr viel teurer kommt uns das Automobil ıach einer Hochrechnung der Düsseldorfer Gesellschaft für ra-:ionale Verkehrspolitik, die Arzt-ıonorare und Beerdigungsko-sten ebenso zu berücksichtigen versucht wie durch Parkplätze entgangene Mieten, den Unter-ıalt von Straßenlaternen, Am-peln und Verkehrsschildern so-wie Polizistengehälter und die Kosten der Verkehrsgerichte. Zwei Drittel aller Strafsenate der Oberlandesgerichte sind mit Verkehrsdelikten befaßt. Nach dieser Statistik entstehen zu-sätzlich zum Straßenbau indi-ekte soziale Kosten in Höhe von 7,1 Milliarden Mark. So gese-ıen, ist das Auto ein Zuschuß-geschäft ersten Ranges.

Und eine Untersuchung des Deutschen Instituts für Urba-ıistik stellt am Beispiel Han-ıovers eine sehr viel weiterge-ıende Kostenrechnung auf, welche auch Umweltbelastun-gen, Wohnwertverluste und die durch Verkehrsbehinderungen entstehenden sozialen Kosten durch den Straßenverkehr be-rücksichtigt und mit jährlich 1062 Millionen Mark beziffert. Für die gesamte Bundesrepublik verur-acht allein der private Perso-enverkehr nach dieser Unter-uchung von 1977 volkswirt-schaftliche Kosten in Höhe von 55 Milliarden Mark. Etwa 00 Milliarden entfallen auf die Haltung und Betriebskosten der kw. Aber von den verbleiben-den öffentlichen Kosten in Höhe von 57 Milliarden werden nur 21,3 Milliarden durch Benzin- und Kfz-Steuer beglichen. 35,7 Milliarden bleiben offen, 560 Mark für jeden Bundesbürger, Kinder und Greise, Radfahrer und Fußgänger eingeschlossen. Auch diese Untersuchung läßt keinen Zweifel daran, daß durch das Auto die Mobilität der Gesellschaft gefördert und die wirtschaftliche Entwicklung entscheidend beeinflußt wurde. Nur scheint der Preis dafür zu hoch zu sein. Angesichts des ungebremsten Flächenbedarfs der Privatautos, des ungestümen Verbrauchs unersetzbarer Ressourcen an Boden und Treibstoffen, der Verwüstung ganzer Stadtlandschaften, der Zerschneidung der Dörfer, der Umweltbelastung durch Lärm, Abgase, krebsfördernde Auspuffgifte, der mit Autowracks, Altreifen und Altöl anfallenden Beseitigungsprobleme, der Vegetationsschäden durch Streusalz und vor allem der unvertretbar hohen Zahl der Menschenopfer, der Millionen Verkrüppelten und Verstümmelten ist die Quantifizierung der rein finanziellen Verluste ein sicherlich unzureichender Versuch der Kfz-Katastrophe gerecht zu werden.

Diese Katastrophe liegt in der Zwangsläufigkeit mit der das Automobil zum Kultgegenstand des öffentlichen Lebens geworden ist, in seiner Unverzichtbarkeit. So resümiert der Verband der Automobilindustrie (VDA) 1978 in seinem Jahresbericht: ,,Ob an Stammtischen oder im engeren Freundeskreis, ob in der Familie oder während der Pause am Arbeitsplatz – das Auto ist ein beliebtes Gesprächsthema. Kein anderes Produkt steht so im Mittelpunkt der ständigen öffentlichen Diskussion wie das Auto. Mit der Unterzeichnung des Kaufvertrages nimmt der Verbraucher an einer Art Abstimmung teil''. Die Abstimmung über ein Fortbewegungsmittel, daß für die Automobilbauer ,,nicht nur bei uns in Deutschland sondern in allen Ländern der Erde zum Symbol des Fortschritts und der individuellen Freiheit geworden ist.

Und in der Tat. Es gibt gegenwärtig keine Form des Personen- oder Güterverkehrs, die das gleiche Maß an Freizügigkeit und Individualität bieten könnte. Das Angebot an öffentlichen Verkehrsmitteln reicht nicht aus, und da, wo es ausreicht, ist es nicht attraktiv genug, um die Leute hinterm Lenkrad hervorzulocken.

Das Institut für Urbanistik hat errechnet, daß von den 154 000 Pendlern, die jeden Tag in Hannover herum- oder nach Hannover hereinfahren, etwa die Hälfte keine Wahl haben. Für sie sind nicht genug öffentliche Nahver-

Das Kamener Kreuz ist ein Musterbeispiel deutscher Autobahnarchitektur. Wer abbiegen oder die Autobahn kreuzen will, braucht nicht anzuhalten, nicht auf den Gegenverkehr zu achten und nicht mit Fußgängern oder Radfahrern zu rechnen. Aber diese verkehrstechnisch vorbildliche Straßenarchitektur vernichtet große Landschaftsteile. Eine Kleeblattkreuzung beansprucht den Lebensraum von 50 000 Bäumen

kehrsmittel vorhanden. Die andere Hälfte fährt aus Bequemlichkeit mit dem Auto oder aus Gewohnheit.
Kein Politiker, der sich an irgendeinem Wahlsonntag mit den Resultaten seiner Forderungen auseinander zu setzen hat, würde es wagen, gegen diese Gewohnheitsrechte des Bürgers zu Felde zu ziehen. Selbst Erhard Eppler, Stuttgarter Landesvorsitzender der SPD und Umwelt-Experte seiner Partei, fordert mehr Auto. Er macht einen auf den ersten Blick verblüffenden Vorschlag: ,,Jeder Bürger hat das Recht, ein Auto zu besitzen und jeder soll eins haben. Aber er darf nicht dafür bestraft werden, wenn er es in der Garage stehen läßt und mit dem Fahrrad einkaufen fährt''.
Der Sozialdemokrat verlangt die Abschaffung der Kraftfahrzeugsteuern. Die verlorene Steuersumme will Eppler über einen erhöhten Benzinpreis wieder hereinholen: ,,Es ist doch ganz einfach: Wer viel fährt, muß viel bezahlen. Wer wenig fährt, wird belohnt.'' Ungerechtigkeiten, die etwa bei Berufsfahrern entstehen könnten, will der Schwabe durch ein höheres Kilometergeld ausgleichen.
Doch daß dieses an die Vernunft des Kraftfahrers appellierende Denkmodell die Situation wirklich entspannt, ist unwahrscheinlich. Eine Umfrage unter den Autobesitzern hat ergeben, daß sie auch dann nicht auf ihre gewohnten Fahrten verzichten würden, wenn der Sprit das dreifache kostet.
Aber der Staat hat längst bessere Mittel, den Verkehr in vernünftige Bahnen zu lenken. Jedoch er scheut sich, sie anzuwenden. Er scheut sich, deutliche Tempolimits auszusprechen, den Verkehr in den Städten zu beruhigen, Radwege und Fußwege zu bauen und das Angebot der Busse und Bahnen so zu verbessern, daß diese Verkehrsmittel zur sinnvollen Alternative werden. Und er wird nicht eher damit beginnen, bis er dazu aufgefordert wird. Von seinen Bürgern.

Die Ruhrtalbrücke ist wie viele andere Hochbrücken für den Individualverkehr ein Meisterwerk der Ingenieurbaukunst. Es gibt keinen Bereich, in dem die Gesellschaft ihre Bedürfnisse so unbefangen befriedigt, wo so leichtfertig Steuermittel in Asphalt, Bitumen und Beton gegossen werden wie bei den Bundesautobahnen

Luxus im Wandel der Zeit, von der Feudalherrschaft zur Diktatur des Gaspedals. Im Schloß Ramersdorf bei Bonn sind die herrlichen Zeiten vorbei. Das Netz der Straßen zieht sich enger zusammen und zerschneidet Herrensitze und Wohngebiete, zerteilt die letzten intakten Lebensräume der Natur, Wälder, Bauernland, Wiesen und Moore

Das Auto – Glanzstück der Epoche. Es ist aus dem Alltag des Bundesbürgers nicht mehr wegzudenken. Jeder Dritte fährt es, jeder sechste Arbeitsplatz ist direkt oder indirekt davon abhängig

Das Auto – Fluch der Epoche. Jeder zweite Deutsche wird irgendwann in seinem Leben durch ein Auto verletzt, jeder zwanzigste wird durch das Auto zum Krüppel, jeder vierzigste kommt dadurch zu Tode. Damit müssen wir leben

Lärm

DIE FLUCHT AUS DER STADT

Lieber Gott, gib mir den Himmel der Geräuschlosigkeit, ... gib mir die Ruhe, die Lautlosigkeit und die Stille", bat Kurt Tucholsky im Jahre 1927, entnervt von Hundegebell und Kindergeplärr. Sein Stoßgebet blieb ungehört. Denn ein halbes Jahrhundert später geht es den meisten Deutschen nicht anders als dem Schriftsteller. Mehr als ein Drittel der Bundesbürger, so ergaben Umfragen, leiden am Lärm. Dabei rangiert der Straßenlärm ganz oben in der Krawall-Liste: 14 Millionen Menschen fühlen sich durch den Verkehrslärm Tag und Nacht belästigt. Der Krach von Flugzeugen stört 4,5 Millionen, Nachbarn und laute Kinder zwei Millionen, Gewerbebetriebe 1,8 Millionen und die Eisenbahn eine Million Bundesbürger.

,,Der Lärm", so registrierte das Max-Planck-Institut für Arbeitsphysiologie, ,,ist das stärkste Umweltgift von heute." Tatsächlich verdrängte Schwerhörigkeit und Taubheit auf der Liste der Berufskrankheiten die Staublunge und Hautleiden vom ersten Platz. Alle zwei Jahre verdoppelt sich in der Bundesrepublik die Zahl der lärmgeschädigten Arbeitnehmer. Sechs Millionen Menschen sind am Arbeitsplatz trotz Arbeitsschutz hohen Lärmpegeln ausgesetzt. In der Freizeit fühlt sich jeder zweite Deutsche durch Lärm gestört, jeder dritte noch nachts im Bett. Hinter den dürren Prozentzahlen der Umfrageergebnisse verbirgt sich eine Geißel der motorisierten Gesellschaft, deren Planierraupen, Dampfhämmer, Zementmischer, Automotoren, Rasenmäher sie nicht mehr zur Ruhe kommen läßt. ,,Eines Tages wird der Mensch den Lärm ebenso unerbittlich bekämpfen müssen wie die Cholera und die Pest", prophezeite um die Jahrhundertwende der Berliner Seuchenforscher Robert Koch. Die Epidemie der starken Phonzahlen, die den Herstellern von Hörgeräten Umsatzrekorde bescherte, mobilisierte in den siebziger Jahren Umweltschützer und Politiker.

In Bonn versicherte der sozialdemokratische Kanzler Helmut Schmidt, sich im Umweltschutz auf den Verkehrslärm zu konzentrieren, denn die Bundesrepublik solle ein Land bleiben, ,,in dem zu leben es sich lohnt". Und der Bundespräsident a. D. Walter Scheel erkannte 1977 in einer Rede anläßlich des Weltgesundheitstages in der Schule für Gehörlose und Schwerhörige in Neuwied, ,,daß eine Luft voller Lärm für den Menschen genauso schädlich ist wie eine Luft, die mit Abgasen erfüllt ist".

Lärm ist ein unsichtbarer Umweltverschmutzer. Auf eine Definition, was Lärm eigentlich ist, konnte sich die Wissenschaft bislang nicht einigen. Denn für die einen sind Discomusik an der Schmerzschwelle des Ohres oder der Donnerhall von Wagners Symphonien im Konzertsaal ein Genuß, für den anderen die Wasserspülung des Nachbarn oder das nächtliche Schlagen von Autotüren eine Qual. Schon in den Kerkern des Mittelalters war das Geräusch eines regelmäßig aufschlagenden Wassertropfens ebenso wie in den Verhörzellen moderner Peiniger als Lärmfolter bekannt. 2000 Jahre vor der Zeitenwende ließ der Polizeiminister des chinesischen Kaiserreiches in Peking die Verurteilten durch Trommeln, Flötenspielen und Lärmen in den Tod treiben.

,,Lärm", sagt Professor Werner Klosterkötter, ehemaliger Direktor des Instituts für Hygiene und Arbeitsmedizin in Essen, ,,ist kein physikalischer, sondern ein psychisch-medizinischer Begriff." Für Klosterkötter, den Papst der Lärmforschung in Deutschland, ist Lärm ,,jede Art von Schall, die von Menschen als störend, belästigend, unangenehm empfunden wird; der sie erschreckt, ärgert, aufweckt oder ihr Gehörorgan schädigt". Im Bundesimmissionsgesetz vom März 1974, das die Bundesbürger vor Schall und Rauch bewahren soll, ist vom Lärm gar nicht mehr die Rede. Im Gegensatz zu anderen Verordnungen

Verwaltungsvorschriften und Richtlinien wird in dem Gesetzeswerk von ,,schädlichen Umwelteinwirkungen'' gesprochen. Meßbar ist allein der Schall, der den Lärm transportiert. Das menschliche Ohr mit seinem Trommelfell ist der Empfänger der Schallwellen, welche es nach verschiedenen Wellenlängen sortiert an das Gehirn weitergibt. Die Wellenlänge wird in Hertz gemessen, wobei die Skala für das Menschenohr von 20 Hertz der sehr tiefen Töne bis zu 20 000 Hertz für die sehr hohen Töne reicht. Die Kraft, mit der diese Schallwellen durch die Luft gepresst und auf das Trommelfell gedrückt werden, ist der Schalldruck. Und dieser Schallpegel, gemessen in Dezibel (früher Phon), gibt ein Maß für die Lautstärke ab. Jeder Dezibel ist der zehnte Teil eines Bel, so genannt zu Ehren des amerikanischen Physikers und Erfinders des Telefons Graham Bell. International wird der Lärm auf einer logarithmischen Dezibel-Kurve dB (A) gemessen.

Und die hat es in sich. Denn eine Zunahme um zehn Dezibel entspricht einer Verdoppelung des Lärms, der von dem Menschen als Lautstärke empfunden wird. Ein Lastwagen mit 90 Dezibel beispielsweise macht viermal soviel Lärm wie ein Personenwagen der immer noch 70 Dezibel abgibt. Die aufwendigen Meßmethoden für den Lärm und ihre Aussagekraft werden zudem kompliziert durch die subjektive Reaktion der Empfänger des unerwünschten Krachs. So reagieren auf dieselbe Schalleinwirkung verschiedene Menschen ganz unterschiedlich. Zehn Prozent der Bundesbürger sind extrem lärmempfindlich, 25 Prozent gelten als weniger geräuschanfällig. Zudem kann sich ein und derselbe Hörer zu unterschiedlichen Zeiten von Schall gleicher Stärke mehr oder weniger belästigt fühlen. Der Informationsgehalt des Gehörten und die persönliche Verfassung spielen eine Rolle, ob Lärm als störend empfunden wird. Der Fußbodenschleifer, der mit seiner 100-Dezibel-Maschine hantiert, versichert trotz drohender Taubheit: ,,Das ist Musik in meinen Ohren, damit verdiene ich doch meine Brötchen.'' Und für den Motorradfahrer, der bei seiner 500er Maschine die Auspuffrohre aufgebohrt hat, ,,ist der satte Sound das Wichtigste an der Sache''.

Eines steht fest: Der satte Sound und Lärm im Ohr wird vom Körper mit Schlafstörungen, Konzentrationsschwäche und Beeinträchtigung des Nervensystems honoriert. Die Aufnahme von Verkehrslärm, der mit 55 Dezibel ins Büro dringt, erfordert bereits soviel Hirnkapazität, daß dadurch die Kopfarbeit beeinträchtigt wird, selbst dann, wenn die Lärmkulisse dem Gestörten gar nicht bewußt ist. Und schon ein geringer Wert von 35 Dezibel (Blätterrauschen 15 Dezibel) führt zu lärmbedingten Schlafstörungen. Die sogenannte Schlaftiefe flacht dabei deutlich ab, und es dauerte, wie der Kölner Medizin-Professor Otto Guthof ermittelte, fünfundzwanzig Minuten, bis die ursprüngliche Schlaftiefe wieder erreicht wird. Wie Gehirnmessungen ergaben, beeinträchtigt der Lärm insbesondere die traumlose Tiefschlafphase, die zur Erholung des Lebensmuskels Herz dient. Bei einem Wert von 60 Dezibel, der in Wohngebieten häufig überschritten wird, verkürzt sich der Tiefschlaf um ein Viertel.

Kaum meßbar sind die Wirkungen des Lärms auf den allgemeinen Gesundheitszustand des Beschallten. Nach Untersuchungen des Arbeitsmediziners Gerd Jansen an tausend lärmgestreßten Arbeitern, waren Herz, Gleichgewicht und Stoffwechsel bei den meisten gestört. Viele der Lärmgeschädigten klagten über häufig einschlafende Beine und Arme sowie einen trockenen Rachenraum. Jansen: ,,Wir müssen davon ausgehen, daß die Gefahr groß ist, obwohl wir nicht alles genau wissen.'' Auch ohne die unmittelbaren Gehörschäden, die bei 90 Dezibel oder hinter dem

Preßlufthammer drohen, warnt der Verband der Niedergelassenen Ärzte vor der lauten Umweltgefahr: „Lärm macht häufiger und schneller erkennbar krank als etwa die Luftverschmutzung durch Industrie und Verkehr. Daher darf die Lärmbekämpfung nicht Stiefkind des Umweltschutzes sein."
Doch genau das ist der Fall. Der Lärm avancierte in aller Stille zu einer Umweltbelastung, die allgegenwärtig ist. An gesetzlichen Regelungen zu seiner Eindämmung hat es dabei in Deutschland nicht gefehlt. Bereits das Straßenverkehrsgesetz von 1952 bedrohte laute Verkehrsteilnehmer mit Strafe. Mit den Regelungen des Gewerbe- und Nachbarrechts konnten damals Ruhestörungen zufriedenstellend geahndet werden. Doch mit der wirtschaftlichen Aufwärtsentwicklung wuchs auch die Lärmbelastung durch Industrie und Verkehr. Neue Gesetze gegen die Lärmflut folgten dem Aufschwung.
Gegen den Baulärm verabschiedete der fleißige Gesetzgeber im September 1965 ein eigenes Paragraphenwerk, das beispielsweise für Betonmischer, Kettenlader, Bagger und Drucklufthämmer verbindliche Geräusch-Immissionswerte festsetzt. Im Juli 1968 wurde eine „Technische Anleitung zum Schutz gegen Lärm" (TA Lärm) verabschiedet, mit der zum erstenmal die Zumutbarkeit von Lärm abhängig von Ort und Zeit festgelegt wurde sowie ein einheitliches Meßverfahren für Geräusch-Immissionen. Im März 1971 folgte das Fluglärmgesetz, im März 1974 schließlich das Bundesimmissionsschutzgesetz, welches auch für Rasenmäher Höchstwerte der Geräuschbelästigung festlegte. Doch obgleich seit dieser Zeit rund fünfzig Durchführungsvorschriften verabschiedet wurden, formierte sich der Bürgerprotest gegen eine verlärmte Umwelt zu Lande und in der Luft.
Die „Schutzgemeinschaft gegen Düsenjägergefahren e. V." protestierte in Friesland gegen den Fluglärm in der Einflugschneise des Nato-Flughafens Upjever. Die Schutzgemeinschaft kündigte eine Klage gegen die Bundesregierung an, um den rund zweitausend betroffenen Bürgern der Gemeinde Schortens einen ruhigen Schlaf zu ermöglichen. Der Lärmteppich der Düsenbomber lag auch nach einer Verminderung des Flugbetriebs noch vierzig Prozent über den erträglichen Werten. Das Bundesverkehrsministerium beschloß daraufhin, keine neue Landebahn zu bauen und den Schulungsbetrieb der Luftwaffengeschwader teilweise einzuschränken.
In Essen protestierte im Herbst 1976 eine „Schutzgemeinschaft Fluglärm", die in mehreren Prozessen erfolgreich für ein Nachtflugverbot, zeitliche Einschränkung der Sportfliegerei und den Verzicht auf den Ausbau des Flugplatzes in Essen-Mülheim eintrat. Von dem Lärmforscher Professor Klosterkötter hatten sich die lärmgeschädigten Anlieger in einem Gutachten die Gesundheitsgefährdung durch Fluglärm bestätigen lassen.
Auf dem Frankfurter Rhein-Main-Flughafen entsprechen zwei Drittel der startenden und landenden Flugzeuge nicht den internationalen Lärmbekämpfungsrichtlinien der Zivilen Luftfahrtorganisation (ICAO). Zu den leiseren Flugzeugen mit einem um 15 Dezibel verringerten Schalldruck gehören Düsenriesen wie Jumbo-Jet, Airbus DC-10, Boeing 727/200 und Fokker Fellowship. Seit 1974 hat sich der Anteil der umweltfreundlichen Flugzeuge mehr als verdoppelt. Allerdings breitet jede überschallschnelle Concorde einen Lärmteppich von mehreren Kilometern Breite über das Land. Auf dem Flug von Amerika nach Europa zieht der Supervogel, viermal lauter als ein Düsenklipper, einen Lärmstreifen, der 80 bis 100 Millionen Menschen belästigen könnte. In Deutschland darf er nicht landen.
Gegen kleiner dimensionierte Lärmmaschinen protestierte im

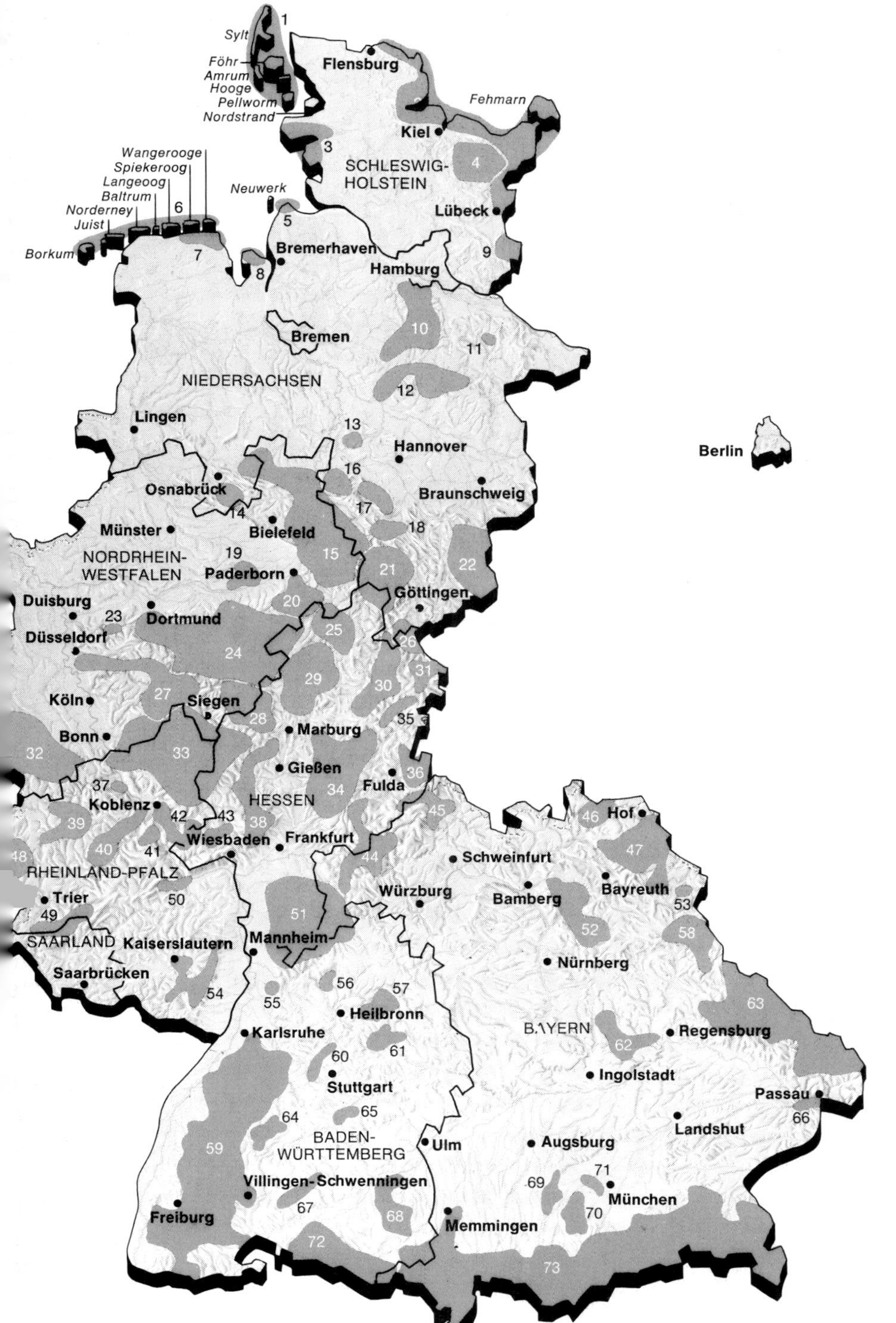

Sommer 1977 der Bund Naturschutz in Bayern. Von der bayerischen Landesregierung forderte der kämpferische Naturschutzbund den Schutz der heimischen Gewässer und Lufträume. Die Behörden waren aufgefordert, ,,dem unzumutbaren Lärmterror einer extremen Minderheit von privilegierten Motorsportfanatikern auf den Seen und im Luftraum über den Erholungsgebieten einen rechtlich effektiven Dämpfer aufzusetzen''. Nach den Vorstellungen der Naturschützer sollten Motorbootfahren und Sportflüge am Wochenende ganz verboten werden. Die Bundesvereinigung gegen Fluglärm bemängelt im November 1977, daß die bestehende Luftaufsicht über Flughöhe und Flugzeiten der Amateure unzureichend sei. Zur Kontrolle des Lärms, der durch die Sportfliegerei verursacht wird, sollte deshalb eine eigene Luftpolizei eingerichtet werden. Zum Protest gegen den Lärm aus der Luft gehört auch die Blockade geplanter Großflughäfen in der Bundesrepublik. In Kaltenkirchen bei Hamburg wurden gegen den Planfeststellungsbeschluß zum Bau des Großflughafens für Norddeutschland bis Ende 1977 beim zuständigen Verwaltungsgericht Schleswig 1439 Bürgereinsprüche registriert. Für die Hälfte der Klageschriften zeichnete

Diese Karte zeigt, wohin die Deutschen flüchten. Die Feriengebiete der Bundesrepublik sind gut ausgelastet. Wenn ein großer Teil der Bundesbürger nicht ins Ausland reisen würde, sondern statt dessen Urlaub im eigenen Land machte, käme es zu einer ökologischen Katastrophe

1 Nordfriesische Inseln
2 Ostseeküste
3 Eiderstedt/Norderdithmarschen
4 Holsteinische Schweiz
5 Cuxhaven
6 Ostfriesische Inseln
7 Jeverland
8 Butjadingen
9 Lauenburger Seen
10 Lüneburger Heide/Harburger Berge
11 Heide bei Bevensen
12 Südheide
13 Steinhuder Meer/Rehburger Berge
14 Tecklenburger Osning
15 Wiehengebirge/Lipper Bergland
16 Wesergebirge
17 Deister/Süntel
18 Vogler/Hils
19 Lipper Land
20 Paderborner Hochfläche
21 Reinhardswald/Solling
22 Harz
23 Niederbergisches Hügelland
24 Sauerland
25 Waldeck
26 Kaufunger Wald/Meißner
27 Bergisches Land
28 Wittgensteiner Land
29 Kellerwald/Burgwald
30 Riedforst/Knüll
31 Schlierbachswald/Richelsdorfer Gebirge
32 Westliche Hocheifel
33 Westerwald
34 Vogelsberg
35 Seulingswald
36 Hohe Rhön
37 Laacher Eifel
38 Taunus
39 Kyllburger Waldeifel
40 Moseltal
41 Rheinhunsrück
42 Mittelrheintal
43 Rheingau
44 Spessart
45 Südrhön
46 Frankenwald
47 Fichtelgebirge
48 Bitburger Eifel
49 Schwarzwälder Hochwald (Saar)
50 Unteres Nahetal
51 Odenwald
52 Nördliche Frankenalb
53 Hinterer Oberpfälzer Wald
54 Pfälzer Wald
55 Kraichgau
56 Neckartal
57 Mainhardter Wald
58 Vorderer Oberpfälzer Wald
59 Schwarzwald
60 Glemswald
61 Welzheimer Wald
62 Unteres Altmühltal
63 Bayerischer Wald
64 Mühlbach
65 Reutlinger Alb
66 Neuburger Wald
67 Baaralb/Oberes Donautal
68 Oberschwaben
69 Ammersee
70 Starnberger See
71 Fürstenrieder Park
72 Bodensee
73 Deutsche Alpen

Flüchtlingslager Alpenrand. Um ihren unwirtlichen Städten zu entkommen, ziehen sich immer mehr Menschen aufs Land zurück, am liebsten in die einsame Bergwelt. Diese Massenflucht hat bereits viele Erholungsräume durch den Bau von Zweitwohnungen zerstört

die ,,Lärmschutz-Interessengemeinschaft IG-Holstenfeld'' verantwortlich. Mit dem Bau von zwei jeweils vier Kilometer langen Start- und Landebahnen befürchtete die Bürgerinitiative den Lärmtod von Landschaft und Mensch. In München pokerte die bayerische Landesregierung über zehn Jahre um einen Großflughafen bei Erding nördlich der weiß-blauen Metropole. Mit einem Sperrgrundstück von 3000 Quadratmetern mitten auf der geplanten Startbahn blockierte jedoch der Bund Naturschutz Bayern das ökologisch fragwürdige Mammutprojet. Geschäftsführer Helmut Steininger: ,,Kaufen ist der beste Naturschutz.''
Ende der siebziger Jahre konnten die Initiatoren des Flughafens den Naturschützern für die langwierige Verzögerung des Baubeginns dankbar sein. Denn weder waren die optimistischen Prognosen über einen rasanten Aufschwung des Luftverkehrs eingetroffen, noch zeigte sich der gewählte Standort im Erdinger Moos als besonders vorteilhaft für die Abwicklung des internationalen Flugverkehrs: Allzu häufig bedeckt Nebel die feuchte Niederungslandschaft.

Klarheit besteht dagegen über die tatsächliche Belästigung der Bundesbürger durch Fluglärm. Von dem Propellergedröhne und Düsengewitter im Umkreis der 12 großen Verkehrsflughäfen, 284 privaten Sportflugplätze, 104 Militärhorste und 33 Hubschrauberlandeplätze fühlten sich 1978 viereinhalb Millionen Menschen gestört. Waren es nach einer Emnid-Umfrage im Jahre 1960 noch sechs Prozent der Bundesbürger, die der Fluglärm aus der Ruhe brachte, so stieg dieser Anteil im Jahre 1976 auf nahezu 18 Prozent. Unter den Fluglärmopfern befinden sich auch Fensterscheiben, Dächer und Hauswände, die durch die Schallwelle der bis zu 150 Meter tief fliegenden Bundeswehrjets zerstört werden. Beim Überschreiten einer Geschwindigkeit von etwa 1200 Kilometer in der Stunde kommt es zum Überschallknall, der das Flugzeug so lange begleitet, wie es die Supergeschwindigkeit fliegt. Für die Militärflieger ist das große Gasgeben nur in einer Höhe von 11 000 Metern erlaubt. Trotzdem erließ das Bundesverteidigungsministerium an die Piloten eine Weisung, Städte mit mehr als 100 000 Einwohnern sowie Kurorte und Heilbäder nach Möglichkeit zu umfliegen. Doch auch wenn die superschnellen Phantoms und Starfighter draußen auf dem offenen Meer ihre Übungsrunden ziehen, droht Gefahr. Sogar die Lange Anna, der rote Nadelfelsen von Helgoland kam unter dem Donnerschall der Kampfbomber und Abfangjäger ins bröckeln.
Die unmittelbare Nähe der großen Flughäfen wurde nach dem Fluglärmgesetz von 1971 in verschiedene Lärmzonen eingeteilt. Hier müssen beim Bau neuer Häuser – sofern genehmigt – schallschützende Fenster und Wände eingezogen werden. So sollen in der Lärmschutzzone II des Hamburger Flughafens Fuhlsbüttel Lärmschutzfenster installiert werden, für die der Senat der Hansestadt 1977 neun Millionen Mark zur Verfügung stellte.

In Düsseldorf wird Umweltschutz per Scheck erledigt. Für die Genehmigung der zweiten Start- und Landebahn wurde von der Flughafen GmbH 190 Grundstückseigentümern in der unmittelbaren Nähe des Flughafens ein Kaufangebot unterbreitet. Weiter entfernt liegenden Wohnungsinhabern sagten die Flughafen-Bauer Zuschüsse für schalldämmende Maßnahmen zu. Für die Finanzierung der Lärmschutzaktion wurden für einen Zeitraum von zehn Jahren 70 Millionen Mark bereitgestellt.
In Rheinland-Pfalz vertreibt der Fluglärm die Bewohner aus den Dörfern. Gefördert mit Landesmitteln sollen die Bewohner der Gemeinden Pferdsfeld und Eckweiler durch Umsiedlung dem Donnerschall des benachbarten Militärflughafens entkommen. Der Sachverständigenrat für Umweltfragen sieht in

seinem Gutachten von 1978 darin eine praktikable Lösung, um Fluglärmopfern zu helfen: ,,Durch angemessene Angebote sollte die Möglichkeit des Fortzuges gefördert werden.''
Für lärmgeplagte Stadtbewohner sind keine Umzugsprämien notwendig. Seitdem der Verkehrslärm in der motorisierten Gesellschaft zur Krachquelle Nr. 1 avancierte, setzte die Flucht aus den Städten ein. In den Ballungsgebieten fühlen sich rund 60 Prozent der Bewohner durch Lärm gestört, dabei geht rund 80 Prozent des Lärms vom Automobil aus. Die Verlärmung des Lebensraums, in dem mehr und mehr der motorisierten Übermacht Priorität eingeräumt wurde, der vergebliche Versuch, in den sechziger Jahren eine autogerechte Stadt zu schaffen, dies alles vertrieb die Bewohner an den Rand ihrer Städte. Jeden Tag findet mit dem Möbelwagen eine Abstimmung über die Attraktivität der Großstädte statt.
Und in den vergangenen Jahren mußten die Möbelpacker kräftig einlangen. Zwischen 1967 und 1975 verloren Köln 6000, München 9500, Frankfurt 11 000 und Hamburg 13 000 Einwohner jährlich an das Umland. Rund die Hälfte der Stadtflüchtlinge suchte mit dem Umzug dem städtischen Lärm zu entfliehen und ein Wohnumfeld mit mehr Grün, Ruhe, besserer Luft und Spielmöglichkeiten für die Kinder zu finden. 45 Prozent von ihnen suchten bessere Wohnbedingungen in größeren Räumen mit mehr Komfort, und rund zehn Prozent erfüllten sich den Traum vom eigenen Haus.
Für die Bürgermeister der Städte wurde der Aderlaß bald zum Alptraum. Denn eine Folge der Abwanderung ist das rapide Anwachsen des Verkehrsaufkommens zwischen den Randgemeinden und den Stadtzentren, wo sich die Arbeitsplätze befinden. Mehr Verkehr verschärft jedoch die innerstädtischen Probleme und bedingt weiteren Lärm für die zurückgebliebenen Anwohner. Die Verkehrsbelästigung beschleunigt die Stadtflucht gerade der besser verdienenden Familien, deren Steuerabgaben in den Kassen der Kommunen fehlen. Jeder Dissident der Stadt München kostet rund 80 000 Mark an entgangenen Steuern. Damit ist ein Teufelskreis geschlossen, der von den Stadtforschern als die ,,Unwirtlichkeit der Städte'' schon seit Mitte der sechziger Jahre beschrieben worden ist. Die Diskussion über die Misere der Städte, ausgelöst durch die Veröffentlichung ,,Tod und Leben großer amerikanischer Städte'' der US-Autorin Jane Jacobs, überlebte den Bauboom der sechziger Jahre, ebenso wie die 1976 gescheiterte Reform des Bodenrechts der sozial-liberalen Koalition, zur Abschöpfung von Spekulationsgewinnen. Und die Kernstädte verlieren mit den abwandernden Bevölkerungsgruppen nicht nur an Finanzkraft, sondern erhalten damit auch eine ungünstige Bevölkerungsstruktur. Alte Leute, kinderreiche und einkommensschwache Familien sowie Ausländer werden durch diese Entwicklung am meisten benachteiligt.
Sie bleiben zurück mit dem Lärm, der sich seit der Jahrhundertwende auf Deutschlands Straßen verachtfacht hat. Für die Abwanderer ist der urbane Lärmpegel nach einer Untersuchung über ,,Stadtverkehr und Umweltschutz'' des Deutschen Instituts für Urbanistik in Hannover mit 44 Prozent der wichtigste Grund, die Stadt zu verlassen.
Um den Fortzug zu verhindern, wurden mit einer Reihe von Vorschlägen von der ,,durchgrünten Verdichtung'' bis zu architektonisch reizvollen ,,Stadthäusern'' und ,,verkehrsberuhigten Straßen'' Ende der siebziger Jahre Rezepte zur Wiederbelebung der Städte ausgedacht. Allen gemeinsam ist der Versuch, den Verkehrslärm einzudämmen. Dabei ist nicht allein das Kraftfahrzeug der Buhmann für die Lärmverschmutzung, sondern ebenfalls die Architektur der Nachkriegszeit. Die Mehrzahl der über 15 Millionen Wohnun-

gen, die nach dem Krieg entstanden sind, ist nur ungenügend isoliert.
Um so notwendiger scheint eine klare gesetzliche Regelung, welcher Verkehrslärm in Wohngebieten akzeptabel ist. Doch trotz des Paragraphengestrüpps in der Lärmgesetzgebung zögerte die Bundesregierung über Jahre, die umstrittenen Dezibel-Werte festzuschreiben. Auf dem Papier ist der Verkehrslärm längst bewältigt. Nach den Paragraphen 41 und 42 des Bundesimmissionsschutzgesetzes von 1974 hat der Staat sicherzustellen, daß durch den Bau von Straßen und Eisenbahnen ,,keine schädlichen Umwelteinwirkungen durch Verkehrsgeräusche hervorgerufen werden können, die nach dem Stand der Technik vermeidbar sind''.
Vermeidbar schien dem Gesetzgeber jedoch zunächst eine exakte Festlegung der ,,bestimmten Grenzwerte'' für eine Lärmbelästigung in einer Rechtsverordnung, die das Gesetz erst praktikabel macht. Einig waren sich die Lärmspezialisten nur über die Grenzwerte des unteren schadensfreien Bereichs von 0 bis 40 Dezibel (Flüstern) und die obere Grenze des gesundheitsgefährdenden Bereichs von 80 Dezibel (besonders verkehrsreiche Straßen). Dazwischen erstreckt sich eine Grauzone, um die sich die Bürokraten aus fünf Ministerien und dem Kanzleramt mit den Vertretern der Landesregierungen und Spitzenverbände mehr als fünf Jahre lang stritten.
Der Finanzminister konnte vorerst eine Milliardensumme für umfangreiche Lärmschutzbauten einsparen. In seinem Haus ließ der Kassenwart der Nation berechnen, daß eine Senkung des Grenzwertes um fünf Dezibel eine Verdoppelung des Aufwands für Tunnelstrecken, Bebauungsschneisen und Lärmschutzwälle kosten würde. Schließlich legte die Bundesregierung im Dezember 1977 eine haushaltspolitisch akzeptable Lärmschutzregelung vor, die in Wohngebieten 65 Dezibel am Tag und 55 Dezibel in der Nacht erlaubt. In Dorf- und Mischgebieten soll der Tag-Nacht-Pegel auf 70 bzw. 60 Dezibel hochgesetzt werden. Die Festlegung der Immissionsgrenzwerte für Straßenlärm bleibt dabei zukünftig dem Verkehrsministerium überlassen. Die Üppigkeit des Finanzetats bestimmt somit, was ,,gesundheitsgefährdender Verkehrslärm'' genannt werden kann. Mit dem Lärmschutzgesetz erlitt das für Umweltschutz zuständige Innenministerium seine erste empfindliche Niederlage im Bürokratenstreit, wie die Wochenzeitung ,,Die Zeit'' resümierte: ,,Einen Sieg der Ökologie über die Ökonomie kann

Der Lärm ist das Umweltgift Nummer Eins. Neue Großflughäfen, breitere, schnellere Straßen, Baustellen, der Lärm am Arbeitsplatz und vor allem der stetig zunehmende Individualverkehr haben den Pegel längst über das gesundheitlich vertretbare Maß steigen lassen man das nicht nennen.'' Nach den Berechnungen des ,,Bundesverbands Bürgerinitiativen Umweltschutz'' (BBU) erlaubt das neue Gesetz sechsmal höhrere Lärmwerte und liegt damit selbst noch über der DIN-Norm für den Schallschutz im Städtebau. Die Umweltschützer: ,,Das Verkehrslärmgesetz ist ein Gesetz zum Schutze des Lärms.'' Der sozialdemokratische Kanzler Helmut Schmidt, der die Lärmpegel hochsetzte, befürchtete, daß schärfere Lärmschutzbestimmungen Arbeitsplätze im Straßenbau gefährden könnten. Doch gerade sein Verkehrsminister Kurt Gscheidle, der im Autolärm die Geißel Nr. 1 ausmachte, rechnete vor, daß beim Lärmschutz keine Arbeitsplätze verloren, sondern umgeschichtet werden. Gscheidle: ,,Wenn zwischen Lärmschutz und Kilometern entschieden werden muß, dann hat der Lärmschutz Vorrang.''

Vorrang wird dennoch zunächst der Lärm haben. Auch mit teuren Schallschutzfenstern und hochgetürmten Erdwällen wird nach einer Berechnung des Deutschen Instituts für Urbanistik nur eine vergleichbar geringe Lärmminderung erreicht. Wesentlich wirksamer ist dagegen die Bekämpfung des Lärms direkt an der Quelle, dem Automobil. Wie in den anderen Bereichen der Umweltpolitik sollte, so die Stadtforscher, auch beim Krach das Verursacherprinzip angewandt werden, das billiger käme als das ,,Kurieren an Mißständen''. Für den Stadtplaner Heiner Monheim von der Bundesforschungsanstalt für Landeskunde und Raumordnung in Bonn, bewirken städtebauliche Lärmschutzmaßnahmen vielerorts genau das Gegenteil. ,,Wer will schon in den Innenstädten 10 Meter hohe Mauern errichten, ein Labyrinth von Tunneln anlegen, die Stadt auf Jahrzehnte in eine Großbaustelle verwandeln. Das würde eine neue Welle von Stadtflucht geben – Flucht vor Lärmschutz.''

Der Verband der Automobilindustrie zeigte sich von der Diagnose der Städtebauer wenig beeindruckt. Konstruktive Verbesserungen an den Kraftfahrzeugen, so ergab eine Studie im Jahre 1978, wären die weniger wirksamen und teureren Maßnahmen gegenüber städtebaulichen Veränderungen, Verkehrsverminderung und Lärmschutzwällen. Eine Senkung der Geräuschentwicklung des Automobils um fünf Dezibel würde das Fahrzeug um zehn Prozent teurer machen. Für die Ausstattung mit automatischem Getriebe, Einkapselung der Motoraggregate und neuen lärmdämmenden Konstruktionen des Fahrwerks müßte der Autokäufer bis zu 2000 Mark mehr bezahlen. Billiger scheint den Autobauern eine Geschwindigkeitsbegrenzung in den Wohngebieten und die Erziehung der Kraftfahrer zu ,,lärmbewußtem Fahren''.

Noch billiger geht es nach einem praktischen Vorschlag des Berliner Umweltbundesamtes, das 1977 für die generelle Einführung eines lärmdämmenden, rostfreien Auspuffs plädierte. Kostenpunkt: rund 30 Mark Aufpreis. Ganz umsonst ist der Lärmschutz für ein Verkehrsmittel, das von den Stadtplanern in der Nachkriegszeit fast gänzlich vergessen wurde. Das Fahrrad wurde in den Generalverkehrsplänen der Gemeinden, die den Ausbau der Straßen festlegen gar nicht oder unter der Rubrik des Gehverkehrs geführt. Der Anteil der Radwege betrug 1976 mit 17 522 Kilometern nur knappe vier Prozent am gesamten Straßennetz. Eine Untersuchung im Auftrag des Bauministeriums erbrachte das überraschende Ergebnis, daß für Fahrten bis zu vier Kilometern der verschmähte Drahtesel das absolut schnellste Verkehrsmittel in den Städten ist. 55 Prozent aller Nahverkehrswege in den Ballungsräumen liegen unter drei Kilometer, und nur 30 Prozent sind länger als sechs Kilometer. Bundesbauminister Dieter Haack: ,,Die Nahverkehrsplanung hat solche Erkenntnisse

bisher weitgehend ignoriert. Angesichts des großzügigen Ausbaus hat man den Eindruck, Fußgänger und Radfahrer würden von den kommunalen Verkehrsplanern als unbedeutende Randerscheinungen angesehen.''
Immerhin besitzen 60 Prozent der Bundesbürger ein Fahrrad, über ein Automobil verfügen dagegen nur rund 30 Prozent. Für die radelnde Mehrheit wurde von der Hansestadt Bremen im Sommer 1977 eine ,,Aktion kommunales Fahrrad'' gestartet. Zum erstenmal wurden in einer deutschen Stadt 60 Fahrräder zum freien Gebrauch bereitgestellt, einschließlich der Luftpumpstationen, die im Stadtgebiet montiert wurden. Das Experiment lief anfangs nicht ganz wunschgemäß, denn nach einem halben Jahr waren nur noch 15 der rot-weiß gestrichenen Fahrräder auffindbar, sieben total demoliert und acht Räder ganz verschwunden. Doch in der Hansestadt, wo die Radfahrer schon 30 Prozent des Verkehrs bestreiten, rollten im folgenden Jahr 300 gemeinnützige Räder, zur Reparatur wurden arbeitslose Jungendliche in Fahrradwerkstätten angestellt.
Ein Geschäft, das Zukunft haben kann. Durch die Energieverknappung und mehr Freizeit erlebte das Fahrrad einen neuen Boom. Das Radfahren ist jedoch Ende der siebziger Jahre für Hunderttausende schon Alltag, denn 7,2 Prozent des Berufsverkehrs wird mit dem Fahrrad abgewickelt und nach der Bonner Studie wird als Etappenziel 15 Prozent angepeilt. Für den Stadtplaner Heiner Monheim, der den Deutschen eine ,,hohe latente Neigung zum Radfahren'' bescheinigt, ist die Verkehrsberuhigung eine der wichtigsten Voraussetzungen, die Städte wieder bewohnbar zu machen.
Doch vorerst bleibt der Lärm Auslöser einer lautlosen Volkswanderung an die Ränder der Ballungsgebiete und auf die Dörfer. Rund 40 000 Hektar Land wurden Mitte der siebziger Jahre jährlich für neue Siedlungen verbraucht. Diese Zersiedelung, beschleunigt durch Millionen von Bausparverträgen, die sich mit staatlichen Zuschüssen versehen, in flächengreifende Reihenhäuser und freistehende Einfamilienburgen verwandeln, wurde zum unerbittlichen Landschaftsfresser. 1976 waren 70 Prozent aller Wohnungsneubauten Ein- und Zweifamilienhäuser. Allein 7000 Hektar Wald fallen jährlich für die Auswucherungen der menschlichen Wohnstätten, 12 000 Hektar werden dem Straßenbau geopfert und 25 000 Hektar Boden mit neuen Siedlungen zugepflastert. In der landschaftszerstörenden Zersiedelung entdeckte der Rat für Umweltfragen ein tief steckendes Motiv des urbanen Menschen, den ,,Wunsch nach einer Verbindung von Natur und Gebautem''.
Allerdings drohen die Mittelstädte, die für ihre Zuwanderer bereitwillig Baugrund ausweisen, die Landschaft mit monotonen Wohngebieten zuzubauen, die ein hohes Verkehrsaufkommen mit sich bringen. Der Umweltrat: ,,So wird nach überholten Leitbildern weiter geplant und weiter gebaut, überzeugende Alternativkonzepte liegen nicht vor.''
Für die Zersiedelung wird ein zweifacher Preis gezahlt. Einmal wird in den neuen Wohngebieten der Bau von Kindergärten, Schulen, Schwimmbädern, aber auch Krankenhäusern, Kläranlagen und Verkehrswegen notwendig. Diese teuren Infrastruktur-Einrichtungen werden zum anderen in den schrumpfenden Städten weniger ausgelastet.
Die Flucht vor der Stadt und ihrem Lärm prägt das Freizeitverhalten der Menschen, füllt ihre Freizeit aus. Ferienhäuser, Zweitwohnungen, Campingplätze und Caravan-Siedlungen markieren in deutschen Landen den ungebremsten Drang in die sogenannte freie Natur. Mindestens ein Drittel der Freizeit wird von den Bundesbürgern in der Landschaft verbracht. Dabei machen 72 Prozent der Autobesitzer fast jedes Wochenende

Als es galt, möglichst schnell für möglichst viele Menschen Wohnräume zu schaffen, entstanden überall im Bundesgebiet diese grauen Monumente einer Selbstmord-architektur, ideales Milieu für Angst, Einsamkeit, Depression und Kriminalität

Bürgerprotest gegen eine Stadtplanung, die den Autos gerecht wird, nicht aber den Menschen. Die in den siebziger Jahren begonnene Wende zur Altstadtsanierung, zu mehr Grün, verkehrsberuhigten Zonen und einer kindgerechten Wohnumwelt wäre ohne das Aufbegehren der Bürgerinitiativen nicht denkbar

einen Ausflug ins Grüne. Unter den Benutzern der öffentlichen Verkehrsmittel sind es nur 18 Prozent. Insgesamt wurden so 1978 rund 720 Millionen Ausflüge im eigenen Vehikel unternommen, und sei es auch nur bis zum Parkplatz des Panorama-Restaurants mit Landschaftsblick und Rehbraten.

Mit der Flucht in die Sachwerte, die in den inflationsträchtigen siebziger Jahren begann, wurden steuerlich begünstigte Zweitwohnungen zu einer attraktiven Kapitalanlage. Die Zersiedelung des bayerischen Voralpenraums wurde zum klassischen Beispiel für das Versagen der Raumordnung, die in einem Berg von Landes- und Bundesgesetzen festgeschrieben ist. So siedelten allein rund um den Tegernsee hunderte von Stadtflüchtlingen an, darunter auch der bayerische Ministerpräsident Franz Josef Strauß und 21 Milliardäre.

Von Walter Danz, Leiter des Alpeninstituts, wird eine Gefährdung des ökologischen Gleichgewichts der Kulturlandschaft befürchtet, wenn die Bauern vom Rand der Täler auf die Steilhänge abgedrängt werden. Zudem kann sich der Zuwandererstrom für die bayerischen Gemeinden als Bumerang erweisen. Danz: ,,Wenn erst einmal die ganze Landschaft Vorstadtcharakter hat, bleiben auch die Touristen aus, von denen die Alpenbevölkerung weitgehend lebt.''

Der Lärm der Städte holt so die Dörfer ein. Mit Liften, Dauercampingplätzen und Wassersportzentren werden in landschaftlich attraktiven Gebieten städtische Lärmwerte erreicht. So stieg auf dem einst ruhigen Neckar innerhalb von zehn Jahren bis 1976 die Zahl der registrierten Kleinfahrzeuge um 267 Prozent auf 10 166. Im Jahre 1979 ermittelte der Campingclub für Deutschland einen Bestand von 530 000 Wohnwagen und 40 000 Reisemobilen, die auf 2100 Standorten, meist in den Naherholungsbereichen, als mobile Feriendomizile geparkt werden können.

Für die Beanspruchung der Landschaft durch Freizeitaktivitäten sieht der Umwelt-Sachverständigenrat jedoch die eigentlichen Gefahren erst dann, wenn die Deutschen wieder im eigenen Lande Urlaub machen wollen oder müssen. ,,Wie sehr die ökonomische Entwicklung und ökologische Belastung zusammenhängen, zeigt sich am Beispiel der Reisewelle. Solange unsere Devisensituation eine Reisetätigkeit des bisherigen Ausmaßes erlaubt, solange wird die Belastung unserer heimischen Öko-Systeme entsprechend gemildert.'' An den Mittelmeerküsten weiß man davon.

Deutschland von oben, die Wörnitz bei Dettingen. Dokument eines natürlichen Flußverlaufs inmitten der Kulturlandschaft. Die vereinzelt am Ufer stehenden Bäume sind Reste einst üppig wuchernder Auwälder

Natur als Produktionsfläche, Musterbeispiel einer ausgeräumten, von Bäumen, Büschen und Hecken bereinigten Agrarlandschaft

Waldbrandkatastrophen sind das Risiko der Nadelwaldmonokulturen, die zunehmend des besseren Profits wegen die artenreichen Mischwälder ersetzen. Die Laubbäume dieses Waldstücks in Niedersachsen haben den Feuersturm überlebt

Wo Häuser zum Wohnen erhalten bleiben, wie diese Giebel im niedersächsischen Celle, wurde die Stadt nicht Parkhäusern, Kaufhäusern und Autostraßen geopfert, deren Lärm die Bewohner vertreibt

In den großen Waldreservaten an der Grenze zur Tschechoslowakei scheint die Welt noch in Ordnung zu sein. Doch zeigen viele Nadeläume schon Krankheitssymptome – auch hier wird die Luft zunehmend giftiger

Der Rhein bei Duisburg, Grauzone der Bundesrepublik. Hier werden in einem Gebiet von 30 mal 30 Kilometer ein Drittel der Schadstoffe aus dem Schornstein gepustet, die in der Bundesrepublik die Atemluft belasten

Wo die Bundesrepublik noch Land gewinnt, an der Nordseeküste, liegen Bauern und Naturschützer im Streit. Denn jeder neue Deich verringert den Lebensraum für Fische und Vögel

Energie

DER SANFTE WEG

Wer ihn finden will, braucht eine gute Straßenkarte. In den hügeligen Ausläufern der Schwäbischen Alb schlängelt sich die Bundesstraße 29 in Richtung Aalen. Hinter einem Bahnübergang biegt rechts ein geschotterter Feldweg ab, gesäumt von einem Bachlauf und einem dichten Fichtenwald. Der Weg wird immer holperiger, der Wald wird immer dichter bis an das Ende der Privatstraße vor einem einstöckigen Wohnhaus mit flachen Werkshallen dahinter.

Hier, tief im Schwabenland, im Ostalbkreis wohnt und arbeitet Karl Kiener. Er ist Ingenieur und Schwabe und deshalb wohl schon ein Erfinder. Nachdem seine Landsleute schon den Mercedes Benz und die Maultaschen erdacht hatten, konzentrierte sich der Tüftler in dem stillen Winkel auf den Müll. Und aus Müll macht Kiener umweltfreundliche Energie – genau die gleiche Energie, deren Knappheit die Welt in den achtziger Jahren in Krisen zu stürzen droht, vom Krieg um das knapper werdende Erdöl bis zur Kernfrage der atomaren Aufrüstung für die häuslichen Steckdosen. Diplom-Ingenieur Karl Kiener aus Goldshöfe im Forst in Württemberg kann das alles nicht schrecken.

Der Hausherr öffnet uns die Eingangstür und ermahnt seinen schwarzen kläffenden Schnauzer zur Ruhe. „Ha noi, lass die Herre doch reikomme," sagt der drahtige kleine Mann mit den dichten Augenbrauen. Seine listigen Augen in dem gebräunten Gesicht verraten, wie sehr der Endsechziger ständig auf Trab ist. Schon klingelt das Telefon, und die Tochter zeigt sich auf den Stufen der Holztreppe, um den Papa an den Apparat zu rufen. Wir sollen es uns inzwischen schon im Wohnzimmer bequem machen.

Das ist nicht einfach, denn die gute Stube bei Kieners gleicht einem technischen Museum mit künstlerischer Note. Auf dem mächtigen Schreibtisch aus Eichenholz stapeln sich Konstruktionspläne, Tabellen, technische Handbücher. In der Glasvitrine des Wandschranks liegen diverse Werkzeugteile, optische Geräte und eine Kameraausrüstung mit selbstgebastelten Televorsätzen. Damit geht Kiener im eigenen Wald, schon sein Vater war Förster, auf optische Vogeljagd. An der Wand hängen alte Geweihe, Tierphotografien und naturalistische Landschaftsmalereien, nur ein Bruchteil von Kieners umfangreicher Sammlung alter Gemälde. Hinter der Sitzgarnitur ragt ein brauner Flügel ins Zimmer, auf dem Kiener und seine Frau Volkslieder üben. Die Notenbücher von Schubert und Brahms sind zugedeckt von technischer Fachliteratur, für die das wuchtige Instrument als Ablage dient. Für Kiener, der in dem mächtigen Ohrensessel zu verschwinden droht, gehören Technik und Kunst zusammen, und beiden hat er sein Leben gewidmet.

Als Student an der Technischen Hochschule in Stuttgart absolvierte er gleich zwei Fächer mit Bravour. Nach dem Maschinenbaustudium half er als Flugzeugkonstrukteur mit, die ersten Focke-Wulf-Bomber für das Tausendjährige Reich in die Luft zu bringen. Schon damals in den dreißiger Jahren ärgerte sich Kiener über den schlechten Leistungsgrad der Antriebsmotoren für die Kampfflugzeuge. Bei den Otto-Motoren gehen rund fünfundsechzig Prozent der eingesetzten Energie nutzlos als Abwärme verloren.

Verloren ging zwar auch der Krieg, nicht aber die Idee, ein energiefreundlicheres Antriebssystem zu konstruieren. In den Nachkriegsjahren arbeitete sich Kiener zum technischen Betriebsleiter einer Strickmaschinenfabrik hoch, entwickelte Maschinen für die Baustahl-Branche und gründete schließlich in den sechziger Jahren eine eigene Fabrik für Werkzeugteile für Baumaschinen. Mit seinen 20 Mann und seinem technischen Einfallsreichtum verdiente Kiener ein kleines Vermögen. Doch ıach dem Boom der Nachkriegsjahre flachte Anfang der siebziger Jahre die Baukonjunkur ab. Der Schwabe schaltete schnell und mit Gespür für zukunftträchtige Entwicklungen. Er steckte Kapital und Risiko in eine dee, für die er 1974, als er das erste Versuchsmodell baute, ıoch mitleidig belächelt wurde. n seinem Konstruktionsbüro entstand eine technische Apparatur, deren Grundprinzip zwar schon lange bekannt war, die aber erst durch Kiener anwendungsreif wurde. Ähnlich wie bei einem Holzvergaser, mit dem ıoch im zweiten Weltkrieg Automobile angetrieben wurden, vird durch ein sogenanntes Pyrolyse-Verfahren Abfall jeder Art umweltfreundlich in Energie umgewandelt.

Der Müll, von Kunststoffresten bis zur Baumrinde, vom Pferdemist bis zum Autoreifen, wird in einer luftdicht verschlossenen 500 Grad heißen Trommel entgast. Wie in dem Meiler eines Köhlers, der Holz in Holzkohle verwandelt, schwelt der zerkleinerte Müll in der Pyrolysetrommel und geht nicht in Flammen auf. Die freiwerdenden organischen Substanzen werden abgesaugt und in einer auf 200 Grad erhitzten Heißtemperaturzone in energiereiche Gase wie Methan, Äthan, Wasserstoff und Kohlenmonoxid zerlegt. Auf 50 Grad heruntergekühlt und mit Wasser von Schadstoffen reingewaschen, treibt das Gasgemisch einen handelsüblichen Otto-Motor an. Damit wird über einen Generator Strom erzeugt, die anfallende Auspuffwärme dient dazu, das System in Gang zu halten. Der alte Otto-Motor im Verbund mit der Müllvergasung erzielt damit einen bislang nicht erreichten Leistungsgrad von achtzig Prozent. Der Schwabe Kiener hatte ein Stück Vergangenheit bewältigt.

In der Versuchsanlage, in die Kiener drei Millionen Mark investierte, steckt jedoch eine Zukunft, die auch Scheichs und Minister erkannten. Aus dem Ölstaat Saudi-Arabien meldete sich 1977 eine Gruppe schwerreicher Geschäftsleute auf der Suche nach technologischem Know How aus dem Westen, in das zu investieren es sich lohnt. Zehn Millionen Mark boten sie dem überraschten Schwaben für die Patente seines, wie er sagt, ,,kloin Gerätle, das i mir zusammegebäschtlet hab.''

In der Tageszeitung von Riad wurde Kiener im Bild vorgestellt und seine Erfindung erläutert. Zur gleichen Zeit weilte der damalige Bundesminister für Wirtschaft Hans Friderichs in der Hauptstadt des Wüstenstaates. Angesprochen auf den schwäbischen Tüftler mußte sich der Minister erst per Telex in Bonn über den Propheten im eigenen Land aufklären lassen. Die Bonner kabelten nach Riad, daß es sich um eine kleine Anlage handelt, das Bundesforschungsministerium hatte eine Förderung ,,wegen Begrenztheit der Mittel'' abgelehnt. Der Deal mit den Arabern, die bereits zum Vertrag im Büro von Kieners Anwalt in Stuttgart angereist waren, kam nicht zustande. Heute ist der Fabrikant froh darüber, denn weltweit, von Japan bis nach Amerika, hat er die Patente für seinen Vergasungsofen angemeldet. Und auch im Bundesforschungsministerium hatte die beharrliche Arbeit des Erfinders Erfolg. Nach einem Besichtigungstermin mit dem für neue Energiequellen aufgeschlossenen Forschungsminister Volker Hauff in Goldshöfe wurden 1979 über fünf Millionen Mark für einen groß angelegten Versuch zugesagt.

So soll in der benachbarten Stadt Aalen eine Anlage gebaut werden, die den Müll von 120 000 Menschen schluckt. Für ihren Dreck, der sonst mit hohen Kosten auf Deponien gelagert wird, bekommen die Haushalte Strom und Heizwärme geliefert. Kiener berechnete, daß in fünf Tonnen Hausmüll so viel Energie steckt wie in einer Tonne Heizöl. Ein Drittel der davon nutzbaren Energie wird dabei als Elektrizität in das städtische Netz eingespeist, zwei Drittel werden als Wärmeenergie abgegeben. Da-

mit sollen im Verbund mit öffentlichen Energieversorgungsunternehmen das örtliche Berufsschulzentrum und das Kreiskrankenhaus beheizt werden.
Eine gesunde Sache, denn Kieners Pyrolyse-System erzeugt kaum umweltbelastende Schadstoffe für Luft und Wasser und ist auf kleinräumigen Einheiten zugeschnitten. Aus dem Abfall können zudem wertvolle Rohstoffe wie Kupfer, Aluminium, Eisen und petrochemische Stoffe zurückgewonnen werden. Die Erfindung des selbständigen Ingenieurs, dessen Skepsis gegenüber dem Wegwerfzeitalter nicht zuletzt aus schwäbischer Sparsamkeit genährt wird, ist mehr als eine Tüftelei. ,,Das ist keine Phantasterei, sondern ein wichtiger Beitrag für unsere zukünftige Energieversorgung'', sagt der SPD-Umweltexperte Frank Haenschke, ehemaliger Bundestagsabgeordneter aus Baden-Württemberg, der sich früh für Kiener einsetzte. Seit Anfang der siebziger Jahre trommelte der Parlamentarier, der wenige Kilometer von Kieners Einsiedelei sein Häuschen stehen hat, für die Entwicklung von alternativen Energiequellen. ,,Die Bundesregierung hat damals völlig einseitig auf die Kernenergie gesetzt und Superprogramme geschrieben; doch nachdem die Atomkraft und das Öl politisch in die Klemme ge-

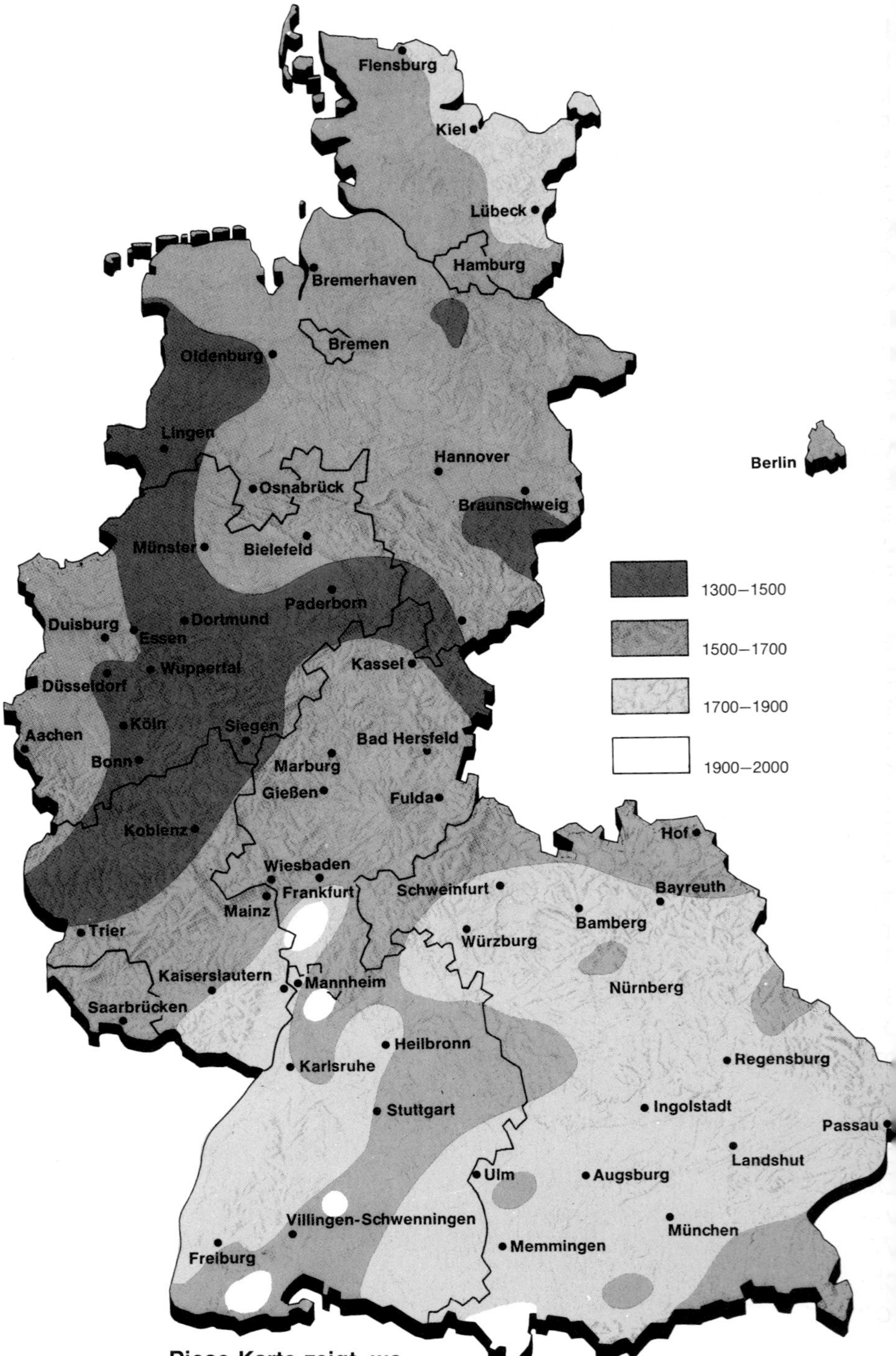

Diese Karte zeigt, wo in der Bundesrepublik die Sonne am häufigsten scheint. Die Sonnenscheindauer pro Jahr schwankt zwischen 2000 Stunden an der Küste und 1300 Stunden im Ruhrgebiet. Aber auch dort, wo die Sonne seltener scheint, könnte sie einen Teil des häuslichen Energiebedarfs decken

kommen waren, wurden auch bislang belächelte Energiequellen interessant.''
Belächelt wurden damals die Sonne, der Wind und die Pflanzen als unerschöpfliche Energiequellen der Zukunft. Belächelt wurden die Forderungen von Ökologen nach der Entwicklung sogenannter sanfter, regenerierbarer Energietechnologien: Sonnenenergie für Heizwärme und Brauchwasser, Wind- und Wasserkraft für die Elektrizitätserzeugung, Biogas aus natürlichen Abfällen zur Gewinnung von Treibstoffen und Strom.
Noch 1973, im gleichen Jahr, als eine preisbedingte Ölverknappung die westlichen Industriestaaten erschütterte, wurde in den Vereinigten Staaten gerade ein Prozent des Forschungsbudgets für die Erforschung der Sonnenenergie aufgewendet. In der Bundesrepublik legte erstmals 1976 eine Expertengruppe im Auftrag des Ministeriums für Forschung und Technologie ein sechsbändiges Werk vor unter dem Titel: ,,Energiequellen für morgen?'' Das Fragezeichen gegenüber alternativen Energiequellen blieb, obgleich sich der Erdölpreis gegenüber dem Ölschock-Jahr bereits mehr als verdreifacht hatte, obgleich der Widerstand gegen das unheimliche Risiko der Atomkraft sich formiert hatte und Bedarfspläne wie Bauplätze überall blockierte. Im weltweiten Ölpoker setzen die Industriestaaten weiterhin auf ihre wirtschaftliche Macht und manipulierbare Dollarkurse. Zu irgendeinem Preis würde das schwarze Gold schon zu haben sein, auch wenn der Verteilungskampf ums Öl die Länder der Dritten Welt weiter in die Armut treiben würde. Im Vertrauen auf bislang ungenutzte Vorkommen von fossilen Brennstoffen wie Öl, Gas und Kohle und der Hoffnung auf den technischen Durchbruch zu einer beherrschbaren, sicheren Brüter-Technologie, wurde die Entwicklung alternativer Energietechniken vernachlässigt. ,,Die gesamte, ob nun in Staat oder Industrie organisierte, technisch-wissenschaftliche Elite wußte, daß man alles nur Erdenkliche für die Bereitstellung der unerschöpflichen Kernenergie tun müsse. Von Sonnenenergie oder Biogas wußten sie alle miteinander – übrigens auch ich – buchstäblich nichts, außer, daß sie eines ernsthaften Gedankens wert waren.'' Wer das schreibt, ist einer der profiliertesten Atomexperten in der Bundesrepublik, den ein liberaler Bundesinnenminister bespitzeln ließ und der sich zu einem Kritiker des Atomstaates gewandelt hat. Für Klaus Traube sind es Einzelgänger und kritische Wissenschaftler, die mit geringem Aufwand menschenfreundliche Techniken entwickeln und damit ,,die Zerstörung der natürlichen und sozialen Umwelt durch eine ungehemmt wachsende hochkomplexe Großtechnik bekämpfen''.
Einer dieser Einzelkämpfer ist der 31jährige Amerikaner Amory B. Lovins, mit ständigem Wohnsitz in London. Innerhalb weniger Jahre avancierte der Absolvent der Universtitäten Oxford und Harvard zu einem Guru der Ökologiebewegung und der Kernkraftgegner. Der Physiker, Autor scharfsinniger Studien zur Energiepolitik, wurde gefragter Redner auf Kongressen und Kundgebungen der Umweltschützer; der amerikanische Präsident Jimmy Carter empfing den engagierten Wissenschaftler zu einem Fachgespräch im Weißen Haus.
Noch bevor in der Bundesrepublik sein wissenschaftlich fundiertes Plädoyer für eine ,,Sanfte Energie'' im Rowohlt Verlag im Herbst 1978 erschien, reagierte die Industrie. Der Siemens-Konzern, stark engagiert im Reaktorgeschäft, veröffentlichte bereits im Frühjahr zuvor eine Gegenschrift zu Lovins. In der 94 Seiten starken Werkspublikation ,,Welche Energiestrategie können wir wählen?'', kommt Siemens-Autor Peter Penczynski zu dem Schluß, daß die Soft-Technologien nicht in der Lage sind ,,den voraussehbaren

Energiebedarf bei einer katastrophenfreien Entwicklung zu decken.''
Für Lovins dagegen steckt die bisherige Energiepolitik bereits in der Sackgasse, aus der auch die Entwicklung der Atomkraft und der harten Energietechniken nicht mehr herausführen kann. Das hochgradig zentralisierte, und deshalb anfällige expansive Produktions- und Verteilungssystem im Energiebereich sei am Ende angelangt. ,,Wir befinden uns an einem Kreuzweg'', mahnt Lovins, ,,wenn wir nichts Entscheidendes unternehmen, entgleitet uns die Möglichkeit zu wählen. Eine Verzögerung eines sparsamen Umgangs mit Energie läßt den verschwenderischen Gebrauch so lange weitergehen, bis die logistischen Probleme, wie die Lücke geschlossen werden soll, unüberwindbar werden. Eine Verzögerung des Ausbaus verschiedener sanfter Technologien schiebt sich so weit in die Zukunft, daß jede glaubhafte Brücke aus fossilem Brennstoff, die zu ihnen führen könnte, verbrannt ist.''
Verbrannt sein werden bis zum Ende des 21. Jahrhunderts bei unverminderten Wachstumsraten die natürlichen Vorkommen von Öl, Gas und ein großer Teil der Kohle. Spätestens dann müssen sanfte Energiequellen sprudeln, um unersetzbare Bodenschätze, gleichzeitig Rohstoffe für die chemische Industrie, zu bewahren. Das Erdöl, vor Millionen Jahren durch die Ablagerung von Kleintieren in längst verschwundenen Meeren entstanden, wird von den Industriegesellschaften in zwei Generationen verfeuert. Dabei schöpfen wir aus dem Vollen, als säßen wir in einer energiepolitischen Arche Noah, nach dem Motto: ,,Nach uns die Sintflut!''
Denn rund dreißig Prozent der erzeugten Energie geht bei der Umwandlung von Öl, Gas und Kohle als nutzlose Abwärme verloren. Für jedes Kilowatt Strom aus der Steckdose werden zur Erzeugung drei vergleichbare Energieeinheiten eingesetzt.
Dieser hochwertige Strom wird dann am falschen Ort für niedere Zwecke eingesetzt, für die sanfte Energiearten wie beispielsweise die Solar-Wärme ausreichen können. So wird in der Bundesrepublik über die Hälfte der gesamten Energieerzeugung für Niedrigtemperaturwärme bis zu achtzig Grad Celsius eingesetzt. Vier Prozent der privaten Haushalte heizen mit Strom, 35 Prozent bereiten ihr Warmwasser elektrisch auf. Allein die Raumheizung verschlingt ein Drittel des gesamten Erdölbedarfs. Hochwertige Brennstoffe und Elektrizität werden für viele Zwecke verbraucht, für die eine so hohe Energiequalität überflüssig und teuer ist, kritisiert Lovins die gängige Verschwendung. Wenn die Wohnung mit einem 1600 Grad heißen Brennstrahl aus der Ölfeuerung auf 20 bis 25 Grad erwärmt wird, heißt das ,,Butter mit einer Kreissäge schneiden''.
Und hierin liegt für Lovins der Pferdefuß des gesamten Energiekonzeptes, aber auch die Chance alternativer Energietechnologien. Elektrizität ist unentbehrlich zum Schmelzen von Metallen, Beleuchtung, Antrieb von Untergrundbahnen und Maschinen. Für solche Zwecke werden rund 48 Prozent der gesamten Energie in der Bundesrepublik in Strom verbraucht, der nicht zu ersetzen ist. Dabei besteht die Hälfte der Elektrizitätsrechnung aus Kosten, die für die Verteilung im Energiesystem aufgewendet werden müssen, von Fernleitungen, Umformern Erdkabeln bis zu den Stromablesern, Computerabrechnungen und Werbeagenturen.
Lovins wirbt dagegen für dezentrale und flexible Kraftwerke, die aus Sonne, Wind und Abfällen die benötigte Energie gewinnen. ,,Das Ziel besteht darin, Nüsse mit Nußknackern zu knacken und Pfähle mit Vorschlaghämmern einzurammen – und nicht umgekehrt.''
Und die ersten Nüsse sind schon geknackt. Die Sonne, größte Energiequelle des Erd-

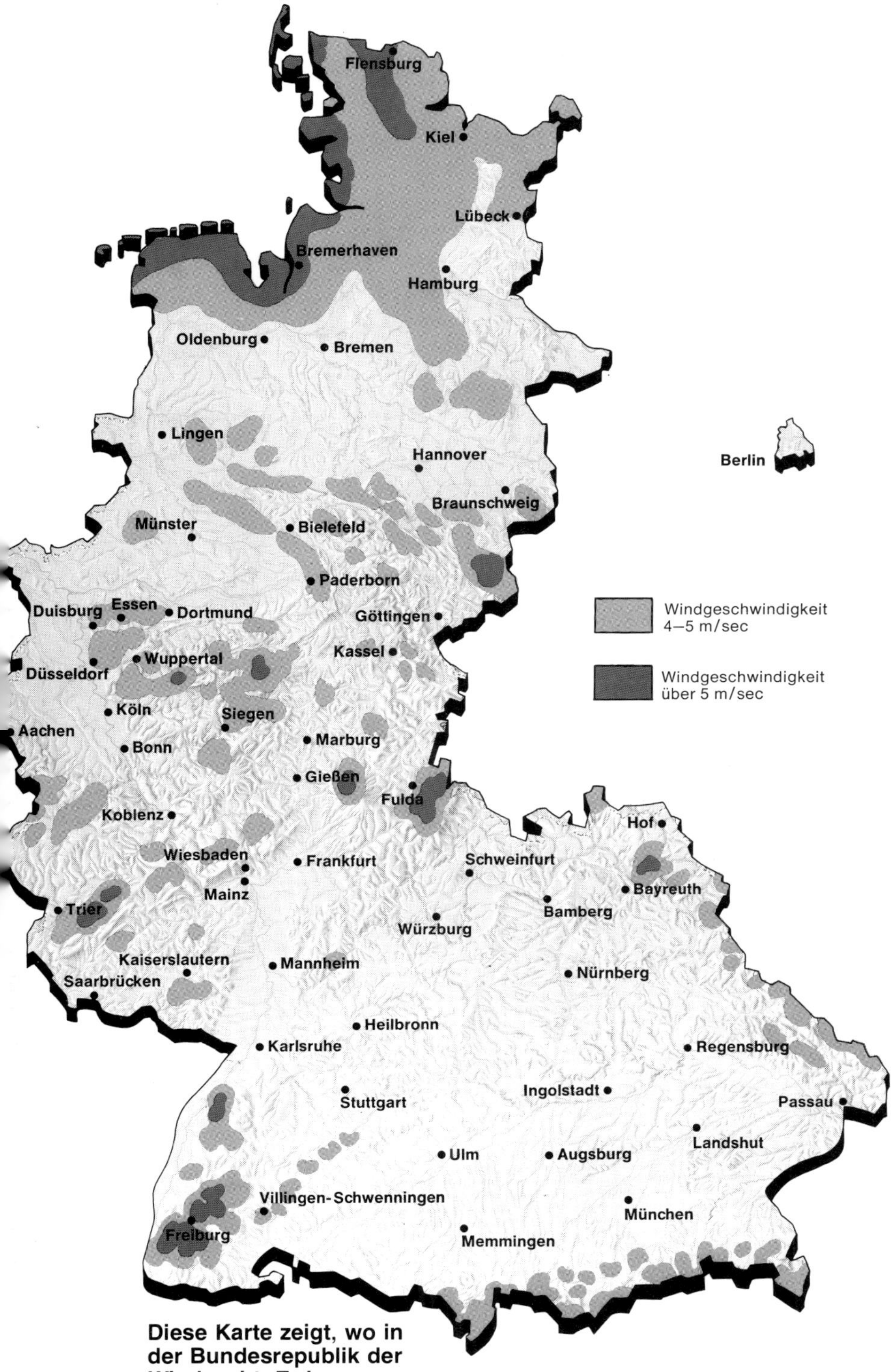

Diese Karte zeigt, wo in der Bundesrepublik der Wind weht. Er kann – vor allem in den Küstengebieten – zur Stromerzeugung genutzt werden. Dabei wächst mit der doppelten Windgeschwindigkeit die Energieausbeute um das Dreifache

balls und seit Jahrtausenden als Spenderin des Lebens von den Menschen verehrt, ist eingeplant in die zukünftige Energieversorgung. Bis zum Jahre 2000 könnten rund 5 Prozent des Primärenergiebedarfs in der Bundesrepublik von dem 149 Millionen Kilometer entfernten Planeten kommen. In acht Minuten durchdringen die Sonnenstrahlen den leeren Raum, bevor sie auf der winzigen Erde absorbiert und in Wärme verwandelt werden. Pro Sekunde verliert die Sonne vier Millionen Tonnen Materie als energiereiche Strahlung. Tief in ihrem Inneren finden die gleichen Prozesse statt, die irdische Wissenschaftler mit der Kernfusion nachahmen wollen. Bislang ohne Erfolg. Die Sonne als die einzig erneuerbare Energiequelle gleicht einem ewigen Atomkraftwerk – allerdings eines, gegen das noch keine Bürgerinitiative demonstriert hat.
Im Gegenteil. Der Bundesverband der Bürgerinitiativen kreierte einen „Tag der Sonne", der am 23. Juni 1979 gefeiert wurde, mit Sonnenparties, auch bei Wind und Regen, mit Malwettbewerben und Besichtigung von Solaranlagen. Die Verehrung gilt der Sonnenenergie, „die ein Einstieg in die sanfte Gesellschaft ohne Verschwendung, Verschmutzung, Entfremdung und Unterdrückung sein kann". Die Idee ist nicht neu. Schon die

Inkas im südamerikanischen Peru verehrten die Sonne als höchste Gottheit und Mutter, das Gold, mit dem sie die Tempel schmückten, galt als „die geweinten Tränen der Sonne". Am höchsten Feiertag, dem Fest des Raymi zur Sonnenwende, wurden in dem Tempelhof von Coricancha Tiere und Menschen geopfert. Ausgewählte Sonnenjungfrauen, die auch die Ehre hatten, mit dem Inka im königlichen Serail das Bett zu teilen, hüteten eine heilige Flamme, die schon damals mit einem Brennglas entfacht wurde. Ihr Erlöschen bedeutete Unheil für das Reich. In Ägypten entstanden Pyramiden für den Sonnenkult des Gottes Ra. In der griechischen Sage fährt Helios am Tage auf einem feuerspeienden Wagen über den Himmel und kehrt nach der Nacht zum Sonnenaufgang in einem goldenen Becher über dem Meer zurück.

Die Sonne als Energiequelle kehrte auch in den Energieprognosen der Industriegesellschaften Mitte der siebziger Jahre zurück. In ihrer Vorausschau „Menschheit am Wendepunkt" prognostizierten die Wissenschaftler Mihailo Mesarović und Eduard Pestel eine zukünftige Solargesellschaft. Nach einer Übergangszeit von hundert Jahren mit Kohle, Öl und Atomkraft soll Ende des nächsten Jahrhunderts vorwiegend die Sonne die irdischen Energiesysteme speisen. Nach einer Studie des Exxon-Konzerns, größter Ölmulti der Welt, werden bis 1990 rund zwei Prozent des Energiebedarfs solar gedeckt. Die Hauptlast werden weiterhin die konventionellen Energieträger wie Öl mit 48 Prozent, Kohle mit 20 Prozent, Gas mit 15 Prozent, Atomkraft mit 8 Prozent und Wasserkraft tragen.

Ein Nachteil der unerschöpflichen Sonnenstrahlen ist, daß sie am wenigsten Energie dorthin bringen, wo sie am meisten gebraucht wird. Die Konzentration der Industriezonen in Westeuropa und Nordamerika auf die nördlichen Breitengrade ist solartechnisch ein Geburtsfehler. Vom Äquator bis nach München sinkt die Zahl der Sonnenstunden von 3500 auf 1800 im Jahr. Im Ruhrgebiet dringt sie nur an 150 Tagen durch den verrußten Himmel. Jedoch noch in Berlin, so errechnete das GEO-Magazin, fallen jährlich tausend Kilowattstunden Sonnenstrahlen auf jeden Quadratmeter – genug, um zwei 60-Watt-Glühbirnen ein Jahr lang leuchten zu lassen.

So leistet denn auch in der nördlich gelegenen Bundesrepublik die Sonne bereits ihren Dienst. In der Gemeinde Wiehl im Oberbergischen Land wird ein vollständig beheiztes Schwimmbad mit Sonnenenergie betrieben. 11 000 Sonnenkollektoren mit einer Fläche von 1500 Quadratmetern heizen das Badewasser in den offenen Becken und eine Mehrzweckhalle. Jährlich werden in der Versuchsanlage des Bundesforschungsministeriums, an der das amerikanische Energieforschungsamt ERDA beteiligt ist, 80 000 Liter Heizöl eingespart. Auf der Zugspitze will die Deutsche Bundespost eine solarbetriebene Richtfunkstation bauen, auf dem evangelischen Pfarrhaus von Ringstedt bei Cuxhaven wurden versuchsweise Sonnenkollektoren installiert, die Eliteeinheit GSG 9 des Bundesgrenzschutzes ist in sonnenbeheizten Räumen kaserniert.

Sonnenkollektoren arbeiten nach dem Prinzip eines Treibhauses. Durch einen gläsernen Mantel fallen die Sonnenstrahlen auf eine schwarz gestrichene Fläche und werden absorbiert. Dabei entsteht Wärme, die Wasser zum Heizen, Waschen und Duschen erhitzt. Für die trüben Tage und die Nacht wird das sonnenerwärmte Wasser in einem aufwendig isolierten Tank gespeichert. In Kombination mit Wärmepumpen, die kaltes in warmes Wasser verwandeln, kann selbst in nördlichen Breiten 85 Prozent der Heizenergie für ein Haus von der Sonne geholt werden. Größtes Problem der Solarsysteme ist bislang noch eine wirksame Speicherung der

himmlischen Wärme auf Erden. In der Bundesrepublik waren Ende 1978 über 5000 Solaranlagen in Betrieb. Bis zum Jahr 1990 sollen nach Schätzung von Fachleuten 200 000 Neubauten mit Sonnenheizung ausgestattet sein. Über 100 Firmen entwickeln zukunftsträchtige Sonnensammler, die vor allem Wohnräume und Wasser heizen können. Dabei setzen die großen Technologiekonzerne wie Dornier in München, Messerschmitt-Bölkow-Blohm in Ottobrunn und BBC in Mannheim auf technisch hochwertige Lösungen, die entsprechend teuer sind. Für ein durchschnittliches Einfamilienhaus kostete eine komplette Solaranlage mit Kollektoren auf dem Dach und einem aufwendigen Wärmespeicher im Keller 1978 zwischen 15 000 und 20 000 Mark. Jährlich spart der Besitzer des Sonnenhauses rund 2000 Liter Heizöl, immerhin etwa 60 Prozent seines Jahresbedarfs. Allerdings deckt die Solarheizung nicht den Wärmebedarf in den langen Wintermonaten, so daß eine konventionelle Heizung weiterhin notwendig ist. Die teure Investition für die Zukunft war 1978 noch ein Markt für technisch Neugierige, Sicherheitsfanatiker, die sich im Fall einer Energiekrise selbst versorgen wollen, und auch Leute, die das schicke Solarthema als Partygespräch gerne ansprechen.
Längst arbeiten auch mittlere Unternehmen an preisgünstigeren Lösungen für solare Heizsysteme. Mit einfachen Kollektoren-Konstruktionen, bei nur wenig verringerter Leistung avancierte die Heizungsfirma Stiebel-Eltron zum Marktführer. Und das ohne den Geldsegen Bonner Subventionen für die Entwicklung von Kollektoren, die wie gewohnt zunächst den Großkonzernen zuflossen. Stiebel-Geschäftsführer Kurt Schön: „Firmen unserer Größenordnung können sich in Bonn keine Lobby leisten."
Dort wurde 1978 ein mit 4,35 Milliarden Mark dotiertes Fünf-Jahres-Programm für Energieeinsparungen verabschiedet. Private Hauseigener können für die Investition in solare Heizanlagen, Sonnenwassererwärmer und Wärmepumpen Steuerermäßigungen oder einen Zuschuß vom Staat erwarten. Damit sollen sich Investitionen in Solaranlagen zur Warmwasserbereitung nach bereits schätzungsweise einem Jahrzehnt lohnen. Steigende Erdölpreise lassen sonnenversorgte Hausbesitzer kalt, sofern sie zu den zehn Prozent gehören, deren Dächer nach Süden abgeschrägt sind.
Gegen die umweltfreundliche Solartechnik auf dem Dach stehen in Deutschland jedoch Paragraphen der Landesbauverordnungen, nach denen architektonisch ausgefallene Lösungen als Verunstaltung des Landschaftsbildes abgelehnt werden können. Der Bewertungsmaßstab orientiert sich nach dem denkwürdigen Spruch des Bundesverwaltungsgerichts vom 28. Juni 1955 an der Meinung des „gebildeten Durchschnittsmenschen". Mithin hängt die Baugenehmigung für Solaranlagen vom subjektiven Empfinden der regionalen Amtsträger ab. Die Novellierung der solarfeindlichen Paragraphen wurde 1979 selbst von dem internationalen Energieforschungsinstitut IIASA in Laxenburg bei Wien empfohlen. Die rigiden Gestaltungsvorschriften der Bebauungspläne, die gerade Fluchtlinien vorschreiben, kollidieren mit den oftmals bizarr geformten Solarhäusern. Kegelförmig konzipierten Häusern von amerikanischen Architektenteams und großflächige, steil in den Himmel ragenden Glasdächern dänischer Entwürfe für sonnenbeheizte Wohnhäuser blieben in der Bundesrepublik die Baugenehmigung versagt. Aber auch konventionelle Hausformen der deutschen Bausparkassen werden von den Behörden abgelehnt, da die Kollektoren in der Sonne glänzen würden.
Um die Energie der Sonne auf der Erde nutzbar zu machen, wird jenseits des Atlantik über

Alle Pflanzen speichern die Energie der Sonne. Pflanzenreste als Abfall zu verbrennen, ist Energievergeudung. Allein im deutschen Stroh steckt jährlich ein Energiepotential, das einer Million Tonnen Heizöl entspricht

Auch der Wind entsteht durch Sonnenwärme, welche die Luftschichten in Bewegung versetzt. Hochragende Windtürme, wie diese Versuchsanlage in Dänemark, können eine Kleinstadt mit Strom versorgen

Sonnenkollektoren auf den Dächern der Altstadt von Jerusalem. Von Zion kommt das Licht, heißt es. Damit es auch genutzt wird, sind Solarsysteme gesetzlich vorgeschrieben gigantische Projekte nachgedacht, die keine Baugenehmigung brauchen. Mit einem Sonnenkraftwerk im All soll bereits für das Jahr 2000 eine endgültige Lösung irdischer Energieprobleme angepeilt werden. Der amerikanische Flugzeug- und Raumfahrtkonzern Boeing präsentierte im April 1978 einem Unterausschuß des Repräsentantenhauses ein 1000-Milliarden-Dollar-Projekt, das größte jemals von Menschen erdachte technische Ding. 36 000 Kilometer von der Erde entfernt soll eine 100 000 Tonnen schwere Weltraumstation, doppelt so groß wie Manhattan, auf einem festen Punkt im All geparkt werden. Bestückt mit 14 Milliarden Fotozellen, soll die Sonnenstation pausenlos, im ewigen Licht, 10 000 Megawatt Energie auf einem Mikrowellenstrahl vom Durchmesser der Stadt Mainz auf die Erde funken. Die zukunftsgläubigen Boeing-Manager wollen hundert dieser Monster auf eine Laufbahn um die Erde schicken, um damit die Energieversorgung für Jahrhunderte sicherzustellen.

Das Mammutprojekt, auch militärisch nutzbar, hat seine Tükken. Um die Empfangsstationen der für Mensch und Tier schädlichen Mikrowellen müßte jeweils ein Sperrgebiet von der Größe Stuttgarts ausgewiesen werden, abgeschirmt mit einem 200 Meter hohen Zaun gegen Vögel. Menschenleere Gebiete dieser Größe stehen jedoch in Mitteleuropa nicht zur Verfügung. Der Strom aus dem All müßte in südlichen Zonen eingefangen, gespeichert und in die Industriestaaten transportiert werden.

Grundlage für die Umwandlung von Sonnenstrahlen in elektrischen Strom sind die 1954 entwickelten Absorptionsmaterialien aus Silizium. Bereits im vorigen Jahrhundert wurde entdeckt, daß Selen, ein chemisches Element, bei Belichtung eine hohe Leitfähigkeit besitzt. Doch erst die Siliziumzellen, die Weltraumsatelliten und Belichtungsmesser in Fotoapparaten antreiben, erreichten einen Wirkungsgrad bis zu 15 Prozent. Die erste menschliche Behausung, die mit Strom aus Solarzellen versorgt wurde, war 1973 die Weltraumstation „Skylab". Für jedes Kilowatt Strom waren sieben Quadratmeter Solarzellen für 750 000 Mark erforderlich.

Auf der Erde soll es jedoch billiger gehen. Der deutsche Elektrokonzern AEG entwickelte Solarzellen für 50 000 Mark pro Kilowatt, noch weit entfernt von den rund 1000 Mark, mit denen in konventionellen Kohle- und Ölkraftwerken ein Kilowatt erzeugt wird. In den Vereinigten Staaten hoffen die Technologiefirmen jedoch schon bald den Preis der Siliziumzellen, ähnlich wie bei den Transistoren, drastisch drücken zu können. Der Energiewissenschaftler Denis Hays vom Washingtoner Worldwatch-Institut sieht für die Solarzellen eine rosige Zukunft: „Die Kosten konventioneller Kraftwerke sind in den letzten Jahren ständig hochgeschnellt, während die der Fotozellen rapide sanken." Nicht ganz so optimistisch sind die Experten des Bonner Bundesforschungsministeriums: „Frühestens um die Jahrhundertwende ist mit einer Wettbewerbsfähigkeit derartiger Systeme zu rechnen."

Auch terrestrische Solarkraftwerke, die Steckdosen mit Strom speisen, sind vorerst noch Zukunftsvisionen. Das Prinzip ist einfach: Wie bei einem Brennglas, mit dem eine Zigarette angezündet werden kann, fallen die Sonnenstrahlen über Spiegel gebündelt auf einen hohen Turm des Kraftwerks. Dort wird Dampf auf bis zu 800 Grad Celsius erhitzt und treibt einen Generator zur Stromerzeugung. Ein europäisches Firmenkonsortium an dem der Messerschmitt-Bölkow-Blohm-Konzern beteiligt ist, baut auf der Mittelmeerinsel Sizilien ein Solarkraftwerk. Direkt unterhalb des feuerspeienden Ätna entsteht das Ein-Megawatt-Kraftwerk. Das Projekt in der strukturschwachen, aber sonnenreichen Region wird zur Hälfte von der Europäi-

chen Gemeinschaft finanziert. n dem Pyrenäenort Odeillo arbeitet bereits ein Sonnenofen mit 64 beweglichen Spiegeln. Konzentriert auf einen 40 Zentimeter großen Brennpunkt des acht Stockwerke hohen Turms erzeugen die Sonnenstrahlen Temperaturen bis zu 4000 Grad. Die Superhitze, mit der alle bekannten Metalle geschmolzen werden können, dient für Hochtemperatur-Experimente zur Herstellung chemisch reiner und extrem feuerfester Werkstoffe.
Die Pionierprojekte für eine kommende Solargesellschaft sind bei den Befürwortern alternativer Energiequellen nicht unumstritten. Für Lovins sind die großtechnologischen Systeme der Energieversorgung nicht auf die Bedürfnisse der Endverbraucher zugeschnitten. Für die Zubereitung des Fünf-Uhr-Tees werden keine 4000 Grad Hitze gebraucht, die sonnenspendenden Weltraumstationen bringen auf dem eigenen Planeten neue ökologische Probleme. Lovins: „Nicht alle Solartechniken sind sanft."
Dabei haben die technisch aufwendigen Zukunftsprojekte schon erfolgreiche Konkurrenten. Die Pflanzen auf der Erde speichern seit Millionen Jahren die Sonne. Bis zu drei Prozent der einfallenden Sonnenenergie werden durch Fotosynthese in Blättern, Gras und Tang gespeichert. Jedes Jahr erzeugen die Pflanzen in den Ozeanen und auf dem Festland rund 100 Milliarden Tonnen sogenannter Biomasse. Besonders schnell wachsende Arten wie Pappeln, Eukalyptus und Riesenseetang liefern den natürlichen Rohstoff für die Gewinnung von wertvoller Energie. Durch Mikroorganismen wird das natürliche Grün zersetzt und liefert dabei hochwertiges Methangas.
Davon profitiert auch der liebe Gott, der die Sonne am vierten Schöpfungstag erdachte. („Und Gott sprach: Es werde Licht! Und es ward Licht.") Im Salesianerkloster im bayerischen Benediktbeuren heizen, kochen und duschen die Mönche mit Biogas-geheiztem Wasser. Aus dem Stallmist der über hundert hauseigenen Rinder werden täglich 300 Kubikmeter Gas mit einem Energiegehalt von 2000 Kilowattstunden gewonnen. Die Abwärme eines Generators zur Stromerzeugung hält den Faulprozeß in Gang, der entgaste Abfall aus dem Stall wird als hochwertiger Dünger auf die Felder gekarrt. Diese Anlage hat als einzige in Deutschland die Schwemme des billigen Erdöls überstanden, die Rinder scheißen auf die Energiekrise.
Jede Kuh liefert pro Jahr Dung im Gegenwert von rund 300 Litern Heizöl, 30 bis 40 Kühe reichen mithin für die Beheizung eines Wohnhauses. In der Schweiz beginnen Bauern mit der Umrüstung ihrer Öltanks in Biogasanlagen. In Indien sind die noch skurrilen Gasanlagen eine Überlebensfrage für die Landbevölkerung. Über zehntausend Bauern besitzen eine 200 Dollar teure,einfach zu bedienende Biogasproduktion. Die drohende Energielücke in den Ländern der Dritten Welt kann durch die einfachen Biogasanlagen zum Teil geschlossen werden. Allein auf dem indischen Kontinent könnte der Dung der heiligen Kühe und pflanzlicher Abfall fast die Hälfte des Energiebedarfs decken. Die „Gesellschaft für Technische Zusammenarbeit" (GTZ), die überall in der Welt Entwicklungshilfeprojekte betreut, hat die weltweiten Erfahrungen mit den regenerierbaren Energiequellen in einem „Biogas Handbuch" zusammengetragen. Ein GTZ-Experte ist jedoch skeptisch, „ob in den Entwicklungsländern gerade die ganz Armen die Energieprogramme kulturell akzeptieren".
Biogas ist auch in Deutschland noch Neuland. Ende der sechziger Jahre wurde in der Hansestadt Bremen eine Kläranlage zur Gasgewinnung eingerichtet. Mehr als eine Million Mark stekken in dem jährlich gewonnenen Biogas, das an die Verbraucher weiterverkauft wird. Auch im Stroh steckt die Sonne. Fünf Mil-

lionen Tonnen Stroh von deutschen Feldern fällt jährlich in der Bundesrepublik als Überschuß an. Mit der Mechanisierung der Landwirtschaft, automatisierten Ställen und dem Einsatz hochwertigen Viehfutters wurde Stroh zum ungeliebten Abfallprodukt auf dem Bauernhof. Wohin damit, nachdem das Bundesimmissionsgesetz die für Städter romantischen Strohfeuer verboten hat, da beim Verbrennen Ruß und Feststoffe in großen Mengen frei werden? Im Abfallstroh enthalten ist Energie im Gegenwert von 1,3 Millionen Tonnen Heizöl. Die Europäische Gemeinschaft beteiligte sich 1978 an einem 250 000 Mark-Forschungsprogramm für eine Stroh-Vergasungsanlage, die im westfälischen Ansberg entwikkelt wurde. Die Firma MAN konstruierte eine Presse, um gehäckseltes Stroh in handliche Briketts zu komprimieren, die wie Steinkohle gelagert und transportiert werden können.

Auch Holz, noch vor hundert Jahren wichtigste Energiequelle in Deutschland, ist gespeicherte Sonne. Wie die himmlischen Strahlen eingefangen werden, zeigen die Produktionsdaten einer 115jährigen Buche. An einem Sonnentag treffen 9,6 Millionen Joule Lichtenergie auf das Blätterwerk mit einer Oberfläche von 1200 Quadratmetern. Davon werden 1,8 Millionen Joule in den rund 200 000 Blättern als Energie gespeichert. Im Gegenzug verdunstet die Buche 600 Liter Wasser und gibt den für Tier und Mensch lebensnotwendigen Sauerstoff ab. Die Buche spendet frische Luft für den Tagesbedarf von zwei bis drei Menschen. Dafür schluckt der brave Baum 9400 Liter Kohlendioxid (CO_2), Abgase aus Autos und Kraftwerken, die er umweltfreundlich assimiliert. In dem hölzernen Meisterwerk schlummert eine beachtliche Menge Energie. Die betagte Buche speichert bei hundertfünfzig hellen Tagen im Jahr Sonnenenergie im Wert von mehr als einer halben Tonne Heizöl. Die in deutschen Wäldern gebundene Sonnenenergie reicht aus, um den Jahresbedarf von 800 Kilowattstunden Strom jedes Bundesbürgers zu decken.

Niemand will die ehrwürdige Buche umhauen, um sie zu verfeuern. Doch die Rechnung zeigt, daß Biomaterial einen wichtigen Beitrag zur Energieversorgung leisten kann. Aus landwirtschaftlichen Abfällen und städtischen Kläranlagen könnte schätzungsweise ein Prozent des gesamten bundesrepublikanischen Energiebedarfs als Biogas gewonnen werden.

Biologisches Material spendet ebenfalls Treibstoffe für das Automobilzeitalter. In Brasilien werden die fünfhundert VW Käfer der Telefonmonteure in Sao Paulo mit Biosprit angetrieben. Der Treibstoff, gewonnen aus Zuckerrohr und der Maniok-Knolle, ist umweltfreundlich, klopffest und kann dem Normalbenzin beigemischt werden. Bis 1985 sollen eine Million Kraftfahrzeuge in dem südamerikanischen Land mit Alkohol laufen. Präsident João Figueiredo will mit dem ehrgeizigen Fünf-Milliarden-Dollar-Programm die Ölabhängigkeit seines Landes vermindern. In der Bundesrepublik soll Sprit gegebenenfalls auf dem Acker wachsen. Die deutsche Runkelrübe (Beta vulgaris) enthält den Grundstoff für die Gewinnung von Alkohol, der als 20prozentige Beimischung zum Benzin normale Motoren treibt. Zehn Prozent des jährlichen Benzinbedarfs könnten – so eine Berechnung der Landwirtschaftskammer Westfalen-Lippe – mit dem Rübensaft hergestellt werden. Für Erich Urban, Direktor der österreichischen Firma Vogelbusch GmbH, die seit 1921 Vergärungstechniken entwickelt und auch das brasilianische Modell konzipierte: ,,Der Weg, die Sonnenenergie über die Pflanze zu nutzen, ist der beste, weil pflanzliches Wachstum und die Sonne unerschöpflich sind.''

Unerschöpflich ist auch der Wind, ein Sohn der Sonne. Durch die Sonneneinstrahlun

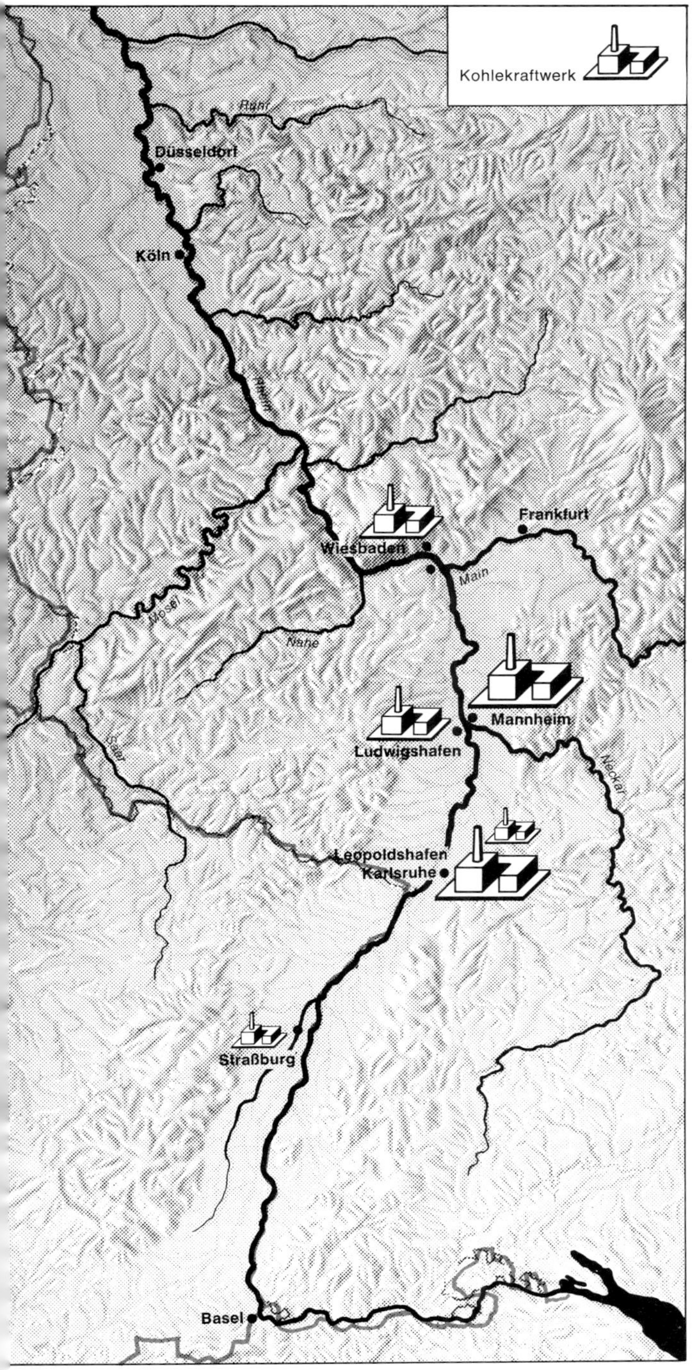

iese Karte zeigt das
heintal im Jahre 1970
nd die
ohlekraftwerke, die
dustrie und Haushalte
it Strom versorgen

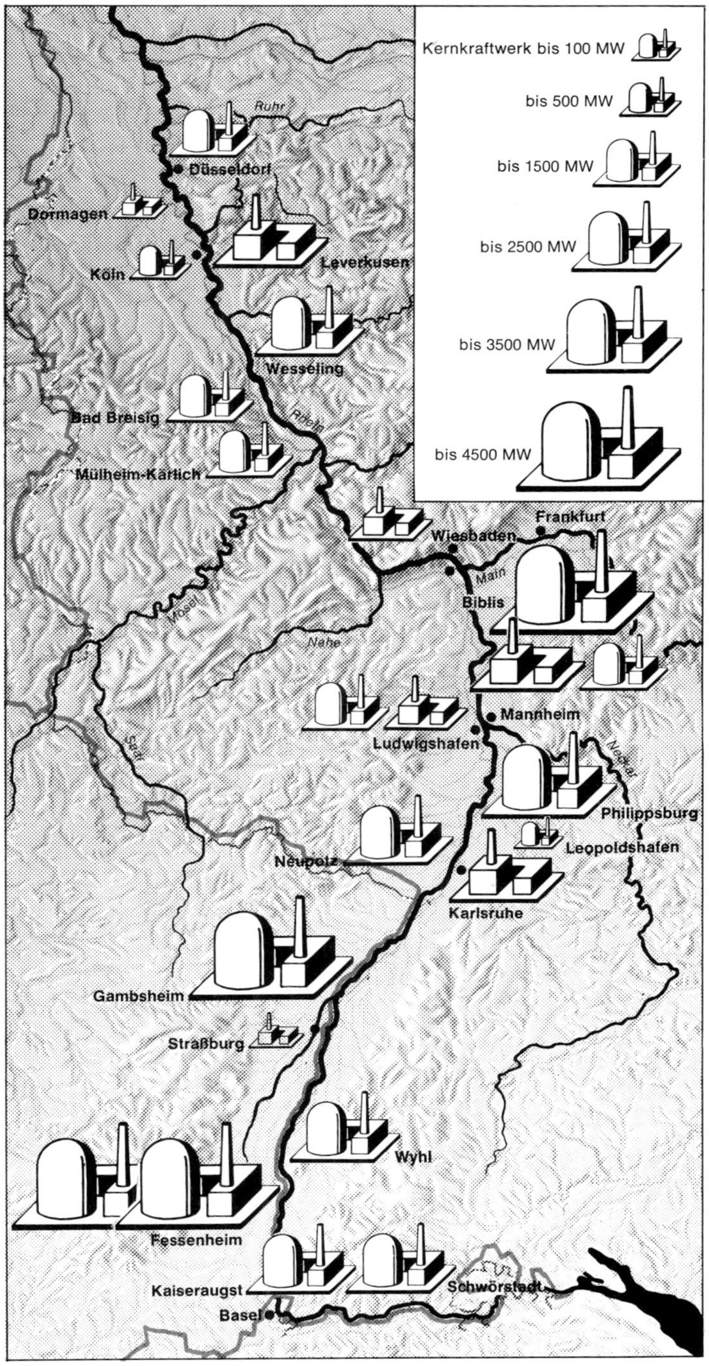

Nach der Energiebedarfsprognose für 1985 müßte sich das Rheintal in einen Atompark verwandeln. Den Vorhersagen der siebziger Jahre zufolge soll sich der Verbrauch elektrischer Energie alle acht bis zehn Jahre verdoppeln. Für den Kühlwasserbedarf der geplanten Kernkraftwerke wäre die Kapazität des Rheins schon Mitte der achtziger Jahre erschöpft

auf der Erde erwärmen die Luftschichten über Meer und Land unterschiedlich und geraten in Bewegung. Die Nutzung der Windenergie, jener sanften Energiequelle, die auch in orkanartiger Stärke ganze Landstriche verwüsten kann, hat eine alte Geschichte. Im 7. Jahrhundert nach Christus wurde wahrscheinlich in Persien die Windmühle erfunden. In der karussellartigen Konstruktion fing sich der Wind in Schilfmatten und trieb eine senkrecht gestellte Achse zum Mahlen von Getreide an. Die heimkehrenden Kreuzfahrer des 12. Jahrhunderts brachten die Erfindung mit nach Hause zurück.
Die Holländer in ihrem flachen, windreichen Land entwickelten sich zu den Meistern der Windmühle. Im 17. Jahrhundert pumpten sie mit Windkraft die eingedeichten Marschlande, die bis zu drei Meter unter der Meeresoberfläche liegen, trocken und sägten Holz in Handwerksbetrieben. Die Dampfmaschine der industriellen Revolution im 18. Jahrhundert verdrängte den Wind als Energiequelle. Jedoch noch Anfang des zwanzigsten Jahrhunderts waren an der Nordseeküste rund 100 000 Windmühlen im Einsatz. In Dänemark drehten sich noch 1890 dreitausend alte Mühlen und erzeugten Elektrizität für Industriebetriebe. Wie bei der Fahrradlampe wird dabei

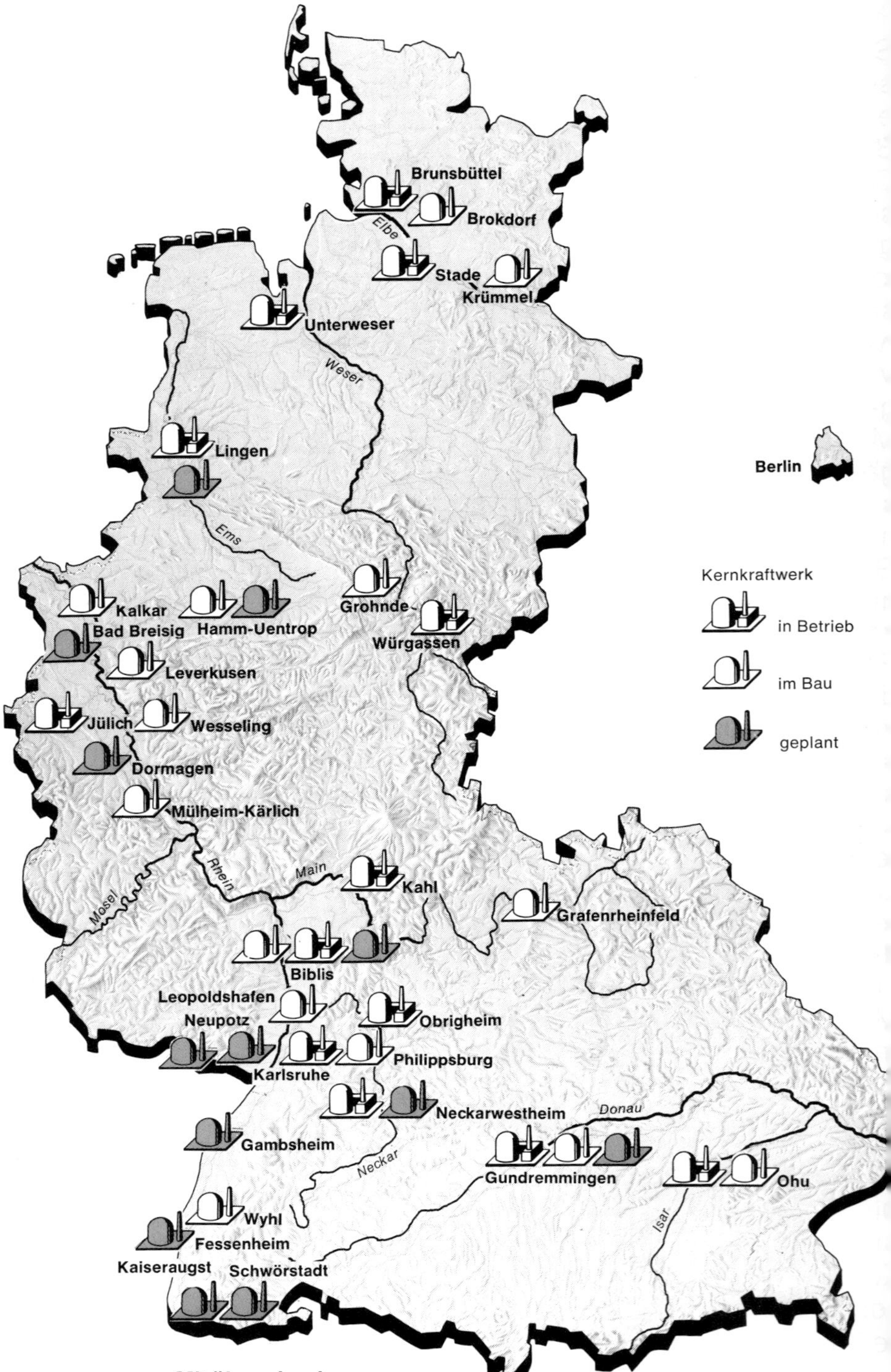

Mit über vierzig Kernkraftwerken soll die Energieversorgung der kommenden Jahrzehnte gesichert werden. Gegen das unsichtbare Risiko formierte sich eine Protestbewegung, die bundesweit den Bau von neuen Atommeilern blockierte. Unbekannte Dörfer wie Brokdorf, Wyhl und Grohnde wurden zu Widerstandszentren gegen den Atomstaat

Strom über eine Dynamomaschine aus der Bewegungsenergie gewonnen und kann in Batterien gespeichert werden. Das Ende der Windmühlen schien schließlich in den sechziger Jahren mit dem konkurrenzlos billigen Erdöl gekommen zu sein. Auf der Schwäbischen Alb wurde 1968 eine 100-Kilowatt-Versuchsanlage der „Studiengesellschaft Windkraft" mit 17 Meter langen Rotorblättern eingemottet. Die Stuttgarter Forschungsgesellschaft konnte nicht mehr die Pacht für das Grundstück und die Wartung des neuzeitlichen Windenergiekonverters aufbringen. Ulrich Hütter, Professor für Flugzeugbau an der Universität Stuttgart und seit vierzig Jahren in der Windforschung tätig, hatte jedoch mit seiner Konstruktion nachgewiesen, daß Elektrizität für das öffentliche Netz aus dem Wind gezapft werden kann. Auch bei unregelmäßigen Windströmungen drehten sich die glasfaserverstärkten Rotorblätter auf dem 33 Meter hohen Windturm gleichmäßig und schnell genug zum Antrieb eines Generators.

Doch erst nach dem Ölkrisenjahr 1973 erhielt die Windforschung in Deutschland neuen Auftrieb. Die ständig teurer werdenden Brennstoffe wie Erdöl, Gas, Kohle und Uran und der verzögerte Baubeginn für Atommeiler ließen die Nutzung der Windenergie wieder aktuell werden. Rund 15 Kilometer entfernt von dem Bauplatz des durch Bürgerprotest blockierten Kernkraftwerks Brokdorf in Norddeutschland entsteht die größte Windmühle der Welt. Anfang der achtziger Jahre soll Growian, die große Windanlage mit einem 100 Meter hohen Turm, in Betrieb genommen werden. Gefördert vom Bundesforschungsministerium, das insgesamt 50 Millionen Mark für die Windenergieforschung bereitstellte.

Bei der Windmaschine laufen die zwei 50 Meter langen Rotorblätter in einer Nabe zusammen, die so groß ist wie ein Einfamilienhaus. Drei Megawatt Strom, ausreichend, um eine Kleinstadt zu versorgen, sollen bei durchschnittlicher Auslastung und günstigen Winden maximal erzeugt werden. Um die Leistung des umstrittenen 1365 Megawatt Kernkraftwerks in der Nachbarschaft zu erreichen, wären allerdings 440 Riesenwindmühlen aufzustellen. Die Umweltschützer haben keine leichte Entscheidung zu treffen zwischen den landschaftsverschandelnden Windtürmen und den risikoreichen Kraftwerken mit ihren Überlandleitungsmasten.

Der Wind ist sicher und gratis. In einer Expertenstudie für das Bundesministerium für Forschung und Technologie wird die Förderung der Windenergie nachdrücklich empfohlen. Danach könnten zunächst acht Prozent des Stromverbrauchs mit Windkraft erzeugt werden, später sogar 15 Prozent. Anzustreben sei dabei ein europäischer Verbund, um an den stürmischen Küsten von Portugal, Spanien und Frankreich den gemeinsamen Wind anzuzapfen. Weltweit wehen auf der Erde Winde mit einem Energiepotential von rund hunderttausend großen Kernkraftwerken. Seit der Niederlage des edlen Ritters Don Quijote im Kampf gegen die Windmühlen ist die Macht des Windes bekannt.

Die Sonnenkraft, gespeichert in Biomasse und Wind, aber auch in den Ozeanen, ist kein Patentrezept für die Bewältigung der Energieprobleme des ausgehenden zwanzigsten Jahrhunderts. Allerdings werden regenerierbare Energiequellen, die bei ihrer Ausbeutung kaum Umweltbelastungen mit sich bringen, im nächsten Jahrtausend die Energieversorgung des Globus sichern.

Barry Commoner, Professor für Umweltfragen in Washington, sieht in den sanften Energiequellen kein Allheilmittel für die unmittelbaren Energienöte des Menschen. Die Entwicklung der solaren Energie ist für ihn jedoch Schlüssel zur Bewältigung von fundamentalen Problemen wie „die weitgehend durch den steigenden Energieverbrauch hervorgerufene katastrophale Inflationsrate, welche die meisten Familienerträge unterhöhlt; die Arbeitslosigkeit in der Auto- und anderen großen Industrien, die zum Teil durch hohe Kosten und drohende Knappheit der Energie verschlimmert wird; die wachsende Nachfrage nach Kapital, insbesondere seitens der Energiewirtschaft, der nach wie vor ungemilderte Fluch der Umweltverschlechterung; die Gefühle der Frustration und Ohnmacht der Bürger oder der Gemeinde in der Konfrontation mit dem konzentrierten Reichtum, der in Milliarden Dollar schweren Kraftwerken symbolisiert wird''. Commoner betont, daß keine der Schwierigkeiten der westlichen Industriegesellschaften mit der ,,Flut des Sonnenlichtes'' hinweggefegt werden können. Aber indem solare Energiesysteme für Raumwärme und Heizwasser sofort in großem Maßstab in Auftrag gegeben werden, kann die Sonne schon heute Arbeitsplätze schaffen. Commoner: ,,Die Anlagen könnten von Automobilarbeitern in stillgelegten Autofabriken oder von Klempnern, Zimmerleuten und Metallarbeitern in kleinen Werkstätten ihrer Gemeinde zusammengebaut werden.''

Bis die Sonne, für jeden frei verfügbar und nicht verkäuflich, die Hauptlast der Energieversorgung trägt, werden die täglichen Energienöte auf anderem Wege zu bewältigen sein. Eine der wichtigsten, bislang wenig beachteten Energiequellen heißt schlicht: Einsparen von Energie. Dabei geht es nicht darum, wieder die Petroleumlampen anzuzünden und auf den alltäglichen Komfort der elektrifizierten Gesellschaft zu verzichten. Aber jeder einzelne kann – jedenfalls 1980 noch freiwillig – einen Beitrag zur Schonung der Energiereserven leisten: Fahrgemeinschaften, kleinere Autos, zu Fuß gehen, Fahrrad fahren, Benutzung von Massenverkehrsmitteln. Im Vergleich zu den Vereinigten Staaten steht die Bundesrepublik zwar gut da: pro Kopf wird dreimal weniger Energie als in den Vereinigten Staaten verbraucht. Gleichwohl ist die leichtfertige Verschwendung von hochwertiger Energie systemimmanent, von schlecht isolierten Wohnzimmern bis zur Abfallwärme der Industrie. Ausgerechnet die Elektrizitätswerke verschleudern mehr Energie, als sie erzeugen. Über sechzig Prozent der eingesetzten Primärenergie in einem Kohlekraftwerk wird in nutzlose Abwärme verwandelt. In einem heutigen Kernkraftwerk geht doppelt soviel Abwärme verloren wie Elektrizität erzeugt wird. Die Produktion von Strom wird gleichsam zum Nebenprodukt. In der Umwelt bleibt die Abwärme dagegen zum größten Teil erhalten und belastet empfindlich das ökologische System. Über die mächtigen Kühltürme der Kraftwerke werden Flüsse aufgeheizt und ganze Landstriche durch kondensierenden Wasserdampf vernebelt. Die Kühlkapazität der deutschen Gewässer ist nach einer Untersuchung der Kernforschungsanstalt in Jülich Mitte der achtziger Jahre erschöpft. Spätestens dann werden sich in den Ballungsräumen wie dem Ruhrgebiet bekannte Techniken durchgesetzt haben, die Abfallwärme für Wohnungsheizungen zurückgewinnen. Diese einfache Wärme-Kraft-Koppelung scheiterte bislang am Widerstand der großen Elektrizitätswerke, die mit der industriell nur schwer nutzbaren Abwärme weniger verdienen als mit dem Strom. Dabei wird mit dem Ausbau des Fernwärmenetzes, an dem 1978 sechs Prozent der Haushalte angeschlossen waren, ein zweifacher Effekt erreicht. Einmal würden tausende von Einzelfeuerstellen in Privathaushalten stillgelegt werden, die Schmutz und Schadstoffe in die Luft pusten. Zum anderen bringt die Fernwärme mit der Verlegung von Rohren und Installationen in den Stadtteilen einen kräftigen Beschäftigungsschub und schafft Arbeitsplätze. Allerdings kann heute kein Hausbesitzer gezwungen werden, Fernwärme abzunehmen. Die Freiheit der Heizmethode ist zwar nicht im Grundgesetz, aber in der marktwirtschaftlichen Ordnung verankert. Der nordrhein-westfälische Arbeitsminister Friedhelm Farthmann will darin kein Tabu sehen. Um den Anschlußzwang an die Fernwärme durchzusetzen, will er notfalls, eine Klage vor dem Karlsruher Bundesverfassungsgericht durchfechten. Farthmann: ,,Das würde ich verdammt nochmal riskieren. Denn wenn wir die Wärmekraftkoppelung hätten, müßten wir fünfzig Jahre lang kein einziges neues Kraftwerk bauen.''

Allerdings ist der Ausbau des Fernwärmenetzes nur in der Nähe der Kraftwerke eine rentable Lösung. Denn Elektrizität kann billiger über lange Strecken transportiert werden als die Dampfwärme der Fernheizung. Dezentral gelegene Heizanlagen, wie gasbetriebene Blockheizwerke, die der Ingenieur Karl Hein in Heidenheim entwikkelte, bringen die Energie dagegen direkt zum Verbraucher. Doch dort geht die mühsam gewonnene Energie zu oft einfach zum Kamin hinaus. In den schlecht isolierten Wohnbauten, insbesondere der Nachkriegszeit, geht in der Bundesrepublik ein Viertel des gesamten Energiebedarfs verloren. Allein die gesamte Luft in einem Wohnraum tauscht sich über Ritzen, Fugen, Lüfter und Schlüsselloch stündlich aus. Energiesparprogramme, die auf internationalen Konferenzen und Weltwirtschaftsgipfeln von den Mächtigen der Welt diskutiert werden, können eine Frage von Zentimetern sein. 12 Zentimeter Wandisolierung, 20 Zentimeter Dekkenabdämmung und Dreifachverglasung in Wohnhäusern verringern die Wärmeverluste um 33 Prozent.

Diese Rechnung stammt von einem der entschiedensten Verfechter einer ökologischen Politik zur Erhaltung der natürlichen Lebensgrundlagen. Für Erhard Eppler, ehemaliger Bundesminister für Entwicklungshilfe, ist die Energie eine Schlüsselfrage der Umweltpolitik. Im Mai 1979 legte er auf 38 Seiten ein Alternativszenarium für eine ökologische und sozial verträgliche Energieversorgung vor. ,,Die Bundesrepublik gleicht einem schlecht wärmegedämmten Haus'', sagt Eppler, der gegen den Ausbau der Atomkraft eintritt und mit der Kohle den wachsenden Stromverbrauch decken will. Die Umweltprobleme der Kohlekraftwerke, die Schadstoffe in die Luft schicken, sollen dabei mit modernen Verbrennungsmethoden wie dem Wirbelschichtverfahren verringert werden. Grundpfeiler einer Alternativ-Energiepolitik ohne das risikoreiche Atom bei knapper werdenden Erdölreserven ist jedoch die Energieeinsparung. Eppler sieht ein breit gefächertes Spektrum für Sparmaßnahmen von Tempolimits auf Autobahnen, Wärmerückgewinnung aus Abwasser, Sonderabgabe für elektrische Heizungen bis zum Aufdruck der Stromverbrauchsdaten auf den Haushaltsgeräten und einer Tarifumgestaltung, um hohen Stromverbrauch nicht noch zu honorieren. Für die drastischen Einsparungen von Energie durch einfache Wärmedämmung im Haus macht Eppler eine verblüffende Rechnung auf. Danach könnten komplizierte Kernkraftwerke mit teuren Verteilungsleitungen aus Aluminium, Stahl und Kupfer nicht mit simplen Dämmstoffen aus Steinwolle und Gummidichtungen für Glasscheiben wirtschaftlich konkurrieren.''

Im Gegenteil. Durch die energiegerechte Umrüstung von Altbauten werden für die nächsten 20 Jahre rund 240 000 Arbeitsplätze gesichert. Gut isolierte Häuser sind zudem die Voraussetzung für einen wirksamen Einsatz von Sonnenkollektoren. Die Entwicklung sanfter Energiequellen ist so gesehen eine doppelte Zukunftssicherung. Denn Energie ist genug da, bis die Sonne erlischt – und das wird noch mindestens fünf Milliarden Jahre dauern.

Der Mensch und seine Energie. Vor den Kräften, die er in den Hochöfen der Stahlproduktion entfesselt hat, muß er sich mit Helm und Maske schützen. Ob diese Hochleistungsenergie für die industrielle Produktion künftig durch das Gas, Kohle, Öl oder Uran erzeugt wird, ist umstritten

BEA

Wie Explosionskrater des Wirtschaftswachstums fressen sich ausgedehnte Braunkohlengruben in die Landschaft, verschlingen Wälder, Felder und Dörfer, Lebensräume. Angesichts der Opfer, die für den steigenden Energiebedarf gebracht werden müssen, sind die Dampfwolken der Kühltürme wie ein Hohn. Ungenutzt entweicht dort kostbare Energie und belastet die Luft

An den Ufern der Flüsse werden die Konflikte sichtbar, mit denen die Industriegesellschaft leben muß. Hierher flüchten die Menschen aus den Städten auf der Suche nach den kleiner werdenden Erholungsräumen. Hierher pflanzen die Energieplaner die Kernkraftwerke, Monumente des wirtschaftlichen Aufschwungs

Der Mastenwald wächst, die Stromversorger sind auf Draht. Das dichter werdende Netz der Hochspannungsleitungen ist der Preis einer Konsumgesellschaft, deren Wohlbefinden vom Grad ihrer Elektrifizierung abhängt

Im Ruhrpott bei Oberhausen geht auch in der Nacht der Ofen nicht aus. Die Sicherheit der Arbeitsplätze in diesem größten Industriegebiet Europas hängt nicht zuletzt davon ab, ob es gelingt, die knapper und teurer werdende Energie besser zu nutzen

Wald

HOLZ GEGEN GELD

Kein schöner Land in dieser Zeit,
Als hier das uns're weit und breit.
Wo wir uns finden
wohl unter Linden
zur Abendzeit.

Das beliebteste Volkslied der Deutschen besingt ein Land, von dem wir Abschied nehmen müssen. Die Zeit der schönen Linden ist vorbei, die geweihten Bäume, deren Holz Tilman Riemenschneider und Veit Stoß mit dem Schnitzmesser in Heilige verwandelte, die Sommerlinden, Stammbäume der Geselligkeit, traditioneller Mittelpunkt des Dorflebens, grünes Dach der Maifeiern und Gerichtsverhandlungen; wo sie noch stehen, gehen sie ein wie die Primeln. Ein paar schütter gewordene Naturdenkmäler aus der Zeit der linden Lüfte werden an Krücken und mit allen Mitteln der Baumchirurgie in die achtziger Jahre gepäppelt. Verzweifelte, letzthin vergebliche Versuche zu retten, was nicht zu retten ist. Die großen Blätter der alten Riesen, Tag und Nacht von Abgasen eingenebelt, nehmen es krankend zur Kenntnis.

Wenn der Baum stirbt, vergeht die Welt. Das Symbol des Lebens, Sinnbild der Einheit des Universums, Yggdrasil, die Weltesche, Baum des Schicksals; für Götter und Menschen, umschattet von den Nebeln des Todes, Mittelpunkt der germanischen Mythologie. In ihrer Krone hat der Adler seinen Horst errichtet, Ziege und Hirsch äsen an den Knospen, und an den Wurzeln nagt der Drache. Die Nornen benetzen sie mit dem kühlen Wasser aus dem Brunnen der Weisheit. Und wenn die Esche stirbt, so heißt es, sind die Götter mit ihrer Weisheit am Ende.

Viele Eschen sterben. Andere Bäume wachsen nach. Gott, der Herr, pflanzte sie im Garten Eden, ,,und den Baum des Lebens mitten im Garten, den Baum der Erkenntnis des Guten und Bösen.'' (1. Mose 2.9) Cherubim bewacht den Garten mit flammendem Schwert, zu bewahren den Weg zu dem Baum des Lebens. Bäume wechseln, die Bäume schlagen aus. Sie wachsen über sich selbst hinaus, gedüngt von der Vorstellungskraft ihrer Bewunderer, die narbigen Stämme des nationalen Über-Ichs, die der Karlsruher Lyriker Joseph Viktor von Scheffel den Deutschen ins Stammbuch schreibt:

,,Sind wir auch nicht mehr Waldmenschen von einst;
die eurer Eicheln Nahrung gelabt.
Mit den grunzenden Herden gemeinsam.
Noch entzückt uns alle die Schönheit des Blatts,
sein gekerbter Rand, sein Gebuschtsein zum Strauß!
Noch schmückt den Krieger zum Sturmlauf
der Schlacht das Eichreis am Helm
und ein Eichenlaubkranz ehret den Sieger.''

War Eichenlaub mit Schwertern zur Reliquie des Schießbürgertums geworden, die Eiche ein durch und durch deutscher Baum, kampfstark, männlich, dessen zackiges Laub in den Wappen der Schützenvereine und auf den Taschen der Krachledernen die Konturen der unsterblichen nationalen Frage offenhält, war die Linde der Göttin Freya und der Jungfrau Maria geweiht, so blieb die Buche die ,,Mutter des Waldes'', ein Gewächs, das dem Menschen gleicht, wie schon Paracelsus fand. ,,Es hat seine Haut, das ist die Rinde. Sein Haupt und Haar sind die Wurzeln; es hat seine Figur und seine Zeichen, seine Sinne und seine Empfindlichkeit im Stamme. Nach einer Verletzung stirbt es daher. Es hat Laub, Blüten und Früchte als Zierde, wie im Menschen das Gehör, das Gesicht und die Sprache sind.''

Angesichts der Bäume und Wälder wuchs die Sprache großer Gemütsmenschen aus dem Unterholz der Allgemeinplätze in lichte Höhen. Der Wald des Joseph von Eichendorff, ,,all meiner Lust und Wehen andächt'ger Aufenthalt'', der Wald des Ernst

Jünger, „eine neue Potenz, die alte Erfahrung und Triumph vereint. Raum- und zeitbezwingende Macht wird spürbar, wie in einem Senat oder einer Versammlung von Königen". Gedanken des Jahres 1962. Die Andacht der Dichter und Denker im grünen Dom der Natur ist ebenso zeitlos wie widersprüchlich. Dem einen war der Wald „Traum einer von Polizeiaufsicht unberührten persönlichen Freiheit", wie Wilhelm Heinrich von Riehl, Direktor des Bayrischen Nationalmuseums vor hundert Jahren niederschrieb. Anderen, wie dem ehemaligen Bundeskanzler Konrad Adenauer war er die Baumschule der Nation: „Wer den Wald liebt, der will auch den geordneten Staat." Der deutsche Wald ist in uns. Mehr als wir in ihm. Einmal im Jahr holen wir ihn in die gute Stube, schmücken seine abgesägten Abgesandten, die achtzehn Millionen Weihnachtsbäume, Lichtbringer zwischen den Jahren, mit Lametta, Kugeln und Sternen und lassen das Symbol von Innigkeit und Recht und Freiheit für ein paar Tage zum Mittelpunkt des Familienlebens werden.

Und doch macht er uns Angst. Jahrhunderte lang haben wir Deutschen den Wald, düster und bitter kalt, als Drohgebärde des feindlichen Lebens in die Phantasie unserer Kinder gepflanzt, ein Labyrinth, in dem sich verirrt, wer nicht gehorcht, ein düsteres schwarzes Versteck des Bösen, in dem der Wolf lauert, um jeden zu verschlingen, der vom Pfad der Tugend abweicht. In den Märchen der Erwachsenen lebt der Wald als metaphysische Traumlandschaft fort, die sich durchs Opernglas betrachtet zur schicksalhaften Kulisse türmt; der Wald als Gedankengebäude, in dem sich Gralssucher verirren und Helden behaupten, würdiger, schaurig schöner Rahmen für Walküren, Wildschützen und Jägerchöre. Der Wald, dem geneigten Publikum nicht mehr und nicht weniger als die Seele vons Janze. Doch so weltfremd, wie heute manchem die Opern von Karl Maria von Weber oder Richard Wagner erscheinen, waren sie nicht. Denn die Welt war – in deutschen Grenzen – dereinst nichts anderes als Wald, und sie wäre es noch, wenn nichts dazwischen gekommen wäre.

Zur Zeitenwende war Mitteleuropa von den Alpen bis zur Nordsee von Wald bedeckt. Der römische Reiseschriftsteller Tacitus schauderte: „Das Land wirkt unheimlich durch seine vielen Wälder." Die Bewohner des Waldes schlugen hier und da ein paar Lichtungen ins Dunkel und pflügten den Boden, um sich vom Feldbau zu ernähren. Das Vieh schickten sie unter die Bäume, damit es sich an den jungen Ästen und Zweigen, Trieben, Eicheln und Bucheckern labte. Der Wald machte alle satt. Und auch als er mehr und mehr eingeschlagen wurde, sicherte er die Arbeitsplätze der Menschen und diente zugleich als Mitteleuropas einzige Rohstoff- und Energiequelle. Tischler, Stellmacher und Küfer brauchten das Holz, Schmiede die Holzkohle, die der Köhler ihnen lieferte. aus dem Wald stammte der Honig zum Süßen der Speisen, denn Zucker gibt es erst seit vielleicht dreihundert Jahren; aus dem Wald kam die Lohrinde zum Gerben, Kienspäne und Wachs für Lampen und Kerzen, Pech und Teer zum Abdichten von Schiffsplanken und Dächern, Pottasche für die Glasherstellung, Bast, Harz und vieles andere mehr.

Vor allem die Glashütten und Salzsieder hatten einen kaum zu stillenden Holzbedarf. Während sich das einst von Wald bedeckte Norddeutschland im Feuereifer Lüneburger Salzsieder zusehends in eine kahle, nur noch von Heidekraut bedeckte Kunstlandschaft verwandelte, eine Sandsteppe, die unter dem Namen Lüneburger Heide berühmt wurde, wanderten die unermeßlichen Laubwälder der Oberpfalz ins Feuer der Eisenhütten. Als dann noch immer mehr Bäume in See stachen – die holländischen Schiffbauer hatten einen geradezu unersättlichen Hunger nach bestem deutschem Stammholz – fraß sich der Kahlschlag immer tiefer in den Schwarzwald, den Holzhauer, so gut es ging zu Tal trugen, weil die badischen und württembergischen Landesherren mit dem Holzverkauf ihren aufwendigen Hofstaat finanzierten. Im 17. Jahrhundert war es üblich, daß Bauern und Siedler in den Wäldern Laub und Nadeln zusammenharkten, um es im Winter als Streu fürs Vieh zu verwenden. Auf diese Weise entzogen sie dem Boden wertvolle Nährstoffe. Den größten Schaden aber richtete wohl das Vieh im direkten Zubiß an, indem es alle jungen Triebe und Schößlinge, praktisch den lebenden Unterbau des Waldes kahlfraß. Ein Wald konnte sich dadurch nicht verjüngen, der Schaden war irreparabel. Im Jahre 1784 machten sich im Bereich des Forstamtes Groß-Schönebeck 2753 Rinder, 819 Pferde und 16 200 Schafe über den Wald her. 50 Stück Großvieh auf einem Quadratkilometer Waldfläche waren keine Seltenheit. Heute gelten ein bis zwei Hirsche und sechs bis acht Rehe als Maximum des Erträglichen.

Vermutlich sähe es in Deutschland heute sehr viel schlimmer aus, wenn die Kartoffel nicht gewesen wäre. Die brasilianische Importknolle wurde zur soliden Grundlage der Schweinemast. Auch die Rinder wurden seltener in den Wald getrieben und statt dessen in Ställen oder auf Grünland gehalten. Es ist also ein Irrtum zu glauben, daß unsere Vorväter den Wald in Ehren gehalten haben. Daß letztlich einiges davon stehengeblieben ist, liegt daran, daß nicht genug Vorväter da waren, um ihn nachhaltig zu schädigen, zum Teil wohl auch an der Unzugänglichkeit mancher Bergwälder und den Schwierigkeiten, das Holz zu Tal zu fördern, vor allem jedoch am Wetter. Das gemäßigte feuchte Klima nördlich der Alpen verhinderte letztlich jene Verwüstung durch Kahlschlag, die in den Mittelmeerländern die Landschaft total veränderte. Dank günstiger Bodenverhältnisse blieb die Verkarstung aus.

Um 1800 erkannten Forstleute die Gefahren des Raubbaus, denen sie mit Aufforstungsprogrammen zu begegnen suchten. Im 19. Jahrhundert wuchs manche kahlgeschlagene Stelle wieder zu. Die Zusammensetzung der Wälder veränderte sich immer mehr zu Gunsten schnell wachsender Nadelbaumarten. Zwar hatten auch die Bauern des Mittelalters schon vorzugsweise die Kiefer in den Sand gesetzt, unter deren lichten Krone Gräser fürs Vieh keimten und deren tiefe Wurzeln den durch Raubbau ausgelaugten Böden noch Wasser und Nährstoffe zu entziehen vermochten. Aber nun setzte es die „preußische Fichte", den Karrierebaum des forstlichen Frühkapitalismus. Der Holzakkerbau begann.

Die Bäume wurden in Reih und Glied gepflanzt, in engem Abstand, stillgestanden! Andere Pflanzen wurden kehrt marsch aus der Schonung entfernt, damit die Fichtensetzlinge schnell zu den langen Kerls heranwuchsen, die zum profitablen Wohle der Waldbauern Front machten. Und während in den Salons des Großbürgertums der Geist der Natur immer heftiger beschworen wurde, ging die Natur da, wo sie hingehörte, langsam flöten. Karl Gayer, der bayrische Altmeister des Waldbaus, schrieb 1892 resigniert: „Vor Jahrhunderten entsproß der Wald dem Boden ohne Zutun des Menschen, er erstarkte bei der noch ungeschwächten Erzeugungskraft der Erde und ungestört durch die unverständigen, räuberischen Eingriffe der Menschenhand zu einem Maße der Vollkommenheit, das heutzutage nur ausnahmsweise im großen und ganzen als nicht mehr erreichbar betrachtet werden muß."

Das Unvollkommene gewann an Boden. Ein düsterer Typ Wald hat sich seither breit gemacht, in jungen Jahren ein unansehnliches, relativ feuchtes, kaum ɟurchlüftetes Dickicht, das ;elbst von Vögeln gemieden ʌird, Treibhaus für allerlei Schädlinge wie Nonnenspinner, 3uchdrucker und Kupferste- :her, die sich in den immer häu- iger werdenden Monokulturen ausbreiten, denn einzeln stehenden, gesunden Fichten können sie kaum etwas anhaben. Aber diese hoch ragenden, urwüchsigen, jahrhundertealten Baumriesen vom Stamme der Fichte muß man heute lange suchen, weil sie „reihenweise im zarten Kälberalter von 80 Jahren geschlachtet werden", wie der Journalist und Naturschutz-Ehrendoktor Horst Stern bemerkt. Monokulturen sind wie ein kaltes Büffet zur Selbstbedienung. Dieses reichliche Nahrungsangebot läßt viele Schädlingsvölker erst entstehen, ein natürlicher Vorgang, denn „Schädlinge" sind nichts anderes als eine Lenkhilfe, mit welcher die Natur ihr Gleichgewicht ausbalanciert. Wenn eine Baumart sich unnatürlich ausbreitet (in diesem Fall durch den Menschen) und noch dazu dort wuchert, wo sie eigentlich gar nicht hingehört, so daß die Stämme krank und schwächlich heranwachsen, anfällig gegen Schnee und Frost, kommen die Schädlinge wie beim Menschen das Fieber.

Die Massenbaumhaltung der sägewerksgerechten und maschinenfreundlichen Fichte bedeckt heute 42,5 Prozent der gesamten Waldfläche der Bundesrepublik, und weil dieser undurchdringliche Renditeforst nicht selten erkrankt, muß er gelegentlich von oben herab verarztet werden. Hubschrauber versprühen Unkrautvertilger und Entlaubungsmittel. Sie sollen Unkräuter wie Eichen und Buchen im Keim ersticken. Von oben regnet es auch die Pestizide gegen den Nonnenspinner. Aber das Gift, das vom Luftdruck

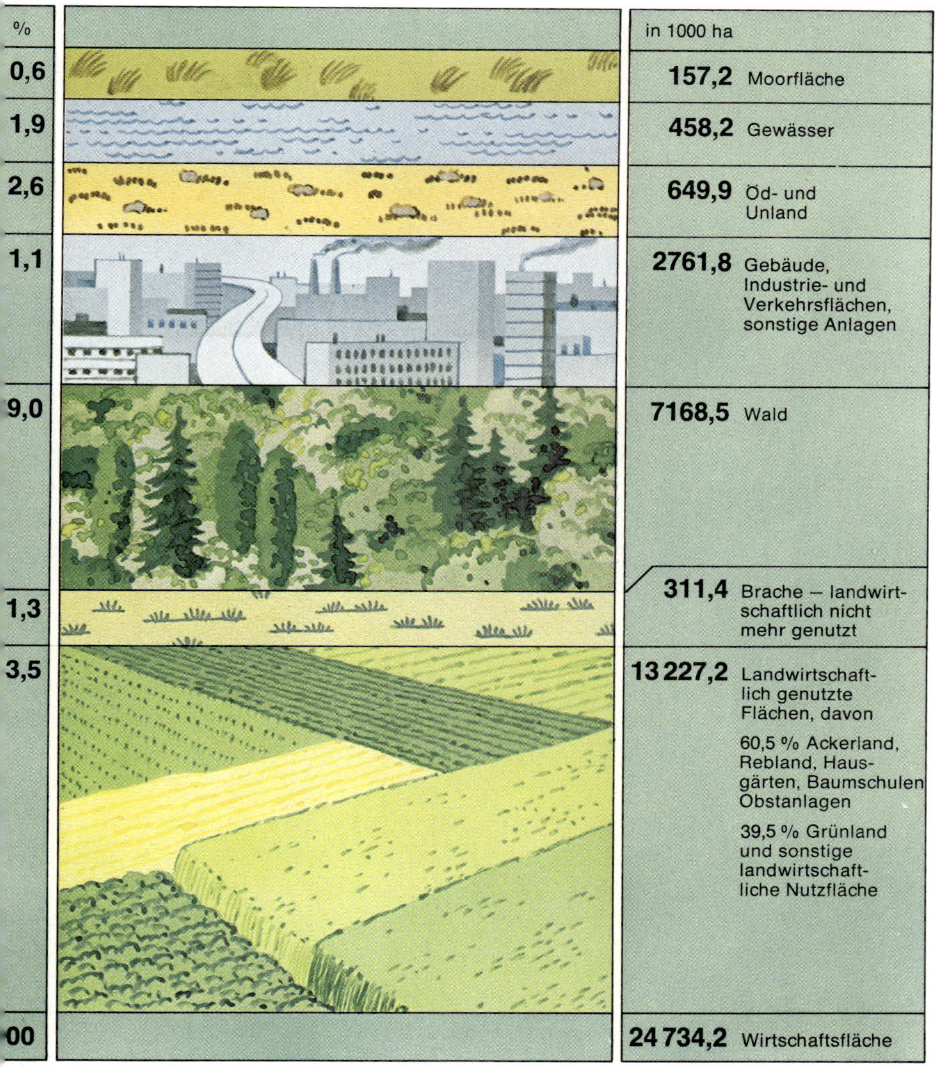

iese Grafik zeigt, ie der Boden der undesrepublik eutschland genutzt ird. Gegenüber den ächen für Städte, dustrie, Verkehr und ndwirtschaft steht der ald noch auf einem ıten zweiten Platz. atistisch ist er in den tzten Jahren sogar ößer geworden

der Hubschrauber-Rotorblätter ins Kronendach gedrückt wird, macht auch allen anderen Insekten den Garaus, die für ein gesundes Wald- und Bodenleben unentbehrlich sind. Deshalb versucht man es häufiger mit psychologischer Kriegsführung. Weibliche Nonnenspinner werden in kleinen Nonnenspinnerkäfigen ausgesetzt. Angelockt vom Sexualduftstoff kommen die männlichen Nonnenspinner von allen Seiten angeflogen und bleiben an heimtückisch angebrachten Klebstreifen in Haft. Andere, nicht weniger aufwendige Versuche laufen mit Wachstumshormonen, mit welchen die Häutung der Nonnenspinnerraupen gehemmt wird. Die Tiere sterben ab.

Auch Fichten sterben schnell. 1972 kamen innerhalb von nur drei Stunden 90 Millionen Bäume ums Leben, als ein heftiger Sturm die großen Monokulturen Niedersachsens umlegte. Die schlanken, von keinem Laubbaum, Busch oder Unterholz geschützten Stangen waren dem Jahrhundertsturm nicht gewachsen; mit 210 Millionen Mark entschädigte der Steuerzahler die betroffenen Waldbesitzer, von denen viele nichts Besseres zu tun hatten, als mit dem Geldsegen dasselbe nochmal von vorn zu beginnen: Fichte in Reinkultur. Auch als drei Jahre später 515 Waldbrände die niedersächsischen Monokulturen heimsuchten und 38 000 Feuerwehrleute fürs Löschen einen Orden bekamen – kam es nicht zur längst fälligen Wende in der Waldwirtschaft, obwohl die Forstwissenschaftler inzwischen unüberhörbar für den gegen Schädlinge, Wind und Wetter widerstandsfähigen Mischwald plädierten. Professor Richard Plochmann vom Münchner Institut für Forstpolitik: ,,Wenn wir heute für Mischbestände eintreten, so geschieht dies, um das Risiko für die Produktion, die über enorm lange Zeit läuft, zu vermindern.'' Die Forstforscher empfehlen, Holzqualität der Holzmasse vorzuziehen und Baumindividuen statt Baumreihen zu fördern.

Die sorgfältige Einzelbehandlung der Baumwesen betreibt die ,,Arbeitsgemeinschaft naturgemäße Waldwirtschaft'', die sich 1950 zum biologischen Sägen zusammengetan hat. Für sie ist der Wald kein Großklinikum für Bauminvaliden, sondern sie verfährt mit den Bäumen, wie ein Internist mit seinen Privatpatienten. Die Stämme werden nur einzeln aus dem Wald genommen, und zwar die schlechtesten zuerst. Wo ein Baum fällt, öffnet sich das Blätterdach, Licht flutet auf den Boden und gibt jungen Bäumen Auftrieb. Durch die Holzernte wird Holz erzeugt, ohne daß gepflanzt, gedüngt und gegiftet werden muß. Voraussetzung ist allerdings ein einigermaßen natürlich ,,aufgebauter'' Wald, in dem die Riesenwachskraft der stehengebliebenen Stämme sich entfalten kann, wenn die Konkurrenz um Nährstoffe und Licht weniger wird. Von den bis zu 600 Jungbäumen eines vierjährigen Buchen-Bestandes würde sich auch unter natürlichen Bedingungen nur ein einziger durchsetzen und zum Riesen heranwachsen. In diesem ,,naturnahen'' Wald wachsen nicht nur Bäume unterschiedlicher Arten in einer Pflanzengesellschaft auf, sondern auch Individuen unterschiedlicher Altersklassen, die sich gegenseitig schützen, aber auch miteinander konkurrieren, ein Wettbewerb, der deshalb gesund ist, weil sich kranke oder schwache Gewächse nicht durchsetzen und deshalb auch weniger Angriffsflächen für Schädlinge bieten.

Viele Waldbesitzer scheuen trotzdem davor zurück, ihren Wald in dieser aufwendigen Methode ,,umzubauen'', weil die Holzackermethode das schnellere Geld zu bringen verspricht. Sie ist aber letztlich teurer. Der Erbacher Forstmann Georg Sperber mahnt zur Bescheidenheit auch aus Kostengründen: ,,Naturnahe Waldbauverfahren, bei denen der Mensch seine wirtschaftlichen Absichten de atürlichen Entwicklungen bescheiden einordnet, die Naturkräfte klug sich dienstbar zu machen trachtet, sind nachweislich auf die Dauer mit geringeren Unkosten belastet als die heute verbreiteten Methoden, mit denen aus Unwissenheit, kurzsichiger Profitsucht und Überhebichkeit der Mensch die Waldnaur vergewaltigt."

Diese Profitsucht attestiert der streitbare Naturschützer ausgeechnet den staatlichen Forstmtern, in denen das Personal schneller wechselt, als der Wald wächst; zudem würden die meisten Politiker nicht über die ächste Legislaturperiode hinusdenken. Eine Fichte aber iberdauert vierzig Wahlkämpfe, venn man sie läßt.

Die Bundesrepublik Deutschand ist zu einem knappen Drittel on Wald bedeckt, 2,2 Millionen Hektar gehören Bund und Länern, 1,8 Millionen Hektar sind ogenannter Körperschaftswald, neist Gemeindeeigentum, und ,2 Millionen Hektar gehört Priatbesitzern (ein Hektar sind 0 000 Quadratmeter).

eder hundertste Bundesbürger at sein Wäldchen, rund 700 000 tolze Waldbesitzer, meist Baurn, hüten das angestammte Naurkapital, dessen Zinsen nicht erade hoch sind. 130 Mark beug 1978 der Ertrag pro Hektar Valdfläche, ein guter Pfennig ro Quadratmeter, ein lohnendes Geschäft nur für die Elite unter den Herren des Waldes, deren Stammbaum Jahrhunderte zurückreicht. Dazu gehören Johannes Fürst von Thurn und Taxis (30 000 Hektar), größter Waldbesitzer des Kontinents, Erbprinz Joachim zu Fürstenberg (23 000 Hektar), das Ehepaar zu Sayn-Wittgenstein (12 000 Hektar), Hippolyt Freiherr Poschinger von Frauenau (14 000 Hektar), Georg Fürst von Waldburg-Zeil (10 000 Hektar) und die fürstliche Familie von Bismarck (7000 Hektar). Gerade bei den hohen Herrschaften stößt – laut Sperber – die Idee vom naturnahen Waldbau auf ,,bemerkenswerte Verbreitung." Der Grund sei die ,,auch kommenden Generationen verpflichtete Grundhaltung" der blaublütigen Grünpfleger.

Was den Großen recht ist, ist den Kleinen teuer, zu teuer zumeist. Ein Wirtschaftswald muß Gewinne abwerfen. Dabei müssen alle Baumeigner nach dem im Bundeswaldgesetz festgeschriebenen Prinzip der ,,Nachhaltigkeit" verfahren. Das heißt: Es darf nur so viel geholzt werden wie nachwachsen kann. Raubbau ist untersagt, Rodungen müssen begründet sein, etwa durch höheres Interesse. Das höhere Interesse liegt vor, wenn Bäume im Schußfeld von Nato-Übungspanzern stehen oder den Weg von Planierraupen der Straßenbauer blockieren. Wer nicht rodet, sondern statt dessen seinen Wald durchforstet, wie es sich gehört, zahlt oft drauf. Wer beispielsweise in einem halbwüchsigen Stangenwald einzelne Bäume herausnimmt, weil sie andere Bäume im Wachstum behindern, erntet ,,Schwachholz", Stämme, deren Durchmesser 16 Zentimeter nicht überschreitet und mit denen Sägewerke nicht das geringste anfangen können. Dieses Holz wird an die Spanplattenindustrie verkauft, oder es findet sich ein Hersteller von Spielplatzgeräten oder Blockhäusern, der auch Schwachholz verarbeitet. Der Preis, der sich ,,ab Waldstraße" dafür erzielen läßt, liegt meist unter den Kosten der Durchforstung, die oft so hoch sind, daß mancher Bauer lieber ganz auf sie verzichtet, auf eine Arbeit, die sich ohnehin erst in vielleicht neunzig Jahren auszahlt, dann nämlich, wenn die heute dreißigjährigen Kiefern zu mächtigen hiebreifen Stämmen herangewachsen sind.

Den reichen Erntesegen seiner Urenkel muß der Waldmensch von heute mit teuren Investitionen in die Wege leiten, weil er fortwährend Naturgesetze übertritt und Wälder wie Rübenäcker pflanzt. Solche ,,Lignikulturen", wie sie der Urwaldexperte Mlinšek nennt, brauchen viel Pflege nach der Faustregel: Wo ein Wald wächst, ist auch ein Maschinenpark nicht weit: Die Pflanzmaschine kostet 10 000 bis 20 000 Mark, die Planierraupe mit Zusatzgeräten etwa 150 000 Mark, der schwere Schlepper 80 000 bis 160 000 Mark, der geländegängige Rückezug mit Krananlage 300 000 bis 400 000 Mark und eine Entrindungsmaschine 400 000 bis 700 000 Mark, Investitionen, die so schnell nicht nachwachsen. Der Wald, in dem bekanntlich das Schweigen ist, hallt wider vom Lärm der Motorsägen. Die Berufskrankheit der Forstwirte ist bezeichnenderweise die Schwerhörigkeit. Dank zunehmender Motorisierung hat der Arbeitsplatz Wald heute keine Bedeutung mehr. Wo noch ausgedehnte Wälder stehen, steigen auch die Arbeitslosenzahlen. Dabei wäre es nicht teuer, hier neue Arbeitsplätze zu schaffen, pro Mann etwa 15 000 Mark. Dem stehen, wenn man so will, 1,1 Millionen Mark gewachsenes Kapital gegenüber.

Jahrzehntelang ist daraus nicht mehr geworden. Der Holzpreis stagnierte vor allem durch die Konkurrenz der Kunststoffe, der Pflegeaufwand für den Wald verdreifachte sich, die Personalkosten sind inzwischen neunmal so hoch wie 1955. Kein Wunder also, daß heute kaum ein staatliches Forstamt aus den roten Zahlen herauskommt, daß immer noch Waldbesitzer einen artenreichen Mischwald in öde Monokulturen verwandeln. Kein Wunder, daß die Lärche ins Land kam, der lichte Nadelbaum, der die riesigen, von den Besatzungsmächten nach dem Krieg als Wiedergutmachung verlangten Kahlschläge abdecken sollte, die „forstliche Gemütskrankheit, die schnell im Fichtenmeer ertrank", wie Wolf Hockenjos, Oberforstrat, Fotograf und Schriftsteller in seinem Buch „Begegnung mit Bäumen" schreibt. Die Lärchen sind jedoch noch kaum gepflanzt, da ist schon ein neuer Renner auf dem Holzmarkt, ein Supertriebwerk unter den schnellwachsenden Nadelbäumen: die Douglastanne. Nach einigen Versuchen mit den mehr als 100 Ab- und Unterarten dieses mächtigen Stammes amerikanischer Herkunft marschiert die Douglasie jetzt in Deutschland ein. Der Baum produziert pro Jahr und Hektar Holz für 1550 Mark, während die Fichte nur 1232 Mark schafft und die Eiche mit ihrer ewigen Bummelei nur 620 Mark. Die ist zwar das allerfeinste Gewächs auf deutschem Boden, das 10 000 Mark pro Festmeter bringen kann, aber dann hat sie auch 300 Jahre dafür gebraucht. Die High-Speed-Douglasie soll dereinst 20 Prozent der niedersächsischen Wälder bedecken, eine Überfremdungsaktion des Waldes, wie es sie seit Jahrhunderten nicht gegeben hat. Fürs Pückler, Klassiker des Gartenbaus, würde sich im Grabe umdrehen, in dem er seit 1871 ruht wenn er davon hören würde. De streitbare Kämpfer für einen naturnahen Wald ohne Importgewächse wäre gewiß mit dem Plansoll der niedersächsischen Forstverwaltung überaus unzufrieden. Die läßt nämlich neben der Douglastanne auch den „Meta sequoia glyptostroboidis" ins Land, den jahrelang für ausgestorben gehaltenen Mammutbaum, den Wissenschaftler vo einigen Jahren in China entdeck haben. Die Bäumchen, die einmal 120 Meter hoch werden sollen, also 75 Meter höher als eine alte Eiche, haben in der Obhu des Forstamtes Grohnde scho mal 8 Meter geschafft. Bei Hameln wächst zudem ein Wal von Edelkastanien heran und be Wolfenbüttel sprießen Tulpenbäume.

Dünn gesät sind nur – wie di Forstwirtschaft stets aufs neu beklagt – die Subventionen au Bonn für den guten deutsche Normalwald. 1978 waren es 48, Millionen Mark, die der „Ministe für die Ernährung der Landwirschaft", wie Deutschlands ober ster Waldherr bitter genann wird, für die Bäume übrig hatte der „schlichte Gegenwert eine einzigen modernen Kampfflugzeugs, wie es nicht selten in die sen Wald hineinfällt", bemerkte Horst Stern. Der Gegenwert des Waldes wird in Festmetern gemessen (Kubikmeter festes Stammholz). Der Wert des deutschen Waldes in Festmetern beträgt etwa 90 Milliarden Mark. Pro Quadratmeter Wald kalkulieren die Forstleute eine deutsche Mark. Der Wert des deutschen Waldes als Wasserschutz, Lärmschutz, Lawinenschutz, Luftschutz, Bodenschutz, Lichtschutz, Klimaschutz, Artenschutz, Tierschutz, Pflanzenschutz ist unschätzbar. Keine der Bürgerinitiativen, die um die Erhaltung von Bäumen streitet, versäumt darauf hinzuweisen, daß eine hundertjährige Buche täglich den Sauerstoffbedarf für zwei bis drei Menschen freisetzt und durch ihr Blattwerk im Jahr hundert Kilogramm Staub bindet. Die tief wurzelnden Buchen und Eichen speichern bis zu 2000 Liter Grundwasser pro Quadratmeter Bodenfläche. Anders ist das bei den Fichten. Die können das Wasser nicht halten.

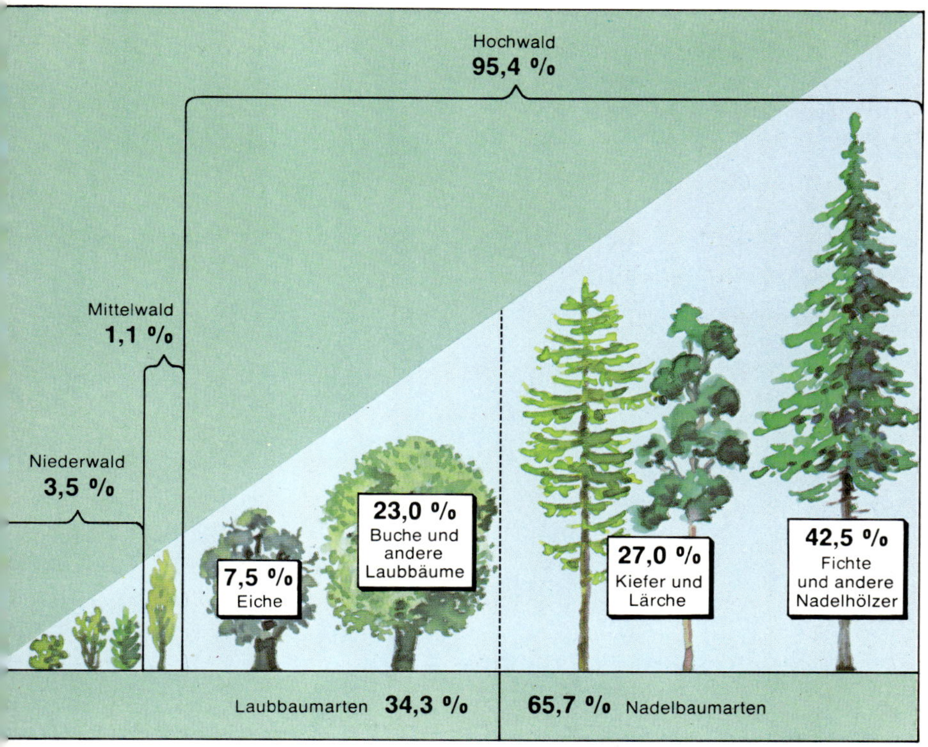

iese Grafik zeigt, wie er deutsche Wald in en Himmel wächst. Die adelbaumarten erden immer mehr und erdrängen die aubbäume aus der ederhalle der Nation. Festmetern emessen, ist der aldbestand in der undesrepublik etwa 90 illiarden Mark wert

Der dichte Nadelteppich der Fichtenwälder läßt das Wasser abfließen oder nur in die oberste Bodenschicht sickern. Ein Drittel des Regens kommt gar nicht unten an. Er bleibt in den Zweigen hängen und verdunstet. Vier bis fünf Milliarden Kubikmeter Wasser werden durch Fichtenwälder vom Grundwasser ferngehalten. Auch den Boden halten sie nicht wie andere Bäume. In den Alpen vermag der Mittelgebirgsbaum mit seinen flachen Wurzeln das Erdreich nicht an den Hang zu binden. Ganze Berghänge rutschen zu Tal. Auch für manche Hochwasserkatastrophe wird der Einheitsbaum verantwortlich gemacht, weil er den starken Regen oder das Schmelzwasser zu schnell abfließen läßt.

Dafür sind die Fichten eindeutig die besseren Luftfilter. Die Oberfläche ihres Nadelblattwerks ist fünfzehnmal so groß wie die von ihnen überschirmte Bodenfläche. Deshalb kämmen sie auch mehr Schadstoffe aus Nebeln und tief hängenden Wolken, sie produzieren, vor allem in jungen Jahren, mehr Sauerstoff als andere Bäume, halten mehr Schwefel-Dioxyd und Schwermetalle vom Boden fern und haben entsprechend mehr darunter zu leiden. Nadelbäume wie Tannen, Fichten und Kiefern können nicht einfach im Herbst ihre von Industrieabgasen verseuchten

Blätter fallen lassen. Die Nadeln bleiben normalerweise fünf bis sieben Jahre am Baum. Sie haben viel mehr auszuhalten. Aber die vom Wind aus den hohen Schornsteinen des Ruhrgebiets weit ins Land verdrifteten Schadstoffe machen inzwischen auch die Nadelbäume im Hochschwarzwald oder am Alpenrand krank. Die Nadeln fallen vorzeitig ab. Die Baumgestalten werden zusehends mickriger, anfällig gegen Frostschäden, gegen Parasiten wie Gallenlaus und Borkenkäfer oder gegen Krankheiten mit so klangvollen Namen wie Schwarzer Schneeschimmel. Und diese kranken Wälder sollen den Menschen gesund erhalten. Ihre ,,Wohlfahrtswirkungen'', die sich nicht in Festmetern oder Mark und Pfennig ausrechnen lassen, gewinnen angesichts der menschenfeindlichen Wohn- und Arbeitswelt vieler Ballungsgebiete zunehmend an Bedeutung. Die Suche nach der Waldeslust, Urtrieb deutscher Stadtbewohner, mag wohl der Trieb zur Selbsterhaltung sein. ,,Genetisch noch längst nicht angepaßt an seine denaturierte, technisierte, hektische Gehirnwelt, sucht der noch halbwegs empfindsame Mensch nach ökologisch intakten Regenerationsräumen'', stellt Horst Stern fest.

Doch was die Menschen suchen, läuft ihnen davon, so weit, daß sie stundenlang mit dem Auto hinterherfahren müssen. Ein merkwürdiges Phänomen fürwahr: Der Wald weicht und wird trotzdem immer mehr. Hartnäckig verweist der Landwirtschaftsminister darauf, daß in der Bundesrepublik mehr nachwächst, als geholzt wird, daß jährlich 0,1 Prozent dazukommt. Es ist wahr: Man sieht den Wald vor lauter Bäumen nicht, er wächst nämlich dort, wo schon Wald ist. Im Schwarzwald und im Spessart werden lichte Täler zugepflanzt. Außerdem wird Brachland, das von Bauern aufgegeben wurde, sogenannte ,,Grenzertragsböden'', aufgestockt. Doch da, wo Luft und Lärm die Grenzen des Erträglichen überschritten haben, im Umland der Städte und Industriereviere, weicht der Wald den Straßenbauern und Bodenspekulanten. Jede Stunde gehen in der Bundesrepublik 8000 Quadratmeter Wald zu Boden. Davon verzehrt der Wohnungsbau ein Drittel, die Industrie ein Viertel und 14 Prozent der Straßenbau. Das höhere Interesse läßt nicht nach. Schilder, die den Wald als Landschaftsschutzgebiet ausweisen – Blech.

Landauf, landab wird kommunaler Waldbesitz von Ratsherren und Abgeordneten als billiges Bodenvorratslager verstanden, das bei Bedarf geräumt werden muß. Waldluft ist kein Investitionsklima, Bäume vermasseln den Planern die Struktur, vor allem, wenn in den Arbeitsämtern die Schlangen länger werden. Also wird die lästige Hemmschwelle für Industrieansiedlungen oder Skipisten, Hotelneubauten, Hochspannungsleitungen oder Großmülldeponien kurzerhand abgeräumt, zumal alternative Lösungen den Gemeindeetat mit langwierigen Enteignungsverfahren und Entschädigungssummen belastet hätten.

Die langfristigen Schäden dieser Waldvernichtung sind im Ruhrgebiet offenbar. Im Regierungsbezirk Düsseldorf stehen jedem Einwohner nur noch knapp 100 Quadratmeter Wald zur Verfügung. Der Bundesdurchschnitt liegt bei immerhin 1200 Quadratmeter, in der DDR stehen den Arbeitern und Bauern sogar 1700 Quadratmeter Wald pro Nase zu, dennoch nicht viel mehr als ein netter Kleingarten im Vergleich zu den ausgedehnten Waldflächen, die jedem Amerikaner (14 300 Quadratmeter) oder jedem Sowjetmenschen (37 000 Quadratmeter) zufallen.

In der dicht besiedelten Bundesrepublik bekommt der Wald immer mehr die Aufgabe, den Menschen vor seinen Errungenschaften zu schützen. Daß ein hundert Meter breiter Streifen Wald den Lärm einer stark befah-

-enen Straße um 10 Dezibel zu senken vermag, wissen Stadt- und Regionalplaner nur zu gut. Der Hinweis, daß diese lärmlindernde Wirkung des Waldes sich in ihr Gegenteil verkehrt, sobald eine Straße durch ihn hindurchgeführt wird, stößt bei Raumordnern und Regionalplanern immer wieder auf taube Ohren. Im Wald wird nämlich die Lärmwirkung, anders als im freien Feld, beiderseits der Straße verstärkt. Ein breiter Lärmteppich entsteht, fast einen halben Kilometer weit ist die Waldesruh dahin. Das volle Kronendach eines Laubwaldes reflektiert den Motorenlärm wie Orgelmusik in einer Kathedrale. Wie man in den Wald hineinrast, so schallt es heraus. Einzig junge dichte ,,Aufwüchse'' schlucken wirklich den Schall. Spricht das nicht endlich noch für Fichtenmonokulturen? Schon, aber es gibt noch besseres: Optimal ist, wie Wissenschaftler der Universität Freiburg der Natur abgelauscht haben, eine vier Meter hohe Eichendickung mit Brombeergestrüpp dazwischen.

Der optimale Naherholungswald ist das natürlich nicht. Aber wie er auszusehen hat, ist auch eine Streitfrage zwischen Forstämtern und Naturschützern. Das aktuelle Wald-Design erfordert gegenwärtig einen möglichst feuerfesten, pflegeleichten, aufgeräumten Wald, gut möbliert mit Trimm-Dich-Pfaden, Papierkörben und Bänken, Grillplätzen, Spielgeräten und Köhlerhütten: gefragt ist die möglichst schnell mit dem Auto erreichbare, mit Imbißbuden und Elefantengehegen, Aussichtskanzeln, Waldlehrpfaden und vor allem Asphaltstraßen ausgestattete Fremdenverkehrsattraktion.

Entsprechend hat sich auch das Berufsbild des Forstbeamten gewandelt. Aus dem Förster im Silberwald, der mit seinem treuen Dackel den hohen Tann durchwandert, ist der diplomierte Erholungsraumpfleger geworden, der gut die Hälfte seiner Arbeitszeit im Büro verbringt, zunehmend vom Herzinfarkt und ähnlichen Heimsuchungen des Manager-Jobs geplagt. Der Förster, immer noch oder nun erst recht als Traumberuf für 24 Prozent der Bundesbürger auf Platz eins der Wunschliste, weiß, wie man Kneipp-Wassergräben anlegt und Wanderpfade markiert, er kann mit Computerbögen, Gesetzesbüchern und Biotopkartierungen gleichermaßen kundig umgehen; er weiß, wie man Rehe numeriert, wie man die häßlichen, durch den Autobahnbau ins Land gehauenen Kahlschläge in netter Form begrünt oder wie man randvolle Mülldeponien beerdigt und bepflanzt. Die größte Kraft jedoch verschlingt der Papierkrieg, die alles erstickende Bürokratie, deren Teil der Forstbeamte ist. ,,Leider sind viele Forstämter heute nichts anderes als Agenturen für Holzverkauf'', behauptet einer, der es wissen muß, der bayrische Oberforstrat Ulrich Wotschikowsky, der wegen kritischer Bemerkungen über die Holznutzung im Nationalpark Bayerischer Wald im ,,STERN'' seinen Platz in Niederbayern räumen mußte und inzwischen frustriert den Beruf wechselte. Er war einer der Auserwählten, die im Bayerischen Wald versucht hatten, das forstliche Leitmotiv ,,Zurück zur Natur'' konkrete Utopie werden zu lassen, im größten Urwald der Bundesrepublik Deutschland. Der Titel ,,Nationalpark'' ist so etwas wie eine internationale Schutzmarke, welche die höchste Stufe des Naturschutzes kennzeichnet. Denn in einem Nationalpark verpflichtet sich ein Land laut Satzung der internationalen Naturschutzkonferenz von Neu-Delhi, auf jegliche wirtschaftliche Nutzung des Reservats zu verzichten. Die Chancen in dem 11 000 Hektar großen Bergmischwald an der tschechoslowakischen Grenze standen günstig, denn er ist kaum besiedelt. Der bayrische Staatsminister Hans Eisenmann setzte sich mit namhaften Ökologen an einen Tisch und setzte das Projekt durch, Deutschlands ersten National-

Auwälder, Lebensraum für Kranich und Reiher, sind rar, die üppige, artenreiche Vegetation am Saum der Flüsse ist nur noch an wenigen vergessenen Altarmen erhalten. Früher einmal war das ganze Gebiet der Bundesrepublik von Wald bedeckt

Heute ist immer noch fast ein Drittel des Landes Wald. Doch statt des naturnahen Mischwalds mit seinen vielfältigen Erscheinungsformen wuchert in vielen Forsten die rentablere Einfalt der Fichtenmonokulturen

Schlag für Schlag fallen die Nadelbäume, die von dem Käufer mit der Spraydose gekennzeichnet werden. Der Förster wurde zum Manager des Waldes, der die Holzausbeute mit eingestanzten Nummern wie mit einem Preisschild auszeichnet park. Doch dieser Titel war nicht halb soviel wert wie das Holz, in das er geschnitzt wurde. Im Nationalpark der Bayern wird nämlich weiter kräftig Holz gemacht, 55 000 Festmeter im Jahr, davon 27 000 Festmeter wertvolles Altholz. Bernhard Grzimek warf dem bayrischen Landwirtschaftsministerium denn auch ,,Etikettenschwindel'' vor. Das hatte bald erkannt, welch magische Anziehung das Etikett ,,Nationalpark'' auf eine Region ausübte, in der ein Ort namens Finsterau immerhin mit 44 Prozent Arbeitslosen aufwarten konnte.

Seit der feierlichen Einweihung des Schutzgebiets hat sich der Fremdenverkehr rund um das Bayerwaldstädtchen Grafenau vervielfacht. Neue Straßen züngelten ins unberührte Grün, Parkplätze machten sich breit, und die Bewunderer der ursprünglichen Waldnatur kamen in hellen Scharen, zertrampelten die Gipfel von Rachel und Lusen und störten die letzten Auerhühner beim Brüten. Aber sie brachten dem Umland der so unberührten Waldwüste eine paradiesische Blüte. Die arbeitslosen Waldarbeiter hatten alle Hände voll zu tun, um im Winter ihre Häuser mit Ferienwohnungen auszustatten. In einem 4000 Hektar großen Gebiet jedoch, der Kernzone des Nationalparks am Rachelsee, haben die Naturschützer, Biologen und jungen Forstbeamten des Nationalparks den Kampf gegen die Säge gewonnen. Hier dürfen gestürzte Baumriesen liegenbleiben und in Ruhe vermodern. Aber Ruhe ist relativ, wenn eine Million Besucher sie genießen wollen.

Urwald ist schön. Urwald ist teuer. Ein Verzicht auf die Holzproduktion würde, so rechnet Forstdirektor Hubert Schödel vom Bayerischen Waldbesitzerverband vor, ,,Stillstandskosten von etwa 840 Millionen Mark pro Jahr verschlingen, ganz zu schweigen davon, daß die Erträgnisse von weit über 30 Milliarden Mark dann auf der Haben-Seite unserer Volkswirtschaft fehlen würden''. Forstwissenschaftler errechneten, daß die Waldbesitzer heute schon wegen der Schutz- und Erholungsfunktion des Waldes Mindererlöse in Kauf nehmen, 400 Millionen Mark sollen es sein. Sie schenken also jedem Bundesbürger 6 Mark 30. ,,Es gibt keinen andern Wirtschaftszweig'', sagt Horst Stern, ,,der 14 Prozent seines Umsatzes für Zwecke aufwendet, die ausschließlich dem Gemeinwohl dienen.''

Man dankt: Immer noch ist der Wald die beliebteste Müllkippe der Republik, Entsorgungspark für Kühlschränke und Autowracks, Altreifen, Sofas oder Giftfässer. Der Abfall fällt nicht weit vom Stamm, und da bleibt er liegen, nach und nach von Brennesseln und Sträuchern überwuchert, malerisches Stillleben bürgerlichen Fehlverhaltens. Aber die überwiegende Mehrzahl bundesdeutscher Waldwanderer begegnet ihrem Ausflugsziel mit anerzogener Ehrerbietung, zornig über jeden Baum, der daraus entfernt wird. ,,Holz kann man importieren'', sagt Erich Hornsmann von der Schutzgemeinschaft Deutscher Wald, ,,Wohlfahrtsauswirkungen nicht.'' So ist es. Nicht zuletzt deshalb muß die Hälfte des Holzes, das in der Bundesrepublik verbraucht wird, aus dem Ausland eingeführt werden. Weil das Öl und dadurch auch der Kunststoff teurer wurden, ist der Bedarf an Holz sprunghaft angestiegen. Die Do-it-yourself-Bewegung, die inzwischen zwanzig Prozent des gesamten Holzes in den Schraubstock klemmt, trägt munter zum Holzboom bei. Neue Trends im Bauwesen, vor allem die Sanierung der Altstadtkerne, brauchen mehr Holz als die Bauten der Betonära. Holzfenster, Holztäfelungen, Holzbäder, Holzküchen sind gefragt wie nie, dazu der steigende Papierverbrauch, das alles läßt die Sägen singen, unbeeindruckt von Bürgerinitiativen, die sich schützend vor die Wälder stellen. Wir können uns den Umweltschutz leisten, weil wir die Opfer dafür anderen abverlangen, und wir sollten uns nicht länger davor verschließen, daß dies auch Menschenopfer sind. Diese Opfer bringt die Dritte Welt. Der dramatische Raubbau tropischer Regenwälder vernichtet Lebensräume, die um ein Vielfaches größer sind als die Bundesrepublik, er verwandelt blühende Paradiesgärten in Wüsten, auf denen nichts mehr gedeiht, und dies ist eine der Ursachen dafür, daß jedes Jahr in der Welt 8mal so viele Kinder sterben, wie Hamburg Einwohner hat. Tropische Hölzer erfreuen sich in der Bundesrepublik, wo die Menschen schöner wohnen als anderswo, großer Beliebtheit: Das praktische Teak, der edle Palisander, das dunkel elegante Mahagoni, die kühn gemaserte Brasilkiefer. Muß nun daraus ein Pranger gezimmert werden für die Superreichen dieser Erde, die Bundesbürger, die mit der Wahl dieses Holzes nichts anderes beweisen wollten als guten Geschmack? Macht sich der Besitzer einer Mahagoni-Schrankwand mitschuldig am Raubbau, den profitgierige Holzagenturen in der Dritten Welt anrichten? Ist denn nicht genug davon da? Gibt er denn nicht unendlich viel her, der gewaltige tropische Regenwald, der fast ein Drittel des Festlands der Erde bedeckt, der ungleich höhere und mächtigere Stämme produziert als unsere nordischen Wälder?

Was der tropische Regenwald produziert, läßt sich in Tonnen aufwiegen. Wissenschaftler haben errechnet, daß ein Hektar Dschungel 32,5 Tonnen „Biomasse" im Jahr wachsen läßt. Das ist die Summe allen pflanzlichen Materials, Blätter, Zweige und der Zuwachs der Stämme. Ein gemeiner deutscher Buchenwald bringt es nur auf vergleichsweise bescheidene 13 Tonnen. Es ist wahr: Im Vergleich zum tropischen Regenwald sind unsere Forste relativ arm dran: Im Lebensraum Eichenwald gibt es nur eine begrenzte Zahl von Pflanzenarten, die jedoch in vielen Exemplaren vorkommen. Der tropische Wald ist dagegen von einer geradezu paradiesischen Artenvielfalt, von jeder Spezies sind oft nur wenige Exemplare zu finden.

Deshalb kann ein Eingriff in dieses empfindliche System bedeuten, daß eine Pflanzenart, die möglicherweise nur hier und sonst nirgendwo auf der Welt zu finden ist, ausgerottet wird, ein unwiederbringlicher Verlust an Gen-Potential, jenes Erbmaterials, das den Fortbestand der Pflanzenart garantiert. Klage darüber führten nicht nur die „Deutsche Orchideen-Gesellschaft", die vor dem Verlust unersetzlicher Blüten warnt, sondern auch die Pharma-Forscher, die in tropischen Regenwäldern den Baum der Erkenntnis suchen. Der größte Anteil der medizinischen Präparate, die es gibt, ist aus Pflanzen gewonnen oder zumindest teilweise pflanzlichen Ursprungs. Amerikanische Wissenschaftler hoffen, möglicherweise auch bei der Bekämpfung des Krebs mit Urwaldpflanzen einen Schritt weiterzukommen. In achtzig Jahren, so glauben sie, könnte ein wesentlicher Teil jener 200000 weitgehend noch unbekannten Pflanzen des tropischen Regenwaldes erforscht sein.

Doch nicht nur die Wundermittel, auch die Bäume wollen gefunden sein. Sie stehen durchaus nicht zum Abholen bereit. In einem Hektar westafrikanischem Urwald finden sich vielleicht fünfzig Baumstämme mit mehr als dreißig Zentimeter Durchmesser, von denen vielleicht sechs bis neun zu jenen Arten gehören, die sich in Möbel verwandeln lassen. Davon werden nur jene Stämme umgesägt, die mindestens 50 bis 60 Zentimeter Durchmesser haben; in manchen Staatswäldern ist sogar eine Mindestdicke von 70 bis 120 Zentimetern vorgeschrieben, um den Wald zu schonen. So kommt es vor, daß auf der Fläche von einem Hektar oft nur ein einziger Baum gefällt wird. Selbst wenn für seinen Abtransport eine Schneise in den Dschungel geschlagen werden muß, wäre der Zuwachs in dem Regenwald zehnmal so hoch wie die entnommene Biomasse, der Wald wäre gerettet, wenn, ja wenn er noch ein Wald wäre.

Aber längst gleicht der westafrikanische Urwald einem Fleckerlteppich, den die Motten mehr und mehr kahlfressen. Zerschundene Hügelwälder kümmern dahin, Baumgruppen, hier und da vereinzelte Riesen inmitten mannshoher Grasflächen oder im undurchdringlichen Busch. Sie überwuchern die Lehm- und Wellblechhütten verlassener Siedlungen, Hinterlassenschaften des Wanderfeldbaus, der den Spuren der Edelholzräumtrupps folgt. Denn wo immer die Holzgesellschaften ihre Profit-Schneisen in den Wald schlagen, folgen Siedler mit Buschmesser und Axt, roden, was noch wächst, lassen die Pflanzenreste verdorren und zünden sie an. Auf dem so gewonnenen Land bauen sie Feldfrüchte oder Getreide an. Für zwei, drei Jahre läßt sich dem Boden auf diese Weise eine Ernte abtrotzen, dann sind seine Nährstoffe versiegt.

Die Holzgesellschaften weigern sich, in diesen einmal genutzten und nun durch Brandrodungen geschädigten Gebieten noch einmal die Säge anzusetzen. Sie dringen also ungehindert weiter in den unberührten Dschungel vor; die Siedler folgen – und so fort bis an den jüngsten Tag. Der tropische Regenwald

Der Holzfäller als Landschaftsschänder. Die Quadrate in den Wäldern des amerikanischen Bundesstaates Oregon bedecken das Land wie einen Fleckerlteppich. Der Kahlschlag ist von der maschinengerechten Ausbeutung der unberührten Wälder diktiert

wächst nämlich nicht, wie man lange Zeit angenommen hat, auf nährstoffreichem Boden, im Gegenteil. Verglichen mit nordischen Wäldern, ist er im Nachteil, sobald in sein kompliziertes System eingegriffen wird. Die Humusschicht unter den gewaltigen, immergrünen Baumriesen ist vielleicht zehn Zentimeter dick, ihre Nährstoffe beziehen die Bäume nicht aus dem Boden, sondern von Pilzen an ihren Wurzeln, mit denen sie sozusagen einen Vertrag auf gegenseitige Hilfeleistung geschlossen haben. Die Pilze liefern die lebensnotwendigen Minerale und Spurenelemente, die hierzulande im Boden gebunden sind. Dafür geben die Bäume Nährstoffe ab, die sie auf dem Wege der Photosynthese gewonnen haben. Wenn die Bäume fallen, wird der Boden seines schützenden Blätterdachs beraubt, die Sonnenstrahlen verdorren die Bodenvegetation, die bisher im Schatten wuchs, sie trocknet den Boden aus, Regenfälle spülen die Krume fort und klopfen den Boden fest. Was bleibt, ist eine ziegelsteinharte Kruste, durch die keine Wurzel mehr das Grundwasser erreicht, der ,,Laterit-Boden'', biologisch nicht mehr wert als Beton.

Das Ende der tropischen Regenwälder ist gar nicht mehr fern, wie eine Studie der Weltbank errechnet hat. Bei anhaltender Waldvernichtung – und es gibt kaum Anzeichen, daß die irgendwo wirksam zu bremsen ist – wird, wie Weltbankpräsident Robert McNamara bekanntgab, im Jahre 2038 der letzte tropische Baum gefallen sein. 1981 sind möglicherweise die Waldreserven Ghanas verbraucht, 1985 ist die Elfenbeinküste kahl, die äthiopischen Bergwälder, ohne die es vor 3000 Jahren die blühende Kultur der alten Ägypter nie gegeben hätte, sind heute weitgehend verschwunden; und dies ist der Anfang allen Unglücks, das sich hier und anderswo in weltweit wachsenden Wüsten, Dürrekatastrophen und Hungersnöten offenbart.

Obwohl westliche Nationen seit der verheerenden Trockenkatastrophe 1973 mehr als 800 Millionen Dollar für die Sanierung der Sahelzone spendeten, drang die Wüste 70 Kilometer weiter in das Grasland Äthiopiens vor. Im Norden marschiert sie ans Mittelmeer, und im Süden folgt sie den Wäldern. Aufforstungsprogramme der Regierungen scheitern zumeist, wie es in Äthiopien geschah. Dort steckten Pflanzkolonnen die Bäume mit der Spitze zuerst in den Sand, weil es so schneller ging. Tiefwasserbrunnen, von Entwicklungshelfern errichtet, erwiesen sich als Danaergeschenk. Denn dadurch vermehrte sich das Vieh, die Überweidung richtete die Vegetation zugrunde, der Hunger war schlimmer als zuvor.

Einzig der Volksrepublik China scheint es zu gelingen, die Sünden jahrtausendelanger Baumvernichtung aufzuarbeiten. Sie baute eine gigantische zweite chinesische Mauer, diesmal aus Bäumen, die ,,große grüne Mauer'' zum Schutz vor dem Einmarsch der Wüste Gobi. Die Aufforstungen sollen vor allem auch die verheerenden Schlammfluten verhindern, die nach jedem großen Regen die Flüsse über die Ufer treten lassen und Millionen Tonnen von kostbarem Erdreich in die Ozeane spülen.

Die weltweite Bodenerosion als Folge der Waldvernichtung ist das größte Problem für die Ernährung der Menschheit. Auf den Philippinen sind drei Viertel der landwirtschaftlichen Nutzfläche schwer geschädigt, Java hat die Hälfte des nutzbaren Bodens verloren, auf Madagaskar sind 90 Prozent der Landesfläche bedroht. In den ostafrikanischen Staaten Äthiopien, Kenia, Tansania, Sambia, Ruanda und Burundi werden jedes Jahr 1 000 Tonnen Erdreich pro Quadratkilometer abgetragen. Und die Paradiese der Erde? Das Land, in dem abends der Himmel weinrot erglüht, wo ,,die Schatten, die auf die Terrassen fallen, purpurne Ränder haben. Darüber dichtes Gerank – Trauben und andere Pflanzen mit großen Blüten und wundervollem Duft . . .''. Der Libanon, wie ihn Eric Ambler, Großmeister des Kriminalromans, beschreibt, ein biblischer Garten Eden, von dem heute mehr als die Hälfte ,,erodiert'', also verwüstet ist. Eden ade. Nepal, Traumziel aller Blumenkinder am Fuße des Himalaya, rutscht buchstäblich in die Katastrophe. Durch die Vernichtung der legendenumwobenen Bergwälder wird der Humusboden ausgewaschen und in reißenden Flüssen zu Tal getragen, wo der Schlamm die Vegetation unter sich begräbt, Mensch und Vieh ertränkt und das Elend des an den Flußmündungen dahinvegetierenden Millionenvolkes von Bangladesh noch hoffnungsloser macht.

Die Verwüstung der Welt, die ,,desertification'', wie sie von den Wissenschaftlern genannt wird, macht auch vor den Supermächten nicht halt. In den USA, wo durch die Folge der ausgedehnten Monokulturen im Getreideanbau schon vor vierzig Jahren verheerende Sandstürme die großen Ebenen des Mittelwestens in eine von Menschenhand geschaffene Wüste verwandelten, deren Ausdehnung fast die zehnfache Fläche der Bundesrepublik umfaßte, ist heute noch ein Viertel dieser Gebiete nicht mehr kultivierbar. Im Süden der Sowjetunion, der Provinz Kasachstan, verschwinden jährlich 530 Millionen Tonnen Erdreich auf Nimmerwiedersehen.

Nirgendwo auf der Welt steht so viel Tropenwald wie in Brasilien, die größte Konzentration von Biomasse auf dem Erdball, ein Holzpotential von rund 1.3 Billionen Mark das planmäßig und unter großen Anstrengungen der Regierung vernichtet wird. Da wird mit Dynamitstangen gerodet, da wurden Bäume mit Napalm in Brand geschossen oder mit Dieselöl und Arsenpräparaten vergiftet. Das Landwirtschaftsministerium hat zum ,,Krieg gegen den Wald'' aufgerufen, denn es verspricht sich von der Vernichtung der ,,Grünen Hölle'' den Himmel auf Erden. Hat nicht Roger Revelle, immerhin Berater amerikanischer Präsidenten, gesagt, daß dort, wo heute noch Regenwälder wachsen, später einmal 40 Milliarden Menschen satt werden können? Sind unter dem Wald nicht Bodenschätze begraben, Eisenerz, Kupfer, Mangan, Zink, Titan? Tief schneiden die Tranamazonica und andere frisch in den Wald gehauene Rollbahnen ins Land, Zivilisationslinien, Straßen, von denen aus 30 000 Mann das Feuer gegen den Wald eröffnet haben. Der Endsieg über diese 5 Millionen Quadratkilometer Regenwald ist abzusehen. Der Biologe Warwick Kerr sagt für das Jahr 2013 die Einstellung der Kampfhandlungen voraus. Dann nämlich ist der letzte Baum Brasiliens verkohlt.

Als eifrigster Brandstifter erwies sich ausgerechnet ein multinationaler Konzern, der in Brasilien mehr als hundert Firmen kontrolliert und Baustoffe und Fischkonserven, Oberhemden, Bier und – last not least – Kraftfahrzeuge produziert: das Volkswagenwerk. ,,Holocaust des Urwalds'' zürnten Wissenschaftler, die gegen die großflächige Brandrodung protestierten, und der brasilianische Landschaftsarchitekt Roberto Burle Marx klagte an: ,,Volkswagen sorgt im Amazonasbecken für den größten Brand in der Geschichte des Planeten.'' Das Ausmaß der Brandschatzung, die im geordneten Rahmen durchaus erlaubt ist, wäre nie ans Licht gekommen, wenn nicht von einem amerikanischen Wettersatelliten aus das Großfeuer fotografiert worden wäre. Die ertappte VW-Tochter, die auf den verkohlten Waldflächen dereinst 110 000 Rinder züchten will, sollte 15 Millionen Mark Strafe zahlen, wie die Deutsche Presse-Agentur 1976 berichtete. Aber die brasilianische Regierung hat natürlich ein Interesse an deutschen Investitionen, der moderaten Form des Kolonialismus. Ihr bleibt angesichts von 100 Milliarden Mark Auslandsschulden auch gar

nichts anderes übrig, als in der Abhängigkeit ausländischen Kapitals bessere Tage abzuwarten. So lange gibt das Land den Boden zum Quadratmeterpreis von 0.2 Pfennig ab. 100 Hektar kosten so viel wie eine Motorsäge. So lange dürfen multinationale Konzerne das brasilianische Naturpotential nach Kräften verheizen. Ein anderer Multi, die Firma Mannesmann, verfeuert in seinem Stahlwerk bei Belo Horizonte jährlich 3.6 Millionen Bäume. Zum Trost pflanzte er Eukalyptusbäume in Reihe.
Doch was den Wäldern weltweit noch mehr schadet als die Profitinteressen der holzvernichtenden Industrie oder der Mahagoni-Tick der Wohlstandsbürger, ist etwas anderes: Die Notschlachtung der Wälder als Folge der Energiekrise, von der die Länder der Dritten Welt noch viel härter betroffen sind als die Industriestaaten. Der Unterschied ist offenbar: Der Bürger der Bundesrepublik Deutschland braucht Energie, um sein privates Schwimmbad zu heizen oder seinem Steckenpferd die Sporen zu geben, vielleicht um bei Tempo 180 eine volle Pulle Super durch den Auspuff zu jagen. Der Bürger Bangladeshs braucht Energie, um zu leben. Ein Sonntagsfahrverbot hat – bei allem Respekt vor dem ADAC – vermutlich weniger tragische Folgen als ein Sonntagskochverbot in Äthiopien, Obervolta oder Peru. 70 Prozent des in den Ländern der Dritten Welt geschlagenen Holzes werden verheizt oder verwendet, um Essen zu kochen oder Tee aufzubrühen. Der amerikanische Umweltforscher Erik Eckholm hat diese zweite große Energiekrise, von der gegenwärtig 1,3 Milliarden Menschen betroffen sind, im Auftrage der Vereinten Nationen untersucht. Er hat errechnet: In den Entwicklungsländern übersteigt der jährliche Verbrauch an Brennholz eine Tonne pro Person, in Ländern wie Tansania sogar fast zwei Tonnen. Weil die Weltbevölkerung um 2,5 Prozent jährlich wächst, steigt auch der Bedarf an Brennholz ständig an, schneller, als das Holz nachwachsen kann. Es ist nicht anders als beim Öl. Weil nicht genug Holz für alle da ist, wird es teurer. Ein Landarbeiter in Nepal muß eine Woche lang arbeiten, um sich von dem Geld ein Bündel Holz kaufen zu können, oder einen Tag wandern, um es einzusammeln. Im Niger muß ein Arbeiter ein Viertel seines Lohnes für Holz aufwenden, in Obervolta fast ein Drittel. Die Ärmsten der Armen können sich kein Holz mehr leisten. In Indien, wo die Dschungel weitgehend vernichtet sind, werden heute rund 400 Millionen Tonnen Kuhdung im Jahr verfeuert, und damit gehen wertvolle Nährstoffe in Flammen auf, die sonst ein Drittel des Kunstdüngers ersetzt hätten, der heute in Indien ausgebracht wird. Auf diesem Mist wäre der Eiweißbedarf von 60 000 Menschen gewachsen.
Dort jedoch, wo Holz verbrannt wird, zumeist auf offenen Feuerstellen, wird für ein karges Mahl Energie verpraßt. Bis zu neunzig Prozent der erzeugten Wärme gehen in die Luft. Bei der Verwendung von Holzkohle als Brennstoff, die dreimal mehr Wärme abstrahlt als frisches Holz, konzentriert sich die Heizwirkung mehr auf den Topf als auf die Luft. Aber nur jedes zwanzigste Feuer wird mit Holzkohle betrieben. Dabei könnten einfache Öfen, die nach den Seiten gut isoliert sind, eine kleine Feueröffnung haben und einen darauf passenden Topf Wunder wirken.
Doch die Wunderwirkungen der Holzkohle nutzen vor allem jene Länder, die keinen einzigen Baum zum Verheizen übrig haben und dennoch auf gutgefüllten Brennstoffvorräten sitzen: Die Scheichtümer am Persischen Golf. Sie importieren Holzkohle aus Kenia, wo ein Sack des Armeleute-Brennstoffs zwei Mark fünfzig kostet und deshalb für die Menschen dort unerschwinglich ist. In den Slums von Nairobi wird daher Holzkohle in Blechdosen ge-

handelt. Aber die Scheiche legen so viel dafür hin, daß die vom Holzkohlenhandel lebende Elite des Landes in zwei Jahren 400 Millionen Mark für nur 100 000 Tonnen Holzkohle bekam. Die Geschäftemacher haben für die Gluttransfusion so viel Wald abholzen lassen, daß die Menschen, die in ihm lebten, heute Tagesmärsche zurücklegen müssen, um Trinkwasser zu bekommen.

Gemessen an diesem Elend erscheint der Kampf deutscher Bürgerinitiativen um Dorflinden und Chausseebäume lächerlich. Doch in Wahrheit ist dieses Aufbegehren der Widerspruch gegen die Auswüchse der Selbstbedienungsmentalität. Den Kampf der Menschen um ihre Wälder, der von einer wachsenden Zahl engagierter Bürger und Wissenschaftler in der Bundesrepublik ebenso geführt wird wie in Algerien oder Jugoslawien, Indien oder Brasilien, kennzeichnet das wachsende Unbehagen angesichts des hemmungslosen Verbrauchs eines Rohstoffs, von dem das Überleben der Menschen wesentlich abhängt.

Der Wald ist einer der wichtigsten Faktoren, die das Klima der Welt beeinflussen. Wenn er vernichtet wird und dadurch der seit Jahrmillionen funktionierende Abbau des Kohlendioxyds unterbunden wird, während auf der

Eine der Hauptursachen für das Verschwinden tropischer Wälder ist die Energiekrise der Dritten Welt. Millionen Menschen brauchen Holz, um Feuer zu machen. Sie müssen immer weitere Wege zurücklegen, um das notwendige Brennmaterial zusammenzubekommen

nördlichen Erdhalbkugel in zahllosen Verbrennungsvorgängen immer mehr von diesem Gas freigesetzt wird, hätte das die Erwärmung der Atmosphäre zur Folge, deren Konsequenzen letztlich zu apokalyptischen Dimensionen anwachsen können. Allein das Schmelzen arktischer Eisberge und der dadurch zu erwartende Anstieg der Weltmeere läßt Entwicklungen vorausahnen, denen der tüchtigste Deichbauer wohl nicht rechtzeitig begegnen kann. Daß inzwischen auch die Mittelmeerländer Spanien, Italien und Griechenland unter Dürrekatastrophen und zunehmendem Wüstenklima zu leiden haben, Länder, die einst von Wald bedeckt waren, wird den Deutschen in dem Maß bewußter, in dem die politische Diskussion über den Zaun des westdeutschen Schrebergartens hinweg auf europäischer Ebene geführt wird. Das wachsende Umweltbewußtsein der Deutschen wird angesichts der spürbaren Verknappung fossiler Energievorräte auch den Holzweg in die Planspiele für eine alternative Zukunft einbeziehen müssen.

Der Wald ist ein langsamer Brüter, ein Lebensmittel, das sich selbst düngt. Holz bleibt der einzige Rohstoff, der allein mit Sonnenenergie produziert wird und ständig nachwächst. Seine Veredelung und sein Transport erfordern, verglichen mit anderen Rohstoffen, kaum Energie.

Der Rohstoff Holz bleibt einer der wichtigsten Werkstoffe der Menschheit, er läßt sich zu Zukker und Alkohol verarbeiten. Aus der Rinde der Mimose lassen sich Phenole gewinnen für die synthetische Herstellung von Leimen und Bindemittel. Holzbestandteile können zu den chemischen Grundbausteinen sämtlicher moderner Kunststoffe umgewandelt werden. In den USA bestehen neun Zehntel aller Kunststoffe aus den ,,Bausteinen'' Äthylen, Phenol und Butadien, chemische Substanzen, die sich alle aus Holz gewinnen lassen. Aus Holzprodukten läßt sich Nylon gewinnen, Holz kann bei 1 000 Grad Celsius in Gas aus Kohlenmonoxyd und Wasserstoff zerlegt werden, ein Brennstoff, mit dem Autos betrieben werden können. Durch Druckdestillation läßt sich Holz sogar in Öl verwandeln, das ein brauchbares Heizöl ergibt. Die amerikanische Bergbaubehörde hat das Verfahren geprüft und dabei einen Preis von 15 Dollar pro Barrel errechnet, 21 Pfennig pro Liter. Die Silvichemie, die aus Holz Rohstoffe gewinnt, braucht kein wertvolles Stammholz, sie kann auch Holzabfälle destillieren. Sie kommt mit Bäumen aus, die nur ein Jahr gewachsen sind.

Mit steigenden Energiepreisen könnten die hölzernen Rohstofflager der Industrienationen immer mehr an Wert gewinnen. Die arabischen Scheichs, die den Ölhahn zudrehen, fürchten schon heute den gewachsenen Schatz der Industrieländer. Zudem lassen sich Kunststoffe aus Biomasse problemlos in den ewigen Kreislauf der Natur wieder eingliedern – sie lösen sich einfach auf.

Es gibt also viele gute Gründe, die Wälder zu retten und jeden Baum zu verteidigen. Der Mensch, der um seine Bäume kämpft, kämpft um sein Leben.

Der tropische Regenwald bedeckt noch weite Teile Brasiliens; er gilt als die größte Konzentration von „Biomasse" auf dem Erdball

Die brasilianische Regierung hat ihrem Wald den Krieg erklärt, weil er dem Fortschritt im Weg steht und weil sie neues Weideland gewinnen will. Aber nicht nur hier, weltweit werden die Tropenwälder abgeholzt oder einfach niedergebrannt. Die Folgen sind katastrophal

Wo die Wälder verschwunden sind, wachsen die Wüsten. Der Regen wäscht die Nährstoffe aus dem Boden, auf dem fortan nichts mehr gedeiht

Abfall Der gesamte jährliche Abfall in der Bundesrepublik wiegt 1978 über 220 Millionen Tonnen, davon sind aber nur rund 18 Millionen Tonnen Haushaltsmüll.

Abfallbeseitigung Das Abfallgesetz vom 7.6.1972 (BGBl I, S. 42, 288) bestimmt, daß Abfall ohne Gefahr für die Allgemeinheit beseitigt werden muß. Die Beseitigungspflicht liegt bei den kommunalen Körperschaften und darf nur in zugelassenen Anlagen erfolgen. Die Abfälle von mehr als 90% aller Bundesbürger werden regelmäßig abgeholt. Dieses Einsammeln und der Transport machen 65–75% der gesamten Kosten der öffentlichen Abfallbeseitigung aus.
Am 1. Januar 1975 gab es in der Bundesrepublik Deutschland
4400 Deponien für Hausmüll
48 Verbrennungsanlagen
24 Kompostierungsanlagen
52 Umladestationen
27 Sammelstellen für Gewerbeabfälle
33 sonstige Beseitigungsanlagen

Abfallquellen Altöl: 1977 fielen in der Bundesrepublik 527.000 Tonnen Altöl an, davon stammten 25.800 Tonnen von Pkw-Besitzern

Altreifen: von insgesamt 340.000 Tonnen im Jahre 1976 wurden ca. 90.000 Tonnen der Runderneuerung zugeführt. Da Reifengummi zu etwa 95% aus Kohlenwasserstoffen besteht, zu 2% aus Schwefel und 2,5% aus Zinkoxyd, entstehen bei der Verbrennung Gase, die eine spezielle Behandlung erforderlich machen.

Einwegbehälter: unter diesen Begriff fallen Medizinflaschen, Kosmetikbehälter, Instant-Kaffeegläser, Kindernahrungsgläser, der meiste Teil an Spirituosen-, Sekt- und Weinflaschen, fast alle Behälter aus Kunststoff, Aluminium und Weißblech, so zum Beispiel allein zwei Milliarden Bier- und Limonadenbehälter.

Gewerbeabfälle: insgesamt waren 1975 119,1 Millionen Tonnen Gewerbeabfall zu beseitigen, der zu 76,3% aus sogenanntem Inertmaterial bestand, das weder gefährlich noch lästig ist (Bauschutt, Schlacken und Asche).

Hausmüll: Jeder Bundesbürger produziert pro Jahr zwischen 150 und 300 kg Hausmüll, das sind 1-1,6 Kubikmeter.

Autowrackbeseitigung: achteinhalb Jahre Lebensdauer werden pro Auto angesetzt, danach müssen gegenwärtig in der Bundesrepublik Deutschland weit über eineinhalb Millionen Kraftfahrzeuge jährlich beseitigt werden.

Abfallverwertung Hausmüll wird zur Zeit kaum verarbeitet, wenn man von den 500.000 Tonnen absieht, die im Jahr kompostiert werden (Gesamtanfall ca. 18 Millionen Tonnen).
Anders steht es mit Abfällen aus Industrie und Handel. Über ein Drittel Altpapier wird weiterverwertet; 1977 wurden 300.000 Tonnen Altglas verwendet, das entspricht einem Altglasanteil im Glas von 10%. Der bei der Produktion von Phosphorsäure entstehende Abfallgips wird in immer stärkerem Umfange beim Bauen verwendet. 40-45% des Kupfer- und Bleibedarfs wurden aus Schrott gedeckt, ähnlich liegen die Werte in der Stahlindustrie. Insgesamt bemüht man sich, immer stärker Abfallprodukte weiterzuverwenden, um die knapper werdenden Rohstoffreserven zu schonen.

Abwärme Kraftwerke und Industrieanlagen erzeugen als Nebenprodukt Wärme, die bisher nur in sehr geringem Umfang (etwa für Fernheizung) wiederverwendet wird. Der häufigste Fall ist der, daß Abwärme ungenutzt an die Luft oder ins Wasser abgegeben wird. Die Erwärmung von Gewässern bedeutet aber eine Beeinträchtigung der biologischen Selbstreinigung und eine Steigerung des Algenwuchses. Sowohl die höhere Temperatur als auch der Sauerstoffmangel durch übermäßigen Algenwuchs schädigen Fische. Wasseraufbereitung und Trinkwassergewinnung werden erschwert. Schon heute hat die Wärmeableitung aus thermischen Kraftwerken bewirkt, daß ganze Flußabschnitte Temperaturen haben, die die Grenzen des Zulässigen überschreiten.

Abwasser Aus Haushalten, Gewerbe- und Industriebetrieben gelangt gebrauchtes Wasser in das Grundwasser oder in Oberflächengewässer. Zum Abwasser zählen auch Niederschläge, die Schmutz von Straßen, Gebäuden und Plätzen spülen. Pro Tag und Einwohner fallen in den Städten zwischen 50 und 400 Liter Abwasser an, das erfordert pro Einwohner eine Klärfläche zwischen 0,5 und 2 Quadratmetern.

Abwasserabgabe Am 1. Januar 1978 trat das Abwasserabgabengesetz in Kraft (BGBl I, S. 271): ab 1981 werden die „Einleiter", das sind Gemeinden und Industrie, eine Abgabe entrichten, die sich nach der Schädlichkeit des eingeleiteten Abwassers richtet. Zunächst sind pro Jahr und Schadeinheit 12 Mark zu entrichten, bis 1986 steigert sich dann die Abgabe auf 40 Mark pro Schadeinheit. Eine Schadeinheit entspricht dem ungereinigten Abwasser eines Einwohners.

ADI-Wert Abkürzung von „Acceptable Daily Intake" (vertretbare tägliche Aufnahme). Der ADI-Wert bezeichnet die Höchstmenge eines Schadstoff-Rückstandes, die pro Tag aufgenommen werden kann, ohne daß für den Menschen ein gesundheitliches Risiko besteht.

anorganisch So nennt man chemische Verbindungen, in denen Kohlenstoffatome fehlen.

Anwendungsverbote von Pflanzenschutzmitteln Seit dem 23. 7. 1971 (geändert am 7. 4. 1977) sind rund fünfzig umweltschädliche Stoffe verboten (BGBl I, S. 1117). Darunter fallen Arsen-, Blei-, Selen- und Cadmiumverbindungen, Chlordan, Chloroform, Hexochlorbenzol, technisches HCH, Tetrachlorkohlenstoff. Beschränkt wurde die Anwendung von Acrylnitril, Lindan, Parathion, Penthachlorphenol, 2,4,5-T, Kelevan, Blausäure und Quecksilberverbindungen.

Arsen Chemisches Element, halbmetallisch. Ist enthalten in Mineralien wie Blei-, Kupfer-, Zink- und Nickelerzen. Arsen und seine Verbindungen sind giftig. Chemische Werke, buntmetallverarbeitende Betriebe und Kraftwerke geben Arsen-Spuren in die Luft ab. Arsen findet sich auch in Meerestieren und in den Innereien von Schlachttieren. Arsenvergiftungen können tödlich verlaufen, zudem wirkt Arsen krebserregend. Früher war der sogenannte Winzerkrebs häufig bei Weinbauern, die arsenhaltige Schädlingsbekämpfungsmittel verwendeten. Diese Mittel sind heute in der Bundesrepublik Deutschland verboten.

KLEINES UMWELT-LEXIKON

Arzneimittelgesetz (BGBl I S. 2445) Wurde am 24. 8. 1976 in Kraft gesetzt und regelt die Herstellung und Erprobung sowie die staatliche Zulassung, Kontrolle und Verschreibung von Medikamenten. Außerdem schreibt es vor, daß der Verbraucher über Risiken und Nebenwirkungen von Medikamenten aufgeklärt werden muß. Für Schäden, die durch Arzneimittel entstehen, haftet der Hersteller.

Asbest ist die Sammelbezeichnung für faserförmige Minerale. Asbest befindet sich in Bauplatten, Rohren, Dachbahnen, Blumenkästen, Unterbodenschutz, Bremsbelägen, Massivreifen und feuerfesten Textilien. Durch Abrieb von Kupplungsbelägen und Straßendecken gelangen Asbestfasern, die zur Schädigung der Atemwege (Asbestose) oder Krebs führen können, in die Umwelt. Gefährdet sind insbesondere Heimwerker, die asbesthaltige Stoffe ohne Atemschutz verarbeiten. In der Bundesrepublik ist geplant, die Verwendung von Spritzasbest zur Wärmeisolierung zu verbieten oder einzuschränken.

Atmosphäre Lufthülle der Erde, enthält vier Fünftel Stickstoff, ein Fünftel Sauerstoff, geringe Mengen von Wasserstoff, Kohlendioxyd, Ozon und Edelgasen.

Beizmittel Sie dienen zur Oberflächenbehandlung von Hölzern, Leder, Pelzen, Metallen und zur Saatgutbehandlung als Schutz gegen Schimmel und Schädlinge. Dabei werden noch heute quecksilberhaltige Beizmittel verwendet. Ihre Anwendung ist gesetzlich eingeschränkt. Gleichwohl kommen pro Jahr immer noch Tonnen dieser hochgiftigen Substanz in den Boden.

Belastungsgebiete Belastungsgebiete werden aufgrund des Bundes-Immissionsschutzgesetzes durch Rechtsverordnung der zuständigen Landesregierung festgesetzt. Es handelt sich dabei um Gebiete, in denen Luftverunreinigungen auftreten, die Schäden hervorrufen können durch Häufigkeit und Dauer, hohe Konzentrationen oder die Gefahr von Kombinationswirkungen. Belastungsgebiete: Berlin; Nordrhein-Westfalen: Rheinschiene Süd und Mitte, Ruhrgebiet West-Mitte-Ost; Rheinland-Pfalz: Ludwigshafen-Frankenthal, Mainz-Bodenheim; Hessen: Untermain, Rhein-Main, Wetzlar, Kassel; Saarland: Dillingen, Völklingen, Saarbrücken, Neunkirchen, Bayern: Aschaffenburg, Augsburg, Burghausen, Erlangen-Fürth-Nürnberg, Ingolstadt-Neustadt-Kelheim sowie München, Regensburg und Würzburg.

Benzinbleigesetz (BGBl I, S. 1234) Der Bleigehalt im Benzin darf ab 1. Januar 1976 nur noch 0,15 Gramm je Liter betragen. Die Folge: in städtischen Hauptverkehrsstraßen reduzierte sich die Bleikonzentration in der Luft um etwa 65%. Gleichzeitig verminderte sich auch die Kohlenwasserstoff-Emission aus den Kraftfahrzeugen.

Benzol Wird verwendet als Lösemittel (durch internationale Vereinbarungen allerdings stark eingeschränkt) und als Ausgangsstoff für Phenol, Cumol, und Äthylbenzol. Benzin enthält 3-5% Benzol. Wird Benzol eingeatmet, kommt es zu Schwindel, Kopfschmerzen, Erbrechen, Atemlähmung und Rauschzuständen. Große Mengen können zum Tode führen. Langfristige Belastung durch geringere Mengen können zu Veränderungen im Blutbild führen, zu Anämie und Leukämie, und zu Veränderungen von Keimzellen, die bei Nachkommen Mißbildungen verursachen.

Berufskrankheiten Krankheiten, die am Arbeitsplatz verursacht werden: Chemische Stoffe können durch aromatische Amine Krebs verursachen; physikalische Einwirkungen Lärmtaubheit; chemisch-physikalische Einwirkungen Asbestose. Infektionserreger, Wurmkrankheiten bei Bergleuten. Darüber hinaus gibt es noch andere Berufskrankheiten, wie zum Beispiel das Augenzittern bei Bergleuten. Im Rahmen der Berufskrankheitenverordnung besteht Versicherungsschutz.

Biologisch-dynamischer Landbau Die organischen Prozesse des Bodens werden nach der Lehre des Anthroposophen Rudolf Steiner gefördert durch eine Nutzung und Bewirtschaftung nach dem Prinzip eines geschlossenen Betriebsorganismus. Dabei verwendet man überwiegend organischen Dünger und betreibt mechanisch-biologische Schädlingsbekämpfung.

Biologische Abwasserreinigung Zunächst werden dem Wasser durch Filter, die sogenannte mechanische Klärung, die absetzbaren Schmutzstoffe, das sind rund 30%, entzogen. Organische Bestandteile werden einem Zersetzungsprozeß unterworfen. Und zwar erfolgt diese Zersetzung durch Bakterien, Pilze oder andere Mikroorganismen in Verbindung mit Sauerstoff. Die auf diese Weise entstandene Bakterienmasse setzt sich auf dem Boden des Nachklärbeckens ab und wird entfernt. Mit diesen mechanisch-biologischen Kläranlagen erhält man häufig Wasser, das so rein ist, daß bereits Fische darin leben können. Dennoch bleiben ca. 10% Schmutz- und Schadstoffe übrig. Aus diesem Grunde wird speziell bei städtischen und industriellen Abwässern eine zusätzliche Reinigung nötig, die dritte Reinigungsstufe.

Biologische Schädlingsbekämpfung Hierbei verzichtet man auf chemische Stoffe, indem man die Widerstandsfähigkeit der Pflanzen gegen Schädlinge stärkt. Man züchtet resistente Arten oder setzt natürliche Feinde der Schädlinge ein.

Biosphäre Raum der Erdkugel zwischen der obersten Schicht der Erdkruste einschließlich des Wassers, und der untersten Schicht der Atmosphäre – jener Bereich also, der mit Leben erfüllt ist. Statt Biosphäre wird häufig auch der Ausdruck Ökosphäre verwendet.

Biozönose Lebensgemeinschaft von Pflanzen und Tieren in einem bestimmten Lebensraum (Biotop). Die einzelnen Lebensformen der Biozönose sind aufeinander angewiesen, jeder Ausfall (hervorgerufen etwa durch übermäßigen Einsatz von Pestiziden oder Einrichtung von Monokulturen) führt zu oft empfindlichen Störungen.

Blei bläulichweißes, weiches Schwermetall. Es wird für Kabel-Ummantelung, Bleibatterien, Strahlenschutzplatten, Bleilettern, Farben (Rostschutz- und Antifoulingfarben), Weichlöten (Hobby-Handwerker), Kraftstoffe (z. B. Bleitetraäthyl als Antiklopfmittel) verwendet. 1974 gelangten 11.500 Tonnen Blei in der Bundesrepublik

Deutschland in die Luft. Bereits Spuren von Blei beeinträchtigen bei ständiger Aufnahme die Blutbildung und das Nervensystem. Es sammelt sich im Körper und führt zu chronischen Bleivergiftungen, die die Auswirkungen wie Appetitlosigkeit, Krämpfe, Herzbeklemmungen bis hin zur Anämie haben können. Verkehrspolizisten, Busfahrer und andere Personen, die dem Straßenverkehr ausgesetzt sind, haben bereits heute durch die starke Konzentration einen erhöhten Blutbleispiegel. Besonders gefährdet sind Kinder (wenn Kinder abblätternde Bleifarben essen, kann es zu Hirnschädigungen kommen).

Blutbleispiegel Der Blutbleispiegel liegt beim Neugeborenen stets unter dem der Mutter. Nach dem 2. Lebensjahr haben Kinder im allgemeinen einen höheren Blutbleispiegel als Erwachsene. Der Blutbleispiegel ist abhängig von der Umwelt (Stadt oder Land) und liegt durchschnittlich zwischen 10 und 20 Mikrogramm pro 100 Milliliter Blut. Die oberste Grenze, die noch keine gesundheitsschädigende Wirkung hat, liegt bei Frauen und Kindern um 30 Mikrogramm/100 ml, bei Männern um 35 Mikrogramm/100 ml. Ein erhöhter Blutbleispiegel führt dazu, daß sich die Lebensdauer der roten Blutkörperchen verringert. Immer noch wird die zulässige Höchstgrenze in bestimmten Gebieten und bei bestimmten Berufsgruppen überschritten.

Bundes-Immissionsschutzgesetz (BGBl I, S. 721, 1193, vom 15. 3. 74) Das Gesetz zum Schutz vor schädlichen Umwelteinwirkungen durch Luftverunreinigungen, Geräusche, Erschütterungen etc. bildet die Grundlage für ein umfassendes und einheitliches Recht für Luftreinhaltung und Lärmbekämpfung.

Cadmium Silberweißes, glänzendes Metall, wird mit seinen Verbindungen bei der Kunststoffherstellung (PVC) verwendet, bei der Galvanisation, beim Färben von Kunststoffen und Glas, bei der Herstellung von Hart- und Weichloten, bei der Herstellung von Nickel-Cadmium-Batterien. Um 1900 lag die Weltproduktion an Cadmium bei 14 Tonnen. 1973 verbrauchte allein die Bundesrepublik 2440 Tonnen. Davon gelangten ca. 150 Tonnen, in ersten Linie durch Verbrennungsprozesse, in die Umwelt (66 Tonnen in Gewässer, 84 Tonnen in die Luft). Cadmium reichert sich über die Nahrungskette in Pflanzen, Tieren und Menschen an. Dabei kommt es nach längerer Aufnahme zu Nieren- und Lungenschädigungen, unter bestimmten Bedingungen auch zu Knochenveränderungen.

Chlor Sehr reaktionsfähiges schweres grüngelbes Gas aus der Gruppe der Halogene. Stechender Geruch. Wichtiger Rohstoff für zahlreiche organische (Lösemittel, Insektizide, Kunststoffe) und anorganische Verbindungen (Chlorate). Wird benutzt für die Entkeimung des Trinkwassers und zur Desinfektion des Wassers in Badeanstalten. Starkes Lungengift, bewirkt Schädigungen, die von Entzündungen bis zu tödlichen Vergiftungen reichen. Vorsicht bei chlorhaltigen Sanitärreinigern.

Chlorierte Kohlenwasserstoffe Chlorhaltige organische Verbindungen, Wirkstoffe von Pflanzenschutz- und Schädlingsbekämpfungsmitteln, zum Beispiel DDT. Teils höchst giftig und krebserzeugend.

Chrom Silberweißes Schwermetall, leicht bläulicher Glanz. Verwendung: Veredelung von Stahl, Farbenherstellung, Galvanisierung, Metallverarbeitung. Kann in Form von Salzen des Elements im Körper gespeichert werden (Summationsgift). Greift Haut und Schleimhäute an, erzeugt Chromatlungenkrebs.

Cyanide Salze der Blausäure. Verwendung: Arzneimittel, Farbstoffe, Kunstfasern, Schädlingsbekämpfungsmittel, Metallverarbeitung. Wirken wie die Blausäure, führen zu Schwindel, Kopfschmerzen, Erregungszuständen und Tod durch Atemlähmung.

DABAWAS Datenbank wassergefährdender Stoffe. Hier sind alle Angaben über Nachweise, Eigenschaften und Wirkung wassergefährdender Stoffe gespeichert, zudem erhält man dort Auskunft über Lagerung, Transport und Sofortmaßnahmen bei Umweltgefährdungen durch wassergefährdende Stoffe.

DDT Schädlingsbekämpfungsmittel, seit dem 7. 8. 1972 (BGBl I S. 1385) in der Bundesrepublik Deutschland verboten. DDT hat eine außergewöhnliche Persistenz und befindet sich heute überall auf der Erde, sogar im Eis der Antarktis. Summationsgift, das sich im Menschen und im Tier ansammelt (Muttermilch) und Organschäden oder Krebs verursachen kann.

Deponien 1975 waren insgesamt 4400 Anlagen zur Ablagerung von Hausmüll in Betrieb. Übergangsdeponien werden geschlossen, so daß für den Kommunalbereich in Zukunft nur noch etwa 500 Deponien zur Verfügung stehen werden. Diese Zentraldeponien können effektiver sein, weil sich hier der Einsatz teurer technischer Hilfsmittel lohnt, zudem liegen die Betriebskosten niedriger als bei den zerstreut liegenden kleinen Ablagerungsanlagen.

Derivat Chemische Verbindung, die durch Abtrennung oder Austausch von Gruppen oder Atomen aus einem Stammkörper entsteht und ihm noch verwandt ist hinsichtlich Aufbau und Eigenschaften. Zum Beispiel werden Harnstoff-Derivate als Blattdünger oder zur Herstellung von Kunstharzen verwendet.

Dieselmotor Der Dieselmotor gibt weniger Kohlenmonoxyd, Stickoxyde und Kohlenwasserstoffe ab als der Otto-Motor. Die Abgase enthalten jedoch mehr Festpartikel, zum Beispiel Ruß. Sachgemäße Wartung von Diesel-Motoren ist wichtig, da sich der Rußanteil um ein Fünf- bis Zehnfaches steigern und gesundheitliche Schäden hervorrufen kann.

Dioxin TCDD (Tetrachloridibenzdioxin) tausendmal giftiger als Zyankali, verursacht beim Menschen Hautschäden und kann, wenn es in die Placenta gelangt, den Embryo schädigen. Dioxin ist im Vietnamkrieg von den Amerikanern als Entlaubungsmittel eingesetzt worden. Es ist im Pestizid 2.4.5 T. enthalten, das in Wäldern ausgebracht wird, um Laubbäume und andere Blattpflanzen zu bekämpfen. Der Sachverständigenrat für Umweltfragen hat von seiner Anwendung abgeraten, weil die Gefahr zu groß ist, daß das Gift über Wald-

Beeren, Pilze, Honig oder Wild in die menschliche Nahrung gelangt.

Dritte Reinigungsstufen Bezeichnung für alle Verfahren, die über die biologische Reinigung des Wassers hinausgehen. Die Spezialverfahren mechanische Filterung, Fällung Stickstoffelimination und Aktivkohlefilterung beseitigen die problematischen Schadstoffe wie Stickstoff- und gelöste Phosphorverbindungen, Schwermetalle und gelöste Salzverbindungen.

Embryo-Toxizität Fähigkeit von bestimmten chemischen Stoffen, Viren und ionisierenden Strahlen, Mißbildungen am Embryo hervorzurufen.

Emission Die Abgabe von Luftverunreinigungen, Geräuschen, Strahlen, Wärme, Erschütterungen an die Umwelt.

Enzyme Eiweißstoffe, die von lebenden Zellen erzeugt werden und bei Stoffwechselprozessen und bei vielen chemischen Reaktionen eine wesentliche Rolle spielen. Einige Enzyme werden Wasch- und Reinigungsmitteln beigefügt und können beim Menschen Hautreizungen und Allergien hervorrufen.

EPA US-Environmental Protection Agency. Amerikanische Umweltbehörde, die unserem Umweltbundesamt entspricht.

E-605 (Parathion, Folidol, Bladan), farblose bis gelbliche Flüssigkeit mit Lauchgeruch. Wichtiges Mittel zur Schädlingsbekämpfung. Kann bei unsachgemäßer Handhabung beim Menschen zu Vergiftungserscheinungen führen. Wird in Gewässern und im Boden schnell abgebaut, ist jedoch für alle Tiere giftig. Z.B. sind Singvögel und ihre Nestlinge gefährdet, wenn sie mit E-605 vergiftete Insekten fressen.

„Manchmal denke ich, daß die Menschen das schlimmste Ungeziefer auf der Welt sind!"

Eutrophierung Überdüngung von Gewässern, die Algenwuchs fördert durch Phosphor- und Stickstoffverbindungen. Die Algen verbrauchen Sauerstoff, und bei unzureichendem Wasseraustausch mit den Oberflächenschichten, besonders in stehenden oder langsam fließenden Gewässern, entsteht die Gefahr des Umkippens. Bei der dann eintretenden Fäulnis werden übelriechende Gerüche frei und es entstehen u. a. Ammoniak, Schwefelwasserstoff und Methan.

Fluor Kommt häufig in mineralischen Stoffen vor, wird bei vielen Verbrennungs- und Verarbeitungsprozessen freigesetzt und trägt zur Luftverschmutzung bei. Fluor und seine Verbindungen Fluorwasserstoff und Fluoride sind an sich wichtige Nährstoffe, bei höherer Konzentration jedoch schädigen sie den Organismus. Vor allem bei Wiederkäuern kommt es dann zur Fluorose, einer Krankheit, die sich vor allem durch Knochenveränderung äußert und in schweren Fällen zum Tode führt.

Fluorchlorkohlenwasserstoffe FKW genannt, sind organische Verbindungen, in denen die Wasserstoffatome durch Fluor- und Chloratome ersetzt sind. Sie sind ungewöhnlich stabil und im erdnahen Bereich ungefährlich. Allerdings besteht der dringende Verdacht, daß sie den Ozongürtel der Erde beschädigen. Von etwa 60.000 Tonnen Fluorchlorkohlenwasserstoffen, die in der Bundesrepublik Deutschland verbraucht werden, entfallen allein 35.000 Tonnen auf Spraydosen. Seit 1975 haben die Hersteller die Produktion freiwillig um 25 Prozent gesenkt.

Formaldehyd Farbloses, stechend riechendes Gas. Es wird bei der Herstellung von Kunstharz, Farbstoff und Fotochemikalien verwendet, dient zum Beispiel bei Kosmetika als Desinfektionsmittel. Das Einatmen konzentrierter Dämpfe führt zu schweren Reizungen der Schleimhäute und zu Lungenschäden. Wird es verschluckt, kommt es zu Verätzungen der Speiseröhre und des Magen-Darm-Traktes. Gewässerschädigend.

Fungizide Fungizide dienen zur Vorbeugung oder Bekämpfung von Pilzbefall beim Wein-, Obst- und Hopfenanbau (75%), beim Getreide- und Kartoffelanbau (20%).

Gewässergüteklassen Die Unterschiede in der Bewertung der Reinheit der Gewässer liegen vor allem in der Belastung mit Phosphaten und Nitraten und ihrer Auswirkung auf den Sauerstoffhaushalt. Man teilt die Gewässer in vier Güteklassen ein:
1 – gering belastet
2 – kritisch belastet
3 – stark verschmutzt
4 – sehr stark verschmutzt

Giftliste Die Giftliste des Umweltbundesamtes enthält 154 hochgiftige chemische Verbindungen. Falls in einem Chemiewerk ein Störfall eintritt, kann man anhand dieser Liste sehr schnell die notwendigen Vorkehrungen treffen.

Grundwasser 73% unserer Trinkwasserversorgung bestehen aus Grundwasser und Quellwasser. Daher ist jeder Eingriff in den Wasserhaushalt (Förderung von Kohle, Sand und Kies, Ausbau von Flüssen) gefährlich. Hinzu kommt, daß die ständig fortschreitende Bebauung freier Flächen die Neubildung von Grundwasser verhindert und gleichzeitig eine stärkere Verschmutzung mit sich bringt. Verschmutzungsquellen: wilde Müllkippen, unkontrolliertes Versickern häuslicher und industrieller Abwässer, landwirtschaftliche Düngemittel, Ablagerung von Mineralöl.

Halbwertzeit Der Zeitraum, in dem die Hälfte einer bestimmten Substanz in einem abgeschlossenen System biologisch oder physikalisch-chemisch abgebaut wird.

Harrisburg Am 28. März 1979 ereignete sich im amerikanischen Atomkraftwerk „Three Mile Island" (TMI) bei Harrisburg das bislang gefährlichste Unglück der Geschichte der friedlichen Nutzung der Atomenergie. Durch das Versagen des Sicherheitssystems bildete sich unter der Kuppel des Reaktorraums eine radioaktive Blase, 36816 Uranbrennstäbe des Leichtwasser-Reaktors drohten durchzuschmelzen. Eine halbe Million Menschen im Bundesstaat Pennsylvania und der Nachbarschaft waren durch die radioaktive Wolke bedroht. Erst nach zehn Tagen gelang es den Technikern, den Atommeiler wieder unter Kontrolle zu bringen und einen größtmöglichen anzunehmenden Unfall (Super-GAU) abzuwenden.

Hausmüll setzt sich in der Bundesrepublik Deutschland – wobei starke regionale Unterschiede zu beachten sind - folgendermaßen zusammen: 30% Feinmüll (Asche, Essensreste); 23% Pappe und Papier; 15% Glas und Steine; 5% Metalle; 5% Kunststoffe; 3% Textilien und organische Bestandteile.
Hausmüll kann jedoch auch schädigende Substanzen enthalten, wie zum Beispiel Quecksilber in Fieberthermometern und Batterien aus Sofortbildkameras, Lösemittel, Reste von Unkrautvertilgungsmitteln.

HCH (Hexachlorcyclohexan) Wird zur Herstellung des Pflanzenschutzmittels Lindan verwendet. Früher wurden die Rückstände gelagert, heute arbeitet man sie zu anderen chemischen Verbindungen auf. Die Chemiefabrik E. Merck in Gernsheim lagerte HCH-Rückstände auf dem Werksgelände und verursachte dadurch wahrscheinlich die erhöhte HCH-Konzentration im Blut der Anwohner, in der Trinkmilch und den Milchprodukten, die in der Umgebung der Fabrik hergestellt wurden. Die Langzeitwirkungen von HCH im menschlichen Körper sind noch unbekannt. Durch die Verseuchung von Gemüse mit HCH-Rückständen, mußten 14 Bauernhöfe in den Vierlanden bei Hamburg ihre Ernte vernichten. Sie lagen in unmittelbarer Nachbarschaft der Pharma-Fabrik C.H. Boehringer, Hersteller von Lindan.

Heizung Fossile Brennstoffe (Kohle, Öl) tragen erheblich zur Luftverschmutzung bei. 1975 betrug der Anteil der Heizungsemission an den Gesamtemissionen fü

„Wozu die Mühe, Mann? Sie brauchen doch nur einen Schluck zu nehmen!"

Staub 12,9%, Schwefel-Dioxyd 13%, Stickoxyden 6,3%, Kohlenwasserstoffe 7,4%. Am wenigsten umweltbelastend sind Erd- und Stadtgasheizungen.

Hydrosphäre Wasserhülle der Erde – dieser Bereich ist zweieinhalbmal so groß wie das Festland. Zur Hydrosphäre gehören neben den Ozeanen und den Nebenmeeren auch die Binnengewässer, Schnee- und Eisflächen.

Immission Einwirkung von Luftverschmutzung, Lärm, Erschütterungen, Strahlen, Wärme auf die Umwelt.

Immissionskataster Wichtige Grundlage für Luftreinhaltepläne und Infrastrukturmaßnahmen. Immissionskataster zeigen die Verteilung der Immission für ein bestimmtes Gebiet, und zwar sowohl Dauerbelastungen als auch Werte von Spitzenbelastungen.

Inversion Luftschicht, deren Temperatur nach oben hin zunimmt. Am Boden bildet sich dabei oft Nebel. Inversionen verhindern den Austausch zwischen bodennahen und höheren Luftschichten. Deshalb kann es zu erhöhten Schadstoffkonzentrationen und Smog-Alarm kommen.

Kanzerogenität Eigenschaft von Stoffen, die bösartige Tumore verursachen. Bei einigen Stoffen kann bereits eine einmalige Berührung Krebsbildung erzeugen, wobei die Tumorbildung nicht mehr rückgängig zu machen ist. Dabei kann es sein, daß der bösartige Tumor erst Jahre später auftritt. Einige Stoffe können bereits beim Embryo Tumore anlegen oder ausbilden. Kanzerogene Stoffe sind u.a. chlorierte Kohlenwasserstoffe, Aflatoxine, N-Nitrosoverbindungen, einige Pestizide und Industrieprodukte (Vinylchlorid).

Kepone Amerikanisches Schädlingsbekämpfungsmittel vor allem gegen Feuerameisen und Bananenschädlinge. Wurde in den USA 1975 verboten, weil Verdacht auf Krebserzeugung bestand. In der Bundesrepublik Deutschland wurde Kepone zu einem weniger schädlichen Kartoffelkäfer-Bekämpfungsmittel verarbeitet. Giftfässer mit amerikanischem Kepone (das freilich in Deutschland hergestellt wurde) werden in der hessischen Sonderabfalldeponie Herfa-Neurode gelagert.

Kläranlagen Hier werden Haushalts- und Industrieabwässer gereinigt. Konstruktion und Leistungsfähigkeit sind verschieden. Bei der Ersten Stufe (mechanische Klärung) setzen sich etwa 30% der Schmutzstoffe ab. In der Zweiten (vollbiologischen Klärung) werden aus dem vorgeklärten Abwasser Fäkalien, Lebensmittelreste und biologisch leicht abbaubare Industriereststoffe durch den Einsatz von Mikroorganismen abgebaut. Bei der Dritten Reinigungsstufe werden auf physikalisch-chemischem Wege noch vorhandene Schadstoffe entfernt.

Kohlendioxyd ein farbloses, unbrennbares, schwach säuerlich riechendes Gas, das in kleineren Konzentrationen als ungiftig gilt. Kohlendioxyd ist ein natürlicher Bestandteil der Luft und entsteht bei der Atmung von Lebewesen und beim Verbrennen von Kohle, Erdöl und Gas. In den letzten hundert Jahren ist der Gehalt in der Luft um 14 Prozent gestiegen, eine weitere Zunahme von Kohlendioxyd in der Atmosphäre führt zur Erwärmung der Erdoberfläche und möglicherweise einem Abschmelzen der Polkappen.

Kohlenmonoxyd ist ein geruchloses, farbloses Gas, das bei der unvollständigen Verbrennung organischer Verbindungen anfällt. An der Luft wird Kohlenmonoxyd, das vor allem in Kraftfahrzeugmotoren, der Schwerindustrie und Hausheizungen entsteht, in Kohlendioxyd umgewandelt. Kopfschmerzen, Schwindel, Übelkeit, Bewußtlosigkeit, Atemlähmung sind die Folgen von Kohlenmonoxyd, das die Sauerstoffaufnahme im Blut blockiert. Bei Smog sind Herz- und Kreislaufkranke gefährdet.

Kohlenwasserstoffe sind chemische Verbindungen des Kohlenwasserstoff mit Wasserstoff. Als kettenförmige Verbindungen zählen Methan, Äthan, Propan und Butan dazu; als ringförmige Verbindungen beispielsweise Benzol. In der Umweltdiskussion sind vor allem die ringförmigen aromatischen Kohlenwasserstoffe wie Naphthalin, Benzo(a)pyren sowie die chlorierten und polychlorierten Kohlenwasserstoffe wie DDT, PCB, Lindan, Endosulfan von Bedeutung. Einige dieser Substanzen gelten als krebserregend.

Kompostierung Zwei bis drei Prozent des Hausmülls werden kompostiert. Jedoch gibt es Schwierigkeiten beim Absatz des Kompostes, der mit chemischen Düngern konkurriert. Gegenwärtig wird geprüft, ob man Frischkompost durch Spezialbehandlung für die Herstellung von Ziegeln und für den Straßenbau verwenden kann.

Konservierungsstoffe Zusatzstoffe, die zur Haltbarmachung von Lebensmitteln dienen und unter anderem Schimmelpilze, Fäulnis- und Gärungserreger verhindern sollen (Sorbinsäure, Benzoesäure, Biphenyl, PHB-Ester, Ameisensäure).

Kosmetika Die Zusammensetzung dieser Mittel zur Körperpflege wird durch die Kosmetik-Verordnung geregelt, die verhindert, daß wie in der Vergangenheit etwa bei Lidschatten, Lippenstiften und Wimperntusche bedenkliche Konzentrationen von Schwermetallen (Blei, Quecksilber, Cadmium) auftreten. Erlaubt sind heute noch Zusatzstoffe wie Ammoniak, Formaldehyd, Hexachlorophen, Phenol, Resorcin, Fluoride, Amine und Quecksilberverbindungen, jedoch ist ein entsprechender Hinweis auf diese Stoffe vorgeschrieben.

Kosmetik-Verordnung (BGBl I S. 2589) Trat am 1. 1. 1978 in Kraft und regelt die Verwendung chemischer Stoffe bei Körperpflegemitteln. 361 Stoffe sind verboten, die anderen unterliegen Anwendungsbeschränkungen oder der Kennzeichnungspflicht.

Kraftfahrzeug 1975 gab es in der Bundesrepublik Deutschland rund 18 Millionen Kraftfahrzeuge. Sie gaben an die Umwelt ab: 7 Millionen Tonnen Kohlendioxyd; 550 000 Tonnen Stickoxyde; 760 000 Tonnen Kohlenwasserstoffe; 80 000 Tonnen Schwefel-Dioxyd; 18 500 Tonnen Ruß; 7600 Tonnen Blei. 1979 war die Zahl der Pkw auf 21,5 Millionen angestiegen. Pro Betriebsstunde erzeugt ein Kraftfahrzeug eintausend Liter Abgase.

Krebs 1975 starben in der Bundesrepublik 150.000 Menschen an Krebs, das sind 20% aller Todesfälle. Wahrscheinlich entsteht Krebs durch Kanzerogene (chemische Stoffe), physikalische Einwirkungen und Viren. Umwelteinflüsse sind für 60-80% aller Krebserkrankungen verantwortlich.

Kupfer Dehnbares Halbedelmetall, das vor allem als Leitungsmaterial (Elektrotechnik) und im Rohrleitungsbau verwendet wird. Für einige Pflanzen, höhere Tiere und den Menschen ist Kupfer ein wichtiges Spurenelement. In stärkerer Konzentration führen Kupfersalze zu Brechdurchfällen. Gelöste Kupfersalze sind gewässerschädigend, schon sehr geringe Mengen vergiften Algen, Kleinpilze und Bakterien.

Lärm Rund vierzig Prozent der Bundesbürger – das sind zwanzig bis fünfundzwanzig Millionen Menschen – fühlen sich laut Umfrage durch Lärm belästigt. Als Meßgröße des Schalldruckpegels verwendet man das Dezibel A, kurz dB (A). Bei der normalen Umgangssprache liegt der Schallpegel um 55–60 dB (A). Der Schlaf wird bereits gestört ab 25 dB (A), zur Lärmschwerhörigkeit kommt es, wenn ein Mensch über Jahre hinweg täglich acht Stunden einem Geräuschpegel von 85–90 dB (A) ausgesetzt ist. Das entspricht etwa dem Lärm eines Kraftfahrzeuges aus sieben Meter Entfernung gemessen.

Lärmschwellen Die Lärmbelästigung hängt nicht nur von der Höhe des Schallpegels ab, sondern von der Art des Geräusches, der Lautstärke, der Frequenzzusammensetzung und der Gemütsverfassung eines Menschen. Eine Belästigung kann schon ab 25 dB (A) empfunden werden. Das Ticken eines Weckers aus einem Meter Entfernung gemessen liegt bei 30 dB (A). Die Zunahme des Schalldruckpegels um 10 dB (A) entspricht einer Verdoppelung der empfundenen Lautstärke, weil die Meßskala logarithmisch aufgebaut ist. Einheitliche Reizschwellen lassen sich nur schwer festlegen, weil gerade Lärm von den einzelnen Menschen sehr unterschiedlich empfunden wird, und weil bei dieser Art von Umweltverunreinigung die jeweilige Gemütsverfassung des einzelnen ausschlaggebend ist. Wissenschaftlich unterscheidet man vier Reizschwellen:

1. Kommunikationsbehinderung ab 50 dB (A), ab 70 dB (A) ist keine vernünftige Unterhaltung mehr möglich.

2. Störung der geistigen Konzentration – individuell und der Leistungsanforderung entsprechend unterschiedlich.

3. Erregung des zentralen und vegetativen Nervensystems, Schlafstörungen treten ab 25 dB (A) auf.

4. Belästigungserscheinungen, die ab 25 dB (A) auftreten und zur Beeinträchtigung des psychischen Wohlbefindes führen.

In der Bundesrepublik Deutschland leben schätzungsweise 500.000 bis 800.000 Lärmgeschädigte, bis 1976 wurde in über zehntausend Fällen eine Berufskrankheit anerkannt.

Landschaftsschutz Gesetzliche Maßnahmen zur Erhaltung des gegenwärtigen Bildes der Natur. In geschützten Gebieten ist zwar die land-, forst-, jagd- und fischereiwirtschaftliche Nutzung gestattet, es besteht jedoch ein striktes Verbot, verändernd oder verunstaltend in die Landschaft einzugreifen.

Lindan (Handelsname) Farb- und geruchloses Pestizid zur Bekämpfung von Haushaltsschädlingen, Kopfläusen, Mittel zur Saatgutbehandlung. Bei sachgemäßer Handhabung nicht riskant für den Menschen. Da Lindan eine hohe Persistenz besitzt, kann es sich jedoch im menschlichen und tierischen Fettgewebe ablagern (Summationsgift) und auf die Dauer Schädigungen hervorrufen.

Luftverunreinigung Zu den wichtigsten Luftverschmutzern gehören Kraftfahrzeuge, Abgase aus industrieller Produktion, private Heizungen. Kraftfahrzeuge geben 50% des Kohlenmonoxyds in der Bundesrepublik Deutschland ab, 25% des Stickoxyds und 19% des Kohlenwasserstoffes – und zwar vor allem in Stadt- und Wohngebieten, in Atemhöhe. Private Haushalte belasten die Luft durch die Heizung mit Kohlenmonoxyden und durch die Verwendung von Spraydosen mit Fluorchlorkohlenwasserstoff, der auf den Ozongürtel der Erde einwirkt.

Meeresverschmutzung Auf der nördlichen Halbkugel stieg der Bleigehalt im Oberflächenwasser des Meeres in den vergangenen Jahrzehnten auf das Drei- bis Zwanzigfache der ursprünglichen Menge an. Gleichfalls nahm die Konzentration an Quecksilber zu. Ein Teil der Schadstoffe gelangt durch die Flüsse ins Meer, andere werden an der Küste durch Röhren direkt ins Wasser geleitet. Transportschiffe laden flüssige und feste Abfallstoffe auf hoher See ab, zusätzlich verschmutzt der Schiffsverkehr die Meere, vor allem durch Öl. Auch aus der Atmosphäre gelangen Schadstoffe ins Meer.

Mikroklima Dieser Begriff bezieht sich auf ein begrenztes Gebiet, in dem die Organismen ihre spezifischen Bedingungen finden. Zum Beispiel herrscht an der Wurzel eines Baumes ein anderes Mikroklima als in seinem Kronendach.

Mutagenität Eigenschaft von Stoffen, Keimzellen so zu verändern, daß bei den Nachkommen Mißbildungen auftreten. Dies ist zum Beispiel bei einigen Bleiverbindungen der Fall.

Nahrungskette Übertragung von Nahrungsstoffen von einer Organismengruppe auf die nächste. Dabei nährt sich jedes Glied der Kette vom vorhergehenden Glied und ist gleichzeitig Nahrung für das folgende. Innerhalb dieser Kette können sich Gifte, die am Anfang zum Beispiel in Pflanzen nur schwach konzentriert sind, anreichern. Die Stufen dieser Ketten sind: grüne Pflanzen, pflanzenfressende Tiere, kleine Fleischfresser, große Fleischfresser, wozu die Menschen ebenso gehören, wie die Seeadler. Am Ende der Nahrungskette ist der Säugling besonders gefährdet.

Naturschutz Maßnahmen zum Schutz seltener Pflanzen, Tiere und zur Erhaltung der noch vorhandenen Reste von Ur- und Naturlandschaften. Ursprünglich ging es darum, einzelne Organismen zu schützen, heute umfaßt der Naturschutz ganze Komplexe wie Landschaftspflege, Landschaftsgestaltung und Landschaftsschutz.

NEL–Wert Abkürzung für „No–Effect–Level", bezeichnet die Konzentration eines

Schadstoffes in Lebensmitteln, Trinkwasser oder Luft, die bei lebenslanger Aufnahme bei Tier und Mensch keinen erkennbaren Schaden verursacht.

Nickel Silberweißes, stark glänzendes Schwermetall. Verwendungsbereiche: Stahlveredelung, Legierung, Beschichtung von Metallen (Modeschmuck), Herstellung von Batterien. Nickeldampf und -staub stehen unter dem Verdacht, Krebs zu verursachen. Auf der Haut (Schmuck, Brillengestelle) ruft Nickel gelegentlich Allergien hervor. Vor allem Kraftwerke und Müllverbrennungsanlagen geben mit ihren Abgasen Nickelverbindungen an die Umwelt ab.

Nikotin ist eine farblose Flüssigkeit mit brennend scharfem Geschmack, wird an der Luft schnell bräunlich und verdickt sich. Es bildet sich in den Wurzeln der Tabakpflanze und ist ein starkes Nervengift. Nikotin wird in der Landwirtschaft als Schädlingsbekämpfungsmittel eingesetzt. Beim Menschen erzeugt Nikotin eine Verengung und Verkalkung der Blutgefäße (Raucherbein, Herzinfarkt).

Nitrate Salze der Salpetersäure finden sich in stickstoffhaltigen Düngemitteln, grünen Pflanzen, im Boden, im Trinkwasser und in der Nahrung. Spinat aus überdüngten Kulturen kann gesundheitsschädigend sein, weil sich die Nitrate (z. B. durch zu langes Aufbewahren) an der Luft in Nitrite verwandeln.

Nitrite Salze der salpetrigen Säure sind giftig und behindern den Sauerstofftransport im Blut. Insbesondere bei Säuglingen kann zum Beispiel aufgewärmter Spinat zu Übelkeit, Magenbeschwerden und Atemnot führen.

Ökologie Wissenschaft von der Beziehung der Organismen untereinander und zu ihrer Umwelt.

Ökologische Nische bezeichnet das Wirkungsfeld einer Art in einem Ökosystem. Dieser Begriff wird aber auch im Sinne einer Minimal-Umwelt gebraucht, die eine Art zum Leben braucht.

Optische Aufheller Chemische Verbindungen, die durch Einfärben und Vortäuschung einer Bleichwirkung Vergilbung und ,,Grauschleier'' verhindern, weil sie unsichtbares ultraviolettes Licht in sichtbares, längerwelliges Licht umwandeln. Sie werden speziell bei Wasch- und Reinigungsmitteln eingesetzt und können unter Umständen Hautkrankheiten begünstigen.

Otto-Motor Der Otto-Motor verbrennt ein Kraftstoff-Luft-Gemisch und erzeugt pro Stunde 1000 Liter Abgase (u. a. 400 g Kohlenmonoxyd, 40 g Kohlenwasserstoffe, 40 g Stickoxyde und in geringeren Mengen Bleiverbindungen).

Ozon Dieses stark riechende Gas wird in einer Höhe von 20 bis 35 km, in der Ozonosphäre, durch die Einwirkung ultravioletter Strahlen erzeugt und gelangt durch atmosphärische Vorgänge auch in erdnahe Schichten. Schwach konzentriert ist Ozon unschädlich, stärkere Konzentrationen führen beim Menschen zu Augenreizungen und Atembeschwerden. Man benutzt Ozon bei der Trinkwasseraufbereitung, weil es niedere Lebewesen abtötet. Bei Pflanzen richtet eine Ozonkonzentration Schäden an, wenn sie bestimmte Werte überschreitet (z. B. Braunfärbung der Blätter, Absterben ganzer Pflanzenteile).

Ozon–Theorie Die amerikanischen Wissenschaftler F. S. Rowland und M. J. Molina stellten 1974 folgende Theorie auf: die auf der Erde vor allem durch Spraydosen freigesetzten Fluorchlorkohlenwasserstoffe (FKW) steigen bis in die Stratosphäre und beeinträchtigen den Ozongürtel durch chemische Reaktionen. Eine Beschädigung des Ozongürtels, der gesundheitsschädliche UV-B-Strahlen herausfiltert, führt zu klimatischen Veränderungen, Schäden an Pflanzen und Tieren und einer Steigerung der Hautkrebserkrankungen.

PCB (Polychlorierte Biphenyle) Wenn Chlor auf Biphenyl einwirkt, erhält man chlorierte Kohlenwasserstoffe. Sie sind unbrennbar, thermisch stabil, zähflüssig und haben einen hohen Siedepunkt. Daher benutzt man

. . . und bevor die Bürgerinitiative geschlossen Front macht, greifen wir mit fünfzehn Bulldozern in einer Zangenbewegung an!"

sie als Kühlmittel, Hydraulikflüssigkeit, Imprägnierungsmittel (Holz und Papier), Weichmacher, (Kunststoffe) und Isoliermaterial. PCBs haben eine lange Halbwertzeit, werden also nur sehr langsam abgebaut und können sich über die Nahrungskette in Organismen speichern. Gesundheitsschäden: Leber, Milz und Nieren werden in Mitleidenschaft gezogen. Weltweit finden sich PBC-Rückstände immer konzentrierter in der Muttermilch. In der Bundesrepublik Deutschland darf PBC nur noch in geschlossenen Systemen (z. B. Kühlanlagen) verwendet werden.

Permissible Level höchste duldbare Menge von Rückständen schädlicher Substanzen in Nahrungsmitteln nach der Formel ADI-Wert x 70 : 0,4. Die Zahl 70 ergibt sich aus dem durchschnittlichen Körpergewicht eines Menschen, die Zahl 0,4 aus der durchschnittlichen Verzehrmenge pflanzlicher Lebensmittel, jeweils in Kilogramm gerechnet. Dieser Wert wird in der deutschen Höchstmengenverordnung für Lebensmittel noch häufig unterschritten.

Persistenz Eigenschaft der Stoffe, lange Zeit in der Umwelt zu verbleiben, ohne daß sie durch chemische, biologische oder physikalische Prozesse abgebaut werden. Persistente Stoffe können wegen ihrer Langlebigkeit in die Organismen über die Nahrungskette eindringen und sich dort ansammeln und zu gesundheitlichen Schäden führen.

Pestizide Dienen zur Bekämpfung unerwünschter Pflanzen (Herbizide); Pilze (Fungizide), zur Saatgutbehandlung (Beizmittel) und gegen Schädlinge wie Insekten (Insektizide), Milben (Akarizide), Schnecken (Molluskizide), Würmer (Nematizide), Nagetiere (Rodentizide).
Die Gefahr besteht darin, daß die Pestizide auch in andere Ökosysteme gelangen und dort „Nützlinge" schädigen. Pestizide können sich darüber hinaus über die Nahrungskette im Körper von Mensch und Tier speichern und auf die Dauer Schäden hervorrufen, die irreparabel sind.

Phenol Diese farblose aromatische Verbindung wird u. a. verwendet bei der Herstellung von Kosmetika, Farbstoffen, Arzneimitteln, Schädlingsbekämpfungsmitteln und Kunstharzen. Phenol ätzt die Haut, macht sie nach der ersten Schmerzempfindung gefühllos und verfärbt sie. Hohe Konzentrationen schädigen Kreislauf- und Nervensystem, führen zu Nieren- und Leberfunktionsstörungen, können das Blutbild verändern und mutagen wirken. Phenol ist für Wassertiere und -pflanzen giftig und verändert den Geschmack von Speisefischen.

pH-Wert Kennzeichnet den Grad des basischen (Lauge) oder sauren (Säure) Verhaltens von Wasser, Schlamm oder Boden. Die Skala reicht von 0 bis 14, wobei der pH-Wert 7 eine neutrale Lösung kennzeichnet. Je kleiner der pH-Wert, um so saurer ist eine Lösung.

PVC (Polyvinylchlorid) Dieser helle, geschmack- und geruchlose Kunststoff wird aus Vinylchlorid gewonnen und kann universal verwendet werden (z. B. für Rohre, Fassadenverkleidungen, Schindeln, Tischdecken, Klebefolien, Verpackungen und Spielzeug). Pro Jahr werden weltweit rund 5,8 Millionen Tonnen PVC verarbeitet. Diese Produkte können jedoch gesundheitsschädlich sein, wenn sie noch ungebundenes Vinylchlorid enthalten. Das trifft für die Bundesrepublik Deutschland allerdings nicht zu; das bei uns produzierte PVC enthält keine schädigenden Rückstände. Schwierigkeiten ergeben sich bei der Müllvernichtung, weil sich beim Verbrennen Chlorwasserstoff (Salzsäure) abspaltet.

Quecksilber Silberglänzendes, flüssiges Metall, das bei Zimmertemperatur verdampft und sich bei Wärme stark ausdehnt. Quecksilber ist enthalten in Abgasen und Abwässern von Kraftwerken, Müllverbrennungsanlagen und Industriewerken.

„Ach, wissen Sie, die Natur wird sich schon allein gegen die Umweltverschmutzung zu helfen wissen!"

Quecksilberverbindungen sind außerordentlich giftig und können bei Mensch und Tier schwere Schäden anrichten. Besonders hoch ist die Konzentration heute bei Speisefischen und Speisepilzen.

Rat der Sachverständigen für Umweltfragen Gremium von 12 Sachverständigen, das zusammentritt, um die Umweltsituation zu beurteilen und ein Umweltgutachten zu erstellen. Zahlreiche Sondergutachten wie zu den Themen Verkehr und Energie wurden ausgearbeitet oder sind in Vorbereitung. Der Rat wird vom Bundesminister des Innern einberufen und hat gegenwärtig seinen Sitz im Statistischen Bundesamt in Wiesbaden.

Rauchen ist nach wie vor eines der größten Gesundheitsrisiken des Menschen. Ca. 140 000 Menschen starben 1976 an den indirekten Folgen des Rauchens. Nikotin, Benzo(a)pyren, Ammoniak, Cadmium und Teerstoffe, die im Tabaksrauch enthalten sind, wirken sich gesundheitsschädigend aus (Gefäß-, Herz- und Kreislaufkrankheiten, Krebs).

Recycling bezeichnet die kontinuierliche Rückführung von Ausgangsmaterialien in den Produktionsprozeß. Beim Recycling werden Abfälle vollständig oder teilweise wiederverwendet. Derartige Kreisläufe, bei denen praktisch kein Abfall anfällt, gibt es bereits bei den Wasserkühlsystemen und bei der Rückführung von Metallen. Abgesehen davon, daß durch Recycling der Abfall vermindert wird, werden auch die Rohstoffjreserven geschont: aus Altpapier wird wieder Papier hergestellt; Glasabfälle werden in Glashütten eingeschmolzen; Kunststoff, vor allem PVC, dient zur Herstellung von Platten und Straßenbelag; organische Bestandteile des Hausmülls und Klärschlamm werden kompostiert; alte Autoreifen werden zu Bodenbelag, Öl und Druckerschwärze verarbeitet.

Resistenz Vererbbare Widerstandsfähigkeit gegen Gifte oder Infektionen. Auf der negativen Seite stehen Schädlinge und Mikroorganismen, die durch Langzeitanwendung von Pestiziden oder Medikamenten resistent werden können.
Positiv wirkt sich die Resistenz aus bei gezielter Züchtung von Pflanzen, die gegen bestimmte Schädlinge und Umwelteinflüsse unempfindlich sind. (Zum Beispiel Bäume, denen Streusalz nichts ausmacht.)

Rote Listen sind Übersichten über gefährdete Pflanzen und Tierarten nach dem Vorbild der "Red Data Books", die erstmals 1966 von der "International Union for Conservation of Nature" (IUCN) vorgelegt wurden. Seit 1972 werden von der Bundesforschungsanstalt für Naturschutz- und Landschaftsökologie auch Rote Listen für die Bundesrepublik erarbeitet. Dabei werden Flora und Fauna nach den drei Kategorien „ausgestorben", „verschollen" und „gefährdet" erfaßt. In der Bundesrepublik leben etwa 45 000 bis 50 000 Tierarten. Seit dem Europäischen Naturschutzjahr 1970 sind innerhalb von zehn Jahren rund 25 Prozent der Tier- und Pflanzenarten weltweit vom Aussterben bedroht.

sauerer Regen In der Atmosphäre kann Schwefel-Dioxyd zu Schwefelsäure und sauren Sulfaten oxydiert werden. Hierdurch werden saure Niederschläge verursacht, die speziell in Skandinavien erhebliche Umweltschäden anrichten. Dabei wird Kalk im Boden zersetzt und somit die Bodenerosion begünstigt. Der pH-Wert von Gewässern kann sich verändern, so daß sie „versauern", das heißt, Mikroorganismen sterben, in schweren Fällen sogar die Fischbrut.

Schwebstoffe Materieteilchen, die im Wasser oder in der Luft schweben, weil sie ungefähr das gleiche spezifische Gewicht haben. Sie werden zum Teil aus der Luft durch Regen ausgewaschen.

Schwefel-Dioxyd Dieses farblose, stechend riechende Gas zählt zu den stärksten Luftverschmutzern. Es entsteht beim Verbrennen schwefelhaltiger Energieträger wie Kohle und Erdöl, darüber hinaus bei Industrieprozessen wie der Zellstoffherstellung, der Produktion von Eisen, Stahl, Düngemitteln etc. Insbesondere kombiniert mit Staub wirkt Schwefel-Dioxyd auf die Atemwege ein, verursacht in höherer Konzentration Atembeschwerden und Brustschmerzen und kann in schweren Fällen zum Erstickungstode führen. Bei Pflanzen baut Schwefel-Dioxyd Chlorophyll ab, was dazu führt, daß Gewebepartien absterben insbesondere bei Obst- und Forstkulturen. In Form des sauren Regens schädigt Schwefel-Dioxyd auch die Gewässer und das Erdreich.

Sedimente Ablagerungen von Feststoffteilchen in Gewässern.

Seveso-Katastrophe Am 10. Juli 1976 ereignete sich in Seveso/Norditalien in einem Chemiewerk, das Trichlorphenol produzierte, ein Störfall. Trichlorphenol ist ein Ausgangsstoff für Herbizide (z. B. 2,4,5-T) und Desinfektionsmittel (z. B. Hexachlorophen). Mehr als zwei Kilogramm des hochgiftigen TCDD entwichen und verseuchten die Umgebung des Werkes. Über 700 Menschen mußten evakuiert, 50 000 Tiere getötet werden. TCDD wirkt embryo-toxisch und so stieg die Zahl der Tot-, Miß- und Fehlgeburten in Seveso in der Folgezeit erheblich: Totgeburten: 1976: 8, 1977: 12, 1978: 14 Mißgeburten: 1976: 4, 1977: 38, 1978: 53.

Smog aus den englischen Wörtern „smoke" für Rauch und „fog" für Nebel gebildete Wortkombination. Bezeichnet starke Luftverunreinigungen in Ballungsgebieten, die zur Beeinträchtigung der Atmung, Reizung der Schleimhäute und Kreislaufstörungen führen kann.

Smogalarm Das Alarmsystem Nordrhein-Westfalens gilt als das beste in Europa. Der Alarm wird bereits sehr früh gegeben, nämlich dann, wenn mehr als eine Meßstation drei Stunden lang die Schwefel-Dioxyd-Konzentration von 2 mg/m³ festgestellt haben. In der ersten Stufe werden die Autofahrer aufgefordert, ihr Auto zu Haus zu lassen. In der zweiten Stufe müssen Industriebetriebe auf schwefelarme Brennstoffe umstellen. In der dritten Stufe müssen Betriebe, die große Mengen an Schadstoffen abgeben, stillgelegt werden. Außerdem gilt ein Fahrverbot in den Ballungsgebieten an Rhein und Ruhr.

Spraydosen Sind in zweifacher Hinsicht umweltschädigend: Fluorchlorkohlenwasserstoffe, die als Treibgas dienen, schädigen vermutlich den Ozongürtel der Erde, der gefährliche Strahlen abschirmt. Die Wirkstofflösungen selbst können in die Atemwege und in die Lunge gelangen und dort gesundheitliche Schäden anrichten.

Staub Feste Teilchen in der Luft, die man in Grob- und Feinstaub unterteilt. Feinstaub (mit einem Teilchendurchmesser von weniger als fünf Tausendstel Millimeter) kann in den Lungenbläschen abgelagert werden. Zu den besonders umweltbelastenden Staubkomponenten gehören u.a. Arsen, Beryllium, Cadmium, Asbest, Blei, Chrom, Nickel, Quecksilber, Vanadium, Selen.

Streusalz Streusalz besteht aus Natriumchlorid (Steinsalz) und bis zu 10% Verunreinigungen durch andere Salze. Besonders empfindlich reagieren Bäume wie Buchen, Schlehen, Fichten, Haselnuß und Eiben auf Streusalz, weniger anfällig zeigen sich Silberweiden und Graupappeln.

Summationsgifte Umweltgifte, die sich aufgrund ihrer Stabilität in Organismen anreichern können, und zwar meist in stoffwechselaktiven Organen (Leber, Niere, Milz), aber auch im Fettgewebe (DDT, PCB, HCH) oder im Gehirn (Organoquecksilberverbindungen, chlorierte Kohlenwasserstoffe).Im Körper eines Neugeborenen ist ein Mikrogramm Cadmium enthalten, bei einem dreißigjährigen Erwachsenen ist der Wert auf das Zehntausendfache angewachsen, nämlich auf 13–30 Milligramm. (Pro Tag nimmt ein Mensch aus der Luft und mit der Nahrung ca. 3 Mikrogramm Cadmium auf.)

Toleranzgrenze Kennzeichnet die Konzentration von Schadstoffen, die gerade noch zumutbar ist ohne Lebewesen zu schädigen. Allerdings ist die Festsetzung dieser Grenzen in vielen Bereichen problematisch, weil sich oftmals nicht exakt definieren läßt, wo die Schädigung tatsächlich beginnt. Bisher liegen keine ausreichenden wissenschaftlichen Untersuchungen vor.

Toxizität Giftigkeitsgrad einer Substanz. In drei Stufen unterteilt. Akute Toxität: Wirkung tritt innerhalb kurzer Zeit ein. Subchronische Toxizität: äußert sich nach einigen Tagen oder Wochen. Chronische Toxizität: die Giftwirkung tritt nach Monaten, Jahren oder Jahrzehnten auf.

Trinkwasser 1976 bestand das Trinkwasser in der Bundesrepublik zu
57,5% aus echtem Grundwasser
15,7% aus Quellwasser
8,0% aus uferfiltriertem Grundwasser
10,2% aus angereichertem Grundwasser
0,6% aus Flußwasser
2,8% aus Seewasser
5,2% aus Talsperrenwasser
Im Jahre 2000 werden 4,4 Milliarden Kubikmeter Trinkwasser gebraucht werden, die Qualität wird sich ständig verschlechtern, gleichzeitig wird die Aufbereitung immer kostspieliger. Sind die Gewässer zu stark verschmutzt, müssen durch Fernleitungen Versorgungsschwierigkeiten ausgeglichen werden. Schon heute stammt das Trinkwasser im Neckargebiet aus dem Bodensee; die Stadt Bremen wird zum Teil aus der Sösetalsperre im Harz versorgt.
Und so verteilt sich der Wasserverbrauch: 1975 entfielen
12,2 Milliarden cbm auf die Industrie
14,0 Milliarden cbm auf Elektrizitätswerke
3,0 Milliarden cbm auf private Haushalte
0,2 Milliarden cbm auf das Gewerbe
0,3 Milliarden cbm auf öffentliche Einrichtungen
0,6 Milliarden cbm auf die Landwirtschaft
Insgesamt bestand ein Wasserbedarf von 30,3 Milliarden Kubikmetern. Die Grenzwerte von Schadstoffen sind in der Trinkwasserverordnung festgelegt. So darf in Trinkwasser nicht mehr als 0,04 mg/l Arsen 0,04 mg/l Blei; 0,006 mg/l Cadmium un 0,004 mg/l Quecksilber enthalten sein.

Trinkwasser-Notversorgung Das Programm zielt vorerst auf Großstädte, Ballungs- und Industriegebiete ab, in denen 60% der Bevölkerung der Bundesrepublik Deutschland leben. Notfalls soll der Trinkwasserbedarf durch Einzelbrunnen gedeck werden, die ausschließlich Grundwasse führen.
Bisher wurden 107 Millionen Mark für 2400 Einzelbrunnen und 12 Verbundleitunge zur Verfügung gestellt. Damit könnten 22% der Bevölkerung in Not- und Katastrophenfällen versorgt werden.

UMPLIS Umweltplanungs-Informationssystem des Umweltbundesamtes, stellt Daten für Umweltforschung und Umweltpolitik zu Verfügung. Diese Einrichtung kann von öffentlichen und privaten Institutionen ebens wie von interessierten Bürgern benutz werden.

„Eines Tages wird das alles mal die gehören, mein Sohn!"

Umweltbundesamt 1974 gegründet, selbständige Bundesoberbehörde im Geschäftsbereich des Bundesministers des Innern. Berät Bundesregierung in Fragen des Umweltschutzes (Luftreinhaltung, Lärmbekämpfung, Abfall- und Wasserwirtschaft). Außerdem werden Daten gesammelt, gespeichert und bei Bedarf zur Verfügung gestellt. In der Aufklärung der Öffentlichkeit in Umweltfragen liegt einer der Schwerpunkte. Unterlagen und Broschüren z.B. „Umweltchemikalien") können beim Umweltbundesamt, Bismarckplatz 1, 1000 Berlin 33 angefordert werden.

Umweltschutz Zwischen 1970 und 1977 gaben Wirtschaft, Bund, Länder und Gemeinden rund 130 Milliarden Mark aus für die Säuberung der Luft und des Wassers, für die Lärmbekämpfung und die Abfallbeseitigung.

Verursacherprinzip Nach den Umweltgesetzen der Bundesrepublik Deutschland muß grundsätzlich derjenige die Kosten einer Umweltbelastung und die Folgelasten tragen, der sie verursacht hat. Diese Regelung gilt ebenso für die Erzeuger als auch für den Verbraucher, wenn er ein Produkt unsachgemäß anwendet und auf diese Weise Umweltbelastungen hervorgerufen hat. Schadensersatz- oder Haftungspflichten werden jedoch dadurch nicht begründet. Das Verursacherprinzip wird in der Praxis durchbrochen. Die Allgemeinheit muß auch Schäden in Kauf nehmen und die Mittel für die Beseitigung von Umweltbelastungen aufbringen. Die wichtigsten Instrumente zur Durchsetzung des Verursacherprinzips sind Verfahrens- und Produktnormen, Gebote, Verbote und Einzelanordnungen sowie Abgabenregelungen. Das Verursacherprinzip wurde ausdrücklich im Umweltprogramm von 1971 festgelegt.

Wasch- und Reinigungsmittel Darin enthalten sind unter anderem Phosphate, waschaktive Substanzen (Tenside), optische Aufheller und zum Teil Enzyme. Weil diese Stoffe in Kläranlagen nicht vollständig abgebaut werden, können sie in Flüssen und Seen Eutrophierung auslösen.
Im Jahre 1977 wurden in der Bundesrepublik Deutschland verkauft und verbraucht

626.000 Tonnen Waschmittel
335.000 Tonnen Weichspülmittel
185.000 Tonnen Geschirrspülmittel
77.000 Tonnen Haushaltsreiniger
42.000 Tonnen Scheuermittel
20.000 Tonnen Handreinigungsmittel

Weichmacher Stoffe, die Kunststoffen zugesetzt werden, um sie dehnbarer und flexibler zu machen. Einige sind gesundheitsschädlich, so der Weichmacher mit dem größten Marktanteil (Phtalsäureester, Weltproduktion 1975 über 300.000 t). Dieser Weichmacher besitzt wahrscheinlich eine embryo-toxische Wirkung, schädigt also ungeborenes Leben im Mutterleib.

Xylol Farblose Flüssigkeit mit aromatischem Geruch, wird als Löse- und Reinigungsmittel bei der Herstellung von Farbstoffen verwendet und dient als Trägersubstanz für Schädlingsbekämpfungsmittel. Außerdem wird Xylol dem Flugkraftstoff beigesetzt. Schon geringe Mengen schädigen Wasserorganismen, in konzentrierter Form aufgenommen, treten beim Menschen Kopfschmerzen, Brechreiz, Rauschzustände auf, eine größere Dosis kann zu Bewußtlosigkeit und Tod durch Atemlähmung führen.

Yusho–Krankheit Wurde in Japan hervorgerufen durch Vergiftung mit polychlorierten Biphenylen (PCB), die unbemerkt aus einer Kühlanlage in einen Reisöltank flossen. Diese Krankheit ruft Hautveränderung hervor, u.a. Dunkelfärbung der Haut (90% der Kinder von PCB-vergifteten Müttern kamen als „Schwarze Babys" zur Welt), verursacht Leber-, Milz- und Nierenschäden sowie bösartige Tumore.

Zink Stark glänzendes bläulichweißes Schwermetall. Relativ ungiftig, Staub- und Zinkoxyd können jedoch zu Erkrankungen der Atemwege führen. Für Pflanzen ist Zink ein wichtiges Spurenelement, wenn es fehlt, kann es zu Zwergwuchs und Störungen des Phosphorsäurehaushalts kommen.

2,4,5-T (Trichlorphenoxylessigsäure) Pflanzenbehandlungsmittel zur Regulierung des Pflanzenwuchses. Das Mittel wird aus Trichlorphenol hergestellt und kann geringe Mengen TCDD (Tetrachlordibenzdioxin, hochgiftig) enthalten. 2,4,5-T darf nicht zwischen Blüte und des Beerenernte verwendet werden. Über die Nahrungskette (z.B. Pilze, Honig, Biene, Rotwild, Mensch) kann sich 2,4,5-T anreichern und wahrscheinlich auch beim Menschen Schädigungen hervorrufen. Der Rat der Sachverständigen für Umweltfragen hat aus diesem Grunde 1978 in seinem Umweltgutachten empfohlen, das Pflanzenbehandlungsmittel 2,4,5-T nicht mehr anzuwenden.

99 UMWELT-TIPS

1. Private beheizte Schwimmbäder sind Luxus auf Kosten der Allgemeinheit. Ihr Verbrauch an Heizenergie steht in keinem Verhältnis zu ihrem Nutzen.

2. Wer ein Haus baut, sollte klimagerecht bauen. Häuser mit großen Glasfronten müssen im Winter besonders aufwendig beheizt und im Sommer besonders aufwendig gekühlt werden.

3. Kleine Fenster sind energiesparend. Die meisten Wärmeverluste in den Häusern gehen durch Fenster und Türen.

4. Südfenster können groß dimensioniert sein, weil hier die Sonneneinstrahlung auch eine spürbare Wärmewirkung hat. Soll die im Sommer vermieden werden, genügt oft schon ein Vordach, welches vor den im Sommerhalbjahr steiler einfallenden Sonnenstrahlen schützt.

5. Fensterläden verhindern die Wärmeabstrahlung. Sie sollten allerdings dicht schließen. Aber auch Jalousien und schwere Vorhänge halten die Wärme im Haus.

6. Massives Mauerwerk mit einer außen angebrachten Dämmschicht ist empfehlenswert, weil eine solche Wand nicht nur für gute Wärmedämmung sorgt, sondern die Wärme auch speichert. Sie gleicht kurzfristig auftretende Temperaturschwankungen aus.

7. Auch die Leichtbauweise ermöglicht eine gute Wärmedämmung. Der Speichereffekt fällt jedoch weg. Grundsätzlich nicht an der Isolierung sparen.

8. Wärmedämmung nützt jedoch so gut wie nichts, wenn die Wärme durchs Dach entweichen kann. Das Haus muß rundum isoliert sein, auch das Dach. Türen und Fenster sollten dicht schließen. Zum Lüften die Fenster drei Minuten bei abgedrehter Heizung öffnen. Ideal sind die in Skandinavien üblichen Schlitze unter den Fenstern, die durch einen Schieber reguliert werden können.

9. Wer ein Haus plant, sollte eine zentrale Lüftungsanlage in seine Überlegungen einbeziehen. Solche Anlagen brauchen zwar Strom. Aber die Kosten lassen sich möglicherweise ausgleichen, weil durch einen Wärmeaustauscher Wärmerückgewinnung möglich ist.

10. Sonnenkollektoren reichen – auch in einem gut isolierten Haus – nicht aus. Sie sind aber eine sinnvolle Ergänzung im Heizsystem, insbesondere in Verbindung mit Wärmepumpen.

11. Wärmepumpen, die ihre Wärme aus dem Grundwasser beziehen, sind am effektivsten. Sie brauchen aber für etwa 10 Kilowatt Heizleistung 15 Kubikmeter Grundwasser.

12. Wärmepumpen, die Wärme aus dem Erdreich beziehen, brauchen sehr viel Fläche. Für 1 Kilowatt Heizleistung sind 200 bis 300 Quadratmeter Grundfläche notwendig. Die Verlegung der Rohre in ein bis zwei Meter Tiefe ist sehr aufwendig.

13. Wärmepumpen, die ihre Wärme aus der Luft beziehen, können dies nur bei Außentemperaturen über fünf Grad. Die Stiftung Warentest in Berlin empfiehlt, Pumpen dieses Typs mit einer Brennstoffheizung zusammen zu betreiben.

14. Beim Einbau von Heizungen sollte darauf geachtet werden, daß die Brenner sich ohne Schwierigkeiten auch auf die Verwendung fester Brennstoffe umrüsten lassen.

15. Heizungen mit niedriger Vorlauftemperatur, wie Fußbodenheizungen oder auch Luftheizungen sind zu empfehlen.

16. Zu empfehlen sind auch Thermostaten, welche die Zimmertemperatur regeln. 19 bis 20 Grad sind genug.

17. Die Temperatur im Warmwasserspeicher sollte nicht höher sein als 45 Grad. Das verhindert die Bildung von Kesselstein. Kalkbelag in den Wasserbehältern sollte man regelmäßig entfernen. Ein Millimeter kostet nicht weniger als 10 Prozent mehr Energie. Und die Warmwasserbereitung ist nach der Heizung der größte Energieverbraucher im Haushalt.

18. Wenn man dem Durchlauferhitzer Wasser entnimmt, sollte man gegen Ende die Leistung drosseln. Dann schaltet er automatisch ab, und die verbliebene Wassermenge kann noch ausgenutzt werden. Duschen ist billiger als Baden. Ein ausgiebiges Sechs-Minuten Duschbad braucht nur ein Drittel der Energie, die für eine Wannenfüllung notwendig ist.

19. Wer dennoch lieber ein Vollbad nimmt, sollte das Wasser gleich temperieren und nicht erst zu heiß einlaufen lassen, um es nachher zu kühlen.

20. Nicht unter fließendem Wasser spülen oder waschen. Drei Minuten laufendes Wasser verbrauchen soviel Energie wie ein Elektrogrill in zwei Stunden.

21. Schaffen Sie sich Durchlaufbegrenzer an. Damit läßt sich der Wasserverbrauch beim Händewaschen auf die Hälfte reduzieren.

22. Kochen Sie niemals ihre Speisen in einem Topf ohne Deckel. Die Hitze verpufft, Aroma und Vitamine übrigens auch.

23. Zuviel Wasser beim Kochen kostet überschüssige Energie, weil die Zeit bis zum Erhitzen länger dauert. Für ein Kilo Kartoffeln genügt eine Tasse Wasser. Eier brauchen nicht im sprudelnden Wasser zu kochen.

24. Töpfe mit unebenem Boden verlängern die Kochzeit. Also Töpfe mit plangeschliffenem Boden verwenden und darauf achten, daß sie mit der Herdplatte abschließen.

25. Elektroherde sind die gierigsten Stromverbraucher im Haushalt. Deshalb sparsam damit umgehen. Nicht für alles die Schnellkochplatte einschalten. Tauchsieder oder Expresskocher verbrauchen viel weniger Strom als der Herd.

26. Die Nachwärme läßt sich bei länger kochenden Gerichten hervorragend ausnutzen, wenn die Platte fünf bis sechs Minuten vor der vorgeschriebenen Garzeit ausgeschaltet wird.

27. Schnellkochtöpfe sind Energiesparer, weil sie oft nur ein Drittel der Zeit zum Garen brauchen.

28. Töpfe lassen sich auch aufeinanderstellen, je nach Garzeit ließe sich ein Gericht in gut schließenden Töpfen übereinandergestellt kochen. Was am längsten gart, gehört nach unten.

29. Geschirrspülmaschinen brauchen möglicherweise weniger Energie als der Abwasch von Hand. Dafür beanspruchen sie unverhältnismäßig große Mengen kostbaren Trinkwassers. Sie sollten also nur in Betrieb genommen werden, wenn sie wirklich „bis zum Rand" gefüllt sind.

30. Kühl- und Gefrierschränke gehören nicht neben den Herd oder Backofen. Ihr Energieverbrauch ist stark abhängig von der Umgebungstemperatur. Deshalb sollten die Kühlaggregate auch nicht in unmittelbarer Nähe der Heizkörper stehen.

31. Die Rohrschlangen an der Rückseite der Kühlschränke sollten zweimal im Jahr gesäubert werden.

32. Kühlschränke ohne Abtauautomatik alle zwei Wochen abtauen. Kühltruhen zweimal im Jahr.

33. Waschmaschinen nur in Betrieb setzen, wenn das Füllgewicht voll ausgenutzt wird.

34. Elektrische Wäschetrockner nur anwerfen, nachdem die Wäsche vorher gründlich geschleudert wurde.

35. Beim Bügeln vorher die Wäsche sortieren. Mit den empfindlichen Teilen, die nur geringe Temperaturen vertragen, beginnen. Auf diese Weise werden Abkühlpausen vermieden.

36. Licht nur ausknipsen, wenn man einen Raum länger als zehn Minuten nicht wieder aufsuchen will. Ständiges An- und Ausknipsen spart nämlich kaum Strom und läßt die Birnen schneller durchbrennen.

37. Staubsauger ausschalten beim Möbelrücken und Dreckbeutel wechseln.

38. Einkäufe sollte man mit Netz und Tasche erledigen. Plastiktaschen sind in der Herstellung Ölverbraucher. Und bei der Müllverbrennung machen sie Probleme.

39. Beim Kauf von Spraydosen sollten Sie auf das Umweltzeichen achten. Die darin enthaltenen Treibgase schädigen nicht die Ozonschicht der Erde.

40. Niemals Sprays in Speisekammern oder Küchen anwenden. Wohn- und Schlafzimmer nach dem Sprühen gut durchlüften und eine Zeitlang nicht betreten.

41. Überflüssige Verpackungen gleich beim Händler lassen. Einmal verpackte Waren nicht abermals verpacken lassen. Zur Herstellung von Verpackungsmaterial werden kostbare Rohstoffe vergeudet. Aufwendig verpackte Produkte sind meist auch teurer als andere.

42. Lebensmittelverpackungen aus Kunststoff halten 25 000 Jahre und länger. Das sollte man beim Kauf bedenken.

43. Getränke nicht in Weißblechdosen kaufen, deren Herstellung besonders energieaufwendig und deren Beseitung schwierig ist. Grundsätzlich Getränke in Pfandflaschen den Einwegflaschen vorziehen.

44. Altglas nicht in den Müll werfen, sondern zur Altglassammelstelle bringen. Viele Städte und Gemeinden haben Altglascontainer.

45. Lösungsmittel, Arzneimittel, Kaffeesatz, Teeblätter und Zigarettenkippen nicht in die Toilette schütten, weil hierdurch die Säuberung des Wassers in der Kläranlage erheblich erschwert werden kann.

46. Arzneimittel, die nicht mehr gebraucht werden, nicht in den Müll geben, sondern bei Gelegenheit zur Apotheke zurückbringen.

47. Altpapier aufbewahren und den Sammelaktionen gemeinnütziger Organisationen zukommen lassen.

48. Textilien nicht wegwerfen, sondern ebenfalls für eine spätere Verwendung aufbewahren.

49. Wo immer es geht, Papiererzeugnisse verwenden, die aus Altpapier hergestellt wurden. Auf diese Weise können viele Bäume gerettet werden.

50. Wer seinen Rasen sprengt, tut dies mit Trinkwasser. Eine Zisterne, die Regenwasser sammelt, das vom Dach abfließt, schont die Trinkwasservorräte.

51. Elektrorasenmäher sind anderen lautstarken Motorrasenmähern vorzuziehen.

52. Rasenmähen mit Handrasenmähern verursacht weniger Lärm, verbraucht keine Energie und ist gesund.

53. Gras, Unkraut Laub und alle organischen Küchenabfälle werden sinnvoller kompostiert als verbrannt oder weggeworfen.

54. Müll sollte nicht im Garten verbrannt werden. Öffentliche Müllverbrennungsanlagen haben Abgasentgiftungsanlagen, so daß die Luft weniger verschmutzt wird.

55. Niemals PVC verbrennen, weil dann giftige Dämpfe entstehen können.

56. Auffahrten und Vorplätze nicht asphaltieren und zementieren, weil dann das Regenwasser dem Boden verloren geht und in die Kanalisation fließt. Platten oder Kies lassen das Wasser in den Boden sickern.

57. Wer seinen Ziergarten mit Pflanzenschutzmitteln oder Insektenschutzmitteln besprüht, sollte wissen, daß diese Präparate oft giftig sind. Keine Insektizide verwenden, die Bienen schaden könnten. Gegen Blattläuse lassen sich Marienkäfer mit Erfolg einsetzen. Unkraut mit der Spraydose vernichten, heißt ein kleines Übel durch ein größeres ersetzen.

58. Wer Streusalz verwendet, schadet Tieren, Pflanzen und dem Grundwasser. Also besser schippen und Sand streuen.

59. Geschirrspülmittel sparsam verwenden.

Zuviel davon vermindert die Spülwirkung, belastet die Gewässer und schadet der Haut.

60. Wasch- und Spülmittel stets in der vom Hersteller angegebenen Dosis verwenden.

61. Keine Spülmittelbehälter kaufen, deren Inhalt sich nicht genau dosieren läßt.

62. Weißes Klopapier funktioniert genausogut wie farbiges, ist aber weniger umweltschädlich. Das gleiche gilt für Küchenpapier. Graues, aus Altpapier gewonnenes Klopapier tut es auch.

63. Jede Art von Ex- und Hopp-Gegenständen wie Plastikbecher, Bestecke, Pappteller und Pappbecher erhöhen den Müllberg und sind eine Umweltbelastung. Vor allem farbig bedruckte Wegwerfartikel sollten nicht gekauft werden.

64. Wer vor der Entscheidung steht, ein neues, größeres Auto zu kaufen, sollte noch einmal überlegen, ob er wirklich eins braucht.

65. Großvolumige Motoren sind meistens Benzinschlucker. Und die bisher von den Herstellern angegebenen Verbrauchswerte nach DIN geben kein realistisches Bild. Deshalb nach den neuen ECE-Werten fragen, die auch den Verbrauch im Stadtverkehr angeben. Kleine Autos brauchen weniger Benzin und sind meist auch komfortabel. Sie brauchen weniger Energie und verursachen daher auch weniger Luftverschmutzung.

66. Die Herstellung neuer Autos erfordert einen immensen Aufwand an Energie und Rohstoffen. Deshalb ist die Angewohnheit, ein Auto nur zwei Jahre zu fahren und dann ein neues zu kaufen, umweltschädlich. Gegenwärtig beträgt das Duchschnittsalter eines Autos dreieinhalb Jahre. Nach achteinhalb Jahren kommt ein Auto normalerweise auf den Schrott. Das ist viel zu früh. Deshalb ist die Forderung nach einem Langzeitauto auch für die Erhaltung der Umwelt und der Rohstoffvorräte von großer Bedeutung. Reparieren ist besser als erneuern.

67. Wer langsam fährt, kommt auch ans Ziel. Wer auf der Autobahn statt 160 Stundenkilometer nur 130 fährt, spart bis zu 30 Prozent des Benzins. Ein Opel Rekord braucht bei Tempo 80 nur halb so viel Benzin wie bei 140 Stundenkilometer! Beim Mercedes 280 S sind die entsprechenden Werte 9,0 und 17,2 Liter. Auch er braucht fast das Doppelte an Sprit bei Tempo 140!

68. Kavalierstarts an der Ampel kosten am meisten Benzin. Bei einem Mittelklassewagen kommt man so auf einen Verbrauch, der 40 Liter auf 100 Kilometer entspricht.

69. Pendler sollten sich zu Fahrgemeinschaften zusammenschließen. Bei einer dreiköpfigen Fahrgemeinschaft verringert sich der Benzinverbrauch um 65 Prozent.

70. Ein falscher Zündpunkt durch abgenutzte Kontakte und verrußte Zündkerzen erhöhen den Benzinverbrauch. Bei fast der Hälfte aller Fahrzeuge stimmt der Zündzeitpunkt nicht.

71. Vergaser sollten optimal eingestellt sein. Verschmutzte Vergaser verbrauchen zuviel Sprit.

72. Falsches Ventilspiel, mangelnde Kompression verringern die Leistung. Statt mehr Gas zu geben also lieber in die Werkstatt, Kompression und Ventilspiel überprüfen lassen.

73. Zu niedriger Reifendruck erhöht den Rollwiderstand. Der Wagen braucht mehr Benzin. Also häufiger den Reifendruck prüfen.

74. Gänge nicht voll ausfahren, früh hochschalten, im günstigsten Drehzahlbereich fahren, zwei Drittel der Höchstgeschwindigkeit in den einzelnen Gängen nicht überschreiten.

75. Unnötige Überholvorgänge vermeiden. Zehnmal beschleunigen von 50 auf 80 Stundenkilometer mit Vollgas kostet auf einer Strecke von zehn Kilometern bis zu 20 Prozent mehr Benzin. Aber: Nicht bummeln, weil sonst andere zum Überholen gezwungen werden. Möglichst dem ,,Verkehrsfluß'' angepaßt fahren.

76. Fahrtzeiten so kalkulieren, daß man bei ruhiger Fahrweise pünktlich zum Ziel kommt und immer noch etwas Toleranz für unvorhergesehene Staus eingeplant hat.

77. Im Winter niemals den Motor bei stehendem Auto warm laufen lassen. Das verpestet die Luft und schadet dem Motor.

78. Verkehrsberuhigte Straßen erhöhen den Wohnkomfort und setzen das Unfallrisiko für spielende Kinder herab. Eltern sollten sich zusammentun und sich für solche Straßen einsetzen. Blumenkübel und Spielecken sind schöner als Parktaschen.

79. Radfahrer können vom ADAC lernen, wie man sich Gehör verschafft. Ein Thema: Es gibt viel zuwenig Radwege. Radfahrer sollten sich zusammenschließen und in ihren Gemeinden auf den Bau von Radwegen drängen, damit das Fahrrad, dieses umweltfreundlichste aller Verkehrsmittel, auch gefahrlos gebraucht werden kann.

80. Autofahrer sollten überlegen, ob sie sich von ihren Automobilverbänden immer richtig vertreten fühlen. Der heftige Widerstand gegen das Benzin-Blei-Gesetz, die Forderung, alle Straßenbäume zu entfernen, und das undifferenzierte Eintreten für großspurige Autobahnen geschieht bei den Automobilclubs auch mit dem Hinweis auf die Millionen Mitglieder, die hinter diesen Forderungen stehen! Deshalb schreiben Sie an Ihren Verband, wenn Ihnen die Richtung nicht gefällt.

81. Niemals bis zur ,,Halskrause'' volltanken, weil die Benzindämpfe, die beim Überlaufen entstehen, durch die Lunge oder auch durch die Haut in den menschlichen Organismus gelangen können. Diese Dämpfe jedoch sind nicht ungefährlich.

82. Wer Auto, Motorrad oder Moped fährt, sollte sich um eine ,,flüsternde Fahrweise'' bemühen.

83. Beim Neuwagenkauf lieber ein leises Auto wählen als den ,,sonoren'' Klang sportlich getrimmter Maschinen.

84. Hupen und lautes Türenschlagen vermeiden, Auspuffanlage überprüfen lassen.

85. Autos mit automatischem Getriebe sind leiser als Wagen mit Schaltgetriebe.

86. Kleine Fahrten, etwa zum Zigarettenholen, vermeiden. Fahrrad benutzen. Im Stadtverkehr ist das Rad bei allen Strecken bis zu vier Kilometer das schnellste Verkehrsmittel.

87. Für Einkäufe mit dem Auto Fahrgemeinschaften bilden. Wenn zwei sich ein Auto teilen, muß ein Parkplatz weniger gesucht werden.

88. Ein schmutziges Auto ist nicht schön, aber der Sauberkeitstick der Autobesitzer verschmutzt und belastet die Umwelt. Autos nur in Waschanlagen oder an Tankstellen reinigen, weil dort Fett- und Benzinabscheider vorhanden sind. Autowäsche im Freien ist eine Gefahr für's Grundwasser.

89. Autowäsche nur mit Eimer und Schwamm vornehmen. Der Schlauch verbraucht zuviel Wasser.

92. Lange Reisestrecken sollte man mit der Bahn zurücklegen. Sie ist das umweltfreundlichste Verkehrsmittel für Langstrecken, oft gibt es Autoreisezüge.

91. Lange Leerlaufzeiten vermeiden. Vor Bahnschranken und an Ampeln abschalten, wenn die Wartezeit länger als drei Minuten dauert.

90. Ölwechsel nur dort vornehmen, wo Fettabscheider sind. Ein Liter Öl kann eine Million Liter Grundwasser verseuchen.

93. Nach Möglichkeit das Angebot des öffentlichen Nahverkehrs ausnutzen. Krach schlagen, wo es nicht ausreicht.

94. Schenken Sie Kindern auch mal anderes Spielzeug als Autos. Ein kleiner Zoo hat einen größeren Spielwert als ein Haufen Autos. Und es macht nichts, wenn Kinder Elefant und Nashorn eher zu unterscheiden lernen als Simca und Ford.

95. Wenn Sie beruflich gezwungen sind, jeden Tag mit dem Auto zur Arbeit zu fahren, machen Sie am Wochenende mal einen Ausflug mit der Bahn oder besser mit dem Rad. Sie werden sich wundern, welchen Spaß Sie und Ihre Kinder dabei haben.

96. Viele Städte haben ein Umwelttelefon. Schreiben Sie sich die Nummer auf, die Sie von der Telefonzentrale der Stadtverwaltung bekommen. Hier einige Größstädte:
Berlin (030) 8 29 82 90
Bremen (0421) 32 33 32
Bonn (02221) 44 22 77
Hamburg (040) 34 35 36
Hannover (0511) 16 85 55 55
München (089) 92 14 31 66
Stuttgart (0711) 6 67 66 66
Wiesbaden (06121) 4 80 11

97. Jedes Jahr gibt es am 5. Juni einen ,,Tag der Umwelt'', der von der Bundesregierung und dem Umweltbundesamt ausgerichtet wird. Informieren Sie sich über die örtlichen Veranstaltungen oder machen Sie mit.

98. Schließen Sie sich zu Bürgerinitiativen zusammen! Lassen Sie sich nicht mit fadenscheinigen Erklärungen abspeisen! Schreiben Sie an die zuständigen Behörden, an ihre Kreistagsabgeordneten und Stadträte, an die Parlamentarier in den Landtagen und im Bundestag!

99. Wenn Sie meinen, der Staat ist an allem schuld, haben Sie vielleicht recht. Aber der Staat sind Sie!

9.9.1947 Die „Schutzgemeinschaft Deutscher Wald" wird gegründet, um gegen den Kahlschlag der Wälder durch die Alliierten zu protestieren

1954 31 Mitarbeiter der Firma Boehringer, Chemie-Konzern aus Ingelheim, erkranken an TCDD-Symptomen. Einige sind noch 25 Jahre in ärztlicher Behandlung

1957/58 Bei München und Frankfurt werden die ersten Forschungsreaktoren der Bundesrepublik Deutschland in Betrieb gesetzt

1965 Bei einem Schiffsunglück („Germaresk") gelangen 8000 Tonnen Erdöl in die Elbmündung. Eine halbe Million Vögel verenden.

1967 Karlsruher Bürger schließen sich in der „Notgemeinschaft für Bürgerrecht – Vereinigung freier Bürger" zusammen. In der Hauptsache richtet sich diese Intitiative gegen die Lärmbelästigung eines Regionalflughafens

April 1968 30 Persönlichkeiten aus Politik, Industrie, Wirtschaft und Wissenschaft treffen sich in Rom und diskutieren Probleme, die sich in Zukunft für die Menschheit ergeben. Der „Club of Rome" wird gegründet

1969 Das „größte Kernkraftwerk des Planeten" soll in Esenshamm an der Unterweser entstehen

Juni 1969 Aus Protest gegen Straßenbahn-Tariferhöhungen wird in Hannover die Aktion „Roter Punkt" gestartet

Juni 1969 Katastrophales Fischsterben im Rhein, der Fluß wird zur größten Kloake Europas durch Abwässer der Industrie und der Kommunen

Juli 1969 Bürgerinitiative gegen die Zerstörung des Frankfurter Westends wird zu einer der bekanntesten Protestgruppen der Bundesrepublik. Sie enthält im Februar 1973 die Theodoor-Heuß-Medaille, einige Monate später wird dem stellvertretenden Vorsitzenden das Bundesverdienstkreuz verliehen

1970 Europäisches Naturschutzjahr. Schaffung des Naturschutzpreises für „hervorragende Persönlichkeiten aus Politik, Wirtschaft, Forschung, Verwaltung, Publizistik und Naturschutz . . ., die sich um die Heimatnatur und das Überleben von Menschen, Tieren und Pflanzen verdient gemacht haben"

April 1970 Die „Elterninitiative Spielgelände Heinzegraben e.V." im Märkischen Viertel von Berlin wird gegründet

17. September 1970 Sofortprogramm Umweltschutz der Bundesregierung macht die dringlichsten Umweltmaßnahmen möglich

Oktober 1970 Der erste Nationalpark Deutschlands im Bayerischen Wald wird der Öffentlichkeit übergeben

29. April 1971 Bundespräsident Gustav Heinemann sagt anläßlich der Eröffnung der Bundesgartenschau in Köln: „Umweltsicherung ist eine gemeinschaftliche Aufgabe unserer Gesellschaft in allen ihren Gruppierungen"

1972 Osloer Abmachung: 13 europäische Atalntikanrainer beschließen, das Ablassen giftiger Substanzen ins Meer zu verbieten: Halogene, Silizium, Karzinogene, Quecksilber, Kunststoffe

1972 Der Bau des Kernkraftwerkes in Breisach wird von Bürgerinitiativen verhindert, als neuer Standort wird der Ort Wyhl festgelegt

April 1972 Bleikatastrophe im niedersächsischen Nordenham. 130 Rinder gehen an Bleivergiftung ein oder müssen geschlachtet werden, selbstangebautes Obst und Gemüse darf nicht verzehrt werden

April 1972 Umweltschutzgruppen von Kaiserstuhl bis Koblenz schließen sich auf Initiative der „Bürgeraktion Umweltschutz Zentrales Oberrheingebiet" zur „Rheintalaktion" zusammen. Man will in Zusammenarbeit mit schweizerischen, französischen und niederländischen Umweltschutzverbänden gemeinsam die Probleme des Rheins lösen

DATEN ZUR ÖKOLOGIE-BEWEGUNG

Im Frankfurter Stadtteil Westend organisierte sich schon im Juli 1969 eine Bürgerinitiative gegen die Zerstörung von Wohnhäusern. Für den Kampf gegen die Spekulation mit Grund und Boden erhielten die Umweltschützer später das Bundesverdienstkreuz

Stationen des Widerstands. Am 23. Februar 1975 demonstrieren 28 000 Menschen gegen den geplanten Bau eines Kernkraftwerks im baden-württembergischen Wyhl. Der Bauplatz wird von der Polizei geräumt

5. Juni - 16. Juni 1972 Umweltkonferenz der Vereinten Nationen in Stockholm: 1200 Abgesandte aus 112 Ländern nehmen teil. Der 5. Juni wird zum ,,Tag der Umwelt" ernannt

24. Juni 1972 Gründung des Bundesverbandes Bürgerinitiativen Umweltschutz (BBU) mit Sitz in Kralsruhe

September 1972 ,,Rheintal-Aktion" streitet gegen Bau eines Atomkraftwerkes in Breisach bei Freiburg

7. August 1972 DDT wird in der Bundesrepublik verboten

1973 Der ,,Club of Rome" gibt seinen Bericht über die Lage der Menschheit heraus. Titel: ,,Die Grenzen des Wachstums"

1973 Der Bund Naturschutz in Bayern kauft ,,Sperrgrundstücke" auf und verhindert umweltschädigende Anlagen. Auf einem dieser Grundstücke entsteht eine Kapelle für den Heiligen Antonius, der von Papst Paul zum Umweltheiligen ernannt wurde. Die Aktion will den Bau des neuen Großflughafen München-Erding verhindern

18. Januar 1973 In der Regierungserklärung des sozialdemokratischen Bundeskanzlers Willy Brandt wird die Bereitschaft der Bürgerinitiativen begrüßt, ,,in der sozialen Landschaft der Städte und Dörfer gemeinsame Probleme selbst aufzugreifen, statt nur nach dem Staat zu rufen"

23. Januar 1973 Prof. Dr. med. vet. Bernhard Grzimek erklärt seinen Rücktritt von seinem Amt als Beauftragter der Bundesregierung für Naturschutz (seit Dezember 1969), weil sich die ,,Ziele des Naturschutzes" innerhalb der Bundesregierung nicht durchsetzen lassen

März 1973 Eine Bürgerinitiative protestiert am Rand des Duisburger Ortsteils Marxloh gegen den Betrieb eines Stahlwerkes, das von der Firma Thyssen gebaut worden war

2. März 1973 Sieben Hamburger Bürgerinitiativen appellieren an Bundespräsident Heinemann und Kanzler Brandt, den Bau von 180 Kilometer Stadtautobahn zugunsten eines Ausbaus des öffentlichen Nahverkehrsnetzes aufzugeben

Juli 1973 Bürgerinitiative ,,Rettet die Allee" in Sigmaringen verhindert, daß auf einem Spazierweg 73 Parkplätze, ein Omnibusbahnhof und ein Bürohochhaus gebaut werden

Oktober 1973 Anwohner des Flughafens Köln-Wahn schließen sich zu einer Bürgerinitiative zusammen, um sich gegen den Fluglärm zu wehren.

1974 Das Umweltbundesamt wird gegründet. Sitz der Behörde ist Berlin

22. Januar 1974 Das schleswig-holsteinische Landwirtschaftsministerium in Kiel erläßt als oberste Landschaftspflegebehörde eine Naturschutzverordnung für das nordfriesische Wattenmeer von der Halbinsel Eiderstedt bis zur deutsch-dänischen Seegrenze. Schrittweise soll hier ein Nationalpark entstehen. Im Mai bestimmt das Kabinett in Kiel, die Naturschutzverordnung reiche aus, es gibt keinen Nationalpark Wattenmeer

27. April 1974 400 Bauern unternehmen auf Traktoren eine Demonstrationsfahrt gegen das geplante Atomkraftwerk Wyhl

20. September 1974 Einige hundert Demonstranten besetzen das Baugelände des Bleiwerks der Chemischen Werke München in Marckolsheim im Elsaß

10. Januar 1975 Ministerpräsident Filbinger schickt jedem Wyhler Bürger einen Brief, in dem er auf die Notwendigkeit der Kernkraftwerke hinweist

23. Februar 1975 28 000 Teilnehmer treffen sich zu einer Kundgebung und besetzen den Bauplatz in Wyhl

April 1975 Die kanadische Greenpeace-Foundation startet ihre erste Großaktion: Protest gegen die Ausrottung der Wale

April 1975 Rund 500 Umweltschützer besetzen das Baugelände des Atomkraftwerks Kaiseraugst bei Basel. Die Besetzer fordern sofortigen Baustopp und eine anschließende Volksabstimmung. Nach zweieinhalb Monaten wird das Baugelände geräumt

1. Juli 1975 Das ,,Übereinkommen über den internationalen Handel mit gefährdeten Arten freilebender Tiere und Pflanzen" (Washingtoner Artenschutzübereinkommen) tritt in Kraft

1976 Eine Hausfrau, ein Landwirt und ein Kaufmann lassen die Gefährlichkeit des 1300 Megawatt-Atomkraftwerkes in Esenshamm gerichtlich überprüfen

Januar 1976 Demonstration in Butjadingen gegen das Atomkraftwerk Esenshamm, das sich bereits im Bau befindet

28. Februar 1976 Sternfahrt zum geplanten Atomkraftwerk Brokdorf, als Symbol für das Leben wird ein kleiner Baum gepflanzt

März 1976 20 Jahre kämpfte der ,,Verein zum Schutze der Eltville-Wallufer-Rheinuferlandschaft e.V." gegen die Rheinuferstraße. Sie wird nicht gebaut

Mai 1976 400 Pilger aus dem Landkreis Freising beten in der Antoniuskapelle bei Franzheim im Erdinger Moos für die Erhaltung einer heilen Umwelt und um göttlichen Beistand bei der Abwehr des geplanten Großflughafens, auf dessen Gelände die Kapelle steht

Sommer 1976 An mehreren Standorten im nördlichen Niedersachsen werden Vorbereitungsarbeiten für den Bau einer Wiederaufarbeitungsanlage durchgeführt

10. Juli 1976 Seveso in Norditalien: Zwei Kilogramm TCDD werden bei einem Störfall in die Luft abgegeben. Die innere Zone der Verseuchung ist noch lange danach Sperrgebiet. 700 Menschen werden evakuiert. 50 000 Tiere müssen getötet werden. In der Folgezeit steigt die Zahl der Tot-, Miß- und Fehlgeburten erheblich

Juli 1976 In der niedersächsichen Gemeinde Schortens droht die ,,Schutzgemeinschaft gegen Düsenjägergefahren e.V." eine Klage gegen die Bundesregierung an. Auf dem nahegelegenen Nato-

Am 10. Juli 1976 kommt es in einem Chemiewerk in der norditalienischen Stadt Seveso zu einem Unglücksfall. Vergiftete Tiere und Pflanzen aus der Umgebung der Fabrik werden in Plastiksäcken abtransportiert.

Demonstranten im Talar. Pastoren der christlichen Kirchen unterstützen am 30. Oktober 1976 den Protest gegen das geplante Kernkraftwerk in Brokdorf. Von der Kirchenleitung wird das Engagement der jungen Pfarrer verurteilt

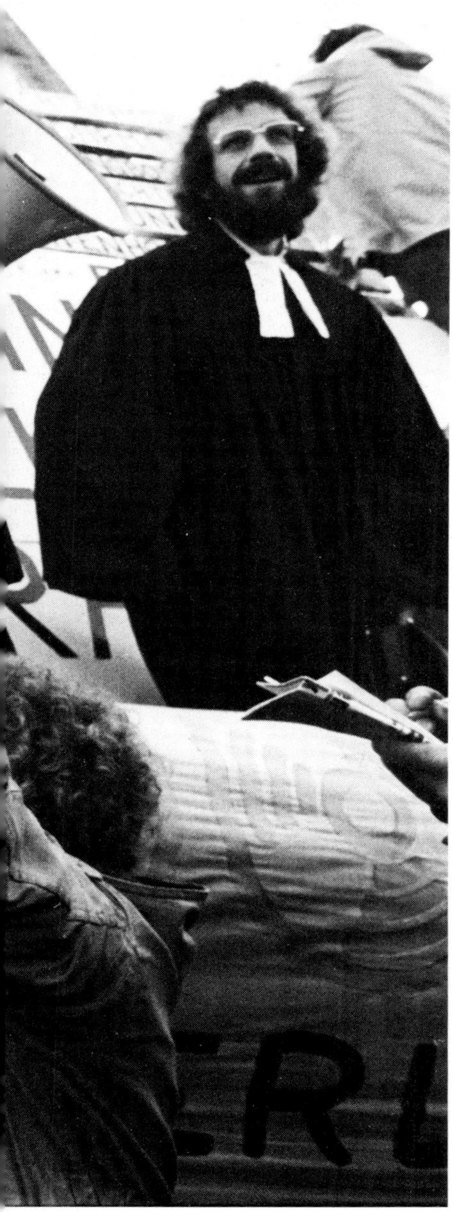

Flugplatz Upjever wird der Betrieb der Luftwaffenschule vom Bundesverteidigungsministerium eingeschränkt

30. Oktober 1976 Kundgebung der Bürgerinitiative Umweltschutz Unterelbe (BUU) am Baugelände Brokdorf. 2000 Menschen stürmen den hermetisch abgeriegelten Platz. Es kommt zur blutigen Konfrontation zwischen Demonstranten und Polizei. Wehrlose Demonstranten werden zusammengeknüppelt und mit der chemischen Keule bearbeitet

31. Oktober 1976 Schweigemarsch von Wewelsfleth nach Brokdorf

13. November 1976 Trotz polizeilicher Sperrung des Gebietes um Brokdorf finden sich 30- bis 45 000 Demonstranten ein

29. November 1976 Die Einwohner von Wippingen und Umgebung protestieren gegen die Errichtung der Atommülldeponie mit Wiederaufarbeitungsanlage in Aschendorf im Emsland

Dezember 1976 Die ,,Bürgerinitiative Mülltalsperre'' in Lindlar legt ein Grünbuch gegen die Errichtung einer Großdeponie im Naturschutzgebiet Bergisches Land vor. Das Planfeststellungsverfahren für die Hausmülldeponie wird um Jahre verzögert

3. Dezember 1976 Unterzeichnung der internationalen Rheinschutzübereinkommen durch Frankreich, Luxemburg, die Niederlande, Schweiz und Bundesrepublik Deutschland

17. Dezember 1976 In Brokdorf wird gerichtlich ein Baustopp verfügt

1977 Eine Umfrage in der Bundesrepublik ergibt, daß 59 Prozent der Bürger den Umweltschutz für sehr wichtig halten (38 Prozent halten ihn für wichtig). 73 Prozent der Befragten wären bereit, für den Umweltschutz Opfer zu bringen.

1977 Grüne Liste Umweltschutz (GLU) erzielt in Niedersachsen erste Wahlerfolge bei den Kommunalwahlen

1977 Die historische Arbeitersiedlung Eisenheim bei Oberhausen wird nach jahrelangem Widerstand der Bewohner vor dem Abriß gerettet

Januar 1977 Der ,,World Wildlife Fund'' beginnt sein bisher größtes Schutzprogramm. Es steht unter dem Motto: ,,Die Meere müssen leben''

15./16. Januar 1977 Zum Kongreß in Wilster treffen sich 400 Delegierte aus 150 Bürgerinitiativen aus dem In- und Ausland, Diskussionsthema: Brokdorf

19. Februar 1977 Kundgebung in Itzehoe: Mehr als 60 000 Menschen demonstrieren friedlich gegen den geplanten Atommeiler in Brokdorf

12. März 1977 15 000 Menschen protestieren im Wald bei Gartow gegen die geplante Entsorgungsanlage Gorleben. 1000 Birken und 250 Ebereschen werden gepflanzt, ein Abenteuerspielplatz gebaut

14. März 1977 Das Verwaltungsgericht Freiburg hebt die erste Teilerrichtungsgenehmigung für das Atomkraftwerk Wyhl auf. Der Bau des Kraftwerks wird vom Einbau eines Berstschutzes abhängig gemacht. Damit haben die badischen und elsässischen Bürgerinitiativen einen vorläufigen Erfolg zu verzeichnen

19. März 1977 Demonstration in Grohnde bei Hameln an der Weser. 200 rote Ballons werden gestartet mit der Aufschrift ,,Lieber heute aktiv als morgen radioaktiv''. Gegen 15 000 Kraftwerksgegner werden 20 Wasserwerfer, sechs Hubschrauber und 21 Hundertschaften Polizei eingesetzt

Ostern 1977 Osterspaziergang ums ,,Atom-Ei'' Grohnde

Mai 1977 Bergkamener Bürger, die gegen die Errichtung eines Kohle-Kraftwerks der Firma Steag am Rande des Ortsteils Heil gekämpft hatten, wurde eineinhalb Millionen Mark Schweigegeld zugesagt. Ein Jahr später stehen die Bürgerinitiativler wegen Erpressung und Nötigung vor Gericht

Juni 1977 In einer Tagung in Königstein legt sich der Bundesverband Bürgerinitiativen Umweltschutz (BBU) ,,auf gewaltfreie Aktionen in der in Wyhl begründeten Tradition'' fest

13. Juni 1977 Demonstranten besetzen das Kühlturmgelände des geplanten Kraftwerks Grohnde zwischen Hameln und Bodenwerder. Ein Anti-Atom-Dorf entsteht mit Freundschaftshaus und eigener Zeitung. Einen Monat später formiert sich eine Bürgerwehr im benachbarten Emmerthal. Die Bürger fordern die Auflösung des Dorfes

September 1977 Für Rudolf Schlenker, Präses der Hamburger Handelskammer, sind Bürgerinitiativen ,,Projektverhinderungsgesellschaften''. Ernst-Otto Stüber, IG Bergbau und Energie: ,,Allein auf dem Sektor Kraftwerksbau liegen zur Zeit Investitionen in Höhe von 16 bis 20 Milliarden Mark auf Eis. Dabei stehen 200 000 Arbeitsplätze auf dem Spiel.'' Das Bundeswirtschaftsministerium: ,,Der zunehmende Stau von Investitionen durch Bürgereinsprüche wird mit Sorge verfolgt. Wenn alle Verzögerungen wegfielen, brauchten wir uns um Konjunktur und Investitionsvolumen keine Sorge mehr zu machen. Der Vorrat an baureifen Projekten ist sehr, sehr dünn''

24. September 1977 Rund 40 000 Menschen versammlen sich in Kalkar am Niederrhein, um gegen den Schnellen Brüter zu demonstrieren. Die Kundgebung verläuft, obgleich sich der Demonstrationszug durch das Sperrgebiet bewegt, friedlich

16. November 1977 Der Tübinger Pädagoge Hartmut Gründler, 47, verbrennt sich aus Protest gegen die Atomenergiepolitik in der Bundesrepublik auf der Hamburger Mönckebergstraße vor der Petrikirche

Januar 1978 Anläßlich des von der Unesco und der Weltliga für die Tierrechte beschlossenen ,,Jahres der Tierrechte'' kommt es in Brüssel zur ,,Weltdeklaration der Tierrechte''

März 1978 Bei den Schleswig-Holsteiner Kommunalwahlen ziehen die ,,Grünen'' in zwei Kreistage und zwei Gemeindevertretungen ein. Erfolge auch in Hamburg und Niedersachsen bei den Landtagswahlen

5. Juni 1978 Der deutsche Preis für Denkmalschutz (1977 gestiftet) fällt an Erich Kapitzke, den Initiator und Sprecher des Vereins zum Schutze der Eltville-Wallufer-Rheinuferlandschaft

9. Juli 1978 In Nürnberg kommen die Vertreter von 40 Initiativen zu einem ,,ersten Wahlkongreß der Basis- und Bürgerinitiativen'' zusammen. Die Delegierten der ,,Grünen Listen'' und ,,Bunten Listen'' stellen Kandidaten für die bayerische Landtagswahl auf

13. Juli 1978 Die ,,Grüne Aktion Zukunft'' (GAZ) wird von dem ehemaligen CDU-Politiker Herbert Gruhl als Partei für den Umweltschutz gegründet

Sommer 1978 Die ,,Greenpeace Foundation'' jagt mit ihrem Schiff ,,Rainbow Warrior'' Walfänger und Transportschiffe für radioaktiven Müll

25. März 1979 Zu Fuß, zu Pferd, per Fahrrad, mit Handkarren und mehr als 300 Traktoren brechen 3000 Demonstranten aus dem Kreis Lüchow-Dannenberg auf zu einem siebentägigen Treck nach Hannover, um gegen das Entsorgungszentrum in Gorleben zu protestieren. Parole: Albrecht – wir kommen. Ein vier Tonnen schwerer Findling aus dem Wendland, dem man eine schwarz bemalte Pflugschar aufmontiert hat, wird als Mahnmal in Hannover abgesetzt. In Hannover versammeln sich 100 000 Menschen zur Schlußkundgebung

28. März – 3. April 1979 Gorleben-Hearing in Hannover. 62 Fachleute nehmen zum Thema nukleares Entsorgungszentrum Stellung. Das sechstägige Symposium ,,Rede – Gegenrede'' kostet 2,4 Millionen Mark

2. April 1979 Mehr als 100 Atomkraftgegner besetzen 17 Tage lang die Petrikirche in Hamburg. Pastor Gunnar von Schlippe gewährt einem Demonstranten, der im Zusammenhang mit den Demonstrationen in Grohnde zu 12 Monaten Gefängnis verurteilt wurde, kirchliches Asyl

16. Mai 1979 Regierungserklärung des niedersächsischen Ministerpräsidenten Ernst

Ohnmacht des Bürgers. Dem Polizei-Aufmarsch wie hier in Grohnde am 13. Juni 1977, steht der Bürger machtlos gegenüber

Macht des Bürgers. In Hannover demonstrieren 100 000 Menschen am 25. März 1979 gegen die geplante Wiederaufbereitungsanlage in Gorleben. Bürgerinitiativen blockieren den Bau von Atomparks und Autobahnen, Kraftwerken und Flugplätzen. Auch bei den Verantwortlichen hat ein Umdenken eingesetzt

Albrecht: Die Landesregierung halte es nicht für richtig, ,,eine Wiederaufarbeitungsanlage zu bauen, solange es nicht gelungen ist, breite Schichten der Bevölkerung von der Notwendigkeit und sicherheitstechnischen Vertretbarkeit der Anlage zu überzeugen''

Mai/Juni 1979 In der Nähe der Hamburger Zweigstelle des Ingelheimer Pharma-Konzerns Boehringer werden im Grundwasser, in der Milch und im Gemüse Spuren von HCH gefunden. Auf dem Werksgelände selbst finden sich Spuren von TCDD, dem ,,Seveso-Gift''

5. Juni 1979 Zum jährlichen ,,Tag der Umwelt'' wird von den Bürgerinitiativen zu einem autofreien Pfingstsonntag aufgerufen. Demonstrationen von Radfahrern in vielen Städten des Bundesgebietes. In Bonn zeichnet der für Umwelt zuständige Bundesinnenminister zum erstenmal Spraydosen aus, die umweltfreundliches Treibgas enthalten. In Zukunft sollen weitere Produkte für den Verbraucher mit dem blauweißen Umweltzeichen gekennzeichnet werden

2. Juli 1979 Mehr als 400 Ärzte aus Hamburg warnen in einer Anzeige vor Strahlenschäden. In einem offenen Brief fordern sie Bürgermeister und Senat der Hansestadt auf, ,,sich von dem Konzept der ,friedlichen Nutzung' der Atomenergie abzuwenden und sich für die Einstellung des Betriebs aller Atomkraftwerke einzusetzen''

August 1979 kritisiert der Bundeswirtschaftsminister Otto Graf Lambsdorff (FDP) die hohe Zahl der Einsprüche gegen den Bau von Kernkraftwerken. Die Sicherung der zukünftigen Energieversorgung müsse gegen den ,,Widerstand aus der politischen Subkultur'' in die Tat umgesetzt werden. Lambsdorff: ,,Viele wollen in Wahrheit nur eine Lage herbeiführen, die ihnen den Weg zu politischen Zielen öffnet, für die sie heute keine Anhänger haben.''

Oktober 1979 Im Umweltbundesamt ist die Liste der Bürgerinitiativen und Verbände im Umweltschutz von 1978 859 auf nahezu 1200 Adressen angewachsen. Ein Ende ist nicht abzusehen

1000

Freunde der Erde, Wolfgang Martin, Waldstr. 17, 1000 Berlin 21 ● Sanfte Technik – Windenergie, Jan Freels, Flotowstr. 3, 1000 Berlin 21 ● Bürgerinitiative Oberhavel, Klaus Wilsinger, Ahornallee 15, 1000 Berlin 22 ● AK gegen KKW's in Berlin, Andreas Lorenz, Bürknerstraße 20, 1000 Berlin 25 ● Grüne Hand, c/o Kirchengemeinde am Seggeluchbecken, Claus Hebler, Finsterwalder Str. 66, 1000 Berlin 26 ● Schutzgemeinschaft Gesunde Umwelt, Rike Winckler, Freiwaldauerweg 27, 1000 Berlin 27 ● Interessengemeinschaft für gesunde Luft Berlin, Peter Haushalter, Blücherstraße 65c, 1000 Berlin ● Initiative Nürtingen, TU Berlin, Institut für Freiraumplanung, Raum 504a, Franklinstraße 29, 1000 Berlin 10 ● Grüner Kreis Berlin, Irmgard Riedelberger u. Angelika Arndt, Gierkezeile 26, 1000 Berlin 10 ● Bürgerinitiative S-Bahnbrükken, Horst Achim Kern, Wielandstraße 33, 1000 Berlin 12 ● Arbeitsgemeinschaft für Landschaftsentwicklung (AGL), Manfred Bogisch, Bismarckstraße 5, 1000 Berlin 12 ● Deutscher Werkbund Berlin, Hardenbergstr. 9, 1000 Berlin 12 ● Freunde der Erde, Martin Könzlen, Witzlebenstr. 32, 1000 Berlin 19 ● Bund der Deutschen Katholischen Jugend Arbeitskreis Energie, Witzlebenstraße 30, 1000 Berlin 19 ● Bürgerinitiative Spandauer Verkehrsbelange, Jürgen Czarnetzki, Aspenweg 34, 1000 Berlin 20 ● Bürgerinitiative Kraftwerk Oberhavel, Paul Aldrup, Straßburger Straße 10, 1000 Berlin 20 ● KKW-Arbeitsgemeinschaft Physiker an der TU Berlin, Diethard Pretsch, Kantstr. 93a II, 1000 Berlin 12 ● Anti-AKW-Gruppe FHSS Berlin, Wagner, Stückert, Kotowski, Dahlmannstraße 32, 1000 Berlin 12 ● Gesellschaft für Umweltschutz e.V., Dr. med. Rudolf Wilhelm, Aktionsz. Umweltschutz, Theodor-Heuß-Platz 7, 1000 Berlin 19 ● Bürgerinitiative Ruhwald Kleingärten, Gesch. St. Kolonie Braunsfelde, Jörn Kähler, Spandauer Damm 172, 1000 Berlin 19 ● Bundesverein „Umwelt-Philatelie" e.V., Detlev Bramigk/Wolff Hanke, c/o Aktionszentrum Umweltschutz, Theodor-Heuß-Platz 7, 1000 Berlin 19 ● Landesverband Umweltschutz Berlin e.V., Dr. jur. Hans-Joachim Rust, Detlef Bramigk, Aktionsz. Umweltschutz, Theodor-Heuß-Platz 7, 1000 Berlin 19 ● Bürgerinitiative Schloßparkviertel, Joachim Köhler, Holwedestraße 3, 1000 Berlin 27 ● Bürgerinitiative zum Schutz der Umwelt des Märk. Viertels, Jörg Hensel, Alt Lübars 8, 1000 Berlin 28 ● Schutzgemeinschaft Deutscher Wald Landesverband Berlin e.V., Prof. Dr. Friedrich Riecke, Jostweg 3, 1000 Berlin 28 ● Initiative Tiergartenviertel, Uli Siegmann, Kurfürstenstraße 9, 1000 Berlin 30 ● Bürgerinitiative Hohenstaufenstraße, Schwarz/Hickethier, Habsburger Straße 7, 1000 Berlin 30 ● Gesellschaft Naturforschender Freunde zu Berlin e.V., Königin-Luise-Straße 6–8, 1000 Berlin 33 ● Projekt „Gewaltfreier Systemwandel" am FB 15 Freie UNI, Winklerstraße 4a, 1000 Berlin 33 ● GAU-Berlin, Lothar Wittkopf, Wrangelstraße 19, 1000 Berlin 36 ● Bürgerinitiative Ortskern Zehlendorf, Jochem Dieter Oesterreich, Königstraße 32, 1000 Berlin 37 ● Bürgerinitiative Gartenstadt Zehlendorf, Reinhold Harder, Gertraudstraße 16, 1000 Berlin 37 ● Bund Deutscher Landschafts-Architekten e.V. (BDLA), Landesgruppe Berlin, Holm Becher, Berliner Str. 3, 1000 Berlin 37 ● Deutsche Gesellschaft für Gartenkunst und Landschaftspflege, Landesgruppe Berlin, Reinhard Besserer, Beerenstraße 45a, 1000 Berlin 37 ● Zehlendorfer Initiative gegen Atomanlagen, Haus der Jugend Zehlendorf, Argentinische Allee 28, 1000 Berlin 37 ● Wählergemeinschaft unabhängiger Bürger – Arbeitsgruppe Natur- und Landschaftsschutz, Weiß, Treibjagdweg 46, 1000 Berlin 37 ● Weltbund zum Schutze des Lebens (WSL) e.V., Landesverband Berlin, Bernd Juds, Kurstr. 1, 1000 Berlin 38 ● Umweltforum Berlin in der Evangelischen Akademie, Glienicker Straße 9, 1000 Berlin 39 ● Bürgerinitiative „Kein weiteres Kraftwerk in Berlin (West)", Stg. Steglitz, Hanjo Breddermann, Albrechtstr. 74, 1000 Berlin 41 ● Bürgerinitiative Kontaktladen e.V., Kontaktladen, Albestraße/Ecke Sarazinstraße, 1000 Berlin 41 ● Gesellschaft für Lebensordnung e.V., Sembritzkistraße 35, 1000 Berlin 41 ● Landesverband Bürgerinitiativen Umweltschutz, LBU - Berlin, Gelber Laden, Cranachstr. 7, 1000 Berlin 41 ● Arbeitskreis Bundesgartenschau 1985 – Erholungspark Massiner Weg, Dr. Karl-Heinz Folkers, Rübelandstr. 9, 1000 Berlin 44 ● Umweltschutzforum Berlin auf kirchlicher Basis (UFB), Dr. Karl-Heinz Folkers, Rübelandstr. 9, 1000 Berlin 44 ● Arbeitskreis „Wohnen in der Altstadt Neukölln", Dr. Karl-Heinz Folkers, Rübelandstr. 9, 1000 Berlin 44 ● TV „Die Naturfreunde", Landesverband Berlin e.V., Ringstraße 76, 1000 Berlin 45 ● Bürgerinitiative Lichterfelde, Max Dämmrich, Ostpreußendamm 57a, 100 Berlin 45 ● Bürgerinitiative Kadettenweg 64, Wilfried C. Reinicke, Kommandantenstraße 85, 1000 Berlin 45 ● Bürgerinitiative Neukölln e.V. für Umweltschutz und Grünerhaltung Neuköllns, Heinz Kieschke, Bienwaldring 38, 1000 Berlin 47 ● Volksbund Naturschutz e.V., Dr. Hans-Jürgen Mielke, Hüsung 13, 1000 Berlin 47 ● Arbeitskreis Marienfelde/Lichtenrade Freiraumplanung in Tempelhof-Süd, Helmut Beckmann, An der Dorfkirche 5, 1000 Berlin 48 ● Spielplatzinitiative in Kreuzberg über: Spielplatzkommission, Stadtrat für Jugend und Sport, Rathaus Kreuzberg, 1000 Berlin 61 ● Spielplatzinitiative Riehmers Hofgarten, Hagelberger Straße 10, 1000 Berlin 61 ● Arbeitskreis Verkehr im Bundesverband Bürgerinitiativen Umweltschutz e.V. (BBU), Cheruskerstraße 10, 1000 Berlin 62 ● Arbeitskreis Verkehr im Landesverband Bürgerinitiativen Umweltschutz (LBU-Berlin), Cheruskerstraße 10, 1000 Berlin 62 ● Bürgerinitiative Westtangente, Cheruskerstraße 10, 1000 Berlin 62 ● Bürgerinitiative Wohndreieck Schöneberg, Christian Kühnel, Ebersstraße 36, 1000 Berlin 62 ● Bürgerinitiative Westtangente e.V. – Wedding ESG, Ostendstr. 35, 1000 Berlin 65 ● Unabhängige Projektgruppe Umweltschutz, Günter Hotzan, Reinickendorfer Straße 70, 1000 Berlin 65 ● Deutscher Bund für Vogelschutz, Landesverband Berlin e.V., Erich Engel, Otawi-Straße 21/I, 1000 Berlin 65 ● Interessengemeinschaft der durch den Autobahnbau bedrohten Bürger, Otto Clausen, Seestraße 26, 1000 Berlin 65

2000

Verband Deutscher Naturparks e.V., Dr. Alfred Toepfer, Ballindamm 2–3, 2000 Hamburg 1 ● Touristenverein „Die Naturfreunde", Landesverband Nordmark e.V., Böckmannstraße 4, 2000 Hamburg 1 ● Gemeinnütziger Schutzdienst für Volksgesundheit e.V., Chilehaus 1, 2000 Hamburg 1 ● Arbeitsgemeinschaft Deutscher Tierschutz e.V., Knochenhauertwiete 5/VII, 2000 Hamburg 1 ● Aktion für Umweltverbesserung e.V. Freunde der Erde, Holger Strohm, Direktor der F.d.E., Postfach 6168, 2000 Hamburg 1 ● BI gegen AKW-Transport Hamburg, U. Theis, Koppel 24, 2000 Hamburg 1 ● BI Gewerkschaftler gegen AKW's, Jutta Koß, Koppel 26, 2000 Hamburg 1 ● Ermittlungsausschuß BUU, Lisa Thomsen, Am Neuen Pferdemarkt 13, 2000 Hamburg 6 ● Deutscher Fischereiverband e.V., Union der Berufs- und Sportfischer, Venusberg 36/IX, 2000 Hamburg 11 ● Weltbund zum Schutz des Lebens, Landesverband Hamburg, Dr. Dr. Klaus Sojka, Werder Straße 46, 2000 Hamburg 13 ● „Rettet die Wale", Reinhard Behrend, Pöseldorfer Weg 17, 2000 Hamburg 13 ● Bund Deutscher Landschafts-Architekten e.V. (BDLA), Landesgruppe Hamburg, Uwe Isterling, Hochallee 109, 2000 Hamburg ● Naturwissenschaftlicher Verein in Hamburg e.V., Zoologisches Museum, Von-Melle-Park 10, 2000 Hamburg 13 ● Frauengruppe gegen AKW's, Anne Moysisch, Grindelhof 9, 2000 Hamburg 13 ● Schutzgemeinschaft Deutscher Wald, Landesverband Hamburg e.V., Karl Grund, Hansastraße 5, 2000 Hamburg 13 ● „Rettet die Deichstraße" e.V., Gisela Schiefler, Oberstraße 121, 2000 Hamburg 13 ● Verband Deutscher Biologen, Landesgruppe Hamburg, Prof. Dr. Otto Kraus, Martin-Luther-King-Platz 3, Zoolog. Institut, 2000 Hamburg 13 ● Gruppe Alternativenergien, Gerhard Heubel, Isestr. 9, 2000 Hamburg 13 ● Anti-KKW-Gruppe Lämmermarkt-Schülergruppe, Jan Busch, Rappstr. 13, 2000 Hamburg 13 ● AB gegen AKW's am UKE (Universitätskrankenhaus Eppenhaus Eppendorf), Jan Geck, Grindelallee 27b, 2000 Hamburg 13 ● Alternative Energie, Wolfgang Kragler, Gustav Falke Str. 2, 2000 Hamburg 14 ● Gesamtdeutscher Rat für Biopolitik, Albrecht Müller, Treschkowstr. 52, 2000 Hamburg 19 ● Arbeitskreis Stade, c/o AK Politische Ökologie, Lutteroth Str. 33, 2000 Hamburg 19 ● Arbeitsgemeinschaft Umweltschutz am Fachbereich Biologie der Universität Hamburg, Matthias Regier, Mansteinstr. 5, 2000 Hamburg 20 ● Deutsche Tierfreunde e.V., Kremper Straße 12, 2000 Hamburg 20 ● Arbeitsgemeinschaft der Vogelschutzwarten, Hamburger Straße 45, 2000 Hamburg 22 ● Hamburger Tierschutzverein von 1841 e.V., Süderstraße 399, 2000 Hamburg 26 ● Aktion Saubere Landschaft e.V., ASL, Geschäftsstelle Hamburg, Roswitha Schirrmann, Bullerdeich 19, 2000 Hamburg 26 ● Komitee gegen den Vogelmord e.V., Aktionsgemeinschaft Natur- und Lebensschutz, Dr. Inge Jaffke, Neuer Wall 26, 2000 Hamburg 36 ● BI Angestellte gegen AKW's, Rainer Zwanzleiter, Bahrenfelder Steindamm 70, 2000 Hamburg 50 ● Industrie Gruppe Hamburg, Eilhard Stelzner, Ansorgestr. 6, 2000 Hamburg 50 ● Frauen gegen Atomkraftwerke, Petra Molter, Wohlersallee 2, 2000 Hamburg 50 ● Hamburger Seglerjugend, Heinz Otto, Lawaetzweg 3, 2000 Hamburg 50 ● Initiative gegen AKW's am Staatlichen Studienseminar Hamburg, Reinhard Block, Mendelsonstr. 5, 2000 Hamburg 50 ● Aktionsgemeinschaft Umweltschutz, Frau Renate Schultze-Bonatz, Scheffler Weg 1, 2000 Hamburg 52 ● Bürgerinitiative „Rettet den Volkspark", B.B. Zill, Ebertalallee 175, 2000 Hamburg 52 ● BGE Hamburg, Kernenergie, Notkestr. 5, 2000 Hamburg 52 ● AKW-NEIN ESG, (Evangelische Studentengemeinde), K. Lesemann, Pflugacker 38a, 2000 Hamburg 54 ● AK Umweltschutz Schülergruppe, Albrecht Thaer/Bondenwald, Ulf Lüdecke, Lampestr. 12e, 2000 Hamburg 54 ● Gesellschaft zum Schutze der Meeressäugetiere e.V., Caritas-Bischoffs-Treppe 1, 2000 Hamburg 55 ● Aktion Mensch und Hund, Werner Schack, Bockhorst 43d, 2000 Hamburg 55 ● Wanderbewegung Norddeutschland e.V., Heinrich Vogt, Noldering 29 I., 2000 Hamburg 60 ● Gesellschaft zur Aufklärung vor Umweltgefahren e.V. – GAU –, Hr. Niese, Alsterkrugchaussee 186, 2000 Hamburg 60 ● AK Umweltschutz Niendorf, Aram Ockert, An der Lohe 5, 2000 Hamburg 61 ● Verein zum Schutze des Niendorfer Geheges und der angrenzenden Wiesenflächen, Dr. Lucian Neitzel, Dachsberg 9a, 2000 Hamburg 61 ● Bürgerinitiative zur Erhaltung des Niendorfer Ohmoores, Wolfgang Schilling-Rambow, Moorflagen 28, 2000 Hamburg 61 ● Notgemeinschaft der Flughafenanlieger Hamburg e.V., W. Thienell, Borndeel 7, 2000 Hamburg 61 ● Interessengemeinschaft Alstertal e.V., Dorbandt, Postfach, 2000 Hamburg 65 ● Hamburger Arbeitskreis für Landschaftspflege und Naturschutz, Ehrhardt Lotter, Koppenbütteler Chaussee 51b, 2000 Hamburg 65 ● Botanischer Verein zu Hamburg e.V., Verein für Landschaftskunde, Naturschutz und Landschaftspflege, Horst Bertram, Op de Elg 19a, 2000 Hamburg 65 ● Deutsche Gesellschaft für Gartenkunst und Landschaftspflege e.V., Landesgruppe Hamburg/Schleswig-Holstein, Rigobert Monard, Korte Bläck 40, 2000 Hamburg 66 ● Verein Jordsand zum Schutze der Seevögel e.V., Uwe Schneider, Birkenstieg 1, 2000 Hamburg 67 ● Umweltschutz e.V., Manfred Martens, Stüffeleck 22, 2000 Hamburg 67 ● Arbeitskreis der Wasserlandfreunde, Postfach 67 01 28, 2000 Hamburg 67 ● Arbeitskreis Ökologie und Gesellschaft, Ingo Uttach, Kathenkoppel 32, 2000 Hamburg 72 ● Deutscher Bund für Lebensschutz Gruppe Nord, Am Ohlendorfturm 45d, 2000 Hamburg 73 ● Villa kaputt – Nein danke, Alsterchaussee 24, 2000 Hamburg 13 ● Arbeitsgruppe Industrie Gewaltfreie Aktion, Manfred Kühle, Beim Rauhen Hause 21, 2000 Hamburg 74 ● Arbeitskreis an der Staatlichen Vogelschutzwarte Hamburg, Hamburger Str. 45, 2000 Hamburg 76 ● Deutscher Bund für Vogelschutz (DBV) – Landesverband Hamburg e.V., Paul Eggers, Bachstr. 81, 2000 Hamburg 76 ● Deutsche Umwelt-Aktion e.V., Landesstelle Hamburg, Georg Rahn, Wilseder Ring 101a, 2000 Hamburg 90 ● Gruppe Alternative Aktionsformen Gewaltfreie Aktion, Doris Groth, Asbeckstr. 9, 2000 Hamburg 90 ● BI gegen Atomanlagen Buxtehude, Inge Bocionelz, Rarnapp 30, 2000 Hamburg 90 ● Naturwacht e.V. Hamburg, Max Jessen, Platanenweg 26/II, 2000 Hamburg-Norderstedt 3 ● Seglerinitiative Umweltschutz, Rolf Altenburger, Amselweg 2, 2000 Schenefeld ● Umweltschutzgruppe Hamburg, 1. Vs.: Jürgen Paulick, Ralf Egel, Wachtelweg 11, 2000 Hamburg-Schenefeld ● Interessengemeinschaft Tangentenring, Horst Metzger, Fasanenweg 10, 2000 Wedel/Holst. ● Gruppe Wedel/Holstein in der BUU, Andreas Gross, Feldstr. 78, 2000 Wedel/Holstein ● Bürgerinitiative Güterumgehungsbahn, Allermöher Deich 99, 2050 Hamburg 80 ● Bergedorfer Schülergruppe gegen AKW's, Steffen Hellmann, Moosberg 14b, 2050 Hamburg 80 ● Umweltschutz an der Fachschaft Biologie Uni Hamburg, Susanne Wentrich, Heinrich-Heine-Weg 30, 2050 Hamburg 80 ● Interessengemeinschaft Drucksielentwässerung Hamburg, Richard Hars, Süderquerweg 52, 2050 Hamburg 80 ● Bürgerinitiative f. Umweltschutz, Helmut Piltz, Schäferholz 21, 2051 Neubörnsen ● Bürgerinitiative Umweltschutz Geesthacht, Inge Ammon-Wodaege, Dorfstr., 2051 Kröpelshagen ● Bürgerinitiative gegen ein Atommüllzwischenlager in Geesthacht, Hartmut Heller, Schlesierweg 3, 2054 Geesthacht ● Bürgerinitiative Umweltschutz Oberelbe, Frau Elke Schürmann, Bellevue Berg 20, 2054 Geesthacht ● Lehrlingsinitiative gegen Atomanlagen (LTGA), Volker Marks, Klosterbergstr. 10, 2057 Reinbeck ● BUL (Bürgerinitiative Umweltschutz Lauenburg), R. Grimm, Reetwerder 21, 2058 Lauenburg ● Bürgerinitiative Geesthacht, Jürgen Schaer, Otto-Hahn-Str. 1, 2059 Geesthacht-Tesperlich ● Bund Deutscher Landschafts-Architekten e.V. (BDLA), Landesgruppe Schleswig-Holstein, Wolf Metzner, Lohe 6, 2070 Ahrensburg ● BI-Ahrensburg, Christa Manfred, Ahrensfelder Weg 9, 2070 Schalenbeck ● Arbeitsgemeinschaft zum Schutz des Pinneberger Fahlts – Umweltschutz –, Dr. H.-U. Brand, Friedrich-Ebert-Str. 34, 2080 Pinneberg ● Deutsche Lebensschutz-Verbände und -Bürgerinitiativen e.V. (DLVB), Dr. H.-U. Brand, Friedrich-Ebert-Str. 34, 2080 Pinneberg ● Arbeitsgemeinschaft für Landschaftsentwicklung (AGL), Georg W. Krüger, Bismarckstr. 49, 2080 Pinneberg ● Arbeitsgemeinschaft Umwelt-

BÜRGER-INITIATIVEN UND VERBÄNDE

schutz Haseldorfer Marsch Hetlingen e.V., Reiner Mansch, Roßteert 34, 2081 Haseldorf ● Arbeitsgemeinschaft Umweltplanung Niederelbe, Dieter Stramke, Rethwisch 22, 2081 Prisdorf ● Interessengemeinschaft Flugschneise Nord, Postfach 1270, 2085 Quickborn ● Initiative gegen Atomenergie Quickborn – Schülergruppe –, D. Neddermeyer, Herderstr. 22, 2085 Quickborn ● Initiative gegen Atomenergie, Dirk Krumm, An der Retloh 22, 2085 Quickborn ● Arbeitskreis gegen Kernenergie, Karl Pollmann, Hochkamp 24, 2085 Quickborn ● Bürgerinitiative Winsen/Luhe, Eva Tralau, Mathias-Claudius-Weg 6, 2090 Winsen/Luhe ● Hamburg Initiative Kirchlicher Mitarbeiter und gewaltfreie Aktion, Wolfgang Hertle, Großer Schipsee 28, 2100 Hamburg 90 ● Initiative Stromzahlungsboykott, Wolfgang Hertle, Großer Schippsee 28, 2100 Hamburg 90 ● BI gegen Atomanlagen Wilhelmsburg, Jens Friedrichsen, Veringsserstr. 45, 2102 Hamburg 93 ● BI gegen Atomanlagen Finkenwerder der Brigitte Winterhoff, Norderkirchenweg 24, 2103 Hamburg 95 ● Bürgerinitiative gegen die BAB Eckverbindung Harmstorf-Dibbersen, Martin Roweder, An der Schmiede 25, 2107 Rosengarten 1 ● Ausschuß für Biologie, Reiherstieg 101, 2110 Buchholz i. d. Nordheide ● Bürgerinitiative Rettet den Stuvenwald, Irmfried Dreyer, Berliner Straße 4, 2110 Buchholz i. d. Nordheide ● Aktion Nono v. Varlar, Bergpfad 19, 2110 Buchholz i. d. Nordheide ● Bürgerinitiative Umweltschutz Todtstedt, Hanscarl Hoffmann, Schillingsbostel 6, 2111 Otter ● Initiativgruppe gegen Atomenergie Kreis Rotenburg-Wümme, Elfi u. Michael Scherer, Bahnhofstr. 1, 2130 Rotenburg ● Biologischer Gartenbau, Eigenbau von Sonnenkollektoren und 20 m ≦ Windmühle, Hans Wiedehold, Post Brockel, 2131 Bellen 14 ● Aktionsgemeinschaft Umweltschutz Ottersberg, Wolfgang Schlieszus, Angelika Willmann, Bahnhofsstraße 498, 2134 Sottrum ● AG Umweltschutz Fischerhude, Jutta Arndt, 2134 Winkeldorf ● Stader Initiative gegen AKW's, B. Freydanck, Harburgerstr. 23, 2160 Stade ● Bürgerinitiative für Natur- und Umweltschutz Otterndorf e.V., Hans Georg Wolff, Joseph-Haydn-Str. 1, 2178 Otterndorf-Niederelbe ● Bürgerinitiative Umweltschutz, Müggendorfer Str. 8b, 2178 Otterndorf ● AKW-Gegner Cuxhaven, Ulrich Köhler, Westerreihe, 2190 Cuxhaven ● Gesellschaft für Natur- und Umweltschutz Cuxhaven e.V., Ingmar Waßmann, Töpfers Stieg 9, 2190 Cuxhaven ● Lärmschutz-Interessengemeinschaft Elmshorn e.V., Heidmühlenweg 4, 2200 Elmshorn ● Verein zum Umweltschutz in der Seestermüher Marsch und Umgebung, F. Lempfert, Am Neuenfeldsdeich 15, 2201 Seestermühe/Elbe ● Interessengemeinschaft Flughafen Holstenfeld e.V., Postfach, 2202 Barmstedt ● Deutscher Bund für Vogelschutz, Landesverband Schleswig-Holstein e.V., Nöthen 1–3, 2211 Oelixdorf ● Bürgerinitiative Umweltschutz Unterelbe (BUU), Rolf Hellerich, Beesen, 2211 Wewelsfleth ● Bürgerinitiative für Umweltschutz gegen AKW, B. Frohböse, Marner Chaussee 22, 2212 Brunsbüttel ● Bürgerinitiative Kronprinzkoog, Peter Vosskamper, Kirschenstraße 45, 2221 Kronprinzkoog-Mitte ● AG Umweltschutz Heide e.V., R. Rohde, Flensburger Straße 15, 2240 Heide ● BI Heide Umweltschutz der BUU, Reinhard Neck, Schumacherweg 5, 2240 Heide ● Ornithologische Arbeitsgemeinschaft für Schleswig-Holstein und Hamburg e.V., Günter Busche, Hochfelder Weg 49, 2240 Heide ● Arbeitsgemeinschaft Natur und Umweltschutz Heide, Werner Bährs, Post Linden, 2241 Pahlkrug ● Ornithologische Arbeitsgemeinschaft für Schleswig-Holstein und Hamburg e.V., W. Denker, Osterwohld, 2241 Nordhastedt ● Gewaltfreie Aktion gegen Atomkraftwerke – Husum, Margit Albers, Theodor-Storm-Str. 11, 2250 Husum ● Verein Natur- und Umweltschutz, Nordfriesland-Rendsburg, Guido Ludwig, Marienhofweg 74, 2250 Husum ● Schutzstation Wattenmeer gegen AKW's im Wattenmeer, Naturschutzzentrum Hanswarft, 2251 Hallig Hooge ● BI gegen Atomkraftwerke St. Peter Ording, Rolf Eckardt, Süderstraße 33, 2256 Garding ● Bund der Wasser- und Kulturbauingenieure, Claudiusstraße 9, 2260 Niebüll ● Arbeitskreis gegen Atomkraftwerke im Wattenmeer und auf dem Festland, Jugendzentrum Niebüll, Gotteskoogstr. 22, 2260 Niebüll ● Kein AKW im Wattenmeer, Brokdorf oder anderswo, Volker Sierig, Marksweg, 2261 Emmelsbüll-Horsbüll ● BI gegen Atomanlagen Leck, Heike Busch, Pferdepfanne 6, 2262 Leck ● Umweltschutz Föhr e.V., Sandwall 78, 2270 Wyk ● Arbeitskreis Umweltschutz, Renate Kupfer, 2279 Norddorf/Amrum ● Bürgerinitiative Sylt e.V., Klara Enss, Postfach 197, 2280 Westerland/Sylt ● Naturschutzgemeinschaft Sylt e.V. Westerland, Elisabeth Grönwooldt, Südhorn 7, 2280 Tinnum ● Verein Naturschutz Insel Sylt e.V., Klara Enss, 2283 Wenningstedt-Braderup, Sylt ● Verein Naturschutz Insel Sylt e.V., Dr. Ahlborn, M. Eitner, Klappholttal, 2285 Kampen auf Sylt ● Arbeitsgemeinschaft Geobotanik in Schleswig-Holstein und Hamburg, Hospitalstraße 20, 2300 Kiel ● BI Kiel gegen Atomanlagen, Rainer Bock, Herzog-Friedrich-Str. 68, 2300 Kiel ● Gewaltfreie Aktion, Udo Perschken, Richthofenstr. 12, 2300 Kiel ● BI-Kiel „Kein KKW an der Eckernförder Bucht und anderswo", Ulrike Sprenger, Alte Lübecker Chaussee 2, 2300 Kiel ● Notgemeinschaft der Lärmgeschädigten vom Flugplatz Kiel-Holtenau, Frau von Perger, Posenerstr. 35, 2300 Kiel-Altenholz ● Aktionsgemeinschaft Nordseewatten, Beselerallee 22, 2300 Kiel 1 ● AG-Umweltschutz, Rendsburger Landstraße 29, 2300 Kiel 1 ● Umweltschutz Schleswig-Holstein e.V., Schauenburgerstraße 31a, 2300 Kiel 1 ● AGU Kieler Förde, Klaus Härtel, Gutenbergstr. 13, 2300 Kiel 1 ● Naturwissenschaftlicher Verein für Schleswig-Holstein in Kiel, Steinkämpe 4, 2300 Melsdorf, Post Kiel 1 ● Kieler BI „Solidarität mit Brokdorf", Walter Elsner, Karlsbader Str. 176, 2300 Kiel 14 ● Frauen gegen KKW's, Gesche Paulesen, Norddeutschestr. 16a, 2300 Kiel 14 ● Landesverband Umweltschutz Schleswig-Holstein, Am Sande 1, 2301 Revensdorf ● Bürgerinitiative Umweltschutz Preetz „Kein KKW in Brokdorf u. anderswo", Wilfried Schulz, Kührener Str. 46, 2308 Preetz ● Bürgerinitiative Plön, H. Herzog, Pommernweg 10, 2320 Plön ● Tierschutzverein e.V., Eva Tepper, Danziger Str. 14a, 2320 Plön ● BI Eckernförde, Hermann Langhost, Prinzenstraße 15, 2330 Eckernförde ● Windenergie – Forschung und Anwendung e.V., Gernot Mirus, Postfach 1444, 2330 Eckernförde ● Initiativkreis Umwelt- und Lebensschutz, Heilwig Birn, 2331 Hohenlieth/Holtsee ● Schutzgemeinschaft Deutscher Wald, Landesverband Nord e.V. (Schleswig-Holstein), Kurt Gilbert, Rendsburger Str. 23, 2333 Groß Wittensee ● Rettet die Geltinger Bucht e.V., Volker Petersen, 2340 Olpenitzfeld ● BI-Neustadt, Eva Oslowski, Ziegelhof 3, 2340 Neustadt ● BI Kappeln/Schlei gegen Atomkraftwerke, Martina Nehmdahl, 2341 Brunsholm/Ulegraff ● BI gegen Atomkraftwerke Süderbarup, Christian Lorenzen, Kappelner Str. 24, 2347 Süderbarup ● AG Umweltschutz Neumünster, Dr. R. Möller, Brachenfelder Straße 9, 2350 Neumünster ● Umweltschutz Schleswig-Holstein e.V., K.-H. Ahrendt, Carlstr. 206, 2350 Neumünster ● Gewaltfreie AG Neumünster, Senta Marth, Gartenstr. 38, 2350 Neumünster ● BI-Neumünster, Jürgen Hargens, Pestalozziweg 48, 2350 Neumünster ● BI „Kein KKW in Brokdorf und anderswo", Thomas Kubon, Roonstr. 21, 2350 Neumünster ● BI „Weg mit dem Atomprogramm", Georg Petersen, Heintsestr. 20, 2352 Bordesholm ● Segeberger BI gegen KKW, Jochen Lüthje, Vogtkamp 10, 2360 Bad Segeberg ● BI Lebensschutz Segeberg, Herr Schulz, Schillerstraße 20, 2360 Bad Segeberg ● Bürgerinitiative Segeberg, Schleswig-Holstein, Bernd Holz, Dorfstr. 11, 2361 Neuengöre ● Biologischer Landbau, ZDL Stelle, Atomaktivist – Aktion Pro Vita, Baldur Springmann, Hof Springe, 2361 Geschendorf ● Weltbund zum Schutze des Lebens (WSL) e.V., Landesverband Schleswig-Holstein, Baldur Springmann, O.W.G. Hof Springe, 2361 Geschendorf ● Naturgesellschaft Schutzstation Wattenmeer e.V., Königsstraße 11, 2370 Rendsburg ● Bürgerinitiative Umweltschutz Rendsburg, Fritz Tonn, Prinzessinstr. 5, 2370 Rendsburg ● Naturschutz Gesellschaft Schutzstation Wattenmeer e.V., Gert Oetken, Königstr. 11, 2370 Rendsburg ● Rendsburger Verschönerungsverein von 1844 e.V., Hellmuth Brodersen, Jungfernstieg 25, 2370 Rendsburg ● BI-Umweltschutz Rendsburg (BUR), Roland Meierdirks, Dorfstr. 11, 2371 Alt-Duvenstedt ● Arbeitskreis Umweltschutz Schleswig-Schlei, Otto von Wahl, Lollfuß 76; 2380 Schleswig ● Die Heimat – Verein zur Pflege der Natur- und Landeskunde von Schleswig-Holstein und Hamburg, Dr. KW. Struve, Schloß Göttrop, 2380 Schleswig ● Arbeitskreis Umweltschutz Schleswig-Schlei, Otto von Wahl, Lollfluß 63, 2380 Schleswig ● Bürgerinitiative Schleswig gegen AKW's, Friedjoff Meier, Gallberg 2, 2380 Schleswig ● Schleswiger Bürgerinitiativen gegen Atomkraftwerke, Barbara Kirste, 2381 Loopstedt ● Arbeitsgemeinschaft Umweltschutz e.V. (AGU-Flensburg), Ernst Janssen, Husumer Str. 21, 2390 Flensburg ● Schleswig-Holsteiner Heimatbund e.V., Thomsen, Holm 39, 2390 Flensburg ● Arbeitsgemeinschaft Umweltschutz e.V. in Flensburg, Ernst Jansen, Große Str. 46, 2390 Flensburg ● BI Flensburg gegen Atomkraftwerke, Uwe Mikolajewiez, Birkenhof 76, 2390 Flensburg ● BI gegen Atomkraftwerke, Ralf Flechner, Friesische Straße 117, 2390 Flensburg ● Jugendgruppe des Vereins zum Schutze der Vögel – Flensburg – e.V., angeschlossen dem DJN, Uwe Miritz, Sonderburger Str. 25, 2390 Flensburg ● Notgemeinschaft für Lärmgeschädigte vom Flugplatz Schäferhaus e.V., S. Stegemann, Ihlseeweg 2, 2391 Handewitt-Gottrupel ● Landschaftspflegeverein Schellbruch e.V., Waldstraße 40, 2400 Lübeck ● Arbeitsgemeinschaft Umweltschutz Lübeck, H. Poppert, Braddenbaumer Feld 26, 2400 Lübeck ● Projektgruppe Umweltschutz, Dierk Eilert Radke, Pferdemarkt 13, 2400 Lübeck ● BI gegen KKW Lübeck, Wolfgang Blankschein, Steinrader Weg 61, 2400 Lübeck ● BI Lübeck gegen Atomenergie, Antje Jansen, Blanckstr. 18 (Hinterhaus), 2400 Lübeck ● Bürgerinitiative Lübeck für den Schutz vor Kernenergiegefahren e.V., Postfach 1926, Glockengießerstr. 40, 2400 Lübeck ● Arbeitsgemeinschaft für Natur und Umweltschutz in Schleswig-Holstein, Martens, Helmholtzstraße 4, 2400 Lübeck 1 ● Rettet Lübeck, Postfach 1986, 2400 Lübeck 1 ● Deutsche Umwelt-Aktion e.V., Landesstelle Schleswig-Holstein, Helmut Liedtke, Schaarweg 4, 2409 Scharbeutz ● Bürgerinitiative Umweltschutz, Ray Fischer, Gärtnerstraße 56, 2409 Klingberg ● Bürgerinitiative Umweltschutz Mölln, Wolfgang Franke, Postfach 1131, 2410 Mölln/Lbg. ● Bürgerinitiative gegen KKW Mölln, Michael Below, Postfach 1111, 2410 Mölln/Lbg. ● Arbeitskreis Umweltschutz AKU Eutin, Holger Rißmann, Deestieg 50, 2420 Eutin ● Bürgerinitiative Neustadt, Hubertus Goertz, Krabbenstr. 11, 2430 Neustadt ● BI gegen Atomanlagen Neustadt, Norbert Bräutigam, Lange Reihe 1, 2430 Roge-Neustadt ● BI gegen Atomanlagen, Georg Fischer, Hasselbergallee 4, 2430 Altenkrempe-Hasselburg ● Umweltschutz Oldenburg, Ernst Stüber, Johannisdorfer Weg 36, 2440 Oldenburg-Lübbersdorf ● Anti-KKW-Kultur, Detlef Heusinger, Hornerstr. 65a, 2800 Bremen ● Jugendring gegen radioaktive Verseuchung, Schwachhauser Ring 17b, 2800 Bremen ● Arbeitskreis gegen rad. Verseuchung, Kirchbachstr. 73, 2800 Bremen ● AK Umweltschutz HfSS Bremen, Peter Lang, Vorstr. 9, 2800 Bremen ● Gewaltfreie Aktion Bremen, Bernd Wolenweber, Wyckstr. 27, 2800 Bremen ● Komitee gegen Atomanlagen, Indio Kaviratne, Schiekerstr. 11, 2800 Bremen ● Bürgeraktion Küste (BAK), Peter Willers, Brükkeburger Str. 50, 2800 Bremen ● Bürgerverein Oslebshausen e.V., Oslebshauser Straße 63, 2800 Bremen ● Gesellschaft für Landeskultur GmbH, Friedrich-Missler-Str. 42, 2800 Bremen 1 ● Bremer Naturschutzgesellschaft e.V., Emil-Waldmann-Str. 4, Postfach 10 69 43, 2800 Bremen 1 ● Deutsche Gesellschaft für Gartenkunst und Landschaftspflege, Landesgruppe Bremen-Oldenburg, Hollerallee 85, 2800 Bremen 1 ● Gesamtverband Natur- und Umweltschutz Unterweser e.V., Prof. Cordes, Borgfelder Landstr. 30, 2800 Bremen 33 ● Weltbund zum Schutze des Lebens (WSL) e.V., Landesverband Bremen, Markus Rumor, August-Bebel-Allee 230, 2800 Bremen 41 ● Vereinigung zum Schutze der Bevölkerung vor Lärm, Luftverseuchung und anderen Schäden durch Zugverkehr e.V., Jeverländer Straße 13, 2800 Bremen-Huchting ● BI gegen Atomanlagen Berufsbildungszentrum Bremen, P. Golz, Am Burger Weg 3, 2800 Bremen-Öslebshausen ● Atomkraftwerke und Kirche, Pastor Friedrich Bode, Am Herzogenkamp 22, 2800 Bremen-Horn ● Gemeinschaft für Bürgerrecht, Hausnummer 73, 2801 Fischerhude-Quelkhorn ● Bürgerinitiative für Umweltschutz, Erich Haye, Jugendhof Welpenmühle, 2801 Fischerhude-Quelkhorn ● Aktionsgemeinschaft Lebensschutz, T. Albert, Lange Straße, 2802 Ottersberg ● Arbeitskreis gegen radioaktive Verseuchung, Erich Haye, Jugendhof, 2802 Ottersberg 2 ● Gemeinschaft für Bürgerrecht, Erich Haye, Am Mühlenberg 10, 2802 Ottersberg 2 ● Freunde der Erde, Franz Lengemann, Wilstedter Kirschweg 9, 2802 Fischerhude ● BI Umweltschutz Syke, Kurt Klinger, Postfach 2124, Am Dorfrand 44, 2808 Gessel ● Gruppe der Neuen e.V., Uwe Fischer, Rosenstraße 14, 2819 Barrien ● Deutsche Umwelt-Aktion e.V., Landesstelle Bremen, Fritz Pigorsch, Kirchhoperstraße 14, 2820 Bremen 70 ● Verein Naturpark Dümmer e.V., H. Jordan, Niedersachsenstr. 2 (Kreisverwaltung Diepholz), 2840 Diepholz ● Bürgerinitiative Umweltschutz Barnstorf, Helmut Meyer, 2847 Barnstorf-Rechtern ● Schutz- u. Forschungsgemeinschaft Knechtsand e.V., Erwin Stürtz, Virchowstr. 16, 2850 Bremerhaven ● Bremerhavener BI gegen AKW's, H. Teztlaff, Dürerstr. 29, 2850 Bremerhaven - G. ● Bürgerinitiative Umweltschutz Dedesdorf, Pastor Ramsauer, Haus am Deich Nr. 9, 2851 Dedesdorf ● Arbeitsgemeinschaft gegen Kernenergieanlagen, Joachim Wulff, Am Klenkenborn 15, 2852 Bederkesa ● Umweltforum e.V., Dr. G. Rosenthal, Am Schmidtberg 28, 2862 Worpswede ● Bürgerinitiative Umweltschutz, Wilhelm Liebrau, Weyerdeelen, 2862 Worpswede ● Interessengemeinschaft Umweltschutz Delmenhorst, Hakenweg 25, 2870 Delmenhorst ● Bürgerinitiative Umweltschutz, Gustav Förstel, Langestr. 78, 2870 Delmenhorst ● Bürgeraktion Umweltschutz Delmenhorst, Rotraud Rohde, Cramerstr. 169, 2870 Delmenhorst ● Aktionsgemeinschaft für Hude e.V., Gerd Bruns, Dresdener Str. 8, 2872 Hude ● Bürgeraktion Nordenham, Frau Harms, Bahnhofstraße 42, 2890 Nordenham ● Umweltschutzvereine an der Unterweser e.V., Jolf Bielefeld, Oldenburgerstr. 34,

2890 Nordenham ● Arbeitsgemeinschaft Umweltschutz Nordenham, Walbert Strahlmann, Sandinger Weg 39, 2890 Nordenham ● BI für Umweltschutz an der Weser, Richard Lübben, Stollhamm, 2894 Mitteldeich ● Mellumrat e.V., Schutz- und Forschungsgemeinschaft für oldenburgische Naturschutzgebiete, Dr. Paul Blaszyk, Würzburger Straße 10, 2900 Oldenburg ● Oldenburger Landesverein für Geschichte, Natur- und Heimatkunde, Museum, Damm 40, 2900 Oldenburg ● BI Umweltschutz Oldenburg, Johannes Dörries, Brachvogelweg 27, 2900 Oldenburg ● Der Mellumrat e.V., Würzburger Straße 10, 2900 Oldenburg ● Oldenburgische Landschaft, Blumenstraße 1, 2900 Oldenburg ● Naturschutzgemeinschaft Ammerland, Gerd Fischer, An der Aue 15, 2903 Bad Zwischenahn ● Biologische Schutzgemeinschaft Hunte Weser-Ems e.V. (BSH), Dr. Remmer-Akkermann, Georg-Droste-Str. 6, 2906 Wardenburg ● Atomkraftgegner Varel (AKGV), Harry Lukalas, Dangster Str. 22, 2930 Varel ● BI-Oldenburg, Carola Böhne, Schönhof, 2930 Varel 1 – Jethausen ● Bürgerinitiative für Umweltschutz, Klaus Heine, Kleiststraße 67, 2940 Wilhelmshaven ● Schutzbund für Umweltgefährdete und Industriegeschädigte, Dr. Ludwig Kahl, Freiliggrathstraße 269, 2940 Wilhelmshaven ● Aktion „Rettet die Küste", Dr. Horst Reinecke, Gökerstraße 130, 2940 Wilhelmshaven ● Freie Überparteiliche Wählergemeinschaft „Die Bürgerschaft", Hubert Paizke, Flutstraße 1, 2940 Wilhelmshaven ● Ornithologische Arbeitsgemeinschaft Oldenburg e.V. (OAO), Hans Rudolf Henneberg, Schellingstr. 96, 2940 Wilhelmshaven ● Gesamtverband Oldenburgischer Natur- und Umweltschutzvereine, Dr. H. Blindow, Mooshütterweg 6, 2942 Jever ● Wissenschaftliche Arbeitsgem. f. Natur und Umweltschutz e.V., Dr. Blindow, Mooshütterweg 9, 2942 Jever ● Arbeitsgemeinschaft Natur und Umweltschutz Barlingerland, Manfred Knake, Münkenlanderweg 8a, 2943 Esens/Ostfriesland ● Arbeitskreis Umweltschutz und Daseinsvorsorge, Leer, E. Winenga, Albert-Schweitzer-Str. 4, 2950 Leer/Ostfriesland ● Bürgerinitiative Bremerstraße, Johann Sleur, Kremerstraße 6, 2950 Leer/Ostfriesland ● Verein für Heimatschutz und Heimatgeschichte Leer/Ostfriesland e.V., Neue Straße 14, 2950 Leer/Ostfriesland ● Bürgerinitiative Altstadtsanierung Leer, Andreas Martens, Ubbo-Emmiusstraße 16, 2950 Leer ● Aktion Saubere Landschaft, S. Wallenstein, Molkereistraße 19, 2951 Neermoor ● Aktion Saubere Landschaft, Kreisgruppe Leer, Geschäftsstelle Neermoor, Siegfried Wallenstein, Bahnhofstraße 19, 2951 Moormerland-Neermoor ● Umweltschutz Atomenergie Rheiderland, G. Weelborg, Gorch-Fock-Ring 36, 2952 Weener ● Ostfriesische Landschaft, Postfach 1580, 2960 Aurich ● Bürgerinitiative Industrialisierung und Umweltschutz, Hermann Siemens, Postfach 363, 2970 Emden ● Bürgeraktion gegen Umweltverschmutzung und radioaktive Verseuchung, Albert Kramer, Graf Enno Str. 46, 2970 Emden ● Initiative gegen Atomanlagen Emden, Hans-Werner Jösting, Wolthuserstr. 95, 2970 Emden ● Gewaltfreie Aktion Emden, Wolfgang Harms, Saarbrücker Str. 16, 2970 Emden ● Arbeitskreis für Umweltschutz Emden e.V., AKW-Emden, Hans-Böckler-Allee 95, 2971 Hinte 1 ● Schutzgemeinschaft Deutsche Nordseeküste e.V., Georg Peters, Osterstr. 35, 2980 Norden ● Arbeitskreis für Umweltschutz Norden-Ostfriesland e.V., Christian Reetz, Waldstraße 22, 2980 Norden 1/Ostfriesland ● Aktionsgruppe Umweltschutz der Katholischen Landjugend ASD, Schulbrink 29, 2992 Wippingen ● Bürgerinitiative Aschendorf gegen die industrielle Nutzung der Kernenergie, Siegfried Ziebell, An der Düne 7, 2992 Wippingen-Ems

3000

Niedersächsischer Heimatbund e.V., Sophienstraße 2, 3000 Hannover ● Deutsche Gesellschaft für Gartenkunst u. Landschaftspflege e.V., Landesgruppe Niedersachsen, Quantelholz 24c, 3000 Hannover ● Verband Niedersächsischer Tierschutzvereine e.V., Dr. Korkhaus, Jakobistraße 4, 3000 Hannover ● Deutscher Werkbund Niedersachsen und Bremen, Sophienstr. 2, 3000 Hannover ● Gewerkschaftsgruppe gegen AKW, Heidemarie Hesse, Engelbosteler Damm 97, 3000 Hannover ● Naturhistorische Gesellschaft in Hannover, Dr. Becker-Platen, Postfach 51 01 53, 3000 Hannover ● Initiativgruppe gegen KKW der Fachschaft Math./Physik und IG gegen Kernenergie, TU Hannover/ASTA, Welfengarten 1, 3000 Hannover ● Fachschaftsinitiative Math./Physik gegen Atomanlagen, Uni Hannover, Torsten Jütte, Theodor-Krüger-Str. 10, 3000 Hannover ● Arbeiter gegen Atom, Michael Piotrorfski, Gretchenstr. 25, 3000 Hannover ● BI-Linden, Barni Beneke, Eleonorenstr. 17b, 3000 Hannover ● Anti-Atom-Gruppe Abteilung Landespflege TU Hannover I, Jutta Becker, Schneiderberg 28, 3000 Hannover ● Arbeitsgruppe gegen Atomenergie, Dirk Wernik, Sallstr. 79, 3000 Hannover ● Hannoverscher Wander- und Gebirgsverein e.V., Walter Krüger, Postfach 2512, 3000 Hannover 3 ● Landesverband Bürgerinitiativen Umweltschutz Niedersachsen e.V., Königstraße 53, 3000 Hannover 1 ● TV „Die Naturfreunde" Landesverband Niedersachsen e.V., Maschstr. 24, 3000 Hannover 1 ● Wanderklub Hannover, Pfalzstr. 8 bei Apitz, 3000 Hannover 1 ● Harzklub Zweigverein e.V., Nachtigalstr. 2, 3000 Hannover 1 ● Deutscher Tierschutzbund, Landesverband Niedersachsen e.V., Weißekreuzstr. 27, 3000 Hannover 1 ● Gruppe von Gewerkschaftlern in den Hannover BI's, Martin Bregler, Gerberstr. 16, 3000 Hannover 1 ● Faunistische Arbeitsgemeinschaft, Moore, Richard-Wagner-Str. 22, 3000 Hannover 1 ● Bund für Naturschutz- und Landschaftspflege in Niedersachsen, Dr. Heider, Seilerstr. 13, 3000 Hannover 1 ● Deutscher Alpenverein e.V., Sektion Hannover, Hinüberstr. 16, 3000 Hannover 1 ● Hannoverscher Vogelschutzverein von 1881 e.V., Bronsartstr. 14 bei Moll, 3000 Hannover 1 ● Heimatbund Niedersachsen e.V., Hedwigstr. 17, 3000 Hannover 1 ● Bürgerinitiative e.V., Postfach 11 04, 3000 Hannover 1 ● Schutzgemeinschaft Deutscher Wald – Landesverband Niedersachsen e.V., Wilhelm Czypull, Marienstraße 3, 3000 Hannover 1 ● Anti-AKW-Gruppe PH Hannover, Manni Kindel, Ferdinand-Wallbrechtstr. 13, 3000 Hannover 1 ● Arbeitsgemeinschaft für Natur- und Umweltschutz im Bezirk Hannover, Arnold Becker, Saaleweg 11, 3000 Hannover 1 ● Bürgerinitiative Umweltschutz e.V., Detlef Reuleke, Postfach 11 04, 3000 Hannover 1 ● Fischereiverein Hannover e.V., Hildesheimer Str. 122, 3000 Hannover 1 ● Deutscher Bund für Vogelschutz, Landesverband Niedersachsen, Postfach 21 05 69, 3000 Hannover 21 ● Verein für Insektenkunde Hannover, Elsenborner Str. 11 b. Schulte, 3000 Hannover 81 ● AG gegen Atomkraftwerke, S. Hupka, Bernwardstr. 2, 3000 Hannover 81 ● Arbeitskreis Umweltschutz in der Messe- und Ausstellungs-AG, Heinz Dietrich Aberger, Messegelände, 3000 Hannover 82 ● Initiativgruppen gegen Atomstrom Hannover – Die Atomstromer –, Werner Nieporte, Comeniusstr. 13, 3000 Hannover 91 ● Deutsche Reformjugend e.V., Elfriede Mayer-Heithuis, Munzelstr. 18b, 3000 Hannover 91 ● Ökokontor, Karsten Fiedler, Hennigestr. 12, 3000 Hannover 91 ● Gruppe 2000, Gerriet Hellwig, Limmerstr. 63, 3000 Hannover-Linden 91 ● Arbeitsgemeinschaft Limnologie und Gewässerschutz, Röttgerstr. 6 bei Meyer, 3000 Hannover 91 ● Arbeitsgemeinschaft für zoologische Heimatforschung Niedersachsen, Peperfeld 10 bei Benk, 3000 Hannover 91 ● Alternative Kooperation, Gerriet Hellwig, Limmerstr. 63, 3000 Hannover 91 ● Naturhistorische Gesellschaft Hannover, Postfach 54, 3000 Hannover-Buchholz ● Bund Deutscher Landschafts-Architekten e.V. (BDLA), Landesgruppe Niedersachsen und Bremen, Ruprecht Dröge, Müdener Weg 30/36, 3000 Hannover-Kleefeld ● Verein zur Erhaltung des Helstorfer Moores e.V., Mühlenweg 53, 3001 Abbensen ● Freier Wanderbund Niedersachsen e.V., Parkstr. 1 bei Hahn, 3001 Wedemark 1 ● Schutzgemeinschaft gegen Fluglärm und den Bau der Diagonalstartbahn Hannover-Langenhagen e.V., Georg Reimann, Postfach 44, 3002 Bissendorf ● BI Umweltschutz Wedemark, Brigitte Derben, Gilborn 7, 3002 Wedemark 1 ● Verein zur Erhaltung des Helstorfer Moores e.V., Dipl.-Ing. Karl Hauschildt, An der Windmühle 36, 3002 Wedemark 5 ● Bürgerinitiative Umweltschutz, Karin Müller, Lönsweg 4, 3003 Ronneberg 6 ● Interessengemeinschaft Fluglärm Isernhagen, Lindenallee 17, 3004 Isernhagen ● Bund für Vogelschutz in Burgwedel und Umgebung e.V., Lilienweg 2 bei Hagenberg, 3006 Burgwedel 1 ● Initiative gegen Atommüll und KKO Garbsen/Berenbostel, Dieter Götze, Neuer Landweg 22, 3008 Garbsen 4 ● Naturkundliche Vereinigung Langenhagen e.V., Feldstraße 5 bei Uebersohn, 3012 Langenhagen 1 ● Arbeitsgemeinschaft Landschaftsentwicklung (AGL), Holger Haag, Kreuzwippe 12, 3012 Langenhagen 4 ● Umweltschutz, Gerd-Detlef Jessen, Langenkampstr. 10, 3013 Barsinghausen ● Ornithologische Arbeitsgemeinschaft Hannover, Alte Rathausstr. 6 bei Bräuning, 3014 Laatzen 1 ● Hannoverscher Verein für Naturheilkunde e.V., Dr. jur. Joachim Press, Grenzweg 39, 3014 Laatzen 1 ● BI Laatzen gegen AKW's und Waa's, M. Diotnowski, 3014 Laatzen 1 ● Initiativgruppe Lebensschutz Walsrode, Dr. Walter Moll, Schulstr. 18, 3030 Walsrode ● IGL „Initiativgruppe Lebensschutz Lüneburger Heide", Arne Hoops, Bergstr. 8, 3030 Walsrode 9 – Düshorn ● Bürgerinitiative Hodenhagen, 3035 Hodenhagen über Walsrode ● Gewerkschafter gegen Atomenergie, Lüters, Ahornstr. 12, 3036 Bomlitz 1 ● Deutscher Bund für Vogelschutz, Kreisgruppe Steinhuder Meer, Heinrichstr. 15 bei Nagel, 3050 Wunstorf 1 ● Jägerschaft Hannover in der Landesjägerschaft Niedersachsen e.V., Mühlenkampstraße 61 bei Franke, 3050 Wunstorf 1 ● Notgemeinschaft Steinhuder Meer e.V., Postfach 1130, 3050 Wünstorf 2 ● Faunistische Arbeitsgemeinschaft Steinhuder Meer – Untere Leine, Grünestraße 23, 3050 Wünstorf 2 ● Initiative Bückeburg-S op Atomenergie, Bernd Witte, Im Höppenfeld 17, 3062 Bückeburg ● Informationsgruppe Strahlengefährdung e.V., Prof. Eike Hensch, Neue Straße 20, 3070 Nienburg-Weser ● Natur- und Vogelschutzverein Rodewald, Lichtenhorster Str. 6, bei Theye, 3075 Rodewald ● Initiative für eine menschliche Zukunft, Wilfried Brandt, 3079 Warmsen 4 ● BI-Hoya, Inge Linke, 3091 Wechold 32 ● BI Doerverden, Oskar Barthel, Diensthoper Str. 12, 3091 Doerverden ● BI Eystrup, Ute Krämer, Danziger Str. 13, 3093 Eystrup ● Ornithologische Arbeitsgemeinschaft Südheide e.V., Bernstorffstraße 33, 3100 Celle ● Deutscher Bund für Vogelschutz, Rostocker Straße 77, 3100 Celle ● BI für den Schutz vor Atomenergiegefahren, Rüdiger Hachtmann, Beckstr. 10, 3100 Celle ● Bürgerinitiative für den Schutz vor Atomanlagen, Herbert Schroeder, Kantstraße 2, 3101 Winsen ● BI gegen Wiederaufbereitungsanlagen, Dr. Schack, Lerchenkamp 7, 3102 Hermannsburg ● Bürgerinitiative Südheide für den Schutz vor Kernenergiegefahren, H. Habenicht, Sägeföhr 7, 3102 Hermannsburg ● BI Lebensschutz Uelzen e.V., Dr. Walther Schiedewitz, Gudestraße 12, 3110 Uelzen ● BI Uelzen, Knut Hose, Erich-Klabundstr. 2, 3110 Uelzen ● Bürgerinitiative Lebensschutz Uelzen e.V. (gegen Wiederaufbereitungsanlagen), Christiane Müller, An der Aue 2, 3111 Wieren ● Anti-AKW Aktionsgruppe Epsdorf, Hans-Jürgen Ernst, Post Epsdorf, 3111 Schwienau (Wittenw.) ● BI Lebensschutz Uelzen e.V., Benno Schermeier, Mühlenstraße 5, 3113 Suderburg ● Gruppe Umweltschutz, Monika Langhans, Bergstr. 17, 3118 Bad Bevensen ● Bürgerinitiative Ostheide f. d. Schutz vor Kernenergiegefahren, E. Zeh, Wiesenweg 1a, 3122 Hankensbüttel ● BI Umweltschutz Lüchow-Dannenberg, Marianne Fritzen, Waldwinkel 1, 3130 Lüchow-Kolborn ● Verein Naturpark Elbufer-Drawehn e.V., W. Paasche, Kreishaus, 3130 Lüchow ● Info-Center Gorleben, Alte Burg, 3131 Gorleben ● Gewaltfreie Bürgerinitiative Gartow, S. Horstmann, Postfach 17, 3136 Gartow ● Bürgerinitiative Umweltschutz Lüchow-Dannenberg e.V., Ortsgruppe Dannenberg, Helmut Wiesner, Nr. 45, 3139 Quickborn ● BI-Lüneburg, Teja Lechel, Am Stintmarkt, 3140 Lüneburg ● BI Schüler gegen AKW's Lüneburg, Malte Spohr, Lüner Straße 1, 3140 Lüneburg ● BI gegen Atomenergie Lüneburg, Pavel Hamme, Wilschenbrucher Weg 29, 3140 Lüneburg ● Arbeitskreis Kernenergie Lehrte, Ingo Laskowski, Köthenwaldstr. 117, 3160 Lehrte ● BI gegen WAA, Arthur Sahm, Bahnofstr. 9, 3167 Burgdorf ● AK gegen Atomenergie Wolfsburg, Martin Preuß, Schulenburgallee 17, 3180 Wolfsburg ● Initiative gegen Kernenergie Wolfsburg, Arche, Kleiststraße 20, 3180 Wolfsburg 1 ● Bürgerinitiative Hildesheim gegen Atomenergie, Elke Anweiler, Butterborn 69, 3200 Hildesheim ● Arbeitskreis f. Naturerhaltung und Umweltschutz i. Kirchenkreis Alfeld (Leine), Gustav Kirk, Hausnummer 31, 3221 Hohenbüchen ● Naturschutzverein Hils-Ith-Bergland e.V., Gustav Kirk, Ludwig-Menge-Str. 1, 3223 Delligsen 1 ● Vereinigung Hamelner Bürger zur Erhaltung ihrer Altstadt, Dr. med. Hermann Kater, Ostertorwall 21, 3250 Hameln ● Zweckverband Naturpark Weserbergland/Schaumburg-Hameln, Herr Hillmer, Postfach 427 (Kreisverwaltung Hameln), 3250 Hameln 1 ● Bürgerinitiative gegen Atomkraftwerke Hameln, Neue Marktstr. 27, 3250 Hameln 1 ● Aktionsgemeinschaft Altstadtsanierung Hameln, Felix Bongard, Kälberanger 1, 3250 Hameln 1 ● BI Hameln, Inge Vogt, Karlstr. 23, 3250 Hameln 1 ● Wanderverein Hameln-Weserbergland e.V., Hansjürgen Rauscher, Wehler Weg 24/26, Postfach 66, 3250 Hameln 1 ● Gewaltfreie Aktion Umweltschutz, Hans-Jürgen Müller, Wiesenweg 22, 3250 Hameln 13 ● BI-Emmerthal, Gau-Grohnde, Karl-Heinz Gerstenberger, Kuckucksweg 4, 3254 Emmerthal 1 ● Gewaltfreie Aktion Umweltschutz Grohnde, Frank Woltemater, Weserstraße 27, 3254 Emmerthal 4 ● Initiative gegen Atomkraftwerke Bad Pyrmont, A. Wrede, Gartenstr. 10, 3280 Bad Pyrmont ● Arbeitsgemeinschaft Umwelt- und Naturschutz Braunschweig, Steinbrecherstraße 33, 3300 Braunschweig ● AK gegen Atomenergie Braunschweig, Heiko Spanier, Sophienstr. 8 (oder 7), 3300 Braunschweig ● Arbeitskreis gegen Atomenergie Braunschweig, Gerhard Kroeger, Petristr. 9, 3300 Braunschweig ● Verein zur Reinhaltung der Gewässer e.V., Geschäftsführer Dipl.-Ing. Eberhard Knoche, Celler Str. 67, 3300 Braunschweig ● AG f. Umwelt- und Naturschutz, Braunschweig, Beethovenstr. 5, 3300 Braunschweig ● Aktion „Braunschweigs Bunte Bunker", Walküren Ring 24, 3300 Braunschweig ● Gewerkschaftsinitiative gegen KKW, Alfred Arndt, Görgestr. 10, 3300 Braunschweig ● Glatzer Gebirsverein e.V., Paul Leister, Altmarkstraße 38a, 3300 Braunschweig-Bienrode ● Freundes- und Arbeitskreis der Vogelschutzstation Braunschweig, Haus am Europa-Reservat in Weddel, Bauernstraße 13, 3302 Cremlingen 1 ● Intern. Rat für Vogelschutz, Deutsche Sektion, Dr. Gerhard Thielcke, Bauernstr. 13, 3302 Cremlingen 1 ● AK gegen Atomenergie, Im Klint 13, 3320 Salzgitter 1 ● Arbeitskreis gegen Atomenergie Salzgitter „Kein Atommüll in die Asse und anderswo", „Wildes Huhn", An der Schölke 5 – Pf. 10 07, 3320 Salzgitter 1 ● Gewaltfreie Aktion, Frank Schenker, Haus Nr. 60, 3321 Großheere ● Arbeitskreis „Umwelt", Postfach, 3340 Wolfenbüttel ● Arbeitskreis Umwelt Wolfenbüttel, Hans Müller, Töpferstr. 14, 3340 Wolfenbüttel ● Verein zur Erhaltung der heimatlichen Landschaft, Hans Christian Bremer, Oderwaldstraße 4, 3341 Groß-Flothe ● Alternative Landwirtschaft (Beratung) und IFOAM (internationale Vereinigung, Dr. Erich Siefert, Im Pohlschen Bock 9, 3352 Einbeck (Sal) ● Bürgerinitiative Umweltschutz Clausthal-Zellerfeld, Frau Sieglinde Elsner, Burgestädter Straße 24, 3392 Clausthal-Zellerfeld ● Harzklub e.V., Hermann Kerl, Paul-Ernst-Str. 14, 3392 Clausthal-Zellerfeld ● Arbeitskreis Atomenergie Clausthal-Zellerfeld, Claus Sebastian, Graupenstr. 1a, 3392 Clausthal-Zellerfeld ● Anti-AKW-Gruppe Clausthal, Michael Brandt, Rollstr. 38, 3392 Clausthal-Zellerfeld ● Norddeutsche Arbeitsgemeinschaft Deutscher Gebirgs- und Wandervereine, Hermann Kerl, Burgstädter Str. 16, 3392 Clausthal-Zellerfeld ● Biochemischer Bund Deutschlands e.V., 3393 Hahnenklee-Bockswiese ● Gewaltfreie Aktion gegen KKW's, Hajo Karbach, Speckstr. 8, 3400 Göttingen ● Arbeitskreis gegen Kernenergie, Rotestr. 10, 3400 Göttingen ● Bürgerinitiative Nörten-Hardenberg-Auerstein, Herr Bock/Dr. Schild, Sohnreystraße 10, 3412 Nörten-Hardenberg ● AK gegen Atomenergie Duderstadt, Arthur Busse, jun., Esplingröder Str. 6, 3428 Duderstadt 16 ● Zweckverband Naturpark Meißner-Kaufunger Wald, Landratsamt, 3430 Witzenhausen ● Werratalverein e.V., Otto Bevern, Nachtigallenweg 2, 3440 Eschwege ● AG gegen Atomenergie Holzminden, E. Prange, Schreystr. 2, 3450 Holzminden ● Sollingverein e.V., Friedrich Schwerdtfeger, Königsberger Straße 43, 3450 Holzminden 1 ● BI-Bodenwerder gegen AKW-Grohnde, Harold Marks, Herderstr. 8, 3452 Bodenwerder ● Bürgerinitiative Stadtkernsanierung, Hella Wilke, Cheruskerweg 2, 3470 Höxter ● Bürgerinitiative Höxter gegen Atomanlagen, Rudi Geyer, Paul Kellerstr. 410, 3470 Höxter ● Eggegebirgsverein Bad Driburg, Konrad Kappe, Elmarstraße 5, 3490 Bad Driburg ● Eggegebirgsverein, Verkehrsamt, 3490 Bad Driburg ● Weltbund zum Schutze des Lebens (WSL) e.V., Landesverband Hessen, Marg. Balcke, Blücherstr. 36, 3500 Kassel ● Deutsche Gesellschaft für Gartenkunst u. Landschaftspflege, Landesgruppe Hessen-Kassel, Dr. Georg Fischbacher, Werner-Hilpert-Straße 2, 3500 Kassel ● Hessisch Waldeckischer Gebirgs- und Heimatverein e.V., Claus Eichel, Bundesstraße 1, 3500 Kassel ● Bürgerinitiative Wolfsanger, Fasanenhof, Andreas Koch, Hörnebachweg 22, 3500 Kassel-Wo. ● AG gegen Atomkraftwerke Hann.-Münden, Edith Thenne, Schröderstr., 3510 Hann.-Münden 1 ● Verein Naturpark Münden e.V., R. Runge, Böttcherstraße 3, 3510 Hannover-Münden 1 ● AK gegen Atomenergie, Frau Bürgel, Südwall 12, 3540 Korbach ● Verein Naturpark Diemelsee e.V., Kreishaus, 3540 Korbach ● Bürgerinitiative Arolsen, Eckhard Jedicke, Parkstr. 14, 3548 Arolsen ● Arbeitskreis gegen Atomkraftwerke, Marita Smid, Burgstr. 15, 3549 Wolfhagen ● Zweckverband Naturpark, Habichtswald, Ritterstraße 1, 3549 Wolfhagen ● Bürgerinitiative gegen Atomkraftwerke Marburg, Dieter Bringmann, Biegenstr. 20, 3550 Marburg ● Arbeitsgemeinschaft Mensch und Umwelt, Dietrich W.A. Prochnow, Postfach 15 86, 3550 Marburg/Lahn ● Verein „Mensch und Umwelt", Am Vogelherd 13, 3554 Cappel Krs. Marburg ● Gewaltfreie Aktion Marburg, Bernd Meyerholz/Günter, Heskemer Str. 2 Saathoff, 3557 Ebsdorfergrund 7 ● Deutsche Reform-Jugend e.V., Volker Hamel, Am Schwarzenbachtal, 3560 Biedenkopf ● Bürgerinitiative Schwalmstadt gegen Atomkraftwerke, Georg Dippel, Haus Nr. 21, 3578 Schwalmstadt 1 ● BI gegen AKW, Jörn Blunck, Nachtigallenweg 3, 3580 Fritzlar 1 ● Knüllgebirgsverein e.V., Dr. Rudolf Pohl, Han-Staden-Allee 4, 3588 Homberg/Bez. Kassel ● Arbeitsgemeinschaft für Umweltschutz und Umweltgestaltung, Dr. Robert Fritzsche, Am Unterschied 37, 3590 Bad Wildungen ● Arbeitsgemeinschaft f. Umweltschutz u. Umweltgestaltung „Wildunger Bürgerinitiative" e.V., Gertrud Fritzsche, Unterscheid 37, 3590 Wildungen-Reitzenhagen

4000

BI-Umweltschutz Düsseldorf, Ariel Scheige, Bilderallee 178, 4000 Düsseldorf ● Notgemeinschaft der Bürgerinitiativen gegen Fluglärm im Raume Düsseldorf, Im Grund 46, 4000 Düsseldorf ● Deutscher Werkbund NRW, Rosenstr. 19, 4000 Düsseldorf ● Aktion Saubere Landschaft e.V., Georg Fellmerk, Couvenstr. 4, 4000 Düsseldorf ● Volksbewegung der Vernunft und der Verantwortung, Düsselthaler Straße 54, 4000 Düsseldorf ● Arbeitsgemeinschaft Rheinisch-Westfälischer Lepidopterologen (Löbbecke-Museum), Dr. Siegfried Löser, Brehmstr., 4000 Düsseldorf 1 ● Umweltschutzgruppe Oberkassel, Edgar Grunder, Philipp-Reis-Str. 8, 4000 Düsseldorf 1 ● AK Gewaltfreie Aktion in der ESG, Witzelstr. 76, 4000 Düsseldorf 1 ● BI-Düsseldorf, Aktion pro Vita, Georg Barein, Sonnenstr. 7, 4000 Düsseldorf 1 ● Deutsche Gesellschaft für Umweltschutz e.V., C.D. Wielowski, Postfach 26 21, 4000 Düsseldorf 1 ● Bürgerinitiative Berger Allee, Karl-Heinz Klippel, Berger Allee 3, 4000 Düsseldorf 1 ● Deutsche Gesellschaft für Gartenkunst und Landschaftspflege e.V., Landesgruppe Rheinland, Franz Joseph Greup, Virchowstraße 7, 4000 Düsseldorf 1 ● Gesellschaft Rheinischer Ornithologen e.V., Prof. Dr. Wolfgang Erz, Schlesische Straße 80, 4000 Düsseldorf 1 ● Arbeitsgemeinschaft für die Verbesserung der Umwelt e.V., Klaus Lambertz, Ickeswarder Straße 204, 4000 Düsseldorf 13 ● Bürgerinitiative gegen die Bebauung am Schloßpark Benrath, Urdenbacher Allee 89, 4000 Düsseldorf 13 ● Umwelt-Schutzgemeinschaft Düsseldorf-Nord e.V., Mörickestraße 30, 4000 Düsseldorf 30 ● Rheinisch-Bergischer Naturschutzverein, Thomas Volpers, Annastraße 61, 4000 Düsseldorf 30 ● Riesengebirgsverein e.V., Dr. Kurt Wiemer, Gartenstraße 38, 4000 Düsseldorf 30 ● Heimat- und Bürgerverein Düsseldorf-Lohausen, Sternstraße 49, 4000 Düsseldorf 30 ● Bürgerinitiative Umweltschutz, Altes Fährhaus, Fährstr. 264, 4000 Düsseldorf-Hamm ● Schutzgemeinschaft Meerbusch, Vereinigung gegen Fluglärm e.V., Dr. C. Erich, Am Hövel 3, 4005 Meerbusch ● Verein Schutzgemeinschaft Büdericher Rheingebiete e.V., Franz Wallenhorst, Rheinpfad 17, 4005 Meerbusch ● Schutzgemeinschaft Büderich-Vereinigung gegen Fluglärm, Niederlöricker Str. 22, 4005 Meerbusch 1 ● Bund Deutscher Landschafts Architekten e.V. (BDLA), Landesgruppe Nordrhein-Westfalen, Toni Gottschalk, Immanuel-Kant-Str. 11, 4005 Meerbusch 1-Büderich ● Bürgerinitiative Umweltschutz Erkrath-Hochdahl, Dieter Schneider, Naheweg 25, 4006 Erkrath 2 ● Interessengemeinschaft Hildener Stadtwald, Hans Bund, Furthwänglerstraße 1, 4010 Hilden ● Bürgerinitiative Hilden-West, Heinz Beier, Düsseldorfer Straße 29, 4010 Hilden ● Interessengemeinschaft Waldgemeinde Bürgerinitiative Umweltschutz e.V., Walter H. Ulbrich, Sachenstraße 27, 4030 Ratingen 6 ● Bund Natur- und Umweltschutz, Nordrhein-Westfalen e.V., Rainer Lechner, Lutherstr. 76, 4040 Neuss ● BI-Mönchen-Gladbach, J. Berndt, Parkstr. 8, 4050 Mönchengladbach ● Aktionsgemeinschaft Westtangente Wickrath, Helmut Beckers, Am Steinberg 39, 4072 Wickrath/Niers ● Aktion Saubere Umwelt, Dieter Klauke, Düsseldorfer Straße 535, 4100 Duisburg ● Medizinische Gesellschaft für Umweltfragen e.V., Lützowstraße 7, 4100 Duisburg 1 ● Arbeitsgruppe Biotopschutz an der Gesamthochschule Duisburg – Fachbereich 10 – Prof. Dr. Dietrich Futzer, Lotharstr. 65, 4100 Duisburg 1 ● Duisburger BI gegen Atomanlagen, Andreas Kerkhoff, Siegfriedstr. 22, 4100 Duisburg 12 ● Emmaus-Ruhrgebiet e.V. Altwaren, Alternativen, Kompost, Bürgerinitiativen, Breitestr. 25, 4100 Duisburg 17/Homberg ● Bürgeraktion Stop Kalkar, Guido Quinkert, Hermann-Löns-Weg 3, 4130 Moers ● Bürgerinitiative Wesel gegen KKW Vahnum, H. Wilhelm Linders, Obere Birk 4, 4130 Moers ● Interessengemeinschaft gegen radioaktive Verseuchung Kalkar-Hönnepel, Frau Studiendirektorin G. Degen, Zahnstraße 3, 4130 Moers ● Interessengemeinschaft gegen radioaktive Verseuchung am Niederrhein (IGGRVN), Gerda Degen, Zahnstr. 23, 4130 Moers 1 ● Aktionsgemeinschaft für Umweltschutz Linker Niederrhein, Wolfgang Bomba, Marienplatz 26, 4131 Budberg ● Emmaus Niederrhein e.V., Thomas Radetzki, Haus Dachsberg, 4132 Kamp-Lintfort ● Interessengemeinschaft Umweltschutz Traar, Am Engelsberg 58, 4150 Krefeld-Traar ● Verein Linker Niederrhein, Wilhelm Rempe, Karlsplatz 14, 4150 Krefeld ● Zweckverband Naturpark Schwalm-Nette, Kreisverwaltung, 4152 Kempen (Niederrhein) ● Bürgerinitiative Westtangente Autobahn St. Tönis e.V., Garnstr. 67, 4154 Tönis Vorst 1 ● Bürgerinitiative Niederrhein/Krefeld, Christoph Bönders, Bahnstr. 8, 4156 Willich ● Aktionsforum Umweltschutz, Siegfried Geduhn, Brückenstraße 57, 4156 Willich 2 ● Bürgeraktion gegen radioaktive Verseuchung, Roswitha Riepe, Heldstr. 63, 4190 Kleve ● Interessengemeinschaft gegen radioaktive Verseuchung, Meerweg 1, 4192 Kalkar-Hönnepel ● Arbeitskreis für gesundes Leben, H. von Wilpert, Postfach 10 18 42, 4200 Oberhausen 1 ● BI gegen AKW's, Barbara Weniger, Eberschenweg 35, 4200 Oberhausen 14 ● Oberhausener Aktion gegen Umweltzerstörung e.V., Hartmut Fondermann, Postfach 14 01 05, 4200 Oberhausen 14 ● Niederrheinische Bürgerinitiativen gegen Atomkraftwerke, Maria Soechting, Rheinstraße 38, 4232 Xanten ● Deutscher Bund für Vogelschutz, Bezirk Unterer Niederrhein e.V., Wolfgang Tillmanns, Geistmarkt 26, 4240 Emmerich ● Bürgerinitiative für Lebens- und Umweltschutz, Bottrop e.V., Am Spengelsberg 6, 4250 Bottrop ● Landesverband Bürgerinitiativen Umweltschutz NRW e.V., Willi Becker, Finkenweg 6, 4272 Kirchhellen ● Biologische Gesellschaft für das rheinisch-westfälische Industriegebiet, Bismarckstraße 62, 4300 Essen ● Schutzgemeinschaft Deutscher Wald Landesverband Nordrhein-Westfalen, Bernd Krebs, Gruga Park, Külshammer Weg 14, 4300 Essen ● Ökologiegruppe im Frauenzentrum Essen, Yasmin Bovali, Steeler Str. 202, 4300 Essen ● Arbeitsgruppe Umweltfragen in der Lehrerausbildung, AGUL, Postfach 68 43, 4300 Essen ● Bürgerinitiative Essen, Petra Schmidt, Aachener Str. 32, 4300 Essen ● Essener Aktion gegen Umweltzerstörung e.V., Dr. W. Filhaut, Postfach 4 52, 4300 Essen 1 ● Interessengemeinschaft gegen Luftverschmutzung e.V., Essen-Dellwig, Dr. Cl. Schmeck, Donnerstraße 176, 4300 Essen 11 ● Frau Waltraud Penner, Landesaktion Umweltschutz NRW, Postfach 17 02 10, 4300 Essen 17 ● BI gegen AKW's Ennepe-Ruhr-Kreis, Dieter Franzen, Kaninchenweg 10, 4322 Sprockhövel 2 ● Aktion Umwelt Mühlheim, Diana Rodenberg, Bulow 130, 4330 Mühlheim ● Bürgerinitiative Mühlheim, Werner Helwig, Scharpenberg 5a, 4330 Mülheim ● Initiativkomitee Aktion Umweltschutz Mühlheim, Klaus Rieseberg, Knüfen 43, 4330 Mühlheim/Ruhr ● Initiative Calwer Atomkraftwerksgegner, Ralf Köhler, Wienerweg 12, 7260 Calw ● Kommunaler Arbeitskreis Flughafen Stuttgart (KAF), Oberbürgermeister Koch, Postfach 11 20, 7302 Ostfildern 2 ● Aktionsgemeinschaft Natur- und Umweltschutz Baden-Württemberg e.V., Landesnaturschutzverband, Prof. W. Birn, Im Hopfengarten 22, 7400 Tübingen ● Bürgerinitiative gegen Atomkraftwerke, Lederstr. 34, 7410 Reutlingen 1 ● Aktionsgemeinschaft Mittelstadt gegen Umweltgefährdung insb. durch AKW e.V., Winzerstr. 16, 7410 Reutlingen 27 ● Arbeitskreis Umweltschutz an der Universität, Frank Peter Bub, Gerwigstr. 25, 7500 Karlsruhe ● Bundesverband Bürgerinitiativen Umweltschutz e.V., Hans Günter Schumacher, Hellbergstr. 6, 7500 Karlsruhe 21 ● BI Umweltschutz Waltrop, Heinz Schöller, Recklinghauser Str. 27, 4345 Waltrop ● Arbeitsgemeinschaft zum Schutz bedrohter Eulen, Klaus Michael Exo, Eifelstr. 27, 4350 Recklinghausen ● Verein Naturpark Hohe Mark e.V., Herzogswall 17, 4350 Recklinghausen ● Bürgerinitiative zur Erhaltung der Stadt Waltrop als Wohnstadt, Im Tal 11, 4355 Waltrop ● Interessengemeinschaft für Bekämpfung der Luftverschmutzung in Datteln und Waltrop, Oberwiese 15, 4355 Waltrop ● Forum „Bürger planen", Goethestraße 61, 4390 Gladbeck ● Bürgerinitiative Münster, Angelika Uhde, Hoyastraße 15, 4400 Münster ● AK Umweltschutz Münster, Thomas Starosta, Schillerstraße 64, 4400 Münster ● Biologische Station „Rieselfelder Münster", Rieselfelder, 4400 Münster ● Dachverband Deutscher Avifaunisten, Michael Harengerd, Auf der Horst 14, 4400 Münster ● Baumberge Verein e.V., Dr. H. Hachmann, Geiststraße 13, 4400 Münster ● Westfälischer Heimatbund, Walter Hoffmann, Kaiser-Wilhelm-Ring 3, Postfach 61 25, 4400 Münster ● Umweltschutzgruppe Laer, Josef Wiechers, Am Buch 2, 4401 Laer ● AK Umweltschutz Warendorf, des Ems-Pot-Jugendheim, Kletterpohl 11, 4410 Warendorf ● Arbeitskreis Umwelt Rheine-Mesum, Michael Matuszak, Rolinerstraße 9, 4440 Rheine 11 ● Gemeinschaft zur Aktivierung der Mitmenschen für ungelöste Aufgaben (GAMA), Helmut Wunder, Bernd Krauße, Schwarzwaldstraße 21, 4460 Nordhorn ● Bürgerinitiative Meppen gegen Atommülldeponie und Wiederaufbereitungsanlage, Bernd Halling, Krokusstraße 2, 4470 Meppen ● Zweckverband Naturpark Arnsberger Wald, Kreisverwaltung, 4470 Soest ● Naturkundliche Arbeitsgemeinschaft Hümmling e.V., Pastor Brockmann, Pfarrhaus, 4475 Sögel ● Bürgerinitiative Aschendorf Hümmling, Bürgermeister Gerdes, Hagenhorststraße, 4492 Wippingen ● Verein Naturpark Nördlicher Teutoburger Wald – Wiehengebirge e.V., Richard Lehr, Vechtaer Hof 58, 4500 Osnabrück ● Sternbergkreis, Lieneschweg 75, 4500 Osnabrück ● Umweltschutz-Verein Osnabrück e.V., Reinhard Brune, Postfach 41 54, 4500 Osnabrück ● Naturwissenschaftlicher Verein e.V., Rolandstraße 10, 4500 Osnabrück ● Wiehengebirgsverband, Paul Voßköhler, Markt 22/23, 4500 Osnabrück ● Bürgerinitiative gegen Atomenergie, Martin Ritter, Weißenburgerstraße 7, 4500 Osnabrück ● Arbeitskreis gegen Atomkraftwerke, Angela Schoettler, Wachsbleiche 16, 4500 Osnabrück ● Deutsch-Nederlandse Anti-Atom-Aktion, Isolde und Andreas Freudenberg, Ziegelstr. 2,

4500 Osnabrück ● Aktionsgemeinschaft Gesunde Umwelt Osnabrück (AGU), Meinkerstr. 24, 4500 Osnabrück ● Bürgerinitiative Umweltschutz, H.W. Melges, Haus Nr. 67, 4520 Melle-Drantum ● Arbeitskreis-Umwelt-Lengerich, Rüdiger Späth, Haydnstraße 1, 4540 Lengerich ● BI Schutz der Umwelt Cloppenburg e.V., I. Grigull, 4591 Großenging 48 ● „Gewaltfreie Aktion Umweltschutz", Theo Hangesbach, Renate Frerkes, Große Heimstr. 66, 4600 Dortmund 1 ● Bürgerinitiative Umweltschutz Dortmund, Rüdiger Wessel, Buschei 14, 4600 Dortmund 14 ● Die Arche, Aktion Alternativ Leben, Reinhard Münster, Schwalbenschwanz Str. 1, 4600 Dortmund 30 ● Arbeitskreis Umweltschutz, Michael Schneidewind, Menglingheuser Str. 14, 4600 Dortmund 50 ● Arbeitsgemeinschaft Raumplanung an der Universität Dortmund, Harald Bayer, Hartkortstr. 112, 4600 Dortmund 50 ● Bürgerinitiative Umweltschutz Dortmund, Wolfgang Bödecker, Stipskule 40, 4600 Dortmund-Wambel ● Bürgerinitiative Bergkamen, Dieter u. Inge Pessara, Turmweg, 4619 Bergkamen ● BI zur Erhaltung der Stadt Waltrop als Wohnstadt, Barbara Hegin, Wittener Str. 72, 4620 Castrop-Rauxel ● VHS-Arbeitskreis für Umwelt und Heimat Lünen, Rathaus, Stadtarchiv, 4628 Lünen ● Atomenergiebüro Bochum, Bruno Krümpelmann, Girondell 6/1. 4630 Bochum ● Deutsche Bürgerinitiative für Energiesicherung (DBE), Graffring 45, 4630 Bochum ● Aktion Bürgerwille e.V., Fa. Steilmann, Feldstraße 4, 4640 Wattenscheid ● Gemeinnütziger Grünflächenverein „Pro Grün" e.V., In der Markt 116, 4640 Wattenscheid ● TV „Die Naturfreunde" Landesverband Westfalen e.V., Kurt-Schumacher-Str. 116, 4650 Gelsenkirchen ● Bürgerinitiativen gegen AKW, Berthold Bethke, Johann-Strauß-Weg 5, 4650 Gelsenkirchen ● Bürgerinitiative Gelsenkirchen, Peter Donsbach, Gecksheide 69, 4660 Gelsenkirchen-Buer ● Bürgerinitiative Umweltschutz Hamm, Horst Blume, Schleusenweg 10, 4700 Hamm ● Bürgerinitiative Umweltschutz Böhen, Hans Wette, Witkeborgstr. 76, 4703 Bönen ● Aktionsgemeinschaft „Bürgerinitiative Umweltschutz, Hugo Schmitz, Neubeckumer Straße 102, 4720 Beckum/Westf. ● BI Umweltschutz Soest, Martin Vedder, Im Tobrock 15, 4770 Soest ● Bürgerinitiative gegen AKW, Fr. Waltr. Ochmann, Hachenstr. 23, 4777 Welver ● BI Umweltschutz e.V. Bürger gegen KKW Lippstadt, P.H. Umbehr, Nieobiweg 38, 4780 Lippstadt ● Naturschutz e.V., Georg Stamm, Auf dem Strickern 22, 4787 Gesecke/Westf. ● Bürgerinitiative Warstein, Postfach 109, 4788 Warstein ● BI Umwelstschutz – Bürger gegen KKW Paderborn, Rüdiger Heins, Elsener Str. 12, 4790 Paderborn ● Bürgerinitiative „Grün" OStudRat Buhr, Rochingsweg 51, 4790 Paderborn ● Teutoburger-Wald-Verein e.V., Konstantin Mehring, Siekerwall 10, 4800 Bielefeld ● Bürgerinitiative Fachwerkhäuser/Stadtsanierung, Prof. Dr. Schmidt, Beckhausstr. 201, 4800 Bielefeld ● Gemeinnütziger Grünflächenverein „Pro Grün", Dr. Strathenwerth, Oerlinghauser Straße 4, 4800 Bielefeld ● Bürgerinitiative Spielplätze, Frau Kellermann, Bürostraße 9, 4800 Bielefeld ● Aktionseinheit gegen AKW Bielefeld, Friedrich-Nerlegestr., 4800 Bielefeld ● Naturwissenschaftlicher Verein für Bielefeld und Umgebung, Klaus Conrade, Dr. Büchner, Kreuzstraße 38, 4800 Bielefeld 1 ● Arbeitskreis Umwelt in der evangelischen Studentengemeinde, Jakob-Kaiser-Str. 20, 4800 Bielefeld 1 ● Arbeitsgruppe gesundes Bauen, gesundes Wohnen, Feilenstr. 8, 4800 Bielefeld 1 ● Pro Grün Bielefeld e.V., Regine Schürer, Am Wellenkotten 8, 4800 Bielefeld 1 ● AK-Umwelt, Kurt Gramlich, Roonstr. 24, 4800 Bielefeld 1 ● Weltbund zum Schutze des Lebens (WSL) e.V., Landesverband Nordrhein-Westf., Wolfgang Teubert, Fenstr. 8, 4800 Bielefeld 1 ● Bürgerinitiative gegen Mülldeponie und Schießstände im Landschaftsschutzgebiet Teutoburger Wald, Hildegard Wolf, Senner Hellweg 169, 4800 Bielefeld 11 ● Bund für Tier- und Naturschutz in Ostwestfalen e.V., Hanni Erxleben, Senner Hellweg 173, 4800 Bielefeld 11 ● Interessengemeinschaft Nagelsholz, Karl-Heinz Schimrigk, Schwagerstraße 1, 4800 Bielefeld 15 (Jöllenbeck) ● Umweltschutz-Verband Ostwestfalen-Lippe (UVO), Marion Strothmann, Tuchstraße 5, 4800 Bielefeld 18 ● Arbeitskreis Togdrang, Frau Michaelis, Justus-von-Liebig-Str. 6, 4800 Bielefeld-Senne 1 ● Bürgerinitiative Stadtbahnstraße, Rektor Erwin Jüngling, Friedhofstraße 140, 4814 Senne-Bielefeld ● Aktionsgemeinschaft Lärmbekämpfung e.V., Welplagstraße 11, 4830 Gütersloh ● Initiative gegen den atomaren Wahnsinn Gütersloh, Franz Georg Wickern, Langer Weg 32, 4830 Gütersloh 1 ● Bürgerinitiative Herford zur Erhaltung des charakteristischen Stadtbildes, Helmut Richter, Schmiedestraße 26, 4900 Herford ● Bürgerinitiative Herford gegen Atomkraftwerke, Christian Bätcher, Bielefelder Str. 321, 4900 Herford ● Heimat- und Verschönerungsverein, Karl Bachler, Emilienstraße 10, 4902 Bad Salzuflen ● Bielefelder Jugendverbände gegen Kernkraftwerke, Christa Knödler, Krullmannstr. 16, 4905 Spenge ● Interessengemeinschaft Nagelsholz, Kiskerfeld 117, 4905 Spenge ● Weltbund zum Schutze des Lebens (WSL) e.V., Landesverband Niedersachsen, Walter Brödel, Weserstr. 59, 4925 Kalletal 1 ● Bürgeraktion Stadtsanierung e.V., Ludwig Köller, Schülerstraße, 4930 Detmold ● Arbeitskreis Umweltschutz Detmold, Volker Wiemann, Schwanoldtstr. 19, 4930 Detmold ● Zweckverband Naturpark Eggegebirge und südlicher Teutoburger Wald, Kreisverwaltung, 4930 Detmold ● Arbeitskreis Umweltschutz Detmold, Heinz-Jürger Keller, Lemgoer Str. 32a, 4930 Detmold ● Gewaltfreie Aktion Detmold, Lothar Oberfeld, Postfach 80 48, 4930 Detmold 18 ● „Gesellschaft für Ökologie Horn", Burkhart Weecke, Mittelstr. 51, 4934 Horn-Bad Meinberg ● Bürgerinitiative Umweltschutz e.V., Postfach 2 67, 4950 Minden ● Bürgerinitiative Umweltschutz e.V., R. Derlin, K. Zelle, Postfach 21 67, 4950 Minden ● BI Umweltschutz Minden, Brigitte Kolbe, Klinke 5, 4952 Porta Westfalica ● TV „Die Naturfreunde" Landesverband Teutoburger Wald e.V., Heinz Vogelsang, Nordbahnstr. 72, 4972 Löhne 3 ● Gemeinschaft zur Erhaltung der Natur e.V., Dr. Rolf Lachner, Carl-Diem-Straße 17, 4980 Bünde 12 ● Initiativgruppe Umweltschutz Bünde, Dieter Schröder, Dorfstr. 15, 4983 Kirchlengern 3 ● Arbeitskreis Umwelt, Rainer Knickmeyer, Gehlenbecker Str. 34, 4990 Lübbecke 1

5000

KKW-Nein Köln, Schülergruppe Maulwurf, Josephstr. 32, 5000 Köln ● BI Umweltschutz, Andreas Zumacher, Utrechter Str. 5, 5000 Köln ● Landesverband der Bürgerinitiativen Umweltschutz im Lande NRW Appelhofplatz (Haus Forum), 5000 Köln 1 ● Bürgerforum Naherholung e.V., Friedrich K. Kurylo, Breite Str. 70, 5000 Köln 1 ● Studiengruppe für industrielle Umweltfragen, Dr. Graf von Schlippenbach, Postfach 68, 5000 Köln 5 ● Rheinischer Verein für Denkmalpflege und Landschaftsschutz (i. DNR), Dr. Josef Ruland, Deutzer Freiheit 49, 5000 Köln 21 ● Deutsche Umwelt-Aktion e.V., Landesstelle Nordrhein-Westf., Otto-Kurt Druschke, Schützenweg 3, 5000 Köln 40 ● Kölner Eifelverein e.V., Johann Cramer, Euskirchnerstraße 30, 5000 Köln 41 ● Touristenverein „Die Naturfreunde", Landesverband Rheinland e.V., Postfach 42 05 73, 5000 Köln 41 ● Arbeitsgemeinschaft für Abfallwirtschaft (AFA), Lindenallee 13–17, 5000 Köln-Marienburg (51) ● Arbeitsgemeinschaft für Landschaftsentwicklung (AGL), Ernst Beck, Postfach 68 02 88, 5000 Köln 60 ● Deutsche Gesellschaft f. Gartenkunst und Landschaftspflege e.V., Landesgruppe Rheinland, Albert Knop, Martinusstraße 16, 5000 Köln 71 ● Bürgerinitiative Schlagbaumsweg/Märchenstr. 32, 5000 Köln 80 ● Deutscher Verband für Wasserwirtschaft e.V. (Großer Erftverband) Pfaffendorfer Weg 42, 5010 Bergheim/Erft ● Bürgerforum Gesundes Wohnen e.V., Dr. Sommerfeld, Immenzaun 3, 5060 Bensberg ● Rheinisch-Bergischer Naturschutzverein e.V., Josef Meeger, Kreutz Häuschen 25, 5063 Overath ● Bürgerinitiative Eifgental e.V., Gerhard Trampert, Oberlandscheid 3a, 5093 Burscheid ● Deutscher Alpenverein, Sektion Aachen, Dr. D. Weins, Oppenhoffallee 112, 5100 Aachen ● Interessengemeinschaft biologischer Umweltschutz, A. Migend, Adalbertsteinweg 123, 5100 Aachen ● AKW-Nee-Achen, Norbert Bambach, Seilgraben 8, 5100 Aachen ● Verein Naturpark Nordeifel e.V., Theaterplatz 14, 5100 Aachen ● Arbeitskreis alternative Energiegewinnung, Nizzaallee 20, 5100 Aachen ● Umweltschutzgruppe Aachen, Waltraut Hoven, Haldenhaus-Stienkaulpl. 8a, 5100 Aachen-Kornelimünster ● Bürgerinitiative „Rettet das Wurmtal", Mirbach, Südstraße 43, 5102 Würselen ● Eifelverein e.V., Konrad Schubach, Stürtzstraße 2–6, 5160 Düren ● Bürgerinitiative Umweltschutz Düren, Claudia Rütz, Holzstr. 34, 5160 Düren ● Bürgerinitiative Umweltschutz in Stolberg, Schaffrath, Rathaus, Kulturamt, 5190 Stolberg ● Initiative gegen den Export von Atomanlagen, L. Horn, Bergstr. 1, 5200 Siegburg ● Arbeitskreis für Umweltschutz im CVJM Siegburg, Klaus Renken, Weierstraße 12a, 5200 Siegburg ● Bürgerinitiative Bebauungsplan Lohmar-Nord, Altenrather Straße 154, 5204 Lohmar 1 ● Abwassertechnische Vereinigung e.V. (ATV), Hauptgeschäftsführer: Dr.-Ing. C.H. Plümer, Markt 1 (Stadthaus), 5205 Sankt Augustin 1 ● Gesellschaft zur Förderung der Abwassertechnik e.V. (GFA), Dipl.-Ing. C.H. Plümer, Markt 1 (Stadthaus), 5205 Sankt Augustin 1 ● Interessengemeinschaft Umweltschutz und Flurbereinigung, Prof. Dr. Dietrich W. Funke, Haus Heidgen, 5206 Seelscheid (Bez. Köln) ● Aktion Umweltschutz Rhein-Sieg e.V., Postfach 2 46, 5208 Eitorf ● Bürgerverein Lülsdorf und Ranzel e.V., Josef Schleicher, Mozartstraße 15, 5216 Niederkassel ● Arbeitskreis Kein KKW in Mülheim-Kärlich, Wilfried Mund, Hauptstr. 12 ● Arbeitskreis für gesundes Leben, Winfried Tschapke, Auf den Steinen 17, 5329 Wied ● Aktion Saubere Landschaft e.V., Dipl.-Forstwirt Hubert Weinzierl, Oskarl-Walzel-Str. 17, 5300 Bonn ● Arbeitsgemeinschaft der Bonner Ärzteschaft für Umweltschutz, Dr. Rothe, Berta-von-Suttner-Platz 19, 5300 Bonn ● Bürgerinitiative Rheindorfer Straße, Graurheindorfer Straße 74, 5300 Bonn ● Schutzgemeinschaft Deutscher Wald (SDW) Bundesverband e.V., Peter Houtermans, Geschäftsführer, Meckenheimer Allee 79, 5300 Bonn 1 ● Aktion Gemeinsinn e.V. Eine Vereinigung unabhängiger Bürger, Haude-Rose Ennulat-Goergen, Baumschulallee 15, 5300 Bonn 1 ● Arbeitsgemeinschaft für Umweltfragen e.V. – AGU –, Dipl.-Volkswirt Arnim Schmülling, Bennauerstr. 60, 5300 Bonn 1 ● Deutscher Tierschutzbund e.V., Klaus J. Ennulat, Baumschulallee 15, 5300 Bonn 1 ● Verschönerungsverein für das Siebengebirge, Adenauerallee 7, 5300 Bonn 1 ● Junge Europäische Förderalisten, Bürgeraktion Umweltschutz Bonn, Josef M. Leinen, Arndtstr. 25, 5300 Bonn 1 ● Kuratorium für Wasserwirtschaft e.V. – KfW, Kennedyallee 62–70, 5300 Bonn 2 ● Forschungsgesellschaft Landschaftsentwicklung Landschaftsbau e.V., Günter Rode, Plittersdorfer Str. 93, 5300 Bonn 2 ● Bürgergemeinschaft „Kennedyallee", Werner von Lojewski, Kennedyallee 26, 5300 Bonn 2 ● Bürgerinitiative „Rettet Mehlem jetzt", Siegfriedstraße 21, 5300 Bonn 2 ● Bürgerinitiative „Johanniterviertel und Berliner Ring", Dr. Walter Keim, Lang Grabenweg 4, 5300 Bonn 2 ● Arbeitsgemeinschaft für Landschaftsentwicklung (AGL), Prof. Adolf Schmitt, Godesberger Allee 142–148, 5300 Bonn 2 ● Aktion Autofreier Sonntag, Lothar Gerhardt, Postfach 21 02 12, 5300 Bonn 2 ● BLG-Bundesverband der gemeinnützigen Landgesellschaften, Dr. H. Wiese, Kennedyallee 62–70, 5300 Bonn 2 ● Zentralverband Gartenbau e.V. (ZVG), Karl Ley, Godesberger Allee 142–148, 5300 Bonn 2 ● Arbeitsgemeinschaft rechtsrheinischer Bürgervereine, Richarz, Postfach 1 34, 5300 Bonn 3 ● Deutsche Gartenbaugesellschaft, J. Zippelius, Kölner Str. 142–148, 5300 Bonn-Bad Godesberg ● Deutscher Rat für Landespflege, Heerstraße 10, 5300 Bonn-Bad Godesberg ● Bürgerinitiative für die Verbesserung der Umweltqualität Kreuzbergerstraße 27, 5300 Bonn-Lengsdorf ● Deutscher Naturschutz Ring e.V. (DNR), Prof. Dr. Wolfgang Engelhardt, Kalkuhlstraße 24, 5300 Bonn-Oberkassel ● Bürgeraktion Umweltschutz Bonn (DUB), Franz Stevens, Rauchlochweg 2, 5300 Bonn/Oberkassel ● Deutscher Forstwirtschaftsrat e.V. (DFWR), Münstereifeler Str. 19, 5308 Rheinbach ● Bürgerverein zur Sicherung der Zukunft d. Stadt Rheinbach, Dahlienstr. 6, 5308 Rheinbach b. Bonn ● Gesellschaft Rheinischer Ornithologen e.V. (GRO), Prof. Dr. Wolfgang Erz, Nußstraße 65, 5309 Meckenheim-Merl ● Bürgeraktion Umweltschutz Merl, Egon Metz, Buschweg 30, 5309 Meckenheim-Merl ● Kreisverband Natur- und Umweltschutz e.V. Euskirchen, Armin Schmidt, Johannesweg 7, 5353 Mechernich ● Arbeitsgemeinschaft Biologischer Umweltschutz e.V., Oberstudienrat Schmidt, Gymnasium, 5353 Mechernich ● Bürgerinitiative Mechernich-Kommern, Hochwildschutzpark Rheinland, 5353 Mechernich-Kommern ● Bürgeraktion Atomschutz Mittelrhein e.V., Helga Vohwinckel, Kurfürstenstraße 46, 5400 Koblenz ● Arbeitskreis „Keine Atomkraftwerke" der Schalom Aktionsgemeinschaft Westerwald e.V., Heiner Kamp, Lindenstr. 3, 5410 Höhr-Grenzhausen ● Aktionsgemeinschaft zur Erhaltung des Waldes, Helmut Maier, Im Hahn 3, 5411 Hillscheid ● Bürgeraktion Atomschutz Mittelrhein e.V., Im Hahn 3, 5411 Hillscheid ● Westerwald-Verein e.V., Dr. Norbert Heinen, Kreisverwaltung, 5430 Montabaur ● Bürgeraktion Atomschutz Mittelrhein e.V., Frank Benseler, Finkenweg 2, 5450 Neuwied 1 ● Umweltschutzverein Krautscheid-Seifen e.V., Josef Kleine-Reidick, Luisenstraße 73, 5461 Buchholz-Seifen ● Naturpark Rhein-Westerwald e.V., Toni Gierling, Rathaus, 5462 Bad Hönningen ● Arbeitskreis Umweltschutz, Hans Diedenhofen, Rheinallee 32, 5480 Remagen-Kripp ● Bund Deutscher Landschafts-Architekten e.V. (BDLA), Landesgruppe Rheinland-Pfalz/Saarland, Ernst Staud, Bertulfstr. 38, 5500 Trier ● Interessengemeinschaft gegen Lärm und Luftverunreinigung, Thrasoltstraße 56, 5510 Saarburg ● Verein Naturpark Südeifel e.V., Verbandsgemeindeverwaltung, 5521 Echternacherbrück ● Lebensschutz Wuppertal e.V., Heinz Krey, Postfach 13 12 24, 5600 Wuppertal 1 ● Wuppertaler Bürgerinitiative gegen Atomkraftwerke, Rolf Werg, Emil-Uellenberg-Platz 12, 5600 Wuppertal 1 ● Bürgerinitiative „Rettet das Erholungsgebiet Burgholz", Scharf, Unterdahler Hang 27, 5600 Wuppertal 12 ● Bürgerverein Wuppertal-Bayenburg, Steinhauser Straße 36, 5600 Wuppertal 23 ● Bürger- und Heimatverein Wuppertal-Beyenburg, Goldregenweg 10, 5600 Wuppertal-Beyenburg ● Schutzgemeinschaft Elberfelder Südstadt, Fuhlrottstraße 28, 5600 Wuppertal-Elberfeld ● Bürgerverein Wülfrath-Flandersbach e.V., 5603

Wülfrath-Flandersbach ● Bürgerinitiative Wülfrath-Flandersbach e.V., Bausenhaus 4, 5603 Wülfrath-Flandersbach ● Bürgerinitiative Hochdahl, Dieter Schneider, Naheweg 25, 5605 Hochdahl-Willbeck ● Biologische Landwirtschaft, Siegfried Kuhlendahl (Hof Judt), Windrather Str. 190, 5620 Velbert-Neviges ● Bürgerinitiative Kostenberg, Hans-Jürgen Hennig, Am Grünwald 41, 5620 Velbert ● Bürgerinitiative Dabringhausen, Dr. Werner Schmidt, Keffringhausen 32, 5632 Dabringhausen ● Bürgerinitiative Wermelskirchen, Gerhard Fleck, Braunsberg 3, 5632 Wermelskirchen 1 ● Interessengemeinschaft für Lärm- und Erschütterungsbekämpfung, Postfach 10 04 81, 5650 Solingen ● Interessengemeinschaft für Umweltschutz in Solingen-Weyer, Baverter Straße 65, 5650 Solingen ● Bürgerinitiative Viebachtalstraße – Querspange (L 405) e.V., Herzogstraße 77, 5650 Solingen/Merscheid ● Deutsche Gesellschaft für Umweltschutz e.V. (DGU), Prof. C.D. Wielowski, Hebbelstr. 17, 5650 Solingen 1 ● Notgemeinschaft Abwassergeschädigter (Bergischer Bäche und der unteren Wupper) e.V. (NAG), Friedrich Metzger jun., Im Wöll 44, 5650 Solingen 1 ● Bürgerinitiative „Keine L 288n" e.V., Dr. Ulrich Hallier, Mahnertmühle 5, 5657 Haan 1 ● Schutzgemeinschaft Mendener Wald, Dr. Franz Damaris, 5750 Menden ● Aktionsgemeinschaft Umweltschutz Menden, Manfred König, 5750 Menden ● Aktionsgemeinschaft für Naturschutz u. Landschaftspflege, Manfred König, Brucknerstr. 7, 5750 Menden 1 ● Gewaltfreie Aktion Arnsberg, Günter Rülke, Markt 5, 5768 Sundern ● Aktion Saubere Landschaft im Kreis Arnsberg, A. Stähr, Postfach 3 15, 5770 Arnsberg/Westf. ● Gewaltfreie Aktion Arnsberg, Wolfgang Stockmeier, Engelbertstr. 64, 5770 Arnsberg 1 ● Bürgerinitiative gegen den Bau der Negertalsperre, Anneliese Mühlenbernd, Brunskappel 43, 5787 Olsberg ● Zweckverband Naturpark Rothaargebirge, Kreishaus, 5790 Brilon ● Arbeitskreis Atomenergiefragen Hagen, Olaf Kratochwila, Moltkestr. 18, 5800 Hagen ● Sauerländischer Gebirgs Verein e.V. SGV, Walter Hoffmann, Emsterstr. 104, 5800 Hagen ● Arbeitskreis Atomenergiefragen Hagen, Frank Schierenbeck, Brunnenstr. 5, 5800 Hagen ● Gewaltfreie Aktion Hagen, Thomas Bildheim, Auf dem Boden 16, 5800 Hagen ● Gegner von Atomenergie, Ursel Schumann, Krambergstr. 6, 5800 Hagen-Kabel ● Interessengemeinschaft für Umwelt-, Landschafts- und Heimatschutz Herdecke (Ruhr) e.V., Herr Geirg, Dahlienweg 19, 5804 Herdecke (Ruhr) ● Deutsche Waldjugend in Schutzgemeinschaft Deutscher Wald, Jörg Franz, Auf dem Hohen Stein 3, 5870 Hember 3 ● Aktionsgemeinschaft für Umweltschutz im Märkischen Kreis e.V., Günter Wachsmutz, Buckesfelder Kopf 15, 5880 Lüdenscheid ● Bürgerinitiative für eine humane Stadt, Parkstraße 154, 5880 Lüdenscheid ● Arbeitsgemeinschaft Umwelt und Landschaftspflege, Sandstraße 1, 5900 Siegen ● Arbeitsgemeinschaft Umwelt und Landschaftspflege e.V., Jost-Peter Weiß, Sandstr. 1, Postfach 10 08 44, 5900 Siegen 1 ● Aktionsgemeinschaft „Rettet den Naturpark Rothaargebirge", Jost-Peter Weiß, Sandstr. 1, Postfach 10 08 44, 5900 Siegen 1 ● Wilhelm-Münker Stiftung, Jost-Peter Weiß, Sandstr. 1, Postfach 10 08 44, 5900 Siegen 1 ● Notgemeinschaft für Industriegeschädigte im Solbachtal, Günther Kosiol, Gutenbergstr. 38, 5900 Siegen 21 (Solbach) ● Bürgerinitiative Umweltschutz Siegerland, Thomas Heppner, Siegener Str. 161, 5910 Kreuztal 5 ● Interessengemeinschaft Ferndorf, Albrecht Wagner, Fa. Gebr. Rath, 5910 Kreuztal-Ferndorf ● Arbeitskreis gegen Atomschäden in der Volksgesundheitsbewegung, Hermann Forschepiepe, Postfach 11 60, 5912 Hilchenbach ● Bürgerinitiative Langenbachtal, Otto Mahraun, Solbacherstraße 63, 5930 Hüttental-Geisweid ● Notgemeinschaft für Industriegeschädigte im Solbachtal, Gutenbergstraße 38, 5930 Hüttental-Solbach ● Verein für Orts- und Heimatkunde Attendorn e.V., Hermann Hundt, 5952 Attendorn ● Zweckverband Naturpark Ebbegebirge, Dr. Joachim Grünewald OKD, Kreishaus, 5960 Olpe/Biggesee ● SVG-Arbeitsgemeinschaft für Natur und Umweltschutz, Heinrich Wolf, Uhalndstraße 15, 5970 Plettenberg ● Bürgerinitiative gegen den Bau eines Flugplatzes Wellin, 5974 Herscheid ● Aktionsgemeinschaft f. Umweltschutz im Märkischen Kreis e.V., Siegfried Treu, Auf der Wohert 16, 5982 Neuenrade 2 ● Landesverband Bürgerinitiativen Umweltschutz e.V., Projektgruppe Biozidbekämpfung, Siegfried Treu, Auf der Wohert 16, 5982 Neuenrade 2

6000

Anti-AKW Gruppe Bockenheim, G. Strecker, Sophienstr. 95, 6000 Frankfurt ● BI Frankfurt gegen Atomkraftwerke, Jens Matthaes/Manfred Zieran, Neuhofstraße 42, 6000 Frankfurt/Main ● Bund für Umwelt und Naturschutz LV Hessen e.V., Gerhard Sitzer, Postfach 71 02 27, 6000 Frankfurt/Main ● Ökologische Wohngemeinschaft, Raimund Schmitz, Mia Heibel, Musikantenweg 61, 6000 Frankfurt/Main ● Aktionsgemeinschaft für Umweltschutz Rheinhessen-Süd e.V., W. Staab, Roßmarkt 14, 6000 Frankfurt/Main ● Büro Umweltkongreß/Frankfurt, Kleine Hochstr. 5, 6000 Frankfurt/Main ● Ökologie Gruppe Frankfurt, Peter Lichtener, Kurfürstenstr. 16, 6000 Frankfurt/Main ● Verband Hessischer Bürgerinitiativen e.V., Oberlindau 25, 6000 Frankfurt/Main ● Kommission zur Abwehr des Fluglärms Flughafen Frankfurt/Main, Dr. Horst Schmidt, Flughafen, 6000 Frankfurt/Main ● Bund für Umwelt- und Naturschutz Deutschland e.V., Landesverband Hessen, Henrich von Nussbaum, Postfach 24 21, 6000 Frankfurt/M. 1 ● Zoologische Gesellschaft von 1858, Prof. Dr. Dr. B. Grzimek, Alfred-Brehm-Platz 16, 6000 Frankfurt/Main 1 ● Biochemischer Verein, Im Heidenfeld 126, 6000 Frankfurt/M. 50 ● Umweltschutz AG Frankfurt, Till Brandt, Hermannspforte 14, 6000 Frankfurt/Main 56 ● Bürgerinitiative Frankfurt Bornheim, Dietrich Semiller, Alt Seckbach 6, 6000 Frankfurt/Main 60 ● Arbeitsgemeinschaft für Landschaftsentwicklung (AGL), Guntram Löffler, An der Festeburg 31, 6000 Frankfurt/Main 60 ● Hessische Gesellschaft für Ornithologie und Naturschutz (HGON), W. Bauer, Schnekkenhofstraße 35, 6000 Frankfurt/Main 70 ● Frankfurter Stadtwaldverein 1903, Hermann L. Leichum, Hedderichstraße 118, 6000 Frankfurt 70 ● Deutscher Bund für Vogelschutz – Verband für Natur- und Umweltschutz – Landesverband Hessen e.V., Herr Lütkemann, Flughafenstraße 3, 6000 Frankfurt/M. 71 ● Arbeitskreis Umweltschutz Gernsheim, K.J. Katzmann, Römerstr. 52, 6048 Gernsheim ● Offenbacher Verein für Naturkunde, Parkstraße 60, 6050 Offenbach/Main ● Offenbacher Vereinigung gegen Fluglärm e.V., Richard Müller, Mödlingstraße 20, 6050 Offenbach/Main ● Offenbacher Verein für Naturkunde, Parkstraße 60, 6050 Offenbach/Main ● Initiativgruppe Umweltschutz Offenbach e.V., Erich Trabold, Bismarckstr. 16, 6050 Offenbach ● Bürgerinitiative Offenbach, Eckhard Hoffmann, Buchrainweg 61 XII, 6050 Offenbach ● Offenbacher Verein für Naturschutz (OVfN), Dr. Walter Wittenberger, Hessenring 64, 6050 Offenbach/Main ● Arbeitskreis gegen Kernenergie Mühlheim/Main, Volker Behrens, Bahnhofstr. 59, 6052 Mühlheim/Main ● Bürgerinitiative Mühlheim, Bardo Kürten, Rückertstr. 21, 6052 Mühlheim/Main ● Aktionsgemeinschaft Umweltschutz Untere Rodau e.V., Ulrich Mayer, Brühlstraße 25, 6053 Obertshausen ● Bürgerinitiative Rodgau-Ringstr., Christian Hübner, Chemnitzer Str. 12, 6054 Rodgau 3 ● Bürgerinitiative Umweltschutz Rodgau-Rödermarkt, Neckarstr. 4, 6054 Rodgau-Rödermarkt ● Bürgerinitiative Kernenergie (BKE), Marburger Str. 13, 6057 Dietzenbach ● BI Atomenergie Langen, Benny Reiser, Farnweg 63, 6070 Langen ● BGE Rhein-Main, Postfach 11 61, 6070 Langen ● Bürgerinitiative Fluglärm-Umweltschutz, Peter Klepsch, Nordendstraße 36, 6080 Groß-Gerau ● Interessengemeinschaft Umweltschutz für den Südkreis Groß-Gerau, Oberstraße 8, 6081 Biebesheim ● Interessengemeinschaft Umweltschutz für den Südkreis Groß-Gerau, Oberstraße 8, 6081 Stockstadt a. Rh. ● Aktionsgruppe für Umweltschutz, Gerhard Dietz, Hahnweg 15, 6081 Biebesheim ● Bürgerinitiative „Mörfelden bleibt", Wilhelm Peutner, Bgm. Klingler-Str., 6082 Mörfelden ● Bundesvereinigung gegen Fluglärm e.V., Pfarrer Kurt Oeser (1. Vors.), Brückenstr. 9, 6082 Mörfelden-Walldorf 1 ● Rhein-Main-Aktion gegen Umweltzerstörung, Pfarrer Kurt Oeser, Langestraße 35, 6082 Mörfelden ● Beauftragter des Rates der Evangelischen Kirche in Deutschland für Umweltfragen, Pfarrer Kurt Oeser, Brückenstraße 9, 6082 Mörfelden-Walldorf ● Interessengemeinschaft zur Bekämpfung des Fluglärms e.V., Zeppelinstraße 24, 6083 Walldorf ● Bürgerinitiative Umweltschutz Goddelau, Klaus Schober, Starkenburgerstr. 34, 6086 Riedstadt ● Aktionsgemeinschaft gegen Umweltzerstörung e.V., Raunheim-Rüsselsheim, Jürgen Eick, Korngartenweg 5, 6090 Rüsselsheim ● Aktionsgemeinschaft Umweltschutz e.V., Treburg und Umgebung, Karl Frick, Kettelerweg 18, 6091 Astheim ● Kelsterbacher Initiativgruppe gegen Kernkraftwerke, Henni Zöller, Uwe Wieczorek, Saalburgstr. 20, 6092 Kelsterbach ● Bürgerinitiative Umgehungsstraße (B 43) am Mein, Liebfrauenstraße 35, 6096 Raunheim/Hessen ● Aktionsgemeinschaft für Umweltschutz, Franz Rischmann, Moosbergstr. 70, 6100 Darmstadt ● Deutscher Werkbund e.V., Michl Andritzky, Alexandraweg 26, 6100 Darmstadt ● Interessengemeinschaft Umweltschutz Südhessen, IG Umweltschutz, Braushardt-Weg 11, 6100 Darmstadt ● Initiative gegen Weiterausbau des KKW-Biblis/Darmstadt, Chr. Schäfer, Dieburger Str. 52, 6100 Darmstadt ● Bürgerinitiative gegen Biblis, Block C, Elke Siepmann, Am Karlshof 16, 6100 Darmstadt ● Bürgerinitiative Biblis, E. Kiesow/M. Mischer/Gerh. Rüth, Nicolaiweg 9, 6100 Darmstadt ● Aktionsgemeinschaft Umweltschutz e.V., Christoph Straße 44, 6100 Darmstadt ● Aktionsgemeinschaft Umweltschutz, Frankfurter Straße 44, 6100 Darmstadt ● Odenwaldclub e.V., Josej Braun, Rheingaustraße 54, 6110 Dieburg ● Bürgerinitiative Erbach e.V., Dr. Dietrich Sachs, Jahnstr. 8, 6122 Erbach ● Verein Naturpark Bergstraße-Odenwald e.V., Landratsamt, Gräffstr. 5, 6148 Heppenheim ● Aktionsgemeinschaft Sonderbach, H.A. Vollmar, Kirchbergstraße 45, 6149 Sonderbach/Heppenheim ● Schutzgemeinschaft Deutscher Wald Landesverband Hessen e.V., Hans Neumann, Mühlgasse 4–6, 6200 Wiesbaden ● Nassauischer Verein für Naturkunde e.V., Rheinstraße 10, 6200 Wiesbaden ● Deutsche Gesellschaft für Gartenkunst und Landschaftspflege Landesgruppe Rhein-Main, Hildebert de la Chevallerie, Blumenstraße 7, 6200 Wiesbaden ● Bürgerinitiative zur Erhaltung der Wiesbadener Kochbrunnenkolonade, Dr. W. Kühnau, Burgstraße 1, 6200 Wiesbaden ● Arbeitskreis für die Nutzbarmachung von Siedlungsabfällen, Dipl.-Ing. Leonhardt, Die Hub 7, 6200 Wiesbaden ● Bund der Tierfreunde in Wiesbaden und Umgebung e.V., Carl-von-Ossietzky-Straße 21, 6200 Wiesbaden ● Erzgebirgsverein e.V., Gottfried Zeidler, Trommlerweg 18, 6200 Wiesbaden ● Rhein- und Taunus-Klub e.V., Paul Ludwig, August-Wolff-Straße 22, 6200 Wiesbaden ● Arbeitskreis Kernenergie im Jugendzentrum PUB, Rolf Meyer, Adolfsallee 6, 6200 Wiesbaden ● Gruppe Umweltschutz im Jugendzentrum PUB, Friedrichstr. 33, 6200 Wiesbaden ● Bürgerinitiative Umweltschutz Wiesbaden, Thomas Schwencke, Karl-Boosstr. 8, 6200 Wiesbaden 1 ● B.I.U. Mainz-Wiesbaden e.V., Peter Schmidt, Sundgaustr. 11a, 6200 Wiesbaden-Schierstein ● Ökomenische Aktionsgruppe der EKAN, G. Heintze, Am Lindenborn 10, 6201 Auringen ● Zweckverband Naturpark, Rhein-Taunus, Herr Becker, Landratsamt, 6208 Bad Schwalbach ● Bürgervereinigung Höchster Altstadt e.V., Bürggraben 12, 6230 Höchst (M) – Höchst 80 ● Bund Deutscher Landschafts-Architekten e.V. (BDLA), Landesgruppe Hessen, Erich Hanke, Eschborner Str. 30, 6231 Sulzbach i. Ts. ● Bürgerinitiative Kelkheim, Manfred Guder, Frankfurter Straße 57, 6233 Kelkheim/Taunus ● Bürgerinitiative Münster, Dpl.-Kfm. Hans Gassert, Liegnitzer Straße 7, 6233 Kelkheim/Münster ● Deutscher Werkbund Hessen, Berliner Straße 43, 6236 Eschborn/Taunus ● Bürgerinitiative Niederhöchstadt/Eschborn, Ludwig Elßer, Berliner Straße 10, 6236 Eschborn ● Arbeitskreis Urbs Humana, Hellmut Maurer, Wilhelm-Busch-Straße 10, 6236 Eschborn ● Arbeitsgruppe Ökologie Main-Taunus, Heide Roaten, Altenhainer Str. 3, 6238 Hofheim/Ts. ● Oekumenische Arbeitsgruppe für Umweltfragen im Main-Taunus-Kreis e.V., Georg Schwarz, Windthorststr. 9, 6239 Kriftel ● Initiative Bürgerstraße Dr. Senta Meyke, Bürgerstraße 29, 6242 Kronberg ● Initiative Roter Hang, Roter Hang 10, 6242 Kronberg ● Bürgeraktion für vernünftige Straßenplanung, 6242 Kronberg ● Zweckverband „Naturpark Rhein-Taunus", Vorsitzender: Landrat Heribert Märten, Geschäftsführer Peter Kübel, Escher Straße 19, 6270 Idstein ● Deutscher Verbraucherschutzverband (DVS) e.V., Ingeborg Malz, Fichtenstr. 2, 6272 Niedernhausen ● Bürgerinitiative Lebensqualität Niedernhausen e.V., Idsteiner Str. 33, 6272 Niedernhausen ● Deutsche Gesellschaft zum Schutz der Biosphäre e.V., Prießnitz-Straße 7, 6277 Camber ● Deutsche Gesellschaft für Umweltschutz e.V., Karl-Heinz Engel, Postfach 12 27, 6277 Camberg ● Buchladen „Kleine Freiheit" KKW-Nein Gruppe Gießen, Bismarckstr. 110, 6300 Lahn-Gießen ● Anti-AKW-Gruppen Gießen, Gerd Bügemannskemper, Zum Mainplatz 4, 6300 Lahn-Kleinlinden ● Deutsche Umwelt-Aktion e.V. Landesstelle Hessen, Dr. Heinrich Mönning, Lumdastraße 31, 6304 Lollar ● Initiative gegen AKW's Butzbach, Elke Kies, Marktplatz 24, 6308 Butzbach ● Oberhessischer Gebirgsverein e.V., Helmut Knierim, Gartenstraße 1, 6320 Alsfeld ● Bürgerinitiative Umweltschutz, Walter Heß, Spessartstr. 8, 6368 Bad Vilbel ● Christliche Aktion Mensch und Umwelt e.V., Dr. Helmut Zorn, Spessartstraße 2, 6368 Bad Vilbel ● Naturschutzgesellschaft Vereinigung für Landespflege Bad Vilbel und Umgebung e.V., Herbert Elbrecht, An den Banggärten 20a, 6368 Bad Vilbel 3 ● Hessische Arbeitsgemeinschaft für Umweltschutz e.V., Herbert Elbrecht, Am Hang 20, 6369 Massenheim ● Waerland-Stiftung Sitz Hamburg, Hammerskjöldring 149, 6370 Niederursel ● Gesellschaft für Landeskultur GmbH Planungsgruppe Bad Homburg, Hindenburgring 18, 6380 Bad Homburg ● Verein für Lärmbekämpfung und Umweltschutz e.V., Brendelstr. 15, 6380 Bad Homburg v.d.H. ● Taunusklub e.V., Dr. W. Grosscurth, Tannenwaldallee 16, 6380 Bad Homburg ● Gesellschaft für Gesundheitskultur e.V., Paul-Andrich-Weg 6, 6380 Homburg v.d.H. ● Verein für Umweltschutz e.V., Rainer Juretzek, Hamelstraße 8, 6380 Bad Homburg v.d.H. ● Deutsche Gesellschaft für

Landesentwicklung, Hindenburgweg 18, 6380 Bad Homburg v.d.H. ● Zweckverband Naturpark Hochtaunus, Landratsamt, 6390 Usingen/Taunus ● Taunusclub e.V., Erwin Henrici, Postfach 47, 6392 Neu-Anspach 1 ● Bürgerinitiative Umweltschutz Fulda, Michael Conze, Schönbergerstr. 4, 6400 Fulda ● Verein für Naturkunde in Osthessen e.V., Prof. Dr. M. Krüpe, Ellerstraße 5, 6400 Fulda ● Rhönklub e.V., Dr. Josef-Hans Sauer, Markstraße 24, 6400 Fulda ● Bürgerinitiative gegen AKW, Kurt Meyer, Borngasse 28, 6442 Rotenburg/T. ● BGE Main-Kinzig, Antoniterstr. 14–16, 6450 Hanau ● DRK Bergwacht Hessen, Am Markt 7, 6450 Hanau ● Wetterausche Gesellschaft für die Gesamt-Naturkunde e.V., Dr. H.L. Grube, Am Weihergraben 5, 6450 Hanau ● Zweckverband Naturpark Hessischer Spessart, Landratsamt, 6460 Gelnhausen ● Aktionsgemeinschaft Umweltschutz Spessart-Vogelsberg e.V., Elmar Kunert, Ohmgasse 1, 6460 Gelnhausen ● Aktionsgemeinschaft Umweltschutz Gelnhausen, Birkenhainer Str. 19, 6461 Waldrode b. Gelnhausen ● Schutzgemeinschaft Deutscher Wald, Bund zur Förderung der Landespflege, Bezirksverband Gelnhausen, Kurt Seibert, Fichtenstr. 17, 6467 Hasserlroth 1, OT Niedermittlau ● Zweckverband Naturpark Hoher Vogelsberg, Landratsamt, 6470 Büdingen ● Vogelsberger Höhenclub e.V. (VHC), Gerhard Strack, Vor der Au 25, 6472 Altenstadt 2 ● Vogelsberger Höhenclub, Kurt Straub, Vogelsbergstraße 131, 6479 Schotten 1 ● Bürgerinitiative Umweltschutz Mainz-Wiesbaden e.V., Werner Rammensee, Kupferbergterrasse 14, 6500 Mainz ● Wander- und Lennebergverein Rheingold Mainz e.V., Wilhelm Zarbach, Albert-Storr-Straße 24, 6500 Mainz ● Landesaktionsgemeinschaft Natur und Umwelt Rheinland-Pfalz, Kurt Rocker, MdL, Stadthausstraße 15, 6500 Mainz ● Aktionsgemeinschaft für Natur und Umweltschutz, Bahnhofsstraße 53, 6509 Armsheim ● Aktionsgemeinschaft für Natur- und Umweltschutz e.V., Armsheim-Schimsheim, Dr. Hans Bach, Bahnhofstraße 53, 6509 Armsheim ● Interessengemeinschaft zur Verhinderung eines Flughafens zwischen Alzey und Kirchheimbolanden, Günter Stauffer, Borngasse 24, 6509 Flomborn ● Aktionsgemeinschaft für Umweltschutz Rheinhessen Süd e.V., Köhlerstraße 14, 6520 Worms ● Arbeitskreis für Landschaftspflege und Grünordnung, Dr. Hermann Diehl, Eckenbertstraße 35, 6520 Worms ● Aktionsgemeinschaft für Umweltschutz Rheinhessen Süd e.V., Köhlerstraße 14, 6520 Worms ● Arbeitsgruppe Umweltschutz Worms, Brigitte Sailer, Berggartenstraße 8, 6520 Worms ● Arbeitsgemeinschaft für den Umweltschutz, H. Orth, Neumark 12, 6520 Worms ● Aktionsgemeinschaft f. Umweltschutz Rheinhessen-Süd e.V., Wolfgang Schumann, Köhlerstr. 14, 6520 Worms ● Arbeitsgruppe Umweltschutz Eich, Georg Dehn, Ludwigstr. 10, 6521 Eich ● Bund Natur- und Umweltschutz Rheinland-Pfalz e.V., Wolfgang Staab, Postfach 12 20, 6522 Osthofen ● Arbeitsgruppe Umweltschutz Osthofen, Georg Spiess, Friedrich-Ebert Str. 64, 6522 Osthofen ● Bürgerinitiative Waldgalgesheim, 6531 Waldgalgesheim (Bingen/Rh.) ● Hunsrückverein e.V., Dr. Walter Beyer, Verbandsgemeindeverwaltung, 6581 Herrstein ● Arbeitskreis Umweltschutz, Wolfgang Schmidt, Am Schwimmbad 9, 6588 Birkenfeld ● Schutzgemeinschaft Deutscher Wald, Landesverband Saarland e.V., Of. Köhler, Von-der-Heydt Nr. 1, 6600 Saarbrücken ● Deutsche Gesellschaft f. Gartenkunst und Landschaftspflege, Landesgruppe Saarland, Hans-Oswald Sauer, Am Ordensgut 129, 6600 Saarbrücken ● Initiative gegen den Bau einer Müllerverbrennungsanlage, OHO Itschert, Am Staden 29, 6600 Saarbrücken ● Deutscher Werbund Saarland, Kohlweg 37, 6600 Saarbrücken ● Saarbrücker BI gegen AKW's, Karl Bruch, Alte Bergstr. 12, 6600 Saarbrücken ● Kritisches Bürgerforum Saarbrükken, Nanette Koch, Tirolerweg 26, 6600 Saarbrücken ● Saar-Aktion Mensch und Umwelt gegen Zerstörung der Lebensgrundlagen e.V., Pfarrer Günther Heipp, Feldmannstraße 40, 6600 Saarbrücken 1 ● Interessengemeinschaft Saarbrücker Bürger für Umweltschutz, Altneugasse 7, 6600 Saarbrücken 1 ● Bund für Umweltschutz e.V., Geographisches Institut der Universität Saarland, 6600 Saarbrücken 11 ● Saarländische Schutzgemeinschaft gegen Fluglärm e.V., Stephan Schneider, Am Geisberg 8, 6601 Saarbrücken-Bismischheim ● Saarwald-Verein e.V., Wolfgang M. Rabe, Goethestraße 20, 6601 Riegelsberg ● Deutsche Umwelt-Aktion e.V., Landesstelle Saarland, Norbert Hoffmann, Saaruferstraße 1, 6606 Gersweiler ● TV „Die Naturfreunde" Landesverband Saarland e.V., Hugo Meinhold, Talstr. 38e, 6606 Gersweiler ● Weltbund zum Schutze des Lebens (WSL) e.V., Landesverband Rheinland-Pfalz, Dr. Hans Reichert, Ringstr. 25, 6619 Nonnweiler ● Naturlandstiftung Saar, 6600 Saarbrücken ● Ing. Erich Matheis, Hammerstr. 19, 6620 Völklingen ● Verein zur Förderung der Naherholung Karlsbrunn e.V., St. Nikolauser Straße 1, 6621 Karlsbrunn ● Bürgerinitiative Umweltschutz, Rainer Simon, Am Kehrberg 12, 6650 Homburg/Saar ● AG „Bäume und Grünanlagen", RA Hans Schuler, Poststraße 23, 6660 Zweibrücken ● Deutsche Umwelt-Aktion e.V., Landesstelle West, Karl Römer, Landauerstraße, 6660 Zweibrücken ● Aktion gegen Autobahnverdrängung, Kurt Breiner, Lothringer Straße 5, 6660 Zweibrücken ● DAI DONG THE GIOI, Umwelt-Aktion Komitee für die BRD-Sprecher, Günther Heipp (Pfarrer), Pfarrhaus, 6661 Rischweiler b. Zweibrükken ● TV „Die Naturfreunde" Landesverband Rheinland-Pfalz e.V., Hohenzollernstr. 14, 6700 Ludwigshafen ● Bürgeraktion Umweltschutz Rhein-Neckar e.V., Hans Vesper, Behringstr. 4, 6700 Ludwigshafen ● Arbeitskreis Umweltschutz bei der Volkshochschule Ludwigshafen, Dieter Teufel, Horstackerstraße 24, 6700 Ludwigshafen ● Deutsche Gesellschaft f. Gartenkunst und Landschaftspflege, Landesgruppe Baden-Pfalz, Paul Weißer, Auf der Wacht 26, 6702 Bad Dürkheim ● Pollichia Verein für Naturforschung und Landespflege e.V., Prof. Dr. Günter Preuß, Eichstraße 2, 6702 Bad Dürkheim ● Arbeitsgemeinschaft Natur und Landschaft, Sonnenwendstraße 21a, 6702 Bad Dürkheim ● Bürgerinitiative gegen das BASF-Atomkraftwerk Frankental, Ruth Kossak, Kanalstr. 11, 6710 Frankental ● Schutzgemeinschaft Roßheimer Altsheim, Willi Matthes, Mittelstraße 36, 6712 Bobenheim-Roxheim ● Arbeitskreis für Umweltschutz- und Landschaftspflege, Am Wasserturm 13, 6720 Speyer ● Aktionsgemeinschaft Umweltschutz Südpfalz e.V., Hans Günter Schumacher, Schlachthofstraße 6, 6728 Germersheim ● Umweltschutz Südpfalz – Regionalverband, Aktionsgemeinschaft, Hans G. Schumacher (UWS), Schlachthofstraße 6, 6728 Germersheim ● Pfälzerwald Verein e.V., Hans Keller u. Ludwig Fischer, Fröbelstr. 26, 6730 Neustadt (Weinstraße) ● Pfälzerwald-Verein e.V., Hans Keller, Gimmeldinger Straße 62, 6730 Neustadt/Weinstraße ● Deutsche Umwelt-Aktion e.V., Landesstelle Rheinland-Pfalz, Erich Söller, Daniel-Knobloch-Straße 1, 6740 Landau ● Gesellschaft für Naturschutz und Ornithologie Rheinland-Pfalz, Dr. Manfred Niehuis, Im Vorderen Grossthal 5, 6743 Albersweiler ● BI KKW-Nein Bad Bergzabern, G. Wißmeire, Postfach 22, 6748 Bad Bergzabern ● Stiftung Mittlere Technologie „SMT", Eisenbahnstraße 28–30, 6750 Kaiserslautern ● BI AKW-Nein Kaiserslautern, Axel Schounemann, Hasenstr. 5–7, 6750 Kaiserslautern ● Notgemeinschaft Umweltschutz, Hans Hamel, Kirchstraße 15, 6751 Sembach ● BI „Kein KKW in Mannheim-Kirschgartenhausen", J. Wintscher, Brahmstr. 4, 6800 Mannheim ● Gewerkschaftsinitiative gegen Atomkraftwerke (Rhein-Main-Neckar), Heide Schuchardt, Reidelfelder Str. 97, 6800 Mannheim 1 ● BGE Rhein-Neckar, Postfach 41 01 07, 6800 Mannheim 31 ● Bürgeraktion Umweltschutz Rhein-Neckar e.V., Dieter Teufel, Werthmannweg 25, 6800 Mannheim 34 ● Bürgerinitiative gegen Atomkraftwerke Lampertheim, Klaus Strubel, Wachthausstraße 11, 6840 Lampertheim ● Aktionsgemeinschaft für Umweltschutz Südliches Ried e.V., Ludwig Bauer, Darmstädter Straße 119, 6843 Biblis ● BGE Südhessisches Ried, Postfach 12 02, 6834 Biblis 1 ● Aktionsgemeinschaft für Umweltschutz Südliches Ried e.V., Günter Mössinger, Sudetenstr. 20, 6843 Biblis 2 Nordheim ● Umweltschutz Groß-Rohrheim e.V., Rheinstraße 79, 6845 Groß-Rohrheim ● Aktionsgruppe Alternative Lebensformen im Jugendzentrum, Jugendzentrum Bahnhofstr., 6940 Weinheim ● Bürgerinitiative Umweltschutz, Hauptstr. 8, 6950 Mosbach

7000

Arbeitsgemeinschaft für Fragen des Umweltschutzes, Lerchenstr. 40, 7000 Stuttgart ● TV „Die Naturfreunde", Landesverband Württemberg e.V., Neue Str. 150, 7000 Stuttgart 1 ● Arbeitsgemeinschaft für Landschaftsentwicklung (AGL), Reiner Sengewald, Neue Weinsteige 160, 7000 Stuttgart 1 ● Aktion Pro Vita, Lieselotte Frank, Hölderlinstr. 2a, 7000 Stuttgart 1 ● TV „Die Naturfreunde" Bundesgruppe Deutschland e.V., Herbert Faller, Großglocknerstraße 28, 7000 Stuttgart 60 ● Aktionsgemeinschaft Stuttgarter Bürger für Umwelt- und Lebensschutz, Karl Dambach, Hauptstr. 90, 7000 Stuttgart 80 ● Gewaltfreie Bürgerinitiative Stuttgart für Umweltschutz gegen Atomenergie, Gertrud Westhoff, Weinbergweg 7, 7015 Korntal ● Schutzgemeinschaft gegen Großflughafen Stuttgart e.V., Postfach 22 10, 7022 Leinfelden-Echterdingen 2 ● Kritisches Forum Umweltschutz Ludwigsburg, Postfach 1 41, 7140 Ludwigsburg ● Aktionskreis Mittlere Jagst, Gerhard Däumling, Albr.-Dürer-Str. 11, 7180 Crailsheim ● Boden und Gesundheit, Gemeinnützige Gesellschaft für angewandte Ökologie e.V., W. von Haller, Postfach 19, 7183 Langenburg ● Erzgebirgsverein e.V., Werner Diessel, Postfach 44, 7184 Kirchberg/Jagst ● Bund Deutscher Landschaft-Architekten e.V. (BDLA), Landesgruppe Baden-Württemberg, Arno S. Schmid, Tiroler Str. 15, 7250 Leonberg ● Deutscher Werkbund Baden-Württemberg, Hirschstr. 35a, 7500 Karlsruhe 1 ● Deutsche Gesellschaft für Gartenkunst und Landschaftspflege e.V. (DGGL), Robert Mürb, Dipl.-Ing. Gartenoberbaudirektor, Bahnhofplatz 8, 7500 Karlsruhe 1 ● Aktionsgemeinschaft Umweltschutz, Kastanienweg 32, 7500 Karlsruhe-Neureut ● Aktionsgemeinschaft Umweltschutz Untere Hardt e.V., Hans-E. von Coeper, Ringstr. 13, 7503 Neureut ● Bürgeraktion Umweltschutz, Dr. Ewald Gaul, Ringstr. 8, 7507 Pfinztal-Wöschbach ● Gruppe Brusler Umweltschützer, Jürgen Clatting, Kirrlachenstr. 6, 7520 Bruchsal 1 ● Bürgerinitiative Umweltschutz, R. Vogelbauer, Hebelstr. 11, 7522 Philippsburg 1 ● Bürgerinitiative KKW-NEE Pforzheim, Harry Merkle, Grünstraße 3a, 7530 Pforzheim ● Arbeitskreis Umweltschutz, Rüdiger Colberg, Schulze-Delitsch-Str. 5, 7530 Pforzheim ● Aktionsgemeinschaft für Lebensschutz und Umweltschutz Egon Fiess, Jahnhalle, 7530 Pforzheim ● BI Umweltschutz Kinzigtal, c/o Peer u. Ilona Hansen, 7542 Schömberg 5 ● Bürgerinitiative Umweltschutz, Efeuweg 12, 7550 Rastatt/Baden ● Verein für Umweltschutz und Landespflege, Kronenstr. 47, 7556 Ötigheim ● Badische Heimat e.V., Ortsgruppe Baden-Baden, Dr. Lothar Brandstetter, Maximilan Str. 5, 7570 Baden-Baden ● Arbeitsgemeinschaft Ökologie e.V., Hollhäuser Weg 60, 7570 Baden-Baden ● Deutscher Bund für Vogelschutz e.V., Ortsgruppe Baden-Baden, Jochen Pfisterer, Friesenstraße 27, 7570 Baden-Baden ● Bürgerinitiative Offenburg, Christa Reetz, Schlößlebühnd 10, 7600 Offenburg ● Bürgerinitiative Lahr gegen Umweltgefährdung, Helga Baader, Geroldsecker Vorstadt 125, 7630 Lahr (Schwarzwald) ● Bürgerinitiative Umweltschutz e.V., Kunigunde Walz, Martin Bnur-Str. 14, 7640 Kehl ● AK Kernenergie, Lindner, Brühlstr. 7, 7750 Konstanz 19 ● Arbeitsgemeinschaft Naturschutz Bodensee, Brigitte Bergmann, Am Winterberg 2, 7750 Konstanz 19 ● Bürgergemeinschaft Paradies e.V., Kurt Lienhard, Postfach 11 77, 7750 Konstanz ● Deutsche Umwelthilfe e.V., H. Ruland, Schloßstr. 15, 7763 Öhningen ● Arbeitskreis umweltfreundliche Energiewirtschaft, Rosemarie Schmidt, Auf dem Stein 20, 7770 Überlingen ● Aktionsgemeinschaft gegen Umweltgefährdung durch AKW, Margot Harloff, Fendrichstr. 6, 7800 Freiburg i. Brsg. ● Arbeitskreis Umweltschutz, Reitterstr. 10, 7800 Freiburg ● Bund Natur- und Umweltschutz Baden Württemberg e.V., Gerhard Thielcke, Landesgeschäftsstelle, Kirschstr. 2, 7800 Freiburg ● Deutscher Tierschutzbund, Landesverband Baden-Württemberg e.V., Karl-Heinz Barbrack, Rathausgasse 29/31, 7800 Freiburg im Breisgau ● KKW-Nein, Hildastr. 7, 7800 Freiburg i. Brsg. ● Öko-Institut für angewandte Ökologie e.V., Dr. Gerd Michelsen, Schönauer Str. 3, 7800 Freiburg i. Brsg. ● Bürgerinitiative Umweltschutz, Dora Müllerschön, Hauptstr. 7, 7801 Umkirch ● Aktionsgemeinschaft für demokratische Verkehrsplanung Breisgau – Hochschwarzwald e.V., Hildegard Nitsche, Am Hofacker 18, 7815 Unteribental ● Initiativgruppe KKW-Wyhl-Nein, Hauptstr. 16, 7831 Wyhl ● Internationales Komitee der badisch-elsässischen Bürgerinitiativen, BI-Umweltschutz Weisweil, Hauptstr., 7831 Weisweil ● Bürgerinitiative Weisweil e.V., Lore Haag, Hauptstr. 53, 7831 Weisweil ● Arbeitskreis Heimatschutz Mark Gräflerland e.V. (AHM), Kurt Hoffmann, Markgrafenstr. 9, 7850 Körrach 6 ● BI gegen Atomanlagen Lörrach, Joseph Kaltenbach, Birkenweg 32, 7851 Binzen/Lörrach ● Bund für Umweltschutz, Weissenburgweg 17, 7900 Ulm ● Verein für Naherholung im Landkreis Neu Ulm e.V., Landratsamt, Herr Ulrich, 7910 Neu-Ulm ● Bürgerinitiative Umweltschutz Heidenheim, Friedrich Jäger, Wolfsbühlenweg 5, 7920 Heidenheim-Schaitheim ● Bürgerinitiative der AKW-Gegner, Jacob Messmer, Wiesenweg 19, 7951 Kirchdorf/Iller ● Arbeitskreis Umweltschutz, Berthold Brunner, A. Kolpinstr. 10, 7972 Isny/Allgäu ● BI Oberschwaben gegen Atomkraft, Paul Ernst Eckel, Rosenstr. 3, 7982 Baienfurt/Krs. Ravensbg. ● Arbeitsgemeinschaft Naturschutz Wangen im Allgäu, Postfach 18, 7988 Wangen im Allgäu

8000

Landeskuratorium „Grün für unsere Kinder", H. Damköhler, Türkenstr. 9, 8000 München ● Freunde der Erde, Aktion für Umweltverbesserung, Martin Weidhaas, Postfach 5 49, 8000 München 1 ● Bayerischer Landesverband für Gartenbau und Landespflege e.V., Karl-Georg Meyr, Herzog-Heinrich Str. 21, 8000 München 2 ● Isartalverein, Uhlandstr. 5, 8000 München 2 ● Münchner Bürgerrat e.V., Prof. Dr. Hubensteiner, Residenzstr. 27, 8000 München 2 ● Deutsche Gesellschaft für Sonnenenergie e.V., Axel Urbanek, Goethestr. 28, 8000 München 2 ● Landesjagdverband Bayern e.V., Hr. Woijtech, Luisenstr. 25, 8000 München 2 ● Münchner Verein für Kinderspielplätze und Grünanlagen e.V., Werner Eckart, Maximilianplatz 13, 8000 München 2 ● Verein zur Sicherstellung überörtlicher Naherholungsgebiete in den Landkreisen um München e.V., Erwin Strunz, Uhlandstr. 5/III, 8000 München 2 ● Bürgerinitiative gegen AKW Ohu, Kurt Faller, Reichenbachstr. 22, 8000 München 6 ● Bayerischer Landesverband für Gartenbau und Landespflege e.V., Horst Schindler, Herzog-Heinrich-Str. 21, 8000 München 15 ● AK Umweltschutz München, Monika Ziehaus, Slutenburgstr. 66, 8000 München 19 ● Bayerische Botanische Gesellschaft e.V., Dr. Paul Seibert, Manzinger Str. 67, 8000 München 19 ● Arbeitsgemeinschaft für Landschaftsentwicklung (AGL), Helmut Keck, Frickastr. 35, 8000 München 19 ● Bayerische Landesfischereivereinigung e.V., Josef Asen, Ysenburgstr. 1, 8000 München 19 ● Weltbund zum Schutze des Lebens (WSL) e.V., Landesverband Bayern, Helmut F. Roehrig, Aldringenstr. 13, 8000 München 19 ● Deutscher Arbeitsring für Lärmbekämpfung (DAL), Simeonstr. 11, 8000 München 19 ● Bayerischer Landesverband für Heimatpflege, Horst Becher, Ludwigstr. 23, 8000 München 22 ● Schutzgemeinschaft Deutscher Wald, Landesverband Bayern e.V., Dr. Erich Hornsmann, Ludwigstr. 2, 8000 München 22 ● Verein zum Schutz der Bergwelt, Dr. E. Jobst, Praterinsel 5, 8000 München 22 ● Wasserwacht im BRK, F. Dietz, Wagmüllerstr. 16, 8000 München 22 ● Bergwacht im BRK, Adelsberger, Wagmüllerstr. 16, 8000 München 22 ● Bund Naturschutz in Bayern (BNS), Landesverband f. Umweltschutz, Helmut Steininger, Schönfeldstr. 8, 8000 München 22 ● Gewaltfreie Aktion in der ESG, Margarete Herlt, Liebherrstr. 2, 8000 München 22 ● Schutzgemeinschaft Isaranlagen e.V., Werner Müller-Goerne, Widenmayerstr. 39, 8000 München 22 ● Deutscher Alpenverein, Praterinsel 5, Hans Hintermeier, 8000 München 22 ● Bürgeraktion Umweltschutz München, Mayer, Beltweg, 8000 München 40 ● Bund Deutscher Landschaftsarchitekten (BDLA), e.V., Landesverband Bayern, K. Kapser, Herzogstr. 64/III. 8000 München 40 ● Urbanes Wohnen e.V., Lore Springorum, Römerstr. 37/I, 8000 München 40 ● Deutscher Werkbund Bayern e.V. DWB, Dr. Hans Wichmann, Martiusstr. 8, 8000 München 40 ● Münchner Forum, Diskussionsforum für Entwicklungsfragen e.V., H.G. Naumann, Schellingstr. 65, 8000 München 40 ● Deutsche Liga für Menschenrechte e.V., Postfach 43 04 80, 8000 München 43 ● Bund Naturschutz Jugendgruppe München, Thomas Nickl, Waldhornstr. 33, 8000 München 50 ● Aktionskreis Wirtschaft, Politik Wissenschaft e.V., Thomas Goppel, Dr. Böttcherstr. 35, 8000 München 60 ● Landesverband bayerischer Kleingärtner, Hr. Maaß, Steiermarkstraße 41, 8000 München 60 ● Münchner Initiative gegen Atomkraftwerke (MIGA), Hans Peter Haferkorn, Implerstr. 38, 8000 München 70 ● Initiative gegen Bau von Atomanlagen (IBA), Martin Metzger, Daiserstr. 41 (od. 49), 8000 München 70 ● Alpeninstitut für Umweltforschung und Entwicklungsplanung, Schieggstr. 21, 8000 München-Solln ● Vereinigte Bürgerinitiativen Südlicher Erholungsraum München, Georg Fischer, Forstenrieder Allee 250, 8000 München 71 ● Interessengemeinschaft der Siedlung München-Johanneskirchen e.V., Erwin Späth, Glücksburger Str. 97, 8000 München 81 ● Landesverband Bayern e.V. der Deutschen Gebirgs- und Wandervereine, AR Bertl, Rosenkavalierplatz 2, 8000 München 81 ● Deutsche Umweltaktion (DUA), Landesstelle Bayern, Kathreinweg 10, 8000 München 82 ● AK-Kernenergie München, Stanze Schäfer, Franz-Graber-Str. 9, 8000 München 83 ● Landesfischereiverband Bayern (LFV), Pechdellerstr. 16, 8000 München 90 ● Münchner Atomkraftgegner (MAG), W. Lukas, Fockensteinstraße 10, 8000 München 90 ● Vereinigte Bürgerinitiativen gegen den Großflughafen im Erdinger Moos, Freisinger Stadtzeitung, Möhlestr. 12, 8050 Freising ● Initiative gegen den Großflughafen Erding, Heiko Gruber, Fasanenweg 27, 8050 Freising ● AK gegen Atomenergie, Joachim Herb, General-v.-Nagelstr. 4, 8050 Freising ● Schutzgemeinschaft Erding-Nord, Freising u.U.e.V., Kurt Kittel, 8051 Achering 25 1/2 ● Verein Erholungsgebiete Region Ingolstadt e.V., Edmund Mansfeld, Rathausplatz 11, 8070 Ingolstadt ● Aktion Saubere Landschaft e.V., Hubert Weinzierl, Parkstr. 10, 8070 Ingolstadt ● Landesbund für Vogelschutz in Bayern (Mitglied im Deutschen Bund für Vogelschutz), Gsteigstr. 43, 8100 Garmisch-Partenkirchen ● Ornithologische Arbeitsgemeinschaft Werdenfels (DAG Werdenfels), Dr. Einhard Bezzel, Gsteigstraße 43, 8100 Garmisch-Partenkirchen ● Gesellschaft für experimentelle und angewandte Ökologie e.V. (GEO), Buchenweg 19, 8130 Starnberg-Niederpöcking ● Bayerische Naturwacht e.V., Alfred Entrich, Carl Maria von Weber Weg 22, 8192 Geretsried ● Rosenheimer Forum für Umweltschutz, Ludwigsplatz 15, 8200 Rosenheim ● AK-Atomenergie Seebruck, Irmgard Pichler, Wasserburger Str. 1, 8221 Seebruck ● Landesverband Bayrischer Tierschutzvereine, Hr. Kouriem, Feldenerstr. 27, 8300 Landshut ● Interessengemeinschaft Naherholungsgebiet Landshut, Rosemarie Schwenkert, Hammelweg 16, 8300 Landshut ● Bund Naturschutz Landshut, Adolf Stini, Veldemerstr. 98, 8300 Landshut ● Initiative Gewerkschaft gegen Kernkraftwerke (IGGK), Peter Gallner, Sonnenstr. 13, 8300 Ergolding ● AKW-Arbeitskreis, Jogie Herb, Hauptstr. 5, 8301 Reichertshausen ● Initiative gegen das AKW-Pleinting, Linden, Richard Boetius, 8333 Linden 50 ● Bund Naturschutz, Andreas Hille, Schanzenweg 52, 8360 Deggendorf ● Bayerischer Waldverein e.V., Dr. Raimund Schuster, Angerstr. 39, 8372 Zwiesel ● Initiative gegen das AKW Pleinting, Franz Kollmayer, Auenstr. 15, 8399 Bad Füssing ● Verein für Naherholung im Raum Regensburg e.V., Hr. Watter, Altmühlstr. 3, 8400 Regensburg ● Bürgerinitiative für Stadt und Umland, Forum Regensburg e.V., St. Albans-Gasse 4, 8400 Regensburg ● Initiative gegen AKW's Regensburg, Hans Joachim Reinicke, Obere Bachgasse 8, 8400 Regensburg ● Aktionskreis Umweltschutz, Herta Richter, Birkenweg 12, 8401 Bach/Donau ● KKW-Nein-Gruppe Weiden, Klaus Brumhuber, Öatscher Str. 3, 8480 Weiden ● Oberpfälzer Waldverein e.V., Hauptgeschäftsstelle, Sebastianstr. 25/I, 8480 Weiden i.d.Opf. ● Nürnberger Initiative gegen Atomkraftwerke, Hans Hunglinger, Bucherstr. 101/104, 8500 Nürnberg ● Initiative gegen Atomkraftwerke Nürnberg, Klaus Meyer, Keßlerplatz 15, 8500 Nürnberg ● Gewaltfreie Aktion Anti-AKW-Gruppe, Dorie Sterzer, Pirckheimer Str. 134, 8500 Nürnberg ● Fränkischer Albverein e.V., Bund für Wandern, Heimatpflege und Naturschutz, Werner Riedl, Goldberger Str. 74, 8500 Nürnberg ● Touristenverein „Die Naturfreunde" Landesverband Bayern, Verband für Touristik und Kultur e.V., Heinz Arnold, Kopernikusstr. 26, 8500 Nürnberg ● Initiative gegen AKW Pleinting Nürnberg, Hermann Gimpel, Albrecht Dürer-Str. 3, 8500 Nürnberg ● Naturhistorische Gesellschaft Nürnberg e.V., Gewerbemuseumsplatz 4, 8500 Nürnberg ● Verein Naherholungsgebiet Lorenzer Reichswald und Umgebung e.V., Sitz Nürnberg, Stadtrat Sauber, Hauptmarkt 18, 8500 Nürnberg ● Fortschritt für alle Gemeinnützigen e.V., Frau E. Herbst, Postfach 12 30, 8501 Feucht ● BI „Cadolzburger Land gegen die Westumgehung", Georg Strobl, Greimersdorf 28, 8501 Cadolzburg ● Ökologiegruppe Erlangen Arbeitskreis Atomkraftwerke, Volkmar Kluge, Rottenbacherstr. 13, 8520 Erlangen-Ochsendorf ● Verein Naherholungsgebiete um Erlangen e.V., Hr. Vogl, Rathausplat 1, 8520 Erlangen ● Verein Naherholungsgebiet Sebalder Reichswald e.V., Stöhr, Landratsamt, 8520 Erlangen ● Arbeitskreis zur Erhaltung der Erholungslandschaft Fränkische Schweiz, Dr. Peter Rasch, Frankenstr. 4, 8521 Langensendelbach ● Fränkische Schweiz e.V. FSV, Hauptvorsitzender Fritz Preis, Talstr. 2, 8551 Egloffstein ● Naturforschende Gesellschaft Bamberg e.V., gegr. 1834, Vorstand: Dr. Ernst Unger, Hegelstr. 83, 8600 Bamberg ● Bürgerinitiative gegen Atomkraftwerke Bamberg, Wolfgang Stefan, Schützenstr. 9, 8600 Bamberg ● Umweltschutzgruppe Lichtenfels, Matthias Krug, Marktplatz 11, 8620 Lichtenfels ● Gemeinschaft Stadtbild Coburg e.V., RA Dr. Hans-Heinrich Eidt, Untere Klinge 10, 8630 Coburg ● AK gegen Atomkraft, Werner Nowak, Schwalbenweg 20, 8670 Hof/Saale ● Frankenwaldverein e.V., Adolf Thumser, Mozartstr. 30, 8671 Selbitz ● Initiativgruppe Würzburg, Hans-Heinrich Dormann, Scheffelstr. 12, 8700 Würzburg ● Zweckverband Erholungs- und Wandergebiet Würzburg, Landratsamt, 8700 Würzburg ● Bürgeraktion Umwelt- und Lebensschutz Schweinfurt, Karl Riederer, Klösberg 8, 8720 Schweinfurt ● Arbeitsgruppe AKW-Nein Schweinfurt, Am Zeughaus 34, 8720 Schweinfurt ● Initiative gegen AKW's Gerolzhofen, Norbert Leonhard, Julius-Echterstr. 40, 8723 Gerolzhofen ● Arbeitskreis gegen Kernenergie im Jugendzentrum Gerolzhofen, Spitalstr., 8723 Gerolzhofen ● Verein Naturpark Spessart e.V., Geschäftsführer Josef Heichele, Jahnstraße 10, 8751 Elsenfeld ● Aktionsgemeinschaft der Bürgerinitiativen für Energiesicherung und Kerntechnik, Jürgen Laubenheimer, Stiftstr. 11, 8755 Alzenau ● Main-Spessart-Initiativen, Renate Wirth, Tiefer Weg 6, 8770 Lohr ● Bürgerinitiative Umweltschutz, Parkstr. 48, 8870 Günzburg ● Komitee gegen die Erweiterung des KKW Gundremmingen, Maxfelderhof, 8883 Peterswörth ● Bund Naturschutz e.V., Kreisgruppe Augsburg, Hilde Perz, Salzmannstr. 15, 8900 Augsburg ● Bund Naturschutz, Altglas-Zentrale, Bauerntanzgäßchen 1, 8900 Augsburg ● Bürgerinitiative Umweltschutz Augsburg – B.U.A., Mittlerer Lech 16, 8900 Augsburg ● Bürgerinitiative gegen Atomanlagen Augsburg, Dieter Ferdinand, Bei St. Ursula 12, 8900 Augsburg ● Augsburger Bürgerinitiative gegen das Atomkraftwerk Rehlingen, Walter Engel, Von-der-Tannstr. 54, 8900 Augsburg ● Aktionsgemeinschaft Umweltschutz, Willi Abt, Frohsinnstr. 25, 8900 Augsburg ● Aktion Umweltschutz Augsburg AK-Atomkraft, Jörg Westerhoft, Hochfeldstr. 31, 8900 Augsburg ● Aktion Umweltschutz e.V., Hochfeldstr. 31, 8900 Augsburg ● Arbeitskreis Gewerkschafter gegen Atomanlagen Stephan Kohler, Neidhartstr. 27, 8900 Augsburg ● Verein zur Sicherstellung überörtlicher Erholungsgebiete für die Region Augsburg e.V., Hohenstaufenstr. 1 (Rathaus Inningen), 8900 Augsburg 23 ● Arbeitsgemeinschaft „Grüner Kreis" für Augsburg und Umgebung e.V., Ing. Grad. Günter Herrmann, Hohenstaufenstr. 1, 8900 Augsburg 23 ● Aktion Umweltschutz BI Rehlingen, Ursula Meyer-Falk, 8901 St. Stephan ● Bürgerinitiative Umweltschutz Arbeitskreis Atomkraftwerke, Brunhil Krippl, Albrechtstr. 11, 8904 Friedberg ● Bund Naturschutz Aichach-Friedberg, Dr. Rigolf Henning, Ludwigstr. 41, 8904 Friedberg ● Schutzgemeinschaft Wemdinger Ried e.V., Dr. Heinrich Greiner, Fürstenfelder Str. 10, 8904 Friedberg-West ● Verein für Naturschutz und Landschaftspflege im Ries e.V., Dr. Heinrich Greiner, Fürstenfelder Str. 10, 8904 Friedberg-West ● BI gegen AKW Kempten, Angelika Sepp, Neuhauser Weg 27, 8969 Kempten

Bildnachweis:
Vorsatzpapier: Andrej Reiser, S. 2/3: Dieter Heggemann, 4/5: Andrej Reiser, 6/7: Andrej Reiser, 8/9: Volker Hinz, 10/11: Andrej Reiser, 12/13: Andrej Reiser, 14/15: Andrej Reiser, 26/27: Volker Hinz, 32/33: Günter Zint, 34/35: Cinerama, dpa, Toni Angermayer, Keystone, ZEFA, 40/41: Volker Hinz, 42/43: Volker Hinz, 44/45: Andrej Reiser, 46/47: Reinhard Kiehl, 60/61: Andrej Reiser, 62/63: Niedersächsisches Landesverwaltungsamt – Binnenfischerei, 64/65: Andrej Reiser, 70/71: Michael Engler, 76/77: Albrecht Brugger, Freigabe-Nr. 2/420 69 C, 2/430 80 C, 2/377 65 C, 82/83: Andrej Reiser, 86/87: Andrej Reiser, 88/89: Bjarne Geiges, 90/91: Andrej Reiser, 92/93: Will McBride, 96/97: Andrej Reiser, 102/103: Rudi Alert, 104/105: Claus Wolde, Rudi Otto, F.W. Holubovsky, 106/107: Jean Erick Pasquier, 110/111: Kurt Scholz, 114/115: Andrej Reiser, 116/117: Dieter Heggemann, 118/119: Hans-Jörg Anders, 120/121: Hans-Jörg Anders, 122/123: Andrej Reiser, 124/125: Andrej Reiser, 126/127: Volker Hinz, 134/135: Jay Ullal, 138/139: dpa, 140/141: Nagy, 142/143: Andrej Reiser, 150/151: Sven Simon, 152/153: Faltz, 156/157: W. Eugene Smith, 158/159: Rudi Frey, 168/169: Walter Moog, Dsdf. 19/32/3066, 170/171: Volker Hinz, 172/173: Walter Moog, Dsdf. 19/50/4628, 174/175: Andrej Reiser, 176/177: Andrej Reiser, 182/183: Swissair, 186/187: Stern-Archiv, 190/191: Franco Zehnder, 192/193: Cornelius Meffert, 194/195: Albrecht Brugger, 2/429 94 C, 196/197: Albrecht Brugger, 2/244 66 CB, 198/199: Wilfried Bauer, 200/201: Ernst Haas, 202/203: Hans-Jörg Anders, 204/205: Hans-Jörg Anders, 206/207: Albrecht Brugger, 2/405 85 C, 216/217: Rainer Fieselmann, Hans-Jörg Anders, Albrecht Brugger, 2/451 74 C, 226/227: Volker Hinz, 228/229: Andrej Reiser, 230/231: Andrej Reiser, 232/233: Andrej Reiser, 234/235: Volker Hinz, 246/247: Bruno Dittrich, 248/249: Hans-Jörg Anders, 250/251: Hans-Jörg Anders, 254: Russ Kinne, 258: Robert Harding, 260/261: Bruno Barbey, 262/263: Robert Harding, 264/265: Peter Ward, 269/270/273/274: Peter Neugebauer, 276: Markus, 281: George Gale, Cartoon 75, 282/283: Wolfgang Haut, 284/285: Richter, 286/287: Stern-Archiv, 288/289: Peter Thomann, 290/291: Günter Zint, 292/293: Lothar Schulz-Anthony, Nachsatzpapier: Andrej Reiser.
Alle Karten: Reinald Blanck, S. 146: Otmar Goller, S. 239 und 243: Reinald Blanck mit freundlicher Genehmigung von GEO-Magazin, Titel-Illustration: Ri Kaiser.

Die Autoren danken für die Mitarbeit von Alfred Barthel, Marianne Brux, Gunder Clauß, Camilla Jänecke, Erika Just, Franz Kraft, Günther Kumminga, Marlen Schlömp, Hannelore Schustermann, Hannelore Spiering, Klaus Wegener, Helga Wingert-Uhde und Frank Wittchow

Emanuel Eckardt,
am 17. August 1942 in Hamburg geboren, studierte an der Werkkunstschule Malerei, Illustration und Buchgrafik und arbeitete als freischaffender Plakatmaler und Karikaturist, bevor er sich für den Journalismus entschied. Er schrieb für verschiedene Tageszeitungen und kam 1971 zum STERN, dem er als Reporter angehört.

Sebastian Knauer,
am 14. Mai 1949 in Mannheim geboren, arbeitete während seines volkswirtschaftlichen Studiums als freier Mitarbeiter für verschiedene Rundfunkanstalten und Zeitungen. Nach einem einjährigen Studienaufenthalt in Kanada ging er 1977 zum STERN, dem er als politischer Redakteur angehört.

„Und Gott
der Herr nahm
den Menschen und
setzte ihn in den
Garten Eden,
daß er ihn baue
und bewahre."
GENESIS, 2.15